随书赠送1CD，内含本书部分实例的源代码，读者在学习过程中可以随时调用、运行，也可以根据实际需要稍加改动，应用到自己的实际项目中

新闻出版总署"盘配书"项目

iOS开发
从入门到精通

张才千　郭毅鹏　李梓萌　编著

北京希望电子出版社
Beijing Hope Electronic Press
www.bhp.com.cn

内 容 简 介

iOS 系统是一款功能强大的智能手机系统，凭借其硬件产品 iPhone 和 iPad 的强大的用户体验，一直位居智能手机操作系统排行榜中的前两位。

全书共 21 章，循序渐进地讲解了 iOS 7 系统的基本知识。本书从搭建开发环境讲起，依次讲解了 iOS 开发基础、编写 MVC 程序、Cocoa Touch、Xcode Interface Builder 界面开发、文本框和文本视图、按钮和标签、滑块/步进和图像、使用开关控件和分段控件、提醒和操作表、工具栏和选择器、表视图、活动指示器/进度条和检索条、导航控制和弹出框处理、图形/图像/图层和动画、定位处理、和互联网接轨、多点触摸和手势识别、地址簿/邮件和 Twitter、读写应用程序数据、开发通用的项目程序、公交路线查询系统等知识。其中几乎涵盖了 iOS 开发所需要的全部内容，所有用户都可以从本书中获得有帮助的知识。

本书内容言简意赅，讲解方法通俗易懂、详细，特别适合于初学者学习并消化，适合 iOS 初学者、iOS 爱好者、iPhone 开发人员、iPad 开发人员学习，也可以作为相关培训学校和大专院校相关专业的教学用书。

本书配套 1 张 CD 光盘，其中包括书中部分实战演练的源代码。

图书在版编目（CIP）数据

iOS 开发从入门到精通 / 张才千，郭毅鹏，李梓萌编著．—北京：北京希望电子出版社，2014.8

ISBN 978-7-83002-147-4

Ⅰ．①i… Ⅱ．①张… ②郭… ③李… Ⅲ．①移动终端－应用程序－程序设计 Ⅳ．①TN929.53

中国版本图书馆 CIP 数据核字（2014）第 142383 号

出版：北京希望电子出版社	封面：深度文化
地址：北京市海淀区上地 3 街 9 号	编辑：刘秀青
金隅嘉华大厦 C 座 611	校对：全　卫
邮编：100085	开本：787mm×1092mm　1/16
网址：www.bhp.com.cn	印张：33.5
电话：010-62978181（总机）转发行部	印数：1-3000
010-82702675（邮购）	字数：774 千字
传真：010-82702698	印刷：北京昌联印刷有限公司
经销：各地新华书店	版次：2014 年 8 月 1 版 1 次印刷

定价：69.80 元（配 1 张 CD 光盘）

前言

2013年6月11日，在WWDC大会上，苹果公司发布iOS 7系统。全新的系统采用了一套全新的配色方案，整个界面有很明显的半透明果冻色，拨号、天气、日历、短信等几乎所有应用的交互界面都进行了重新设计，整体看起来更为动感、时尚。为了帮助读者迅速掌握iOS 7的开发知识，笔者在第一时间写作了本书。

追忆发展历程

iOS最早于2007年1月9日的苹果Macworld展览会上公布。市场显示，搭载iOS系统的iPhone手机仍然是当前最受欢迎的一款智能手机，搭载iOS系统的iPad仍然是当前最受欢迎的一款平板电脑。

2007年10月17日，苹果公司发布了第一个本地化iPhone应用程序开发包（SDK）。

2008年3月6日，苹果发布了第一个测试版开发包，并且将iPhone runs OS X改名为iPhone OS。

2008年9月，苹果公司将iPod Touch的系统也换成了iPhone OS。

2010年2月27日，苹果公司发布iPad，iPad同样搭载了iPhone OS。

2010年6月，苹果公司将iPhone OS改名为iOS，同时还获得了思科iOS的名称授权。

2010年第四季度，苹果公司的iOS占据了全球智能手机操作系统26%的市场份额。

2011年10月4日，苹果公司宣布iOS平台的应用程序已经突破50万个。

2012年2月，iOS平台应用总量达到552 247个，其中游戏应用最多，达到95 324个，比重为17.26%；书籍类以60 604个排在第二，比重为10.97%；娱乐应用排在第三，总量为56 998个，比重为10.32%。

2012年6月，苹果公司在WWDC 2012上推出了全新的iOS 6，提供了超过200项新功能。

本书的内容安排

全书共21章，循序渐进地讲解了iOS 7系统的基本知识。本书从搭建开发环境讲起，依次讲解了iOS开发基础、编写MVC程序、Cocoa Touch、Xcode Interface Builder界面开发、文本框和文本视图、按钮和标签、滑块/步进和图像、使用开关控件和分段控件、提醒和操作表、工具栏和选择器、表视图、活动指示器/进度条和检索条、导航控制和弹出框处理、图形/图像/图层和动画、定位处理、和互联网接轨、多点触摸和手势识别、地址簿/邮件和Twitter、读写应用程序数据、开发通用的项目程序、公交路线查询系统等知识。其中几乎涵盖了iOS开发所需要的全部内容，所有用户都可以从本书中获得有帮助的知识。全书内容言简意赅，讲解方法通俗易懂、详细，特别适合于初学者学习并消化。

本书主要特色

本书内容十分丰富，实例内容覆盖全面。我们的目标是通过一本图书，提供多本图书的价值，读者可以根据自己的需要有选择的阅读。在内容的编写上，本书具有以下特色。

（1）结构合理

从用户的实际需要出发，科学安排知识结构，内容循序渐进，由浅入深，叙述清楚。全书详细地讲解了和iOS开发有关的所有知识点。

（2）易学易懂

本书条理清晰、语言简洁，可帮助读者快速掌握每个知识点。读者既可以按照本书编排的章节顺序进行学习，也可以根据自己的需求对某一章节进行有针对性的学习。

（3）实用性强

本书彻底摒弃枯燥的理论和简单的操作，注重实用性和可操作性，通过实例的实现过程，详细讲解各个知识点的基本知识。

（4）内容全面

本书内容全面，无论是搭建开发环境，还是控件接口，以及网络、多媒体和动画，在本书中都能找到解决问题的答案。

本书由张才千、郭毅鹏、李梓萌编著，在编写过程中，还得到了田羽、熊斌、扶松柏、高羡明、于秀青、周秀、邓才兵、钟世礼、谭贞军、蔡野、罗红仙、王东华、王振丽、王教明、万春潮、郭慧玲、候恩静、陈可义、张玲玲、程娟、王文忠、陈强、何子夜、李天祥、周锐、黄斌、吴艳臣、邢辉、万泉、王永忠、于佳慧、纪宏志、刘书彤等人的帮助，在此一并表示感谢。书中的不足或错误之处，敬请读者批评指正。邮箱：bhpbangzhu@163.com。

编著者

Contents 目录

第1章 iOS开发基础

- 1.1 全新的iOS 7系统 2
  - 1.1.1 iOS发展史 2
  - 1.1.2 iOS 7的全新功能 2
- 1.2 从iPhone到iPad 3
  - 1.2.1 让世界疯狂的iPhone 3
  - 1.2.2 改变世界的iPad 4
- 1.3 开发前的准备——加入iOS开发团队 ... 5
- 1.4 安装Xcode 7
  - 1.4.1 Xcode概述 7
  - 1.4.2 iOS SDK介绍 7
  - 1.4.3 下载并安装Xcode 9
- 1.5 熟悉Xcode集成环境 12
  - 1.5.1 创建一个Xcode项目并启动模拟器 12
  - 1.5.2 Xcode集成开发环境简介 16
- 1.6 常用的第三方工具 29
  - 1.6.1 iPhone Simulator 29
  - 1.6.2 Interface Builder 31
- 1.7 iOS的常用开发框架 31
  - 1.7.1 Foundation框架简介 32
  - 1.7.2 Cocoa框架简介 33

第2章 编写MVC程序

- 2.1 MVC模式基础 36
  - 2.1.1 MVC的结构 36
  - 2.1.2 MVC的特点 36
- 2.2 Xcode中的MVC 37
- 2.3 在Xcode中实现MVC 38
  - 2.3.1 Xcode视图 38
  - 2.3.2 Xcode视图控制器 38
- 2.4 数据模型 40
- 2.5 使用模板Single View Application ... 41
  - 2.5.1 创建项目 41
  - 2.5.2 规划变量和连接 47
  - 2.5.3 设计界面 48
  - 2.5.4 创建并连接输出口和操作 50
  - 2.5.5 实现应用程序逻辑 52
  - 2.5.6 生成应用程序 54

第3章 Cocoa Touch

- 3.1 Cocoa Touch基础 ... 56
  - 3.1.1 Cocoa Touch概述 ... 56
  - 3.1.2 Cocoa Touch中的框架 ... 56
  - 3.1.3 Cocoa Touch的优势 ... 57
- 3.2 iPhone的技术层 ... 57
  - 3.2.1 Cocoa Touch 层 ... 58
  - 3.2.2 多媒体层 ... 62
  - 3.2.3 核心服务层 ... 63
  - 3.2.4 核心OS层 ... 64
- 3.3 Cocoa Touch中的框架 ... 64
  - 3.3.1 Core Animation（图形处理）框架 ... 64
  - 3.3.2 Core Audio（多媒体处理）框架 ... 65
  - 3.3.3 Core Data（数据处理）框架 ... 66
- 3.4 iOS程序的生命周期 ... 66
  - 3.4.1 iOS程序生命周期的原理 ... 66
  - 3.4.2 UIViewController的生命周期 ... 68
- 3.5 Cocoa中的类 ... 69
  - 3.5.1 核心类 ... 69
  - 3.5.2 数据类型类 ... 71
  - 3.5.3 UI界面类 ... 72
- 3.6 国际化 ... 74
- 3.7 使用Xcode学习iOS框架 ... 75
  - 3.7.1 使用Xcode文档 ... 75
  - 3.7.2 快速帮助 ... 76

第4章 Xcode Interface Builder界面开发

- 4.1 Interface Builder基础 ... 80
  - 4.1.1 Interface Builder的作用 ... 80
  - 4.1.2 Interface Builder的新特色 ... 80
- 4.2 Interface Builder采用的方法 ... 82
- 4.3 Interface Builder的故事板 ... 83
  - 4.3.1 推出的背景 ... 83
  - 4.3.2 故事板的文档大纲 ... 84
  - 4.3.3 文档大纲的区域对象 ... 85
- 4.4 创建一个界面 ... 85
  - 4.4.1 对象库 ... 86
  - 4.4.2 将对象加入到视图中 ... 87
  - 4.4.3 使用IB布局工具 ... 87
- 4.5 定制界面外观 ... 90
  - 4.5.1 使用属性检查器 ... 90
  - 4.5.2 设置辅助功能属性 ... 91
  - 4.5.3 测试界面 ... 92
- 4.6 将界面连接到代码 ... 93
  - 4.6.1 打开项目 ... 93
  - 4.6.2 输出口和操作 ... 94
  - 4.6.3 创建到输出口的连接 ... 94
  - 4.6.4 创建到操作的连接 ... 97

第5章 文本框和文本视图

- 5.1 文本框（UITextField）.................. 100
  - 5.1.1 文本框基础.................................. 100
  - 5.1.2 实战演练——在屏幕中显示一个文本输入框................... 100
  - 5.1.3 实战演练——设置文本输入框的边框线样式..................... 101
  - 5.1.4 实战演练——设置文本输入框的字体和颜色......................... 103
  - 5.1.5 实战演练——在文本输入框中设置一个清空按钮................. 104
  - 5.1.6 实战演练——为文本输入框设置背景图片............................. 105
- 5.2 文本视图（UITextView）.............. 106
  - 5.2.1 文本视图基础.................................. 106
  - 5.2.2 实战演练——在屏幕中换行显示文本... 107
  - 5.2.3 实战演练——在屏幕中显示可编辑的文本............................. 108
  - 5.2.4 实战演练——设置屏幕中文本的对齐方式............................. 111

第6章 按钮和标签

- 6.1 标签（UILabel）............................ 115
  - 6.1.1 标签（UILabel）的属性............... 115
  - 6.1.2 实战演练——使用标签（UILabel）显示一段文本........... 115
  - 6.1.3 实战演练——在屏幕中显示指定字体和指定大小的文本........ 119
  - 6.1.4 实战演练——设置屏幕中文本的对齐方式............................. 120
- 6.2 按钮（UIButton）........................... 121
  - 6.2.1 按钮基础.. 121
  - 6.2.2 实战演练——按下按钮后触发一个事件................................. 122
  - 6.2.3 实战演练——在屏幕中显示不同的按钮................................. 123

第7章 滑块、步进和图像

- 7.1 滑块控件（UISlider）..................... 127
  - 7.1.1 使用UISlider控件的基本方法...... 127
  - 7.1.2 实战演练——滑动滑块时显示对应的值............................. 128

7.1.3 实战演练——滑动滑块控制
文字的大小 130
7.2 步进控件（UIStepper）.................. 131
7.3 图像视图控件（UIImageView）.... 132
　　7.3.1 UIImageView的常用
操作 132
7.3.2 实战演练——在屏幕中显示
图像 136
7.3.3 实战演练——在屏幕中绘制
一幅图像 137
7.3.4 实战演练——在屏幕中绘图
时设置透明度 138

第8章　使用开关控件和分段控件

8.1 开关控件（UISwitch）.................. 143
　　8.1.1 开关控件基础 143
　　8.1.2 实战演练——改变UISwitch的
文本和颜色 143
　　8.1.3 实战演练——显示具有开关
状态的开关 146
　　8.1.4 实战演练——联合使用
UISlider与UISwitch控件 148
8.2 分段控件 150

8.2.1 分段控件的属性和方法 151
8.2.2 实战演练——使用
UISegmentedControl控件 153
8.2.3 实战演练——选择一个分段卡
后可以改变屏幕的背景颜色 157
8.2.4 实战演练——设置分段卡的
显示样式 158
8.2.5 实战演练——设置不显示分
段卡的选择状态 159

第9章　提醒和操作表

9.1 提醒视图（UIAlertView）.................. 162
　　9.1.1 UIAlertView基础 162
　　9.1.2 不同的提醒效果 166
　　9.1.3 实战演练——实现一个自定义
提醒对话框 168

9.2 操作表（UIActionSheet）.................. 171
　　9.2.1 操作表的基本用法 172
　　9.2.2 响应操作表 173
　　9.2.3 使用UIActionSheet的流程 174

第10章 工具栏和选择器

- 10.1 工具栏（UIToolbar） 178
  - 10.1.1 工具栏基础 178
  - 10.1.2 修改UIToolBar的背景颜色 179
  - 10.1.3 实战演练——联合使用 UIToolBar和UIView 180
  - 10.1.4 实战演练——分别实现一个 播放、暂停按钮 182
- 10.2 选择器视图（UIPickerView） 185
  - 10.2.1 选择器视图基础 186
  - 10.2.2 实战演练——实现两个 UIPickerView控件间的数据 依赖 188
- 10.3 日期选择器（UIDatePicker） 193
  - 10.3.1 UIDatePicker基础 193
  - 10.3.2 实战演练——使用 UIDatePicker 196
  - 10.3.3 实战演练——实现一个日期 选择器 199

第11章 表视图（UITable）

- 11.1 表视图基础 208
  - 11.1.1 表视图的外观 208
  - 11.1.2 表单元格 208
  - 11.1.3 添加表视图 209
  - 11.1.4 UITableView详解 212
- 11.2 实战演练 216
  - 11.2.1 实战演练——拆分表视图 216
  - 11.2.2 实战演练——列表显示18条 数据 219
  - 11.2.3 实战演练——分段显示列表 中的数据 221
  - 11.2.4 实战演练——删除单元格 223

第12章 活动指示器、进度条和检索条

- 12.1 活动指示器 （UIActivityIndicatorView） 227
  - 12.1.1 活动指示器基础 227
  - 12.1.2 实战演练——实现一个播放器 的活动指示器 227
- 12.2 进度条（UIProgressView） 230

12.2.1 进度条基础 230
12.2.2 实战演练——实现一个蓝色进度条效果 230
12.3 检索条（UISearchBar） 232
12.3.1 检索条基础 232
12.3.2 实战演练——在屏幕中实现一个检索框效果 233
12.3.3 实战演练——实现一个实时显示检索框效果 234
12.3.4 实战演练——设置检索框的背景颜色 236
12.3.5 实战演练——在检索框中添加一个书签按钮 237

第13章 导航控制和弹出框处理

13.1 视图控制器（UIViewController） ... 241
13.1.1 UIViewController基础 241
13.1.2 实战演练——实现不同界面之间的跳转处理 241
13.2 导航控制器（UINavigationController） 244
13.2.1 导航栏、导航项和栏按钮项 ... 244
13.2.2 UINavigationController详解 245
13.2.3 在故事板中使用导航控制器 ... 248
13.2.4 使用 UINavigationController 的流程 250
13.2.5 实战演练——实现不同视图的切换 250
13.3 选项卡栏控制器（UITabBarController） 255
13.3.1 选项卡栏和选项卡栏项 255
13.3.2 在选项卡栏控制器管理的场景之间共享数据 258
13.3.3 UITabBarController使用详解 ... 258
13.3.4 实战演练——实现不同场景的切换 261
13.4 多场景故事板 265
13.4.1 多场景故事板基础 266
13.4.2 创建多场景项目 266
13.4.3 实战演练——使用第二个视图来编辑第一个视图中的信息 ... 272
13.5 iPad弹出框 277
13.5.1 创建弹出框 278
13.5.2 创建弹出切换 278
13.5.3 手工显示弹出框 280
13.5.4 响应用户关闭弹出框 280
13.5.5 以编程方式创建并显示弹出框 281
13.5.6 实战演练——使用弹出框更新内容 283
13.6 分割视图控制器 286
13.6.1 分割视图控制器基础 287
13.6.2 使用表视图 288

第14章 图形、图像、图层和动画

- 14.1 图形处理 296
  - 14.1.1 iOS的绘图机制 296
  - 14.1.2 实战演练——在屏幕中绘制一个三角形 297
- 14.2 图像处理 300
  - 14.2.1 实战演练——实现颜色选择器/调色板功能 300
  - 14.2.2 实战演练——实现滑动颜色选择器/调色板功能 302
- 14.3 图层 306
  - 14.3.1 图层基础 306
  - 14.3.2 实战演练——在屏幕中实现3个重叠的矩形 307
  - 14.3.3 实战演练——实现图层的变换 308
- 14.4 实现动画效果 312
  - 14.4.1 UIImageView动画 312
  - 14.4.2 视图动画UIView 313
  - 14.4.3 Core Animation详解 317
  - 14.4.4 实战演练——实现"烟花"效果 320
- 14.5 访问声音服务 322
  - 14.5.1 声音服务基础 323
  - 14.5.2 实战演练——播放声音文件 324
- 14.6 提醒和震动 329
  - 14.6.1 播放提醒音 330
  - 14.6.2 实战演练——实现iOS的提醒功能 330

第15章 定位处理

- 15.1 Core Location框架 342
  - 15.1.1 Core Location基础 342
  - 15.1.2 使用流程 342
- 15.2 获取位置 345
  - 15.2.1 位置管理器委托 345
  - 15.2.2 处理定位错误 346
  - 15.2.3 位置精度和更新过滤器 347
  - 15.2.4 获取航向 348
- 15.3 地图功能 349
  - 15.3.1 Map Kit基础 349
  - 15.3.2 为地图添加标注 350
- 15.4 实战演练——创建一个支持定位的应用程序 351
  - 15.4.1 创建项目 352
  - 15.4.2 设计视图 353
  - 15.4.3 创建并连接输出口 354
  - 15.4.4 实现应用程序逻辑 355
  - 15.4.5 生成应用程序 357

第16章 和互联网接轨

16.1 UIWebView控件 359
16.2 实战演练——显示指定的网页 359
16.3 实战演练——控制屏幕中的
　　 网页 361
16.4 实战演练——加载显示PDF、
　　 Word和JPEG图片 364
16.5 实战演练——在网页中加载
　　 HTML代码 366
16.6 实战演练——在网页中实现
　　 触摸处理 368

第17章 多点触摸和手势识别

17.1 多点触摸和手势识别
　　 基础 374
17.2 触摸处理 374
　　 17.2.1 触摸事件和视图 375
　　 17.2.2 实战演练——触摸屏幕中的
　　　　　 按钮 379
　　 17.2.3 实战演练——同时滑动屏幕
　　　　　 中的两个滑块 381
17.3 手势处理 382
　　 17.3.1 手势处理基础 382
　　 17.3.2 实战演练——实现一个手势
　　　　　 识别器 386

第18章 地址簿、邮件和Twitter

18.1 地址簿 396
　　 18.1.1 框架Address Book UI 396
　　 18.1.2 框架Address Book 397
18.2 电子邮件 398
18.3 使用Twitter发送推特信息 399
18.4 实战演练——联合使用地址簿、
　　 电子邮件、Twitter和地图 400
　　 18.4.1 创建项目 401
　　 18.4.2 设计界面 401
　　 18.4.3 创建并连接输出口和操作 402
　　 18.4.4 实现地址簿逻辑 403
　　 18.4.5 实现地图逻辑 405
　　 18.4.6 实现电子邮件逻辑 407
　　 18.4.7 实现Twitter逻辑 408
　　 18.4.8 生成应用程序 409

第19章 读写应用程序数据

- 19.1 iOS应用程序和数据存储 411
- 19.2 用户默认设置 411
- 19.3 设置束 412
  - 19.3.1 设置束基础 413
  - 19.3.2 实战演练——通过隐式首选项实现一个手电筒程序 414
- 19.4 直接访问文件系统 418
  - 19.4.1 应用程序数据的存储位置 419
  - 19.4.2 获取文件路径 419
  - 19.4.3 读写数据 420
  - 19.4.4 读取和写入文件 421
  - 19.4.5 通过plist文件存取文件 422
  - 19.4.6 保存和读取文件 424
  - 19.4.7 文件共享和文件类型 425
  - 19.4.8 传递一个文档 425
  - 19.4.9 实战演练——实现一个收集用户信息的程序 426
- 19.5 iCloud存储 431
- 19.6 使用SQLite3存储和读取数据 432

第20章 开发通用的项目程序

- 20.1 开发通用应用程序 439
  - 20.1.1 图标文件 440
  - 20.1.2 启动图像 441
- 20.2 实战演练——使用通用程序模板创建通用应用程序 441
  - 20.2.1 创建项目 441
  - 20.2.2 设计界面 442
  - 20.2.3 创建并连接输出口 443
  - 20.2.4 实现应用程序逻辑 443
- 20.3 实战演练——使用视图控制器 444
  - 20.3.1 创建项目 445
  - 20.3.2 设计界面 446
  - 20.3.3 创建并连接输出口 446
  - 20.3.4 实现应用程序逻辑 447
  - 20.3.5 生成应用程序 447
- 20.4 实战演练——使用多个目标 448
  - 20.4.1 将iPhone目标转换为iPad目标 448
  - 20.4.2 将iPad目标转换为iPhone目标 449
- 20.5 实战演练——创建基于"主-从"视图的应用程序 449
  - 20.5.1 创建项目 450
  - 20.5.2 调整iPad界面 451
  - 20.5.3 调整iPhone界面 452
  - 20.5.4 实现应用程序数据源 453
  - 20.5.5 实现主视图控制器 456
  - 20.5.6 实现细节视图控制器 458
  - 20.5.7 生成应用程序 459

第21章 公交路线查询系统

- 21.1 系统介绍 461
- 21.2 系统主界面 461
  - 21.2.1 线路查询视图 462
  - 21.2.2 线路详情模块 467
  - 21.2.3 线路中某站详情 472
- 21.3 站站查询 478
  - 21.3.1 站站查询主视图 479
  - 21.3.2 站站查询详情视图 490
- 21.4 收藏历史 493
- 21.5 地图信息 501
  - 21.5.1 地图主视图 501
  - 21.5.2 Web地图视图 504
- 21.6 系统设置 506
  - 21.6.1 主视图 506
  - 21.6.2 当前城市视图 514
  - 21.6.3 数据下载视图 518

第 1 章
iOS开发基础

　　iOS是一款强大的智能手机操作系统,被广泛地应用于iPhone、iPad和iTouch等苹果公司的系列产品设备中。iOS通过这些移动设备,向用户展示了一个多点触摸界面、可始终在线、视频以及众多内置传感器的界面。现当今市面应用中,最新的、最流行的版本是iOS 7。本章将带领读者一起来认识iOS这款神奇的系统,为后面知识的学习打下基础。

1.1 全新的iOS 7系统

Mac（苹果公司）iOS是由苹果公司开发的手持设备操作系统，最早于2007年1月9日的Macworld大会上公布这个系统。iOS最初是设计给iPhone使用的，后来陆续套用到iPod Touch、iPad以及Apple TV等苹果产品上。iOS与苹果的Mac OS X操作系统一样，本来这个系统名为iPhone OS，直到2010年6月7日WWDC大会上宣布改名为iOS。截至2013年12月，根据Canalys的数据显示，iOS已经占据了全球智能手机系统市场份额的37%，在美国的市场占有率为45%。

▶ 1.1.1 iOS发展史

iOS最早于2007年1月9日的苹果Macworld展览会上公布，随后同年的6月发布第一版iOS操作系统，当初的名称为"iPhone运行OS X"。当时的苹果公司CEO斯蒂夫·乔布斯先生说服了各大软件公司以及开发者先搭建低成本的网络应用程序（WEB APP），这样可以使得它们能像iPhone的本地化程序一样来测试"iPhone运行OS X"平台。

2007年10月17日，苹果公司发布了第一个本地化iPhone应用程序开发包（SDK）。

2008年3月6日，苹果发布了第一个测试版开发包，并且将iPhone runs OS X改名为iPhone OS。

2008年9月，苹果公司将iPod Touch的系统也换成了iPhone OS。

2010年2月27日，苹果公司发布iPad，iPad同样搭载了iPhone OS。

2010年6月，苹果公司将iPhone OS改名为iOS，同时还获得了思科iOS的名称授权。

2010年第四季度，苹果公司的iOS占据了全球智能手机操作系统26%的市场份额。

2011年10月4日，苹果公司宣布iOS平台的应用程序已经突破50万个。

2012年2月，iOS应用总量达到552 247个，其中游戏应用最多，达到95 324个，比重为17.26%；书籍类以60 604个排在第二，比重为10.97%；娱乐应用排在第三，总量为56 998个，比重为10.32%。

2012年6月，苹果公司在 WWDC 2012 上推出了全新的iOS 6，提供了超过200项新功能。

2013年6月11日，在WWDC大会上苹果公司发布iOS 7系统。全新的系统采用了一套全新的配色方案，整个界面有很明显的半透明果冻色，拨号、天气、日历、短信等几乎所有应用的交互界面都进行了重新设计，整体看来更为动感、时尚。全新的iOS 7系统，可应用在iPhone 4及以上机型中。

▶ 1.1.2 iOS 7的全新功能

iOS 7发布后让人有眼前一亮的感觉，由于新系统加入了大量的3D效果，加之部分功能全部采用了悬浮式半透明结构设计，这让iOS 7看起来既有科技感又清新。

除了全新的扁平化界面外，苹果还重新设计了iOS 7的控制中心，并且新系统支持真正的多任务（卡片式），同时加入了不少手势操作功能。下面就来看看iOS 7的新功能吧。

- iOS 7增加了AirDrop功能，iOS用户可以在多台设备之间分享文件，操作也非常简单，选中相关文件发送给网内指定的人即可，不过该功能的设备只支持iPhone 5、iPad 4、iPad Mini以及iPod Touch 5。
- iOS 7中的Siri除了换上新的界面外，还支持车载导航设备（可以在汽车显示屏当中查看信息、拨打电话），并且加入男声和一个全新的接口（整合更多的第三方功能与服务），此外Siri还整合了维基百科和Twitter的内容。
- iOS 7中的Safari支持全屏显示、智能搜索功能以及酷炫的窗口切换3D效果，同时还改进了收藏夹和标签体验，增加了家长控制和iCloud钥匙串功能。
- iOS 7还带来了全新拍照功能，首先在拍照应用中加入了Square特性和各式各样的滤镜效果，同时相册中照片可以按照时间进行自动分类，用户还可以把照片分享到别人的"相片流"里。
- iOS 7的原生应用中加入了全新的手势操作，通过手势返回到主界面（多任务处理过程中，用户可以左右滑动来选择切换应用），同时App Store具有自动更新的特性，系统可以在后台自动更新软件。
- iOS 7的控制中心中加入了"手电筒"功能，而天气应用也经过了大幅改动，缩放查看天气综述采用了动态天气背景。
- iOS 7整合了苹果新的iTunes Radio流媒体音乐服务。

除此之外，iOS 7还有大量的改进，包括邮件搜索的改进、App Store的购买改进、Safari的防数据追踪、与腾讯微博的合作、Wi-Fi的升级、Map的黑夜模式、智能邮箱系统、PDF阅读、企业版的登录、单个APP VPN、长MMS短信等。

图1-1 全新的iOS 7界面

全新的iOS 7界面的效果如图1-1所示。

1.2 从iPhone到iPad

对于广大开发人员来说，无需纠结于开发的程序是否能在不同的硬件设备中运行。只要是iOS程序，就可以在支持iOS系统的设备中运行。在当前的iOS开发项目中，主要是开发两类程序：iPhone程序和iPad程序，这两者的屏幕大小不一样。本节将简要讲解两款运行iOS系统最主流的产品。

1.2.1 让世界疯狂的iPhone

iPhone是一个集合了照相、个人数码助理、媒体播放器以及无线通信设备的掌上智能手机。iPhone最早由史蒂夫·乔布斯在2007年1月9日举行的Macworld宣布推出，2007年6月29日在美国上市。2007年6月29日，iPhone 2G在美国上市。2008年7月11日，苹果公司推出3G iPhone。2010年6月8日凌晨1点，乔布斯发布了iPhone 4。2011年10月5日凌晨，iPhone 4S发布。2012年9月13日凌晨（美国时间9月12日上午）iPhone 5发布。全新的iPhone 5如图1-2所示。

与上一代产品iPhone 4S相比，iPhone 5更轻薄，屏幕尺寸更大，它的厚度大概是7.6毫米，比前一代是薄了18%；重量在112克左右，比4S轻了20%；采用速度更快的A6处理器，整体外观也拉长。iPhone 5屏幕的尺寸扩大到4英寸，屏幕的比例是16:9，应用软件的图标比前一代增加了一行。iPhone 5的运算速度两倍于4S，4S采用的是A5处理器，而新的处理器的尺寸缩小了22%。iPhone 5支持4G技术的LTE网络。

图1-2　全新的iPhone 5

1.2.2　改变世界的iPad

iPad是一款苹果公司于2010年发布的平板电脑的名称，定位介于苹果的智能手机iPhone和笔记本电脑产品之间，通体只有4个按键。与iPhone布局一样，提供了浏览互联网、收发电子邮件、观看电子书、播放音频和播放视频等功能。

2010年1月27日，在美国旧金山欧巴布也那艺术中心（芳草地艺术中心）所举行的苹果公司发布会上，平板电脑iPad正式发布。

2012年3月8日，苹果公司在美国芳草地艺术中心发布第三代iPad。受到市场普遍期待的苹果新一代平板电脑的外形与iPad 2相似，但电池容量增大，有三块4000mAh锂电池，芯片使用A5X双核处理器速度更快，配四核GPU图形处理器功能增强，并且在美国的售价与iPad 2一样。第三代iPad如图1-3所示。

图1-3　第三代iPad

1.3 开发前的准备——加入iOS开发团队

要想成为一名iOS开发人员，首先需要拥有一台Intel Macintosh台式机或笔记本电脑，并运行苹果的操作系统，例如Snow Leopard或Lion。硬盘至少有6GB的可用空间，并且开发系统的屏幕越大越好。对于广大初学者来说，建议购买一台Mac机器，因为这样开发效率更高，更加能获得苹果公司的支持，也避免一些因为不兼容所带来的调试错误。除此之外，还需要加入Apple开发人员计划。

其实，无需任何花费即可加入到Apple开发人员计划（Developer Program），然后下载iOS SDK（软件开发包）、编写iOS应用程序，并且在Apple iOS模拟器中运行它们。但是毕竟收费与免费之间还是存在一定的区别：免费会受到较多的限制。例如要想获得iOS和SDK的Beta版，必须是付费成员。要将编写的应用程序加载到iPhone中或通过App Store发布它们，也需支付会员费。

注意

本书的大多数应用程序都可在免费工具提供的模拟器中正常运行。如果不确定成为付费成员是否合适，建议读者先不要急于成为付费会员，而是先成为免费成员，在编写一些示例应用程序并在模拟器中运行它们后再升级为付费会员。因为，模拟器不能精确地模拟移动传感器输入和GPS数据等应用，所以建议有条件的读者付费成为付费会员。

如果读者准备选择付费模式，付费的开发人员计划提供了两种等级：标准计划（99美元）和企业计划（299美元），前者适用于要通过App Store发布其应用程序的开发人员，而后者适用于开发的应用程序要在内部（而不是通过App Store）发布的大型公司（雇员超过500）。其实无论是公司用户还是个人用户，都可选择标准计划（99美元）。在将应用程序发布到AppStore时，如果需要指出公司名，则在注册期间会给出标准的"个人"或"公司"计划选项。

无论是大型企业还是小型公司，无论是要成为免费成员还是付费成员，都要先登录Apple的官方网站，并访问Apple iOS开发中心（http://www.apple.com.cn/developer/ios/index.html）注册成为会员，如图1-4所示。

图1-4　Apple iOS的开发中心

如果通过使用iTunes、iCloud或其他Apple服务获得了Apple ID，可以将该ID用作开发账户。如果目前还没有Apple ID，或者需要新注册一个专门用于开发的新ID，可通过注册的方法创建一个新Apple ID。注册界面如图1-5所示。

图1-5　注册Apple ID

单击图1-5中的Create Apple ID按钮，可以创建一个新的Apple ID账号。注册成功后输入登录信息登录，登录成功后的界面如图1-6所示。

图1-6　使用Apple ID账号登录

在成功登录Apple ID后，可以决定是加入付费的开发人员计划还是继续使用免费资源。要加入付费的开发人员计划，需要再次将浏览器指向iOS开发计划网页http://developer.apple.com/programs/ios/，单击Enron New链接可以马上加入。阅读说明性文字后，单击Continue按钮按照提示加入。当系统提示时选择I'm Registered as a Developer with Apple and Would Like to Enroll in a Paid Apple Developer Program，再单击Continue按钮。注册工具会引导我们申请加入付费的开发人员计划，包括在个人和公司选项之间做出选择。

1.4 安装Xcode

对于程序开发人员来说，好的开发工具能够达到事半功倍的效果，学习iOS开发也是如此。如果使用的是Lion或更高版本，下载iOS开发工具将会变得非常容易，只需通过简单的单击操作即可。具体方法是在Dock中打开Apple Store，搜索Xcode并免费下载它，然后等待Mac下载大型安装程序（约3GB）。如使用的不是Lion，可以从iOS开发中心（http://developer.apple.com/ios）下载最新版本的iOS开发工具。

> 如果是免费成员，登录iOS开发中心后，很可能只能看到一个安装程序，它可安装Xcode和iOS SDK（最新版本的开发工具）；如果是付费成员，可能看到指向其他SDK版本（5.1、6.0等）的链接。本书的示例基于7.0+系列iOS SDK，因此如果看到该选项，请务必选择它。

1.4.1 Xcode概述

Xcode是一款强大的专业开发工具，可以简单、快速而且以我们熟悉的方式执行绝大多数常见的软件开发任务。相对于创建单一类型的应用程序所需要的能力而言，Xcode要强大得多，它的设计目的是使我们可以创建任何想象得到的软件产品类型，从Cocoa及Carbon应用程序，到内核扩展及Spotlight导入器等各种开发任务，Xcode都能完成。通过使用Xcode独具特色的用户界面，可以帮助我们以各种不同的方式来漫游工具中的代码，并且可以访问工具箱下面的大量功能，包括GCC、javac、jikes和GDB，这些功能都是制作软件产品需要的。Xcode是一个由专业人员设计的、由专业人员使用的工具。

由于能力出众，Xcode已经被Mac开发者社区广为采纳。而且随着苹果电脑向基于Intel的Macintosh迁移，转向Xcode变得比以往的任何时候更加重要。这是因为使用Xcode可以创建通用的二进制代码，这里所说的通用二进制代码是一种可以把PowerPC和Intel架构下的本地代码同时放到一个程序包的执行文件格式。事实上，对于还没有使用过Xcode工具的开发人员来说，通过Xcode是将应用程序编译为通用二进制代码的第一个必要的步骤。

1.4.2 iOS SDK介绍

iOS SDK是苹果公司提供的iPhone开发工具包，包括了界面开发工具、集成开发工具、框架工具、编译器、分析工具、开发样本和模拟器。在iOS SDK中，还包含了Xcode IDE和iPhone模拟器等一系列其他工具。苹果官方发布的iOS SDK则将这部分底层API进行了包装，用户的程序只能和苹果提供的iOS SDK中定义的类进行对话，而这些类再和底层的API进行对话。

1. iOS SDK的优点和缺点

苹果官方iOS SDK的优点如下。
- 开发环境几乎和开发Mac软件一样，一样的Xcode、Interface Builder、Instruments工具。
- 最新版本的iOS SDK可以使用Interface Builder制作界面。
- 环境搭建非常容易。
- 需要代码签名以避免恶意软件。

使用官方iOS SDK开发的软件经过苹果的认可，即可发布在苹果未来内置App Store程序中。用户可以通过App Store直接下载或通过iTunes下载软件并安装到iPhone中。

苹果官方iOS SDK的缺点如下。

- CoreSurface（硬件显示设备）、Celestial（硬件音频设备）以及其他几乎所有和硬件相关的处理无法实现。
- 无法开发后台运行的程序。
- 需要代码签名才能够在真机调试。
- 只能在Leopard 10.5.2以上版本、Intel Mac机器进行开发。

2. iOS程序框架

iOS程序一共有两类框架，一类是游戏框架，另一类是非游戏框架，接下来将要介绍的是非游戏框架，即基于iPhone用户界面标准控件的程序框架。

典型的iOS程序包含一个Window（窗口）和几个UIViewController（视图控制器），每个UIViewController可以管理多个UIView（在iPhone里看到的、摸到的都是UIView，可能是UITableView、UIWebView、UIImageView等）。这些UIView之间如何进行层次迭放、显示、隐藏、旋转、移动等都由UIViewController进行管理，而UIViewController之间的切换，通常情况是通过UINavigationController、UITabBarController或UISplitViewController进行。

（1）UINavigationController

UINavigationController是用于构建分层应用程序的主要工具，它维护了一个视图控制器栈，任何类型的视图控制器都可以放入。UINavigationController在管理以及换入和换出多个内容视图方面，与UITabBarController（标签控制器）类似。两者间的主要不同在于UINavigationController是作为栈来实现，它更适合用于处理分层数据。另外，UINavigationController还有一个作用是用做顶部菜单。

当程序具有层次化的工作流时，就比较适合使用UINavigationController来管理UIViewController，即用户可以从上一层界面进入下一层界面，在下一层界面处理完以后又可以简单地返回到上一层界面。UINavigationController使用堆栈的方式来管理UIViewController。

（2）UITabBarController

当应用程序需要分为几个相对比较独立的部分时，就比较适合使用UITabBarController来组织用户界面。如图1-7所示，屏幕底部被划分成两个部分。

图1-7 UITabBarController的作用

（3）UISplitViewController

UISplitViewController属于iPad特有的界面控件，适合用于"主-从"界面的情况（Master View—Detail View），Detail view跟随Master View进行更新。如图1-8所示，屏幕左边（Master View）是主菜单，单击每个菜单，则屏幕右边（Detail View）就进行刷新。屏幕右边的界面内容又可以通过UINavigationController进行组织，以便用户进入Detail View进行更多操作。用户界面以这样的方式进行组织，使得程序内容清晰，非常有条理，是组织用户界面导航很好的方式。

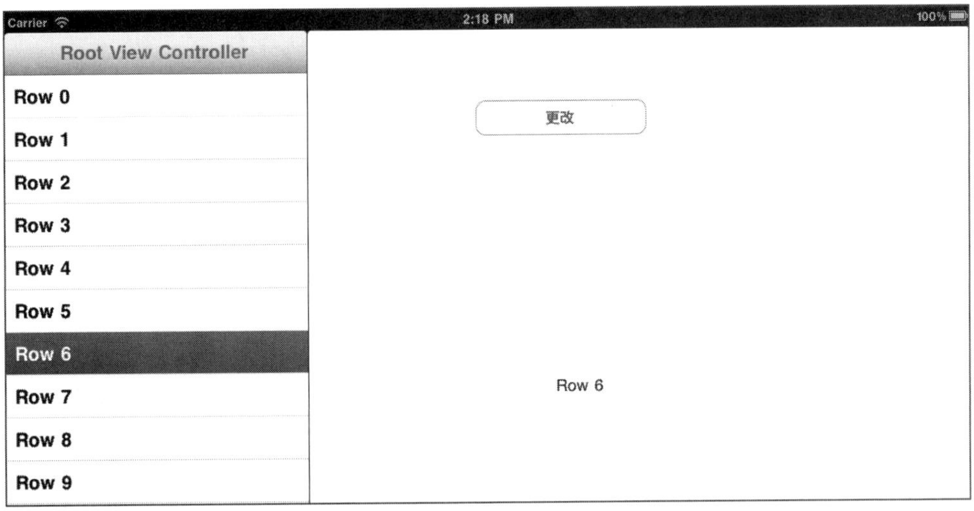

图1-8　UISplitViewController的作用

1.4.3　下载并安装Xcode

通过使用Xcode，不但可以开发iPhone程序，而且也可以开发iPad程序。另外，Xcode还是完全免费的，通过它提供的模拟器可以在电脑上测试iOS程序。如果要发布iOS程序或在真实机器上测试iOS程序的话，则需要花费99美元。

1. 下载Xcode

步骤1　下载的前提是先注册成为一名开发人员。苹果开发页面主页https://developer.apple.com/如图1-9所示。

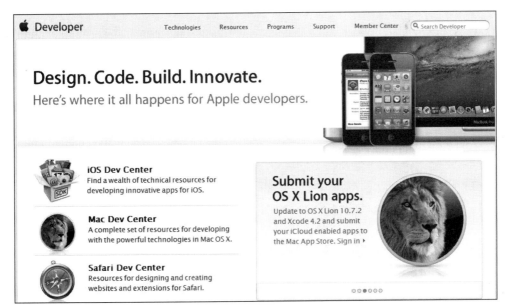

图1-9　苹果开发页面主页

步骤 2　登录Xcode的下载页面http://developer.apple.com/devcenter/ios/index.action，如图1-10所示。

图1-10　Xcode的下载页面

步骤 3　单击View on the Mac App Store链接，在苹果应用商店下载Xcode，在下载之前需要先用自己的Apple ID登录苹果商店。

使用App Store来获取Xcode，这种方式的优点是完全自动，操作方便。

2. 安装Xcode

步骤 1　下载完成后会发现安装文件xcode_5_developer_preview，双击.dmg格式文件开始安装。

步骤 2　在弹出的对话框中将左侧的Xcode5-DP拖至右侧的Applications中，如图1-11所示。

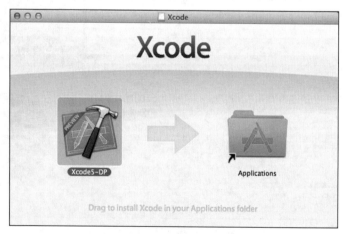

图1-11　拖曳Xcode5-DP

步骤 3 完成后在新弹出的界面中显示拷贝进度，如图1-12所示。

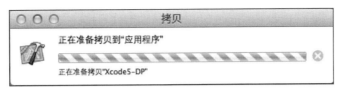

图1-12 显示拷贝进度

步骤 4 在弹出的欢迎界面中单击Agree按钮，如图1-13所示。

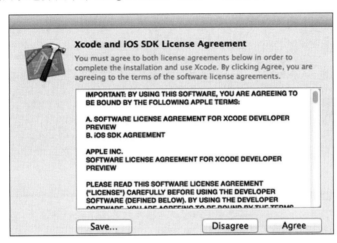

图1-13 单击Agree按钮

步骤 5 在弹出的对话框中单击Install按钮开始安装，如图1-14所示。

图1-14 单击Install按钮

步骤 6 在弹出的对话框中输入用户名和密码，然后单击"好"按钮，如图1-15所示。

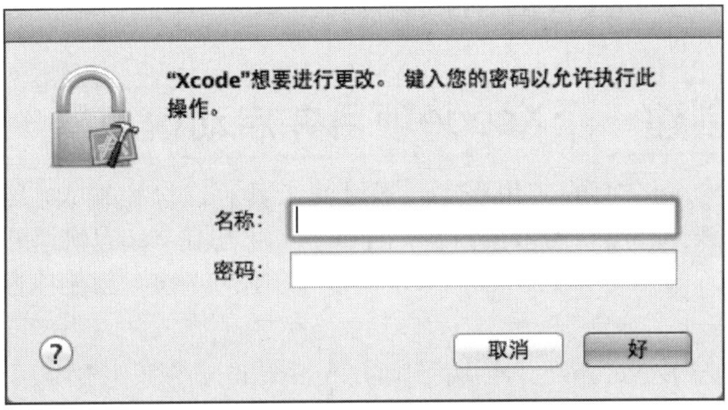

图1-15 单击"好"按钮

步骤 7　在弹出的新对话框中显示安装进度，安装完成后会显示Xcode 5的初始启动界面，如图1-16所示。

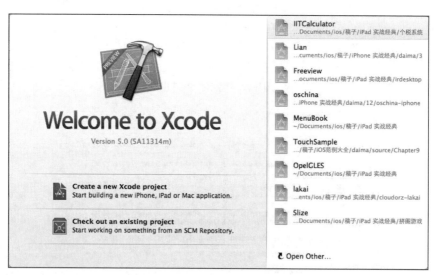

图1-16　Xcode 5的初始启动界面

（1）考虑到很多初学者是学生用户，如果没有购买苹果机的预算，可以在Windows系统上采用虚拟机的方式安装OS X系统。

（2）无论读者们是已经有一定Xcode经验的开发者，还是刚刚开始迁移的新用户，都需要对Xcode的用户界面及如何用Xcode组织软件工具有一些理解，这样才能真正高效地使用这个工具。这种理解可以大大加深对隐藏在Xcode背后的哲学的认识，并帮助更好地使用Xcode。

（3）建议读者将Xcode安装在OS X的Mac机器上，也就是装有苹果系统的苹果机上。通常来说，在苹果机器的OS X系统中已经内置了Xcode，默认目录是/Developer/Applications。

1.5　熟悉Xcode集成环境

经过本书前面内容的讲解之后，接下来将详细讲解使用Xcode集成开发环境的基本知识，为读者步入后面知识的学习打下坚实的基础。

1.5.1　创建一个Xcode项目并启动模拟器

Xcode是一款功能全面的应用程序，通过此工具可以轻松输入、编译、调试并执行Objective-C（是开发iOS项目的最佳语言）程序。如果想在Mac上快速开发iOS应用程序，则必须学会使用这个强大的工具。接下来将简单介绍使用Xcode创建项目并启动iOS模拟器的方法。

步骤 1　Xcode位于Developer文件夹内中的Applications子文件夹中，快捷图标如图1-17所示。

步骤 2 启动Xcode，单击Create a new Xcode project选项后弹出选择模板对话框，如图1-18所示。

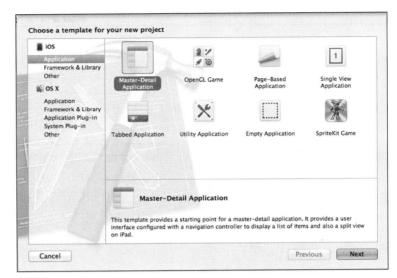

图1-17　Xcode快捷图标

图1-18　选择模板对话框

步骤 3 在New Project窗口的左侧，显示了可供选择的模板类别，因为我们的重点是iOS Application，所以在此需要确保选择了它。而在右侧显示了当前类别中的模板以及当前选定模板的描述。就这里而言，可单击模板Empty Application（空应用程序），再单击Next（下一步）按钮。

步骤 4 单击Next按钮后，在新界面中Xcode将要求指定产品名称和公司标识符。产品名称就是应用程序的名称，而公司标识符是创建应用程序的组织或个人的域名，但按相反的顺序排列。这两者组成了结束标识符，它将您的应用程序与其他iOS应用程序区分开来，如图1-19所示。例如将要创建一个名为Hello的应用程序，这是产品名。设置域名是teach.com，因此将公司标识符设置为com.teach。如果没有域名，开始开发时可使用默认标识符。

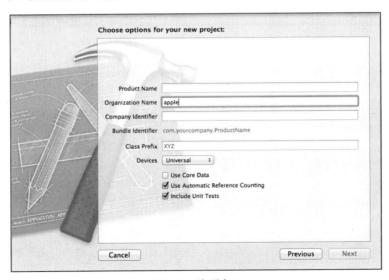

图1-19　选项窗口

步骤 5 将产品名设置为Hello，然后设置选择的公司标识符。保留文本框Class Prefix为空。从Devices下拉列表中选择使用的设备（iPhone或iPad），并确保选中了复选框Use Automatic Reference Counting（使用自动引用计数）。不要选中复选框Include Unit Tests（包含单元测试），界面效果类似于图1-20。

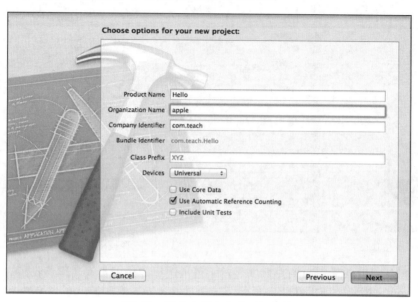

图1-20　指定产品名和公司标示符

步骤 6 单击Next按钮，Xcode将要求选择项目的存储位置。切换到硬盘中合适的文件夹。确保没有选择Source Control复选框，再单击Create（创建）按钮，Xcode将创建一个名称与项目名相同的文件夹，并将所有相关联的模板文件都放到该文件夹中，如图1-21所示。

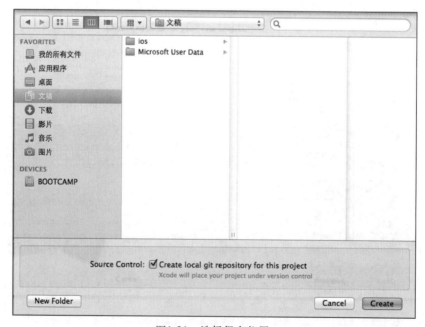

图1-21　选择保存位置

步骤 7　在Xcode中创建或打开项目后，将出现一个类似于iTunes的窗口，可以使用它来完成所有的工作，包括从编写代码到设计应用程序界面。如果是第一次接触Xcode，会发现有很多复杂的按钮、下拉列表和图标。下面首先介绍该界面的主要功能区域，如图1-22所示。

图1-22　Xcode界面

步骤 8　运行iOS模拟器的方法十分简单，只需单击左上角的 按钮即可。例如iPhone模拟器的运行效果如图1-23所示。

图1-23　iPhone模拟器的运行效果

在笔者写作本书时，Xcode的测试版还不能使用iPad模拟器，苹果公司建议在最新的完整版本中使用iPad模拟器。

1.5.2　Xcode集成开发环境简介

1. 改变公司名称

通过Xcode编写代码，代码的头部会有类似于如图1-24所示的内容。

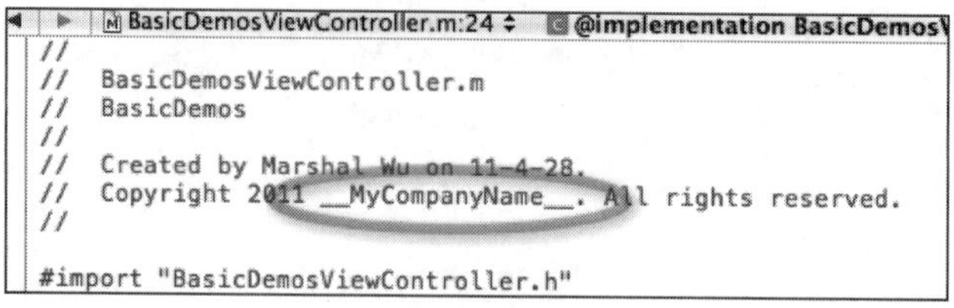

图1-24　头部内容

在此需要将这部分内容改为公司的名称或者项目的名称。在xcode 3.2.x版本之前，需要命令行设置变量。之后就可以通过Xcode的配置项进行操作了，具体操作步骤分别如图1-25和图1-26所示。

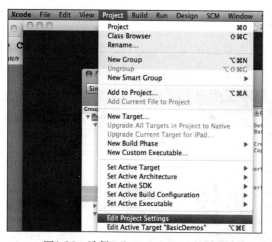

图1-25　选择Edit Project Settings选项

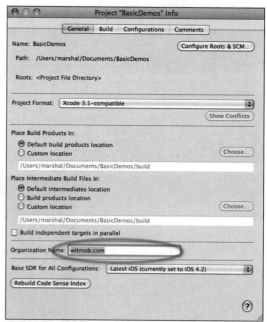

图1-26　设置显示的内容

这样如果再创建文件，就会产生如图1-27所示的效果了。

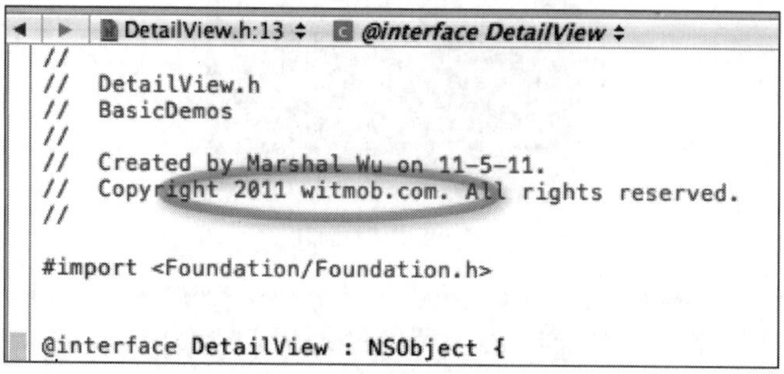

图1-27　创建文件时自动生成的内容

2. 通过搜索框缩小文件范围

当项目开发到一段时间后，源代码文件会越来越多。如果这时再从Groups & Files界面去选择，开发效率比较差。此时可以借助Xcode的浏览器窗口，如图1-28所示。

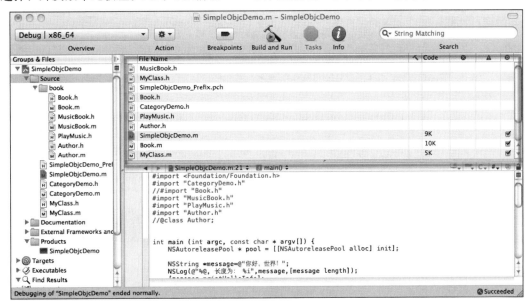

图1-28　Xcode的浏览器窗口

如果不喜欢显示这个窗口，也可以通过快捷键Shift+Command+E来切换是否显示。在图1-28的搜索框中可以输入关键字，这样浏览器窗口里只显示带关键字的文件了，比如只想看Book相关的类，效果如图1-29所示。

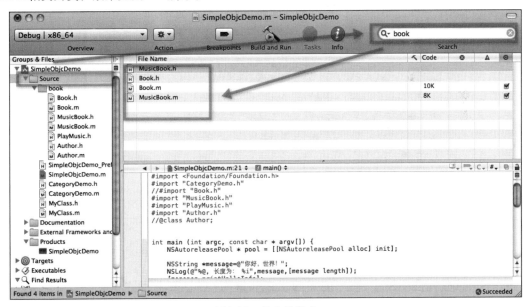

图1-29　输入关键字

3. 格式化代码

在如图1-30所示的界面中，有很多行都顶格了，此时需要进行格式化处理。

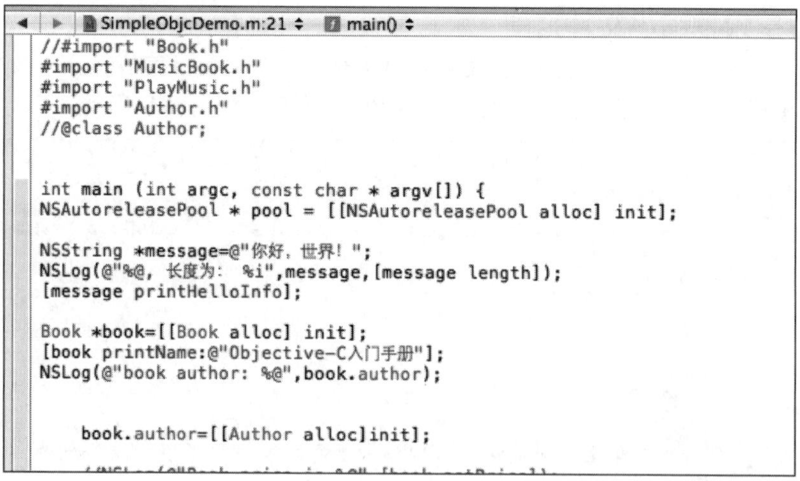

图1-30 多行都顶格

选中需要格式化的代码，然后在上下文菜单中进行查找，这是比较规矩的办法，如图1-31所示。

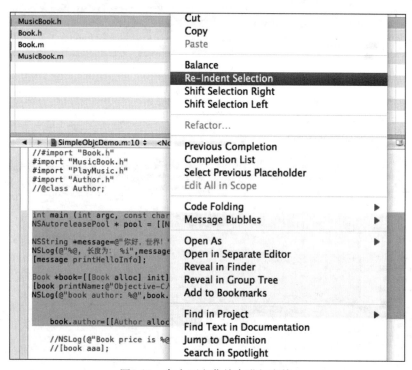

图1-31 在上下文菜单中进行查找

4. 缩进代码

有的时候代码需要缩进，有的时候又要做相反的操作。单行缩进和其他编辑器类似，只需使用Tab键即可。如果选中多行，则需要使用快捷键了，其中Command+]表示缩进，Command+[表示反向缩进。

5. 代码的自动完成

使用IDE工具的一大好处是，能够帮助自动完成冗长的类型名称。Xcode提供了这方面的功能，比如下面代码输出日志：

```
NSLog(@"book author: %@",book.author);
```

如果输入上述代码会非常麻烦，可以先输入ns，然后使用快捷键Control+.，会自动出现如下代码：

```
NSLog(NSString * format)
```

再填写参数即可。快捷键Control+.的功能是自动给出第一个匹配ns关键字的函数或类型，而NSLog是第一个。如果继续使用快捷键Control+.，则会出现比如NSString的形式。依此类推，会显示所有ns开头的类型或函数，并循环往复。也可以用Control+,快捷键，比如还是ns，则会显示全部ns开头的类型、函数、常量等的列表，可以在其中选择。其实，Xcode也可以在输入代码的过程中自动给出建议。比如要输入NSString，当输入到NSStr的时候，后面的ing会自动出现。

6. 设置项目快照以及恢复到快照

快照（Snapshot）的主要作用是好比给项目拍了照，然后就可以随便修改代码了，从而不必担心因为改乱而无法回退到之前版本的问题。即使确实改乱了，也可以恢复到快照，和从没有改变过一样。

在Xcode中可以使用Make Snapshot命令创建快照，如图1-32所示。另外也可以使用快捷键Control+Command+S来完成。

恢复功能通过使用Snapshots命令实现，如图1-33所示。

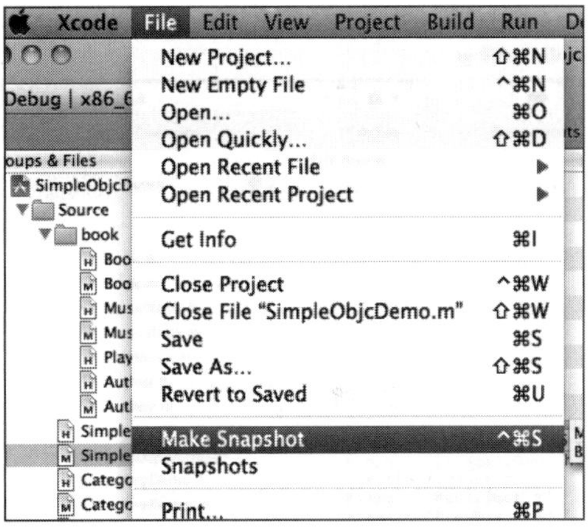

图1-32　使用Make Snapshot命令创建快照 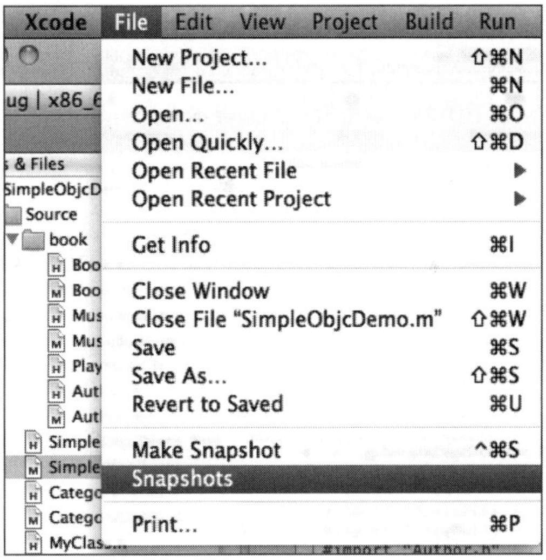　　　图1-33　使用Snapshots命令恢复

然后选中做快照的版本，如图1-34所示。

单击Make按钮可以拍照当前项目，并生成新的快照。可以在Comments文本框中写下该快照的备注信息，便于以后恢复时辨别；单击Delete按钮，可以删除不必要的快照；单击Restore按钮，可以用选中的快照覆盖当前项目；单击Show Files按钮，可以列出选中快照和当前项目文件的差异。

在如图1-35所示的界面中列出了两个不同的文件，选中文件可以看到不同的地方给出了标注，如图1-36所示。

图1-34 选中做快照的版本

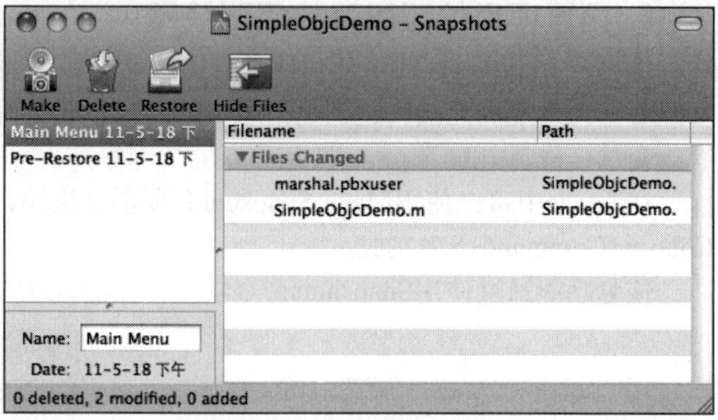

图1-35 两个不同的文件

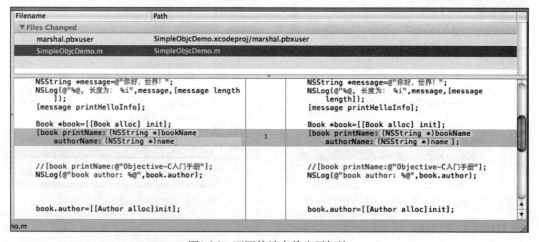

图1-36 不同的地方给出了标注

7. 文件内查找和替代

在编辑代码的过程中，经常会做查找和替代的操作。如果只是查找，则直接按Command+F快捷键即可，在代码的右上角会出现如图1-37所示的文本框。只需在里面输入关键字，不论大小写，代码中所有命中的文字都高亮显示。

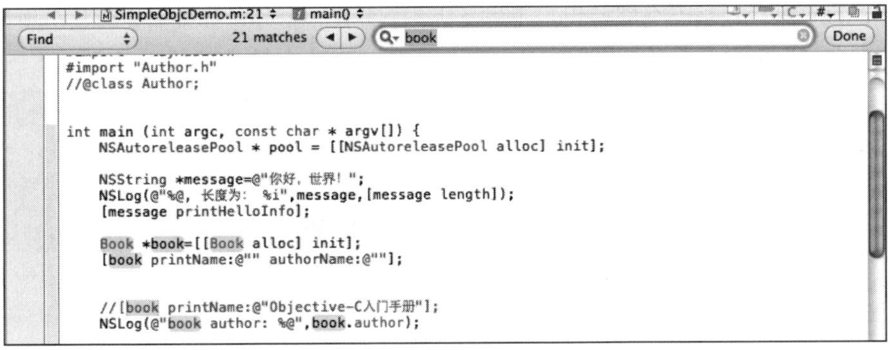

图1-37 查找界面

也可以实现更复杂的查找，比如是否大小写敏感，是否使用正则表达式等，设置界面如图1-38所示。

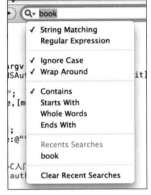

图1-38 复杂查找设置

通过图1-39中的Find & Replace功能可以切换到替代界面。

图1-39 Find & Replace命令

如图1-40所示的界面将查找设置为大小写敏感，然后替代为myBook。

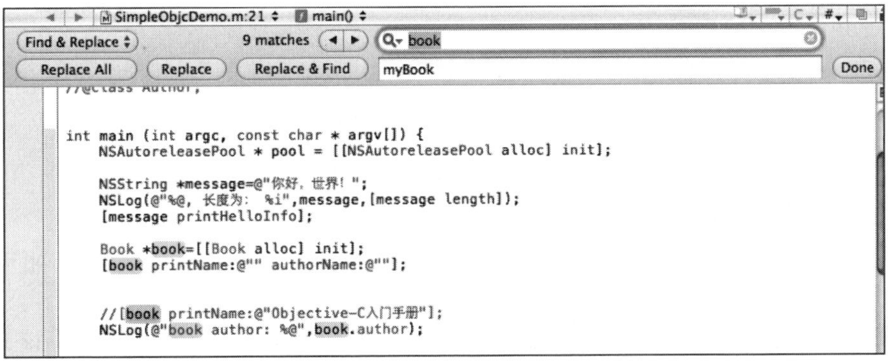

图1-40 替代为myBook

另外，也可以设置是否全部替代，还是查找一个替代一个等。如果需要在整个项目内查找和替代，则选择Edit→Find→Find in Project菜单命令，如图1-41所示。

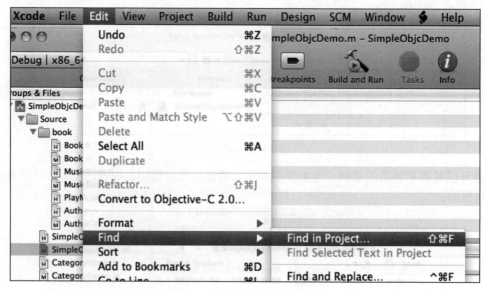

图1-41　Find in Project命令

以找关键字book为例，则实现界面如图1-42所示。

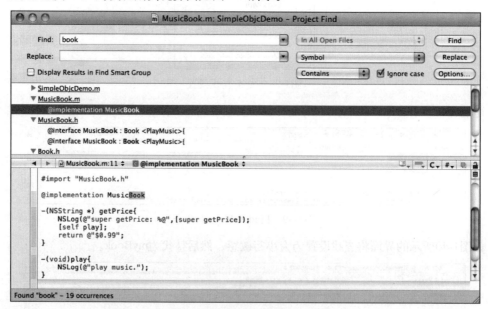

图1-42　在整个项目内查找book关键字

替代操作的过程也与之类似，在此不再进行详细讲解。

8. 快速定位到代码行

如果想定位光标到选中文件的行上，可以使用快捷键Command+L来实现，也可以选择Edit→Go to Line菜单命令实现，如图1-43所示。

在使用菜单或者快捷键时都会出现对话框，输入行号并按Enter键后就会来到该文件的指定行，如图1-44所示。

图1-43　Go to Line命令

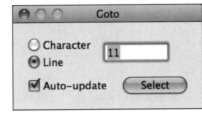

图1-44　输入行号

9. 快速打开文件

有时候需要快速打开头文件，如图1-45所示。要想知道这里的文件Cocoa.h到底是什么内容，可用鼠标选中文件Cocoa.h。

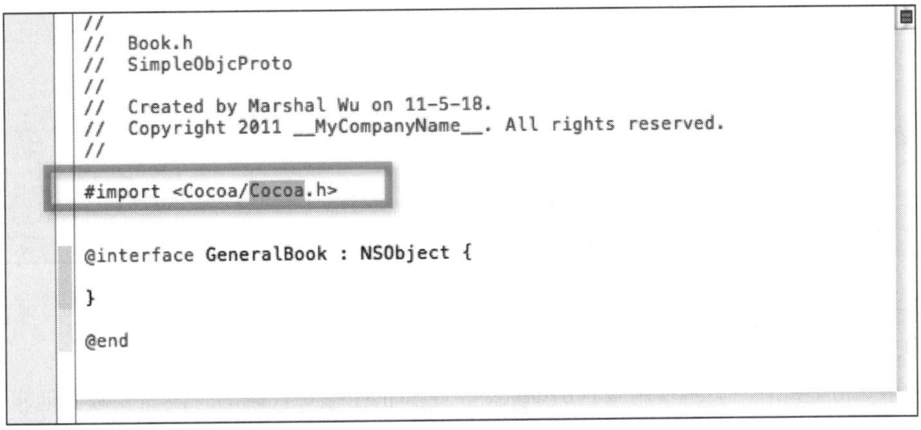

```
//
//  Book.h
//  SimpleObjcProto
//
//  Created by Marshal Wu on 11-5-18.
//  Copyright 2011 __MyCompanyName__. All rights reserved.
//

#import <Cocoa/Cocoa.h>


@interface GeneralBook : NSObject {

}

@end
```

图1-45　选中一个头文件

选择File→Open Quickly菜单命令，如图1-46所示。

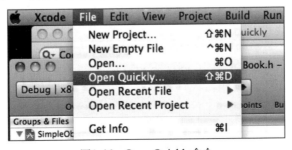

图1-46　Open Quickly命令

弹出如图1-47所示的对话框。

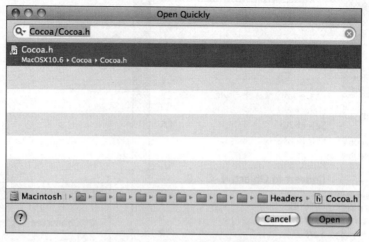

图1-47　Open Quickly对话框

双击文件Cocoa.h条目，就可以看到如图1-48所示的内容。

```
/*
    Cocoa.h
    Cocoa Framework
    Copyright (c) 2000-2004, Apple Computer, Inc.
    All rights reserved.

    This file should be included by all Cocoa application source files fo

    Tools with no UI and no AppKit dependencies may prefer to include jus
*/

#import <Foundation/Foundation.h>
#import <AppKit/AppKit.h>
#import <CoreData/CoreData.h>
```

图1-48　文件Cocoa.h的内容

10. 使用书签

使用Eclipse的用户会经常用到TODO标签，比如正在编写代码的时候需要做其他事情，或者提醒自己以后再实现的功能时，可以写一个TODO注释，保存在Eclipse的视图中，方便以后找到这个代码并修改。其实Xcode也有类似的功能，比如有一段如图1-49所示的代码。

```
#import "Book.h"

@implementation GeneralBook

-(void)printInfomation{

}
@end
```

图1-49　一段代码

这段代码的方法printInfomation是空的，暂时不需要具体实现。但是需要要做一个标记，便于以后能找到并补充。将光标放在方法内部，单击鼠标右键，选择Add to Bookmarks命令，如图1-50所示。

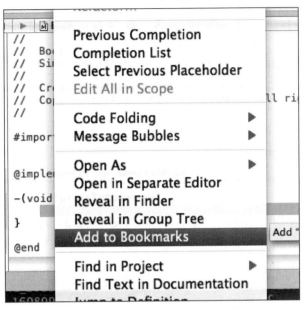

图1-50　选择Add to Bookmarks命令

此时会弹出对话框，可以在里面填写标签的内容，如图1-51所示。

这样就可以在项目的Bookmarks（书签）节点找到这个条目了，如图1-52所示。点击该条目，可以回到添加书签时光标的位置。

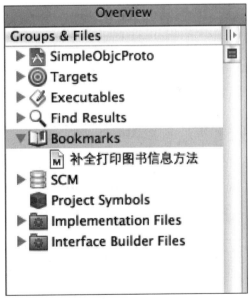

图1-51　填写标签的内容　　　　　　图1-52　在项目的书签节点找到这个条目

11. 自定义导航条

在代码窗口上边有一个工具条，此工具条提供了很多导航功能，如图1-53所示。

Book.m:11
<No selected symbol>
// SimpleObjcProto
//
// Created by Marshal Wu on 11-5-18.
// Copyright 2011 __MyCompanyName__. All rights reserved.
//
#import "Book.h"
@implementation GeneralBook
-(id) init{
    return [super init];
}
#pragma mark 以下为必须实现的方法
// TODO: 在这里增加copy方法

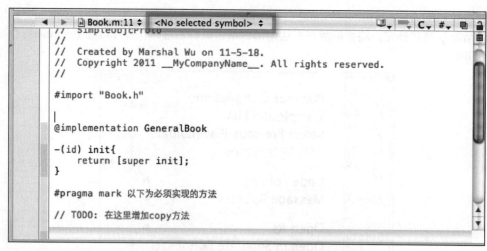

图1-53　一个导航条

如可以用来实现TODO的需求。这里有两种自定义导航条的写法，其中下面是标准写法。

```
#pragma mark
```

而下面是Xcode兼容的格式。

```
    // TODO: xxx
    // FIXME: xxx
```

完整的代码如图1-54所示。

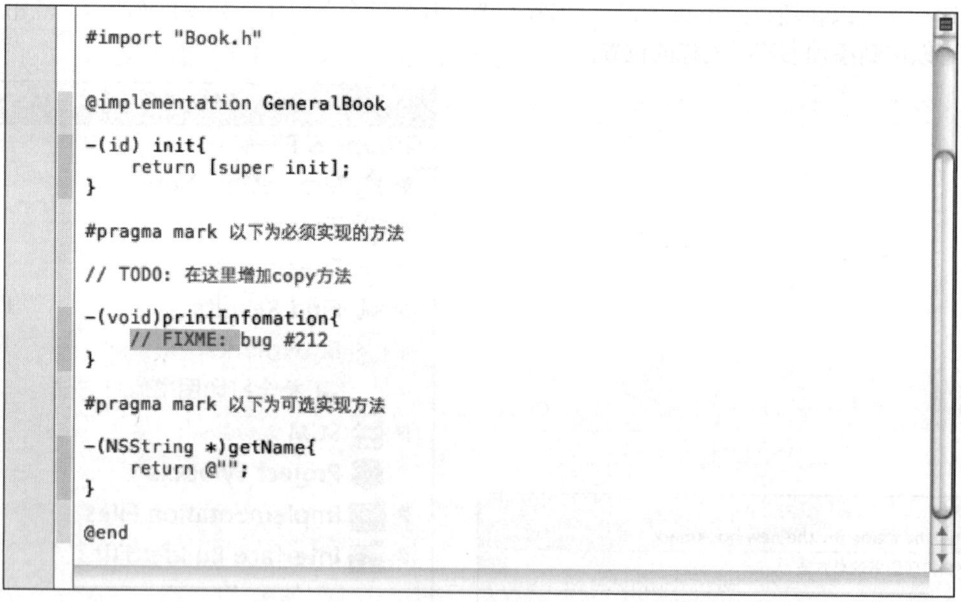

#import "Book.h"
@implementation GeneralBook
-(id) init{
    return [super init];
}
#pragma mark 以下为必须实现的方法
// TODO: 在这里增加copy方法
-(void)printInfomation{
    // FIXME: bug #212
}
#pragma mark 以下为可选实现方法
-(NSString *)getName{
    return @"";
}
@end

图1-54　完整的代码

此时会产生如图1-55所示的导航条效果。

12. 使用Xcode帮助

如果想快速查看官方API文档，可以在源代码中按住Option键并用鼠标双击该类型（函数、变量等），如图1-56所示是NSString的API文档对话框。

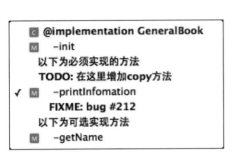

图1-55 产生的导航条效果

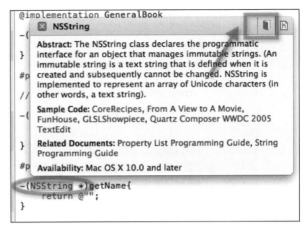

图1-56 NSString的API文档对话框

如果点击上图中标识的按钮，会弹出完整文档的窗口，如图1-57所示。

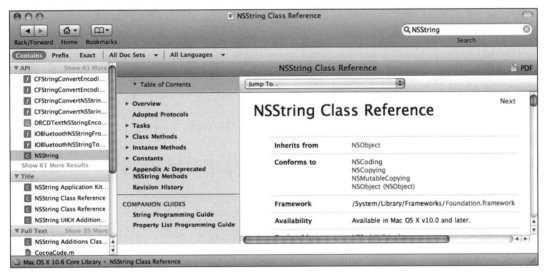

图1-57 完整文档的窗口

13. 调试代码

最简单的调试方法是通过NSLog打印出程序运行中的结果，然后根据这些结果判断程序运行的流程和结果值是否符合预期。对于简单的项目，通常使用这种方式就足够了。但是如果开发的是商业项目，则需要借助Xcode提供的专门调试工具。所有编程工具的调试思路都是一样的：首先要在代码中设置断点，若怀疑某个地方的代码出了问题（引发bug），那么就在这段代码开始的地方，如方法的第一行或者循环的开始部分，设置一个断点。那么程序在调试时会在运行到断点时中止，然后可以一行一行地执行代码，判断执行顺序是否是自己预期的，或者变量的值是否和自己想的一样。

设置断点的方法非常简单，比如想对红框表示的行设置断点，就单击该行左侧红圈位置，如图1-58所示。

单击后会出现断点标志，如图1-59所示。

运行代码，比如使用Command+Enter快捷键，这时将运行代码，并且停止在断点处，如图1-60所示。

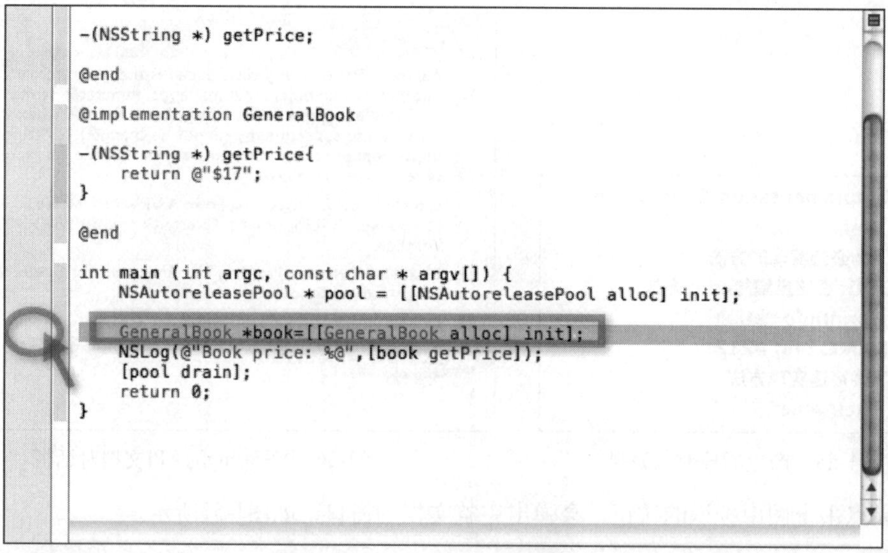

```
-(NSString *) getPrice;
@end
@implementation GeneralBook
-(NSString *) getPrice{
    return @"$17";
}
@end
int main (int argc, const char * argv[]) {
    NSAutoreleasePool * pool = [[NSAutoreleasePool alloc] init];
    GeneralBook *book=[[GeneralBook alloc] init];
    NSLog(@"Book price: %@",[book getPrice]);
    [pool drain];
    return 0;
}
```

图1-58　击该行左侧红圈位置

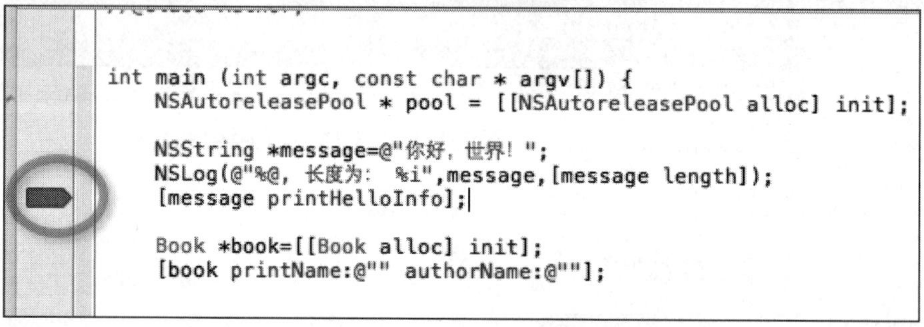

```
int main (int argc, const char * argv[]) {
    NSAutoreleasePool * pool = [[NSAutoreleasePool alloc] init];

    NSString *message=@"你好，世界！";
    NSLog(@"%@，长度为：%i",message,[message length]);
    [message printHelloInfo];

    Book *book=[[Book alloc] init];
    [book printName:@"" authorName:@""];
```

图1-59　出现断点标志

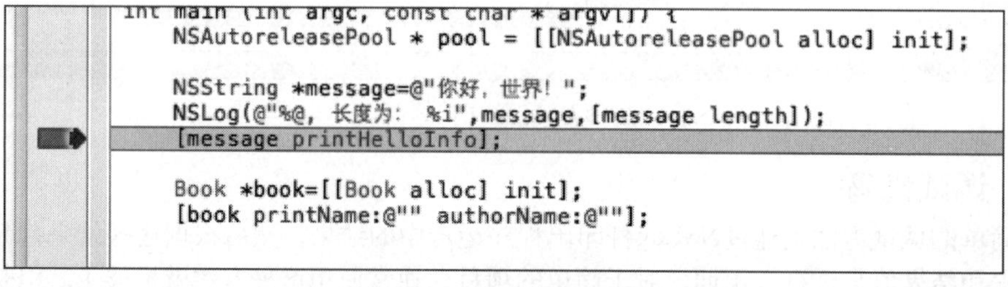

```
int main (int argc, const char * argv[]) {
    NSAutoreleasePool * pool = [[NSAutoreleasePool alloc] init];

    NSString *message=@"你好，世界！";
    NSLog(@"%@，长度为：%i",message,[message length]);
    [message printHelloInfo];

    Book *book=[[Book alloc] init];
    [book printName:@"" authorName:@""];
```

图1-60　停止在断点处

可以通过Shift+Command+Y快捷键调出调试对话框，如图1-61所示。

这和其他语言IDE工具的界面大同小异，因为都具有类似的功能。下面只列出最为常用的命令。

- Continue：继续执行程序。
- Step Over, Step Into, Step Out：用于单步调试。
    ◆ Step Over：将执行当前方法内的下一个语句。
    ◆ Step Into：如果当前语句是方法调用，将单步执行当前语句调用方法内部第一行。
    ◆ Step Out：将跳出当前语句所在方法，到方法外的第一行。
    ◆ 通过调试工具，可以对应用做全面和细致的调试。

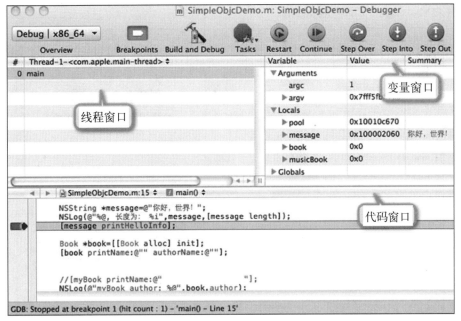

图1-61 调试对话框

1.6 常用的第三方工具

在iOS开发应用中，为了提高开发效率，需要借助第三方开发工具。例如测试程序需要模拟器iPhone Simulator，设计界面需要Interface Builder。在本节的内容中，将简单介绍这两个工具的基本知识。

1.6.1 iPhone Simulator

iPhone Simulator是iPhone SDK中的最常用工具之一，无需使用实际的iPhone/iPod Touch就可以测试应用程序。iPhone Simulator位于如下文件夹中。

```
/Developer/iPhone OS <version> /Platforms/iPhoneSimulator.platform/
Developer/Applications/
```

通常不需要直接启动iPhone Simulator，它在Xcode运行（或是调试）应用程序时会自动启动。Xcode会自动将应用程序安装到iPhone Simulator上。iPhone Simulator是一个模拟器，并不是仿真器。模拟器会模仿实际设备的行为，所以iPhone Simulator会模仿实际的iPhone设备的真实行为。模拟器本身使用Mac上的QuickTime等库进行渲染，使效果与实际的iPhone保持一致。此外，在模拟器上测试的应用程序会编译为X86代码，这是模拟器所能理解的字节码。与之相反，仿真器会模仿真实设备的工作方式，在仿真器上测试的应用程序会编译为真实设备所用的实际的字节码。仿真器会把字节码转换为运行仿真器的宿主计算机所能执行的代码形式。

iPhone Simulator可以模拟不同版本的iPhone OS。如果需要支持旧版本的平台以及测试并调试特定版本的OS上的应用程序所报告的错误，该功能就很有用。

启动Xcode后，在左边选择iPhone OS下面的Application，然后选择View-based Application

选项，并为项目命名，如图1-62所示。

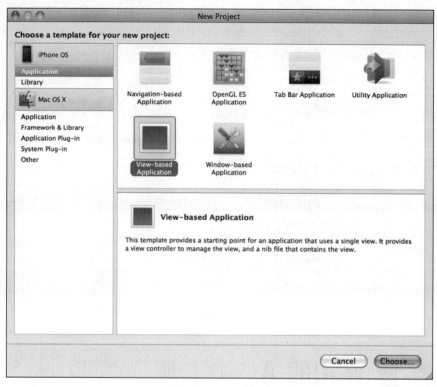

图1-62　Xcode界面

在新建的项目中不作任何操作，直接单击Build and Run按钮即可在模拟器中运行程序，如图1-63所示。

图1-63　模拟器界面

1.6.2 Interface Builder

Interface Builder（IB）是Mac OS X平台下，用于设计和测试用户界面（GUI）的应用程序（非开源）。但生成GUI时，IB并不是必需的，实际上Mac OS X下所有的用户界面元素都可以使用代码直接生成，但是IB能够使开发者简单快捷地开发出符合Mac OS X human-interface guidelines的GUI，通常只需要通过简单的拖曳（drag-n-drop）操作来构建GUI就可以了。

Interface Builder是一个可视化工具，用于设计iPhone应用程序的用户界面。在Interface Builder中将视图拖曳到窗口上并将各种视图连接到插座变量和动作上，这样它们就能以编程的方式与代码交互。IB使用Nib文件储存GUI资源，同时适用于Cocoa和Carbon程序。在需要的时候，Nib文件可以被快速地载入内存。

Interface Builder的设计界面如图1-64所示。

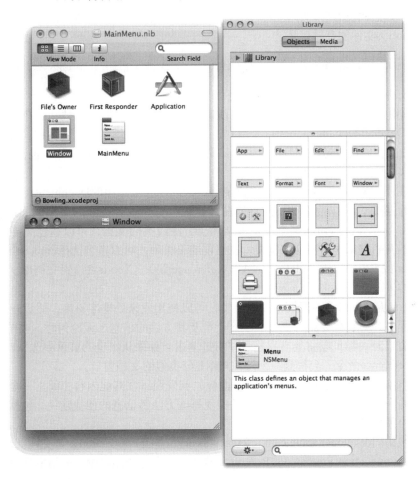

图1-64　Interface Builder界面

1.7　iOS的常用开发框架

为了提高开发iOS程序的效率，除了可以使用Xcode集成开发工具之外，还可以使用第三方提供的框架。这些框架为我们提供了完整的项目解决方案，是由许多类、方法、函数、文档按照一定的逻辑组织起来的集合，以便使研发程序变得更容易。在OSX下的Mac操作系统中，大约存在80个框架，这些框架可以用来开发应用程序，处理Mac的Address Book结构、刻制CD、播放DVD、使用Quick Time播放电影、播放歌曲等。在iOS的众多框架中，其中有两个最为常用：Foundation框架和Cocoa框架。在本节的内容中，将简要讲解这两个框架的基本知识。

1.7.1 Foundation框架简介

在Mac操作系统中，为所有程序开发奠定基础的框架是Foundation框架。该框架允许使用一些基本对象，如数字和字符串，以及一些对象集合，如数组、字典和集合，还有其他功能，包括处理日期和时间、自动化的内存管理、处理基础文件系统、存储（或归档）对象、处理几何数据结构（如点和长方形）等。

Foundation头文件的存储目录是：

```
/System/Library/Frameworks/Foundation.framework/Headers
```

上述头文件实际上与其存储位置的其他目录相连接。读者可查看这个目录中存储在系统上的Foundation框架文档，熟悉它的内容和用法简介。Foundation框架文档存储在计算机系统中（具体位于/Develop/Documentation目录中），Apple网站上提供了此说明文档。大多数文档为HTML格式的文件，可以通过浏览器学习；同时也提供了Acrobat PDF文件，包含Foundation的所有类及其实现的所有方法和函数的描述。

如果正在使用Xcode开发程序，可以通过Xcode的Help菜单中的Documentation窗口学习文档。通过这个窗口，可以搜索和访问存储在计算机本机中或者在线的文档。如果正在Xcode中编辑文件并且想要快速访问某个特定头文件、方法或类的文档，可以通过高亮显示编辑器窗口中的文本并右键单击的方法来实现。在出现的菜单中，可以适当选择Find Selected Text in Documentation或者Find Selected Text in API Reference命令。Xcode将搜索文档库，并显示与查询相匹配的结果。

类NSString是Foundation框架中的一个类，可以使用它来处理字符串。假设正在编辑某个使用该类的程序，并且想要获得更多关于这个类及其方法的信息，无论何时，当单词NSString出现在编辑窗口时，都可以将其高亮显示并右键单击。如果从出现的菜单中选择Find Selected Text in API Reference命令，会得到一个外观与图1-65类似的文档窗口。

如果向下滚动NSString Class Reference面板，将发现（在其他内容中间）一个该类所支持的所有方法的列表。这是一个能够获得有关实现哪些方法等信息的便捷途径，包括它们如何工作以及它们的预期参数。

可以在线访问developer.apple.com/referencelibrary，打开Foundation参考文档（通过Cocoa、Frameworks、Foundation Framework Reference链接）。在这个站点中还能够发现一些介绍某些特定编程问题的文档，例如内存管理、字符串和文件管理。除非订阅的是某个特定文档集，否则在线文档要比存储在计算机硬盘中的文档更新。

Foundation框架中包括了大量可供使用的类、方法和函数。在Mac OS X上，大约有125个可用的头文件。作为一种简便的形式，可以使用如下代码头文件。

```
#import <Foundation/Foundation.h>
```

因为Foundation.h文件实际上导入了其他所有Foundation头文件，所以不必担心是否导入了正确的头文件，Xcode会自动将这个头文件插入到程序中。虽然使用上述代码会显著地增加程序的编译时间，但是通过使用预编译的头文件，可以避免这些额外的时间开销。预编译的头文件是经过编译器预先处理过的文件。在默认情况下，所有Xcode项目都会受益于预编译的头文件。在本章使用每个对象时都会用到这些特定的头文件，这有助于熟悉每个头文件所包含的内容。

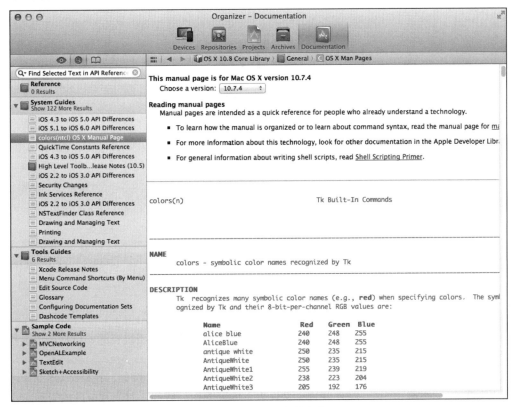

图1-65　NSString类的文档

1.7.2　Cocoa框架简介

在iOS应用中，通过使用Application Kit框架包提供了与窗口、按钮、列表等相关的类。Application Kit框架包含广泛的类和方法，它们能够开发交互式图形应用程序，使得开发文本、菜单、工具栏、表、文档、剪贴板和窗口等应用变得十分简便。在Mac OS X操作系统中，术语Cocoa是指Foundation框架和Application Kit框架。术语Cocoa Touch是指Foundation框架和UIKit框架。由此可见，Cocoa是一种支持应用程序提供丰富用户体验的框架，它实际上由如下两个框架组成：

- Foundation框架。
- Application Kit（或AppKit）框架。

其中后者用于提供与窗口、按钮、列表等相关的类。在编程语言中，通常使用示意图来说明框架最顶层应用程序与底层硬件之间的层次，如图1-66所示。

图1-66中各个层次的具体说明如下。

- User：用户。
- Application：应用程序。

- Cocoa（Foundation and AppKit Frameworks）：Cocoa（Foundation和AppKit框架）。
- Application Services：应用程序服务。
- Core Services：核心服务。
- Mac OS X kernel：Mac OS X内核。
- Computer Resources（memory, disk,display, etc.）：计算机资源（内存、磁盘、显示器等）。

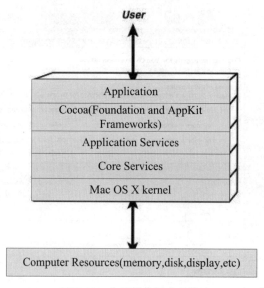

图1-66　应用程序层次结构

　　内核的设备驱动程序能够提供与硬件的底层通信，它负责管理系统资源，包括调度要执行的程序、管理内存和电源，以及执行基本的I/O操作。

　　核心服务提供的支持比它上面层次更加底层或更加"核心"。例如，在Mac OS X中主要实现了对集合、网络、调试、文件管理、文件夹、内存管理、线程、时间和电源的管理。

　　应用程序服务层包含对打印和图形呈现的支持，包括Quartz、OpenGL和Quicktime。由此可见，Cocoa层直接位于应用程序层之下。正如图中指出的那样，Cocoa包括Foundation和AppKit框架。Foundation框架提供的类用于处理集合、字符串、内存管理、文件系统、存档等。通过AppKit框架中提供的类，可以管理视图、窗口、文档等用户界面。在很多情况下，Foundation框架为底层核心服务层（主要用过程化的C语言编写）中定义的数据结构定义了一种面向对象的映射。

　　Cocoa框架用于Mac OS X桌面与笔记本电脑的应用程序开发，而Cocoa Touch框架用于iPhone与iTouch的应用程序开发。Cocoa和Cocoa Touch都有Foundation框架。然而在Cocoa Touch下，UIKit代替了AppKit框架，以便为很多相同类型的对象提供支持，比如窗口、视图、按钮、文本域等。另外，Cocoa Touch还提供使用加速器（它与GPS和WiFi信号一样都能跟踪位置）的类和触摸式界面，并且去掉了不需要的类，比如支持打印的类。

第 2 章
编写MVC程序

本章将详细讲解"模型-视图-控制器"应用程序的设计模式,并从头到尾介绍创建一个iOS应用程序的过程,为本书后面知识的学习打下基础。

2.1 MVC模式基础

在开发iOS应用程序的过程中，最常用的设计方法被称为"模型-视图-控制器"模式，这种模式简称MVC。通过这种模式，可以帮助开发人员创建出整洁、高效的应用程序。

2.1.1 MVC的结构

MVC最初存在于Desktop程序中，M是指数据模型，V是指用户界面，C则是控制器。使用MVC的目的是将M和V的实现代码分离，从而使同一个程序可以使用不同的表现形式。

MVC即"模型－视图－控制器"，是Xerox PARC在20世纪80年代为编程语言Smalltalk发明的一种软件设计模式，至今已被广泛使用，特别是ColdFusion和PHP的开发者。

MVC是一个设计模式，它能够强制性地使应用程序的输入、处理和输出分开。使用MVC的应用程序，被分成3个核心部件，分别是模型、视图、控制器。

1. 视图

视图是用户看到并与之交互的界面。对于老式的Web应用程序来说，视图就是由HTML元素组成的界面。在新式的Web应用程序中，HTML依旧在视图中扮演着重要的角色，但一些新的技术已层出不穷，它们包括Adobe Flash，像XHTML、XML/XSL、WML等一些标识语言，以及Web services。如何处理应用程序的界面变得越来越有挑战性，MVC一个大的好处是它能为应用程序处理很多不同的视图。在视图中其实没有真正的处理发生，不管这些数据是联机存储的还是一个雇员列表，作为视图来讲，它只是作为一种输出数据并允许用户操纵的方式。

2. 模型

模型表示企业数据和业务规则。在MVC的3个部件中，模型拥有最多的处理任务，例如它可能用像EJBs和ColdFusion Components这样的构件对象来处理数据库。被模型返回的数据是中立的，就是说模型与数据格式无关，这样一个模型就能为多个视图提供数据。由于应用于模型的代码只需写一次就可以被多个视图重用，所以减少了代码的重复性。

3. 控制器

控制器用于接收用户的输入并调用模型和视图去完成用户的需求。所以当单击Web页面中的超链接和发送HTML表单时，控制器本身不输出任何东西和做任何处理。它只是接收请求并决定调用哪个模型构件去处理请求，然后确定用哪个视图来显示模型处理返回的数据。

现在总结MVC的处理过程：首先控制器接收用户的请求，并决定应该调用哪个模型来进行处理；然后模型用业务逻辑来处理用户的请求并返回数据；最后控制器用相应的视图格式化模型返回的数据，并通过表示层呈现给用户。

2.1.2 MVC的特点

MVC是所有面向对象程序设计语言都应该遵守的规范。MVC思想将一个应用分成3个基本部分：Model（模型）、View（视图）和Controller（控制器），这3个部分以最少的耦合协同工作，从而提高了应用的可扩展性及可维护性。

在经典的MVC模式中，事件由控制器处理，控制器根据事件的类型改变模型或视图。具体来说，每个模型对应一系列的视图列表，这种对应关系通常采用注册来完成，即把多个视图注册到同一个模型,当模型发生改变时,模型向所有注册过的视图发送通知,视图从对应的模型中获得信息,然后完成视图显示的更新。

MVC模式具有如下4个特点。

- 多个视图可以对应一个模型。按MVC设计模式,一个模型对应多个视图,可以减少代码的复制及代码的维护量,且一旦模型发生改变易于维护。
- 模型返回的数据与显示逻辑分离。模型数据可以应用任何显示技术,如使用JSP页面、Velocity模板或者直接产生Excel文档等。
- 应用被分隔为3层,降低了各层之间的耦合,提高了应用的可扩展性。
- 因为在控制层中把不同的模型和不同的视图组合在一起完成不同的请求,由此可见,控制层包含了用户请求权限的概念。

MVC更符合软件工程化管理的精神。不同的层各司其职,每一层的组件具有相同的特征,有利于通过工程化和工具化产生管理程序代码。

令开发者振奋的是,Xcode中的MVC模式是天然存在的,当新建项目并开始编码时,会自动被引领到MVC设计模式。由此可见,在Xcode开发环境中可以很容易地创建结构良好的应用程序。

2.2 Xcode中的MVC

MVC模式和Xcode密切相关,在Xcode中提供了若干模板,通过这些模板可以在应用程序中实现MVC架构。在Xcode开发应用过程中,最常用的的模板如下。

1. View-based Application(基于视图的应用程序)

如果应用程序仅使用一个视图,建议使用这个模板。一个简单的视图控制器会管理应用程序的主视图,而界面设置则使用一个Interface Builder模板来定义。特别是那些未使用任何导航功能的简单应用程序应该使用这个模板。如果应用程序需要在多个视图之间切换,建议考虑使用基于导航的模板。

2. Navigation-based Application(基于导航的应用程序)

基于导航的模板用在需要多个视图之间进行间切换的应用程序。如果可以预见在应用程序中会有某些画面上带有一个"回退"按钮,此时就应该使用这个模板。导航控制器会完成所有关于建立导航按钮以及在视图栈之间切换的内部工作。这个模板提供了一个基本的导航控制器以及一个用来显示信息的根视图(基础层)控制器。

3. Utility Application(工具应用程序)

适合于微件(Widget)类型的应用程序,这种应用程序有一个主视图,并且可以将其"翻过来",例如iPhone中的天气预报和股票程序等就是这类程序。这个模板还包括一个信息按钮,可以将视图翻转过来显示应用程序的反面,常常用来对设置或者显示的信息进行修改。

4. OpenGL ES Application(OpenGL ES应用程序)

在创建3D游戏或者图形时可以使用这个模板,它会创建一个配置好的视图,专门用来显示GL场景,并提供了一个计时器例子可以令其演示动画。

5. Tab bar Application(标签栏应用程序)

提供了一种特殊的控制器,会沿着屏幕底部显示一个按钮栏。这个模板适用于像iPod或者电话这样的应用程序，它们都会在底部显示一行标签，提供一系列的快捷方式，来使用应用程序的核心功能。

6. Window-based Application（基于窗口的应用程序）

提供了一个简单的、带有一个窗口的应用程序。这是一个应用程序所需的最小框架，可以用它作为开始来编写自己的程序。

2.3 在Xcode中实现MVC

在本书前面的内容中，已经讲解了Xcode及其集成的Interface Builder编辑器的知识，并且曾经将故事板场景中的对象连接到了应用程序中的代码。在本节的内容中，将详细讲解将视图绑定到控制器的知识。

2.3.1 Xcode视图

在Xcode中，虽然可以使用编程的方式创建视图，但是在大多数情况下是使用Interface Builder以可视化的方式设计它们。在视图中可以包含众多界面元素，在加载运行阶段程序时，视图可以创建基本的交互对象，例如当轻按文本框时会打开键盘。要让想视图中的对象能够与应用程序实现逻辑交互，必须定义相应的连接。连接的东西有两种：输出口和操作。输出口定义了代码和视图之间的一条路径，可以用于读写特定类型的信息，例如对应于开关的输出口让我们能够访问描述开关是开还是关的信息；而操作定义了应用程序中的一个方法，可以通过视图中的事件触发，例如轻按按钮或在屏幕上轻扫。

若要将输出口和操作连接到代码呢，则必须在实现视图逻辑的代码（即控制器）中定义输出口和操作。

2.3.2 Xcode视图控制器

控制器在Xcode中被称为视图控制器，功能是负责处理与视图的交互工作，并为输出口和操作之间建立一个连接。为此需要在项目代码中使用两个特殊的编译指令：IBAction和IBOutlet。IBAction和IBOutlet是Interface Builder能够识别的标记，它们在Objective-C中没有其他用途。一般在视图控制器的接口文件中添加这些编译指令，不但可以手工添加，而且也可以用Interface Builder的特殊功能自动生成它们。

注意　　视图控制器可包含应用程序逻辑，但这并不意味着所有代码都应包含在视图控制器中。虽然在本书中，大部分代码都放在视图控制器中，但创建应用程序时，可在合适的时候定义额外的类，以抽象应用程序逻辑。

1. 使用IBOutlet

IBOutlet对于编译器来说是一个标记，编译器会忽略这个关键字。Interface Builder则会根据IBOutlet来寻找可以在Builder里操作的成员变量。在此需要注意的是，任何一个被声明为IBOutlet并且在Interface Builder里被连接到一个UI组件的成员变量，会被额外记忆一次，例如下面的代码。

```
IBOutlet UILabel *label;
```

在上述代码中，label在Interface Builder中被连接到一个UILabel。此时，这个label的retainCount值为2。由此可见，只要使用了IBOutlet变量，就需要在dealloc或者viewDidUnload中释放这个变量。

IBOutlet的功能是让代码能够与视图中的对象交互，假设在视图中添加了一个文本标签（UILabel），同时想在视图控制器中创建一个实例"变量/属性"的myLabel，此时既可以显式地声明它们，也可使用编译指令@property隐式地声明实例变量，并添加相应的属性。例如下面的代码。

```
@property (strong, nonatomic) UILabel *myLabel;
```

在上述代码中，提供了一个存储文本标签引用的位置，还提供了一个用于访问它的属性，但需将其与界面中的标签关联起来。为此，可在属性声明中包含关键字IBOutlet。

```
@property (strong, nonatomic) IBOutlet UILabel *myLabel;
```

这样在添加该关键字后，就可以在Interface Builder中以可视化方式将视图中的标签对象连接到"变量/属性"MyLabel，然后可以在代码中使用该属性与该标签对象交互。这样，这行代码便声明了实例变量、属性和输出口。

2. 使用编译指令property和synthesize简化访问

在Objective-C语言中，@property和@synthesize是两个编译指令。可以在类的任何地方使用实例变量存储的值或对象引用。如果需要创建并修改一个在所有类方法之间共享的字符串，则应该声明一个实例变量来存储它。要使用Objective-C的实例变量，需要有相应的属性。

编译指令@property定义了一个与实例变量对应的属性，该属性通常与实例变量同名。虽然可以先声明一个实例变量，再定义对应的属性，但是也可以使用@property隐式地声明一个与属性对应的实例变量。例如要声明一个名为myString的实例变量（类型为NSString）和相应的属性，可以编写如下所示的代码实现。

```
@property (strong, nonatomic) NSString *myString;
```

上述代码与下面的两行代码是等效的。

```
NSString *myString;
@property (strong, nonatomic) NSString *myString;
```

代码同时创建了实例变量和属性，但是要想使用这个属性，则必须先合成它。编译指令@synthesize创建获取函数和设置函数，让我们很容易访问和设置底层实例变量的值。对于接口文件（.h）中的每个编译指令@property，实现文件（.m）中都必须有对应的编译指令@synthesize：

```
@synthesize myString;
```

Apple Xcode工具通常建议隐式地声明实例变量，所以建议大家也这样做。

3. 使用IBAction

IBAction用于指出在特定的事件发生时应调用代码中相应的方法。假如按下了按钮或更新了文本框，则可能希望应用程序采取措施并做出合适的反应。编写实现事件驱动逻辑的方法时，可在头文件中使用IBAction声明它，这将向Interface Builder编辑器暴露该方法。在接口文件中声明方法（实际实现前）被称为创建方法的原型。

例如，下面可能是方法doCalculation的原型。

```
-(IBAction)doCalculation: (id) sender;
```

注意到该原型包含一个sender参数，其类型为id。这是一种通用类型，当不知道（或不需要知道）要使用的对象的类型时可以使用它。通过使用类型id，可以编写不与特定类相关联的代码，使其适用于不同的情形。创建将用作操作的方法（如doCalculation）时，可以通过参数sender确定调用了操作的对象并与之交互。如果要设计一个处理多种事件（如多个按钮中的任何一个按钮被按下）的方法，这将很方便。

2.4 数据模型

Core Data抽象了应用程序和底层数据存储之间的交互，它还包含一个Xcode建模工具，该工具像Interface Builder那样可帮助开发人员设计应用程序，但不是以可视化的方式创建界面，而是以可视化的方式建立数据结构。数据模型中的类关系图如图2-1所示。

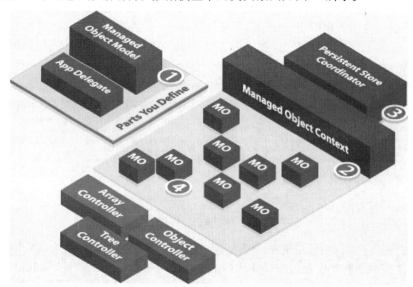

图2-1 类关系图

在图2-1中，有如下5个相关的模块。

1. Managed Object Model

Managed Object Model 是描述应用程序的数据模型，这个模型包含实体（Entity）、特性（Property）、读取请求（Fetch Request）等。

2. Managed Object Context

Managed Object Context 参与对数据对象进行各种操作的全过程，并监测数据对象的变化，以提供对undo/redo的支持及更新绑定到数据的UI。

3. Persistent Store Coordinator

Persistent Store Coordinator 相当于数据文件管理器，处理底层的对数据文件的读取与写入。一般无需与它打交道。

4. Managed Object

与 Managed Object Context 相关联。

5. Array Controller、Object Controller和Tree Controller

这些控制器一般都是通过Control+Drag将Managed Object Context 绑定到它们，这样就可以在Nib 中以可视化地方式操作数据。

上述模块的运作流程如下所示。

步骤① 应用程序先创建或读取模型文件（后缀为xcdatamodeld）生成NSManagedObjectModel 对象。Document应用程序一般是通过NSDocument或其子类NSPersistentDocument从模型文件（后缀为 xcdatamodeld）读取。

步骤② 生成NSManagedObjectContext和NSPersistentStoreCoordinator对象，前者对用户透明地调用后者对数据文件进行读写。

步骤③ NSPersistentStoreCoordinator从数据文件（XML、SQLite、二进制文件等）中读取数据生成 Managed Object，或保存Managed Object写入数据文件。

步骤④ NSManagedObjectContext保存对数据进行各种操作的整个过程，它持有Managed Object，一般通过它来监测Managed Object。监测数据对象有两个作用：支持 undo/redo以及数据绑定。

步骤⑤ Array Controller、Object Controller和Tree Controller等控制器一般与NSManagedObjectContext 关联，因此可以通过它们在Nib中可视化地操作数据对象。

2.5 使用模板Single View Application

Apple在Xcode中提供了一种很有用的应用程序模板，可以快速地创建一个故事板、一个空视图和相关联的视图控制器。模板Single View Application（单视图应用程序）是最简单的模版，本节将创建一个应用程序，其中包含了一个视图和一个视图控制器。实例非常简单，先创建了一个用于获取用户输入的文本框（UITextField）和一个按钮，当用户在文本框中输入内容并按下按钮时，将更新屏幕标签（UILabel）以显示Hello和用户输入。虽然本实例程序比较简单，但是几乎包含了本章讨论的所有元素：视图、视图控制器、输出口和操作。

实例2-1	在Xcode中使用模板Single View Application
源码路径	光盘:\daima\2\hello

2.5.1 创建项目

首先在Xcode中新建一个项目，并将其命名为hello。

步骤① 从文件夹Developer/Applications或Launchpad的Developer编组中启动Xcode。

步骤 2　启动后在左侧导航选择第一项Creat a new Xcode project，如图2-2所示。

图2-2　新建一个Xcode项目

步骤 3　在弹出的新界面中选择项目类型和模板。在New Project窗口的左侧，确保选择了项目类型iOS中的Application，在右边的列表中选择Single View Application，再单击Next按钮，如图2-3所示。

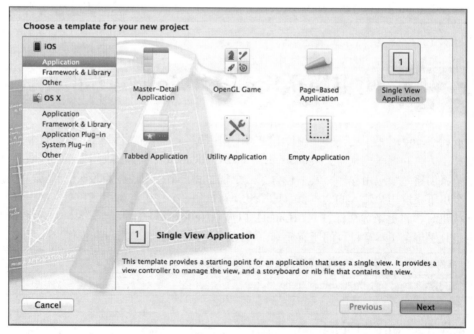

图2-3　选择Single View Application

步骤 4　在Product Name文本框中输入hello。Company Identifier可以随意设置，但是建议设置一个易于记忆的，例如com.guan。保留文本框Class Prefix为空，并确保从下拉列表Device Family中选择了iPhone或iPad，然后确保选择了复选框Use Storyboard和Use Automatic Reference Counting，但没有选择复选框Include Unit Tests，如图2-4所示。然后，单击Next按钮。

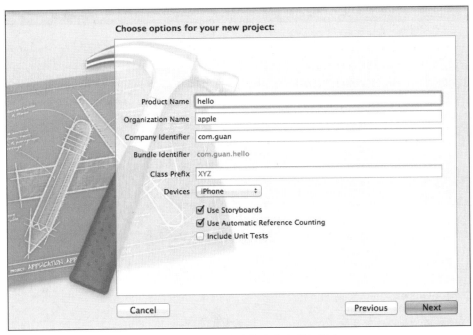

图2-4　指定应用程序的名称和目标设备

步骤 5　指定存储位置，再单击Create按钮创建项目。这将创建一个简单的应用程序结构，它包含一个应用程序委托、一个窗口、一个视图（在故事板场景中定义的）和一个视图控制器。几秒钟后，项目窗口将打开，如图2-5所示。

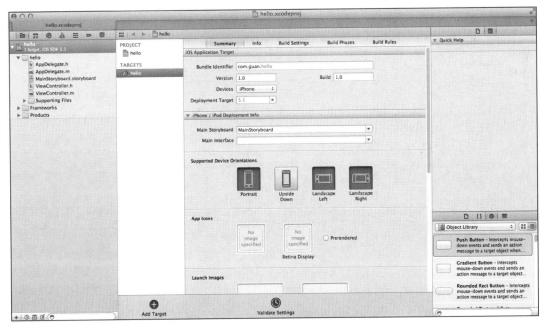

图2-5　新建的项目

1. 类文件

展开项目代码编组(名为HelloNoun)，会看到如下所示的5个文件。
- AppDelegate.h
- AppDelegate.m
- ViewController.h
- ViewController.m
- MainStoryboard.storyboard

其中文件AppDelegate.h和AppDelegate.m组成了该项目将创建的UIApplication实例的委托，也就是说可以对这些文件进行编辑，以添加控制应用程序运行时如何工作的方法。可以修改委托在启动时执行应用程序级设置，以告知应用程序进入后台时如何做，以及告知应用程序被迫退出时应该如何处理。其中文件AppDelegate.h的代码如下。

```
#import <UIKit/UIKit.h>

@interface AppDelegate : UIResponder <UIApplicationDelegate>

@property (strong, nonatomic) UIWindow *window;

@end
```

文件AppDelegate.m的代码如下。

```
#import "AppDelegate.h"

@implementation AppDelegate
- (BOOL)application:(UIApplication *)application didFinishLaunchingWithOptions:(NSDictionary *)launchOptions
{
}
- (void)applicationWillResignActive:(UIApplication *)application
{
}
- (void)applicationDidEnterBackground:(UIApplication *)application
{
}
- (void)applicationWillEnterForeground:(UIApplication *)application
{
}
- (void)applicationDidBecomeActive:(UIApplication *)application
{
}
- (void)applicationWillTerminate:(UIApplication *)application
{
}
@end
```

上述两个文件的代码都是自动生成的。

文件ViewController.h和ViewController.m实现了一个视图控制器（UIViewController），这个类包含控制视图的逻辑。一开始这些文件几乎是空的，只有一个基本结构，此时如果单击

Xcode窗口顶部的Run按钮，应用程序将编译并运行，运行后一片空白，如图2-6所示。

 如果在Xcode中新建项目时指定了类前缀，所有类文件名都将以指定的内容打头。在以前的Xcode版本中，Apple将应用程序名作为类的前缀。要让应用程序有一定的功能，需要处理视图和视图控制器。

2. 故事板文件

除了类文件之外，该项目还包含了一个故事板文件，它用于存储界面设计。单击故事板文件MainStoryboard.storyboard，在Interface Builder编辑器中打开它，如图2-7所示。

图2-6　执行后为空

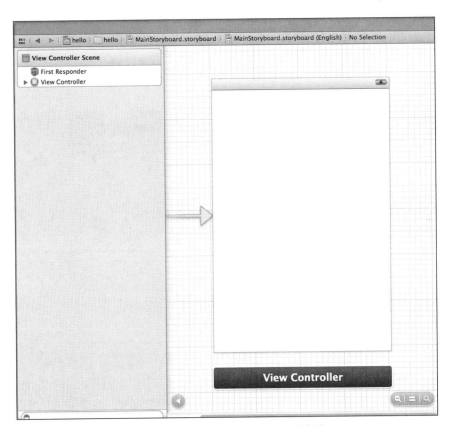

图2-7　MainStoryboard.storyboard界面

在MainStoryboard.storyboard界面中包含了如下所示的3个图标。
- First Responder（一个UIResponder实例）。
- View Controller（ViewController类）。
- 应用程序视图（一个UIView实例）。

视图控制器和第一响应者还出现在图标栏中，该图标栏位于编辑器中视图的下方。如果在该图标栏中没有看到图标，只需单击图标栏就会显示出来。

当应用程序加载故事板文件时，会实例化其中的对象，成为应用程序的一部分。就本项目hello来说，当它启动时会创建一个窗口并加载MainStoryboard.storyboard，实例化ViewController类及其视图，并将其加入到窗口中。

在文件HelloNoun-Info.plist中，通过属性Main storyboard file base name（主故事板文件名）指定了加载的文件是MainStoryboard.storyboard。要想核实这一点，可展开文件夹Supporting Files，再单击plist文件显示其内容。另外也可以单击项目的顶级图标，确保选择了目标hello，再查看选项卡Summary中的文本框Main Storyboard，如图2-8所示。

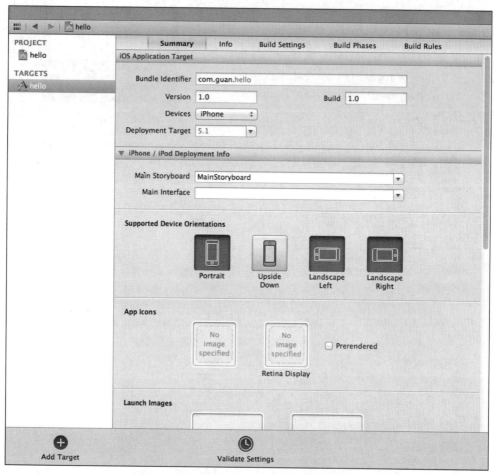

图2-8 指定应用程序启动时将加载的故事板

如果有多个场景，在Interface Builder编辑器中会使用很不明显的方式指定初始场景。在图2-7中，会发现编辑器中有一个灰色箭头，它指向视图的左边缘。这个箭头是可以拖动的，当有多个场景时可以拖动它，使其指向任何场景对应的视图。这就自动配置了项目，使其在应用程序启动时启动该场景的视图控制器和视图。

总之，对应用程序进行了配置，使其加载MainStoryboard.storyboard，而MainStoryboard.storyboard查找初始场景，并创建该场景的视图控制器类（文件ViewController.h和ViewControUer.m定义的ViewController）的实例。视图控制器加载其视图，而视图被自动添加到主窗口中。

2.5.2 规划变量和连接

要创建该应用程序,第一步是确定视图控制器需要的东西。为了引用要使用的对象,必须与如下3个对象进行交互。

- 一个文本框(UITextField)。
- 一个标签(UILabel)。
- 一个按钮(UIButton)。

在上述对象中,其中前两个对象分别是用户输入区域(文本框)和输出(标签),而第3个对象(按钮)触发代码中的操作,以便将标签的内容设置为文本框的内容。

1. 修改视图控制器接口文件

基于上述信息,便可以编辑视图控制器类的接口文件(ViewController.h),在其中定义需要用来引用界面元素的实例变量以及用来操作它们的属性(和输出口)。我们将把用于收集用户输入的文本框(UITextField)命名为user@property,将提供输出的标签(UILabel)命名为userOutput。通过使用编译指令@property可同时创建实例变量和属性,而通过添加关键字IBoutlet可以创建输出口,以便在界面和代码之间建立连接。

综上所述,可以添加如下两行代码。

```
@property (strong, nonatomic) IBOutlet UILabel *userOutput;
@property (strong, nonatomic) IBOutlet UITextField *userInput;
```

为了完成接口文件的编写工作,还需添加一个在按钮被按下时执行的操作,将该操作命名为setOutput。

```
- (IBAction)setOutput: (id)sender;
```

添加这些代码后,文件ViewController.h的代码如下所示。其中以粗体显示的代码行是我们新增的。

```
#import <UIKit/UIKit.h>

@interface ViewController : UIViewController

@property (strong, nonatomic) IBOutlet UILabel *userOutput;
@property (strong, nonatomic) IBOutlet UITextField *userInput;

- (IBAction)setOutput:(id)sender;

@end
```

但是这并非需要完成的全部工作。为了支持在接口文件中所做的工作,还需对实现文件(ViewController.m)做一些修改。

2. 修改视图控制器实现文件

对于接口文件中的每个编译指令@property来说,在实现文件中都必须有如下对应的编译指令@synthesize。

```
@synthesize userInput;
@synthesize userOutput;
```

将这些代码行加入到实现文件开头，并位于编译指令@implementation后面，文件ViewController.m中对应的实现代码如下所示。

```
#import "ViewController.h"
@implementation ViewController
@synthesize userOutput;
@synthesize userInput;
```

在确保使用完视图后，应该在代码中定义的实例变量（即userInput 和userOutput）不再指向对象，这样做的好处是这些文本框和标签占用的内存可以被重复重用。实现这种方式的方法非常简单，只需将这些实例变量对应的属性设置为nil即可。

```
[self setUserlnput:nil];
[self setUserOutput:nil];
```

上述清理工作是在视图控制器的一个特殊方法中进行的，这个方法名为viewDidUnload，在视图成功地从屏幕上删除时被调用。为添加上述代码，需要在实现文件ViewController.h中找到这个方法，并添加代码行。同样，这里演示的是如果要手工准备输出口、操作、实例变量和属性时，需要完成的设置工作。

文件ViewController.m中对应清理工作的实现代码如下所示。

```
- (void)viewDidUnload
{
    self.userInput = nil;
    self.userOutput = nil;
    [self setUserOutput:nil];
    [self setUserInput:nil];
    [super viewDidUnload];
}
```

注意 如果浏览HelloNoun的代码文件，可能发现其中包含绿色的注释（以字符"//"打头的代码行）。为节省篇幅，通常在本书的程序清单中删除了这些注释。

▶ 2.5.3 设计界面

本节的演示程序hello的界面很简单，只需提供一个输出区域、一个用于输入的文本框以及一个将输出设置成与输入相同的按钮。可按如下步骤创建该UI。

步骤 1 在Xcode项目导航器中选择MainStoryboard.storyboard并打开它。

步骤 2 打开文件的是Interface Builder编辑器，其中文档大纲区域显示了场景中的对象，而编辑器中显示了视图的可视化表示。

步骤 3 选择菜单View→Utilities→Show Object Library（快捷键Control+Option+Command+3）命令，在右边显示对象库。在对象库中确保从下拉列表中选择了Objects，这样将显示可拖放到视图中的所有控件。此时的工作区类似于图2-9。

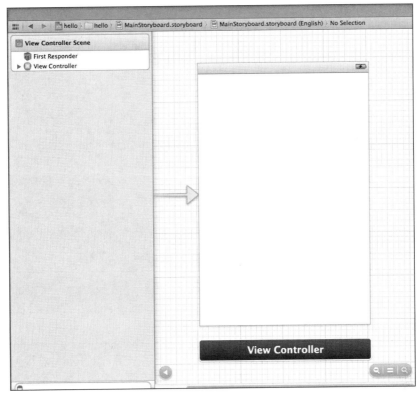

图2-9 初始界面

步骤 4　通过在对象库中单击标签（UILabel）对象并将其拖曳到视图中，在视图中添加两个标签。

步骤 5　第一个标签应包含静态文本Hello，为此双击默认文本Label并将其改为"你好"。选择第二个标签，它将用做输出区域。这里将该标签的文本改为"请输入信息"。将此作为默认值，直到用户提供新字符串为止。若需要增大该文本标签以便显示这些内容，可单击并拖曳其手柄。若将这些标签居中对齐，此时可以通过选择视图中的标签，再按Option+Command+4快捷键，或单击Utility区域顶部的滑块图标，打开标签的Attributes Inspector。可使用Alignment选项调整标签文本的对齐方式。另外还可能会使用其他属性来设置文本的显示样式，例如字号、阴影、颜色等。现在整个视图应该包含两个标签。

步骤 6　为了添加文本框，在对象库中找到文本框对象（UITextField），单击并将其拖曳到两个标签下方。使用手柄将其增大到与输出标签等宽。

步骤 7　再次按Option+Command+4快捷键，打开Attributes Inspector，并将字号设置成与标签的字号相同。如果要修改文本框的高度，在Attributes Inspector中单击包含方形边框的Border Style按钮，然后便可随意调整文本框的大小。

步骤 8　在对象库中单击圆角矩形按钮（UIButton）并将其拖曳到视图中，将其放在文本框下方。双击该按钮给它添加一个标题，如"点击我"。再调整按钮的大小，使其能够容纳该标题。

最终UI界面效果如图2-10所示，其中包含了4个对象，分别是2个标签、1个文本框和1个按钮。

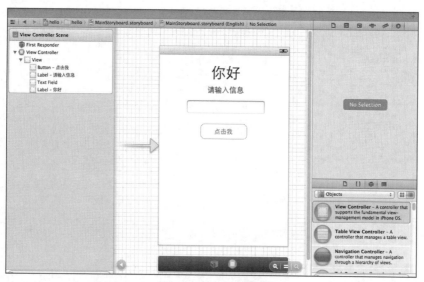

图2-10 最终的UI界面

2.5.4 创建并连接输出口和操作

在Interface Builder编辑器中需要做的工作就要完成了,最后一步工作是将视图连接到视图控制器。如果按前面介绍的方式手工定义了输出口和操作,则只需在对象图标之间拖曳即可。但即使就地创建输出口和操作,也只需执行拖放操作。

为此,需要从Interface Builder编辑器拖放到代码中需要添加输出口或操作的地方,即需要能够同时看到接口文件VeiwController.h和视图。在Interface Builder编辑器中还显示了刚设计的界面的情况下,单击工具栏的Edit部分的Assistant Editor按钮,这将在界面右边自动打开文件ViewController.h,因为Xcode知道在视图中必须编辑该文件。

另外,如果使用的开发计算机是MacBook,或编辑的是iPad项目,屏幕空间将不够用。为了节省屏幕空间,单击工具栏中View部分的最左边和最右边的按钮,以隐藏Xcode窗口的导航区域和Utility区域。也可以单击Interface Builder编辑器左下角的展开箭头,将文档大纲区域隐藏起来,这样屏幕将类似于如图2-11所示。

图2-11 切换工作空间

1. 添加输出口

下面首先连接用于显示输出的标签，用一个名为userOutput的实例变量/属性表示它。

步骤 1 按住Control键，并拖曳用于输出的标签（在这里其标题为"请输入信息"）或文档大纲中表示它的图标。将其拖曳到包含文件ViewController.h的代码编辑器中，当鼠标位于@interface行下方时松开。当拖曳时，Xcode将指出如果此时松开鼠标，将插入什么，如图2-12所示。

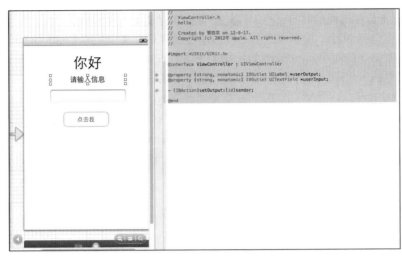

图2-12　生成代码

步骤 2 当松开鼠标时会要求定义输出口。首先确保从Connection下拉列表中选择了Outlet，从Storage下拉列表中选择了Weak，并从Type下拉列表中选择了UILabel。最后指定要使用的实例"变量/属性"名userOutput，再单击Connect按钮，如图2-13所示。

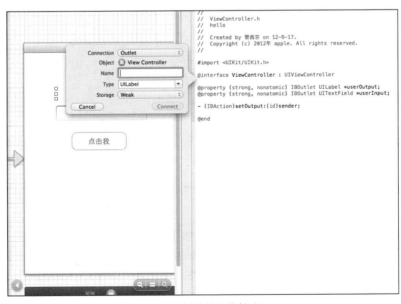

图2-13　配置创建的输出口

步骤 3 当单击Connect按钮时，Xcode将自动插入合适的编译指令@property和关键字IBOut:put（隐式地声明实例变量）、编译指令@synthesize（插入到文件

ViewController.m中）以及清理代码（也是文件ViewController.m中）。更重要的是，还在刚创建的输出口和界面对象之间建立连接。

步骤 4　对文本框重复上述操作过程。将其拖曳到刚插入的@property代码行下方，将Type设置为UITextField，并将输出口命名为userInput。

2. 添加操作

添加操作并在按钮和操作之间建立连接的方式与添加输出口相同。唯一的差别是在接口文件中，操作通常是在属性后面定义的，因此需要拖曳到稍微不同的位置。

步骤 1　按住Control键，并将视图中的按钮拖曳到接口文件（ViewController.h）中，即拖放到刚添加的两个@property编译指令下方。在拖曳时Xcode会提供反馈，指出它将在哪里插入代码。拖曳到要插入操作代码的地方后，松开鼠标。

步骤 2　与输出口一样，Xcode将要求配置连接，如图2-14所示。这次，务必将连接类型Connection设置为Action，否则Xcode将插入一个输出口。将Name（名称）设置为setOutput（前面选择的方法名）。务必从Event下拉列表中选择Touch Up Inside，以指定将触发该操作的事件。保留其他默认设置，并单击Connect按钮。

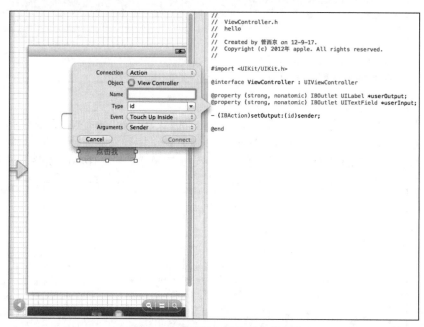

图2-14　配置要插入到代码中的操作

▶ 2.5.5　实现应用程序逻辑

创建好视图并建立到视图控制器的连接后，接下来的唯一任务便是实现逻辑。setOutput方法将输出标签的内容设置为用户在文本框中输入的内容。UILabel和UITextField都有包含其内容的text属性，通过读写该属性，只需一个简单的步骤便可将userOutput的内容设置为userInput的内容。

打开文件ViewController.m并滚动到末尾，会发现Xcode在创建操作连接代码时自动编写了空的方法定义（这里是setOutput），只需填充内容即可。找到方法setOutput，其实现代码如下所示。

```objc
- (IBAction)setOutput:(id)sender {
//    [[self userOutput]setText:[[self userInput] text]];
    self.userOutput.text=self.userInput.text;
}
```

通过这条赋值语句便完成了所有的工作。
接下来整理核心文件ViewController.m的实现代码：

```objc
#import "ViewController.h"

@implementation ViewController
@synthesize userOutput;
@synthesize userInput;

- (void)didReceiveMemoryWarning
{
    [super didReceiveMemoryWarning];
    // Release any cached data, images, etc that aren't in use.
}

#pragma mark - View lifecycle

- (void)viewDidLoad
{
    [super viewDidLoad];
    // Do any additional setup after loading the view, typically from a nib.
}

- (void)viewDidUnload
{
    self.userInput = nil;
    self.userOutput = nil;
    [self setUserOutput:nil];
    [self setUserInput:nil];
    [super viewDidUnload];
    // Release any retained subviews of the main view.
    // e.g. self.myOutlet = nil;
}

- (void)viewWillAppear:(BOOL)animated
{
    [super viewWillAppear:animated];
}

- (void)viewDidAppear:(BOOL)animated
{
    [super viewDidAppear:animated];
}

- (void)viewWillDisappear:(BOOL)animated
{
```

```
    [super viewWillDisappear:animated];
}

- (void)viewDidDisappear:(BOOL)animated
{
    [super viewDidDisappear:animated];
}

- (BOOL)shouldAutorotateToInterfaceOrientation:
                        (UIInterfaceOrientation)interfaceOrientation
{
    // Return YES for supported orientations
    return (interfaceOrientation !=
                        UIInterfaceOrientationPortraitUpsideDown);
}

- (IBAction)setOutput:(id)sender {
    //    [[self userOutput]setText:[[self userInput] text]];
    self.userOutput.text=self.userInput.text;
}

@end
```

上述代码几乎都是用Xcode自动实现的。

2.5.6 生成应用程序

现在可以生成并测试演示程序了，执行后的效果如图2-15所示。在文本框中输入信息并单击"点击我"按钮后，会在上方显示输入的文本，如图2-16所示。

图2-15 执行效果

图2-16 显示输入的信息

第 3 章
Cocoa Touch

　　Cocoa Touch是由苹果公司提供的专门用于程序开发的API，可以开发iPhone、iPod和iPad中的软件。另外，Cocoa Touch也是苹果公司针对iPhone应用程序快速开发提供的一个类库，这个库以一系列框架库的形式存在，支持开发人员使用用户界面元素构建图像化事件驱动的应用程序。本章将详细讲解Cocoa Touch的基本知识，为后面知识的学习打下基础。

3.1 Cocoa Touch基础

Cocoa Touch是一个开发iOS程序的重要框架之一，本节将简要介绍Cocoa Touch框架的基本知识。

3.1.1 Cocoa Touch概述

Cocoa Touch框架重用了许多Mac系统的成熟模式，但是它更多地专注于触摸的接口和优化。例如UIKit提供了在iOS上实现图形和事件驱动程序的基本工具。Cocoa Touch建立在和Mac OS X中一样的Foundation框架上，包括文件处理、网络、字符串操作等。并且Cocoa Touch具有和iPhone用户接口一致的特殊设计，通过它可以使用iOS上的独特图形接口控件、按钮以及全屏视图的功能，还可以使用加速仪和多点触摸手势来控制应用。

Cocoa Touch框架的主要特点如下所示。

1. 基于Objective-C语言实现

在Cocoa Touch框架中，大部分Cocoa Touch的功能是用Objective-C实现的。Objective-C是一种面向对象的语言，具有编译、运行速度快的特点。另外，由于Objective-C是C语言的超集，所以可以很容易地将C甚至C++代码添加到Cocoa Touch程序里。

2. 强大的Core Animation

在Cocoa Touch框架中，通过使用Core Animation，可以通过一个基于组合独立图层的简单编程模型，来创建丰富的用户体验。

3. 强大的Core Audio

在Cocoa Touch框架中，Core Audio是播放、处理和录制音频的专业技术，能够为应用程序添加强大的音频功能。

4. 强大的Core Data

Cocoa Touch框架提供了一个面向对象的数据管理解决方案Core Data，它易于使用和理解，甚至可处理任何应用或大或小的数据模型。

3.1.2 Cocoa Touch中的框架

在Cocoa Touch技术中，提供了如下十分常用的框架。

1. 音频和视频

- Core Audio
- OpenAL
- Media Library
- AV Foundation

2. 数据管理

- Core Data
- SQLite

3. 图形和动画
- Core Animation
- OpenGL ES
- Quartz 2D

4. 网络
- Bonjour
- WebKit
- BSD Sockets

5. 用户应用
- Address Book
- Core Location
- Map Kit
- Store Kit

3.1.3 Cocoa Touch的优势

和Andriod等开发平台相比，使用Cocoa Touch进的最大优点是更加成熟。尽管iOS还是一种相对年轻的Apple平台，但是其Cocoa框架已经十分成熟了。Cocoa始于在20世纪80年代中期使用的平台Next Computer（一种NextStep）。在20世纪90年代初，NextStep发展成了跨平台的OpenStep。Apple于1996年收购了Next Computer，在随后的10年中，NextStep/OpenStep框架成为Macintosh开发的事实标准，并更名为Cocoa。

Cocoa和Cocoa Touch的区别：Cocoa是用于开发Mac OS X应用程序的框架。iOS虽然以Mac OS X的众多基本技术为基础，但并不完全相同。Cocoa Touch针对触摸界面进行了大量的定制，并受手持系统的约束。传统上需要占据大量屏幕空间的桌面应用程序组件被更简单的多视图组件取代，而鼠标单击事件则被"轻按"和"松开"事件取代。

另外，令开发者高兴的是：如果决定从iOS开发转向Mac开发，在这两种平台上将遵循很多相同的开发模式，而不用再从头开始学习。

3.2 iPhone的技术层

Cocoa Touch 层由多个框架组成，它们为应用程序提供了核心功能。Apple以一系列层的方式来描述iOS实现的技术，其中每层都可以使用不同的技术框架。在iPhone的技术层中，Cocoa Touch层位于最上面。iPhone的技术层结构如图3-1所示。

本节将简单介绍iPhone应用中各个技术层的基本知识。

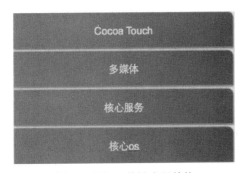

图3-1　iPhone的技术层结构

3.2.1 Cocoa Touch 层

Cocoa Touch层是由多个框架组成的，它们为应用程序提供核心功能（包括iOS 4.x中的多任务和广告功能）。在这些框架中，UIKit是最常用的UI框架，能够实现各种绚丽的界面效果。Cocoa Touch层包含了构建iOS程序的关键框架，在此层定义了程序的基本结构，支持如多任务、基于触摸的输入、Push Notification等关键技术，以及很多上层系统服务。

1. Cocoa Touch层的关键技术

（1）多任务

iOS SDK 4.0以及以后的SDK构建的程序（且运行在iOS 4.0和以后版本的设备上），用户按Home按钮的时候程序不会结束，它们会挪到后台运行。UIKit帮助实现的多任务支持，让程序可以平滑切换到后台，或者切换回来。

为了节省电力，大多数程序进入后台后马上就会被系统暂停。暂停的程序还在内存里，但是不执行任何代码。这样程序需要重新激活的时候可以快速恢复，但是同时不浪费任何电力。然而，在如下原因下，程序也可以在后台下运行：

- 程序可以申请有限的时间完成一些重要的任务。
- 程序可以声明支持某种特定的服务，需要周期的后台运行时间。
- 程序可以使用本地通知在指定的时间给用户发信息，不管程序是否在运行。
- 不管程序在后台是被暂停还是继续运行，支持多任务系统都不需要做什么额外的事情。系统会在切换到后台或者切换回来的时候，通知程序。在这个时刻，程序可以直接执行一些重要的任务，例如保存用户数据等。

（2）打印

从iOS 4.2开始，UIKit开始引入了打印功能，允许程序把内容通过无线网路发送给附近的打印机。关于打印，大部分重体力劳动由UIKit承担。它管理打印接口，和程序协作渲染打印的内容，管理打印机里打印作业的计划和执行。

程序提交的打印作业会被传递给打印系统，它管理真正的打印流程。设备上所有程序的打印作业会被排成队列，先入先出地打印。用户可以从打印中心程序看到打印作业的状态。所有这些打印细节都由系统自动处理。

注意 仅有支持多任务的设备才支持无线打印，程序可使用UIPrintInteractionController命令对象来检测设备是否支持无线打印。

（3）数据保护

从iOS 4.0起引入了数据保护功能，需要处理敏感用户数据的应用程序可以使用某些设备内建的加密功能（某些设备不支持）。当程序指定某文件受保护的时候，系统就会把这个文件用加密的格式保存。设备锁定的时候，程序和潜在入侵者都无法访问这些数据。然而，当设备由用户解锁后，会生成一个密钥让程序访问文件。

要想实现良好的数据保护，需要仔细考虑如何创建和管理需要保护的数据。应用程序必须在数据创建时确保数据安全，并适应设备上锁与否带来的文件可访问性的变化。

（4）苹果的推通知服务

从iOS 3.0开始，苹果发布了苹果推通知服务。推通知服务提供了一种机制，即使程序已经退出，仍旧可以发送一些新信息给用户。使用这种服务，可以在任何时候推送文本通知给用户的设备，其包含程序图标作为标识发出提示声音。这些消息提示用户应该打开程序接收查看相关的信息。

从设计的角度看，要让iOS程序可以发送推通知，需要做两部分的工作。首先，程序必须请求通知的发送，且在送达的时候能够处理通知数据。然后，需要提供一个服务端流程去生成这些通知。这一流程发生在自己的服务器上，和苹果的推通知服务一起触发通知。

（5）本地通知

从iOS 4.0开始，苹果推出了本地通知，作为推通知机制的补充，应用程序使用这一方法可以在本地创建通知信息，而不用依赖一个外部的服务器。运行在后台的程序，可以在重要事件发生的时候利用本地通知提醒用户注意。例如，一个运行在后台的导航程序可以利用本地通知，提示用户该转弯了。程序还可以预定在未来的某个时刻发送本地通知，这种通知即使程序已经被终止也是可以被发送的。

本地通知的优势在于它独立于程序。一旦通知被预定，系统就会来管理它的发送。在消息发送的时候，甚至不需要应用程序还在运行。

（6）手势识别器

从iOS 3.2开始引入了手势识别器这一概念，可以把它附加到View上，然后用它们检测划过或者捏合等通用的手势。当将手势识别器附加到View后，可以设置手势发生时执行什么操作。手势识别器会跟踪原始的触摸事件，使用系统预置的算法判断目前的手势。

UIKit包含了UIGestureRecognizer类，定义了所有手势识别器的标准行为。用户可以定义自己的定制手势识别器子类，或者是使用UIKit提供的手势识别器子类来处理如下的标准手势：

- 点击（任何次数）。
- 捏合缩放。
- 平移或者拖动。
- 划过（任何方向）。
- 旋转（手指分别向相反方向）。
- 长按。
- 文件共享支持。

文件共享功能是从iOS 3.2才开始引入的，利用它程序可以把用户的数据文件开发给iTunes 9.1以及以后版本。程序一旦声明支持文件共享，那么它的/Documents@目录下的文件就会开放给用户。要打开文件共享支持，需要做如下的工作：

- 在程序的Info.ppst文件内加入键UIFileSharingEnabled，值设置为YES。
- 把要共享的文件放在程序的Documents目录内。
- 设备插到用户电脑时，iTunes在选定设备的程序页下面显示文件共享块。
- 用户可以在桌面上增加和删除文件。

由此可以看出，要想实现支持文件共享的程序，程序必须能够识别放到Documents目录中的文件，并且能够正确地处理它们。

（7）点对点对战服务

从iOS 3.0起引入的Game Kit框架提供了基于蓝牙的点对点对战功能。可以使用点对点连接和附近的设备建立通信，虽然这主要是用于游戏，但是也可以用于其他类型的程序中。

（8）标准系统View Controller

Cocoa Touch层的很多框架提供了用来展现标准系统接口的View Controller。应该尽量使用这些View Controller，以保持用户体验的一致性。当需要做如下操作的时候，应该使用对应框架提供的View Controller。

- 显示和编辑联系人信息：使用Address Book UI框架提供的View Controller。
- 创建和编辑日历事件：使用Event Kit UI框架提供的View Controller。
- 编写Email或者短消息：使用Message UI框架提供的View Controller。
- 打开或者预览文件的内容：使用UIKit框架里的UIDocumentInteractionController类。
- 拍摄一张照片，或者从用户的照片库里面选择一张照片：使用UIKit框架内的UIImagePickerController类。
- 拍摄一段视频：使用UIKit框架内的UIImagePickerController类。

（9）外部显示支持

从iOS 3.2开始，引入了外部显示支持，允许一些iOS设备可以通过支持的缆线连接到外部的显示器上。连接时，程序可以用对应的屏幕来显示内容，如可以用这个框架来把程序的窗口连接到一个屏幕。

2. Cocoa Touch层包含的框架

在Cocoa Touch层中，主要包含如下的框架。

（1）UIKit

UIKit提供了大量的功能。它负责启动和结束应用程序、控制界面和多点触摸事件，并让程序能够访问常见的数据视图（如网页以及Word和Excel文档等）。另外，UIKit还负责iOS内部的众多集成功能，访问多媒体库、照片库和加速计也是使用UIKit中的类和方法来实现的。

对于UIKitk框架，其强大的功能是通过自身的一系列的Class（类）来实现的，通过这些类可以建立和管理iPhone OS应用程序的用户界面接口、应用程序对象、事件控制、绘图模型、窗口、视图，以及控制触摸屏等接口。

在iOS中的每个应用程序中，都可以使用这个框架实现如下的核心功能。

- 应用程序管理。
- 用户界面管理。
- 图形和窗口支持。
- 多任务支持。
- 支持对触摸的处理以及基于动作的事件。
- 展现标准系统View和控件的对象。
- 对文本和Web内容的支持。
- 剪切、复制和粘贴的支持。
- 用户界面动画支持。
- 通过URL模式和系统内其他程序交互。
- 支持苹果推通知。
- 对残障人士的易用性支持。
- 本地通知的预定和发送。
- 创建PDF。
- 支持使用行为类似系统键盘的定制输入View。
- 支持创建和系统键盘交互定制的Text View。

除了提供程序的基础代码支持外，UIKit还包括了如下的设备支持特性。

- 加速度传感器数据。
- 内建的摄像头（如果有的话）。

- 用户的照片库。
- 设备名和型号信息。
- 电池状态信息。
- 接近传感器信息。
- 耳机线控信息。

（2）Map Kit

Map Kit框架可以让开发人员在任何应用程序中添加Google地图视图，这包括标注、定位和事件处理功能。在iOS设备中使用Map Kit框架的效果如图3-2所示。

从iOS 3.0开始正式引入了Map Kit框架（MapKit.framework），此框架提供了一个可以嵌入到程序里的地图接口。基于该接口的行为，它提供了可缩放的地图View，可标记定制的信息。它可以嵌入在程序的View里面，编程设置地图的属性，保存当前显示的地图区域和用户的位置。还可以定义定制标记，或者使用标准标记（大头针标记）突出地图上的区域，显示额外的信息。

从iOS 4.0开始，这个框架加入可拖动标记和定制覆盖对象的功能。可拖动标记移动一个已经被放置到地图上的标记、编程。覆盖对象提供了创建比标记点更复杂的地图标记的能力。可以使用覆盖对象在地图上来放置信息，例如公交路线，选区图，停车区域，天气信息（如雷达数据）。

图3-2 使用Map Kit框架的效果

（3）Game Kit

Game Kit框架进一步提高了iOS应用程序的网络交互性。Game Kit提供了创建并使用对等网络的机制，例如语音聊天。可以将这些功能加入到任何应用程序中，而不仅仅是游戏中。在当前市面中，有很多利用Game Kit框架实现的iOS游戏产品，如图3-3所示就是其中之一。

图3-3 用Game Kit框架实现的iOS游戏

（4）Message UI/Address Book UI/Event Kit UI

这些框架可以实现iOS应用程序之间的集成功能。利用框架Message UI、Address Book UI

和Event Kit UI，可以在任何应用程序中访问电子邮件、联系人和日历事件。

（5）iAd

iAd框架是一个广告框架，通过此框架可以在应用程序中加入广告。iAd框架是一个交互式的广告组件，通过简单的拖放操作就可以将其加入到开发的软件产品中。在应用程序中，无需管理iAd交互，这些工作由Apple自动完成。

从iOS 4.0版本开始，才正式引入了iAd框架（iAd.framework）以支持程序中显示banner广告。广告由标准的View构成，可以把它们插入到用户界面中，并在恰当的时候显示。View本身和苹果的广告服务通信，处理一切载入和展现广告内容以及响应点击等工作。

（6）Event Kit UI框架

从iOS 4.0版本开始，正式引入了Event Kit UI框架（EventKitUI.framework），它提供了用来显示和编辑事件的View Controller。

3.2.2 多媒体层

当Apple设计计算设备时，已经考虑到了多媒体功能。iOS设备可以创建复杂的图形、播放音频和视频，甚至可生成实时的三维图形。这些功能都是由多媒体层中的框架处理的。

1. AV Foundation

AV Foundation框架可以播放和编辑复杂的音频和视频。该框架应用于实现高级功能，如电影录制、音轨管理和音频平移。

2. Core Audio

Core Audio框架提供了在iPhone中播放和录制音频的方法，还包含了Toolbox框架和AudioUnit框架，其中前者可用于播放警报声或导致短暂震动，而后者可用于处理声音。

3. Core Image

使用Core Image框架，开发人员可以在应用程序中添加高级图像和视频处理功能，而无需处理它们后面复杂的计算。例如，Core Image提供了人脸识别和图像过滤功能，可轻松地将这些功能加入到任何应用程序中。

4. Core Graphics

通过使用Core Graphics框架，可以在应用程序中添加2D绘画和合成功能。在本书的内容中，大部分情况下都将在应用程序中使用现有的界面类和图像，但可以使用Core Graphics以编程方式操纵iPhone的视图。

5. Core Text

Core Text实现了对iPhone屏幕上显示的文本进行精确的定位和控制。应将Core Text用于移动文本处理应用程序和软件中，它们需要快速显示和操作显示高品质的样式化文本。

6. Image I/O

Image I/O框架可以导入和导出图像数据与图像元数据，这些数据可以iOS支持的任何文件格式存储。

7. Media Player

Media Player框架让开发人员能够使用典型的屏幕控件轻松地播放电影，可以在应用程序中直接调用播放器。

8. OpenGL ES

OpenGL ES是深受欢迎的OpenGL框架的子集,适用于嵌入式系统(ES)。OpenGL ES可用于在应用程序中创建2D和3D动画。

9. Quartz Core

Quartz Core框架用于创建需要使用硬件设备相结合的动画。

3.2.3 核心服务层

核心服务层用于访问较低级的操作系统服务,如文件存取、联网和众多常见的数据对象类型。

1. Accounts

鉴于其始终在线的特征,iOS设备经常用于存储众多不同服务的账户信息。Accounts框架简化了存储账户信息以及对用户进行身份验证的过程。

2. Address Book

Address Book框架用于直接访问和操作地址簿。该框架用于在应用程序中更新和显示通信录。

3. CFNetwork

CFNetwork能够访问BSD套接字、HTTP和FTP协议请求以及Bonjour发现。

4. Core Data

Core Data框架可用于创建iOS应用程序的数据模型,它提供了一个基于SQLite的关系数据库模型,可用于将数据绑定到界面对象,从而避免使用代码进行复杂的数据操作。

5. Core Foundation

Core Foundation提供的大部分功能与Foundation框架相同,但它是一个过程型C语言框架,因此需要采用不同的开发方法,这些方法的效率比Objective-C面向对象模型低。除非绝对必要,否则应避免使用Core Foundation。

6. Foundation

Foundation框架提供了一个Objective-C封装器(Wrapper),其中封装了Core Foundation的功能。操作字符串、数组和字典等都是通过Foundation框架进行的,还有其他必须的应用程序功能也如此,如管理应用程序首选项、线程和本地化。

7. Event Kit

Event Kit框架用于访问存储在iOS设备中的日历信息,还让开发人员能够再新建事件,其中包括闹钟。

8. Core Location

Core Location框架可用于从iPhone和iPad 3G的GPS(非3G设备支持基于WiFi的定位服务,但精度要低得多)获取经度和维度信息以及测量精度。

9. Core Motion

Core Motion框架管理iOS平台中大部分与运动相关的事件,如使用加速计和陀螺仪。

10. Quick Look

Quick Look框架在应用程序中实现文件浏览功能,即使应用程序不知道如何打开特定的文件类型。这旨在浏览下载到设备中的文件。

11. Store Kit

Store Kit框架让开发人员能够在应用程序中创建购买事务，而无需退出程序。所有交互都是通过App Store进行的，因此无需通过Store Kit方法请求或传输金融数据。

12. SystemConfiguration

System Configuration框架用于确定设备网络配置的当前状态，如连接的是哪个网络，哪些设备可达。

3.2.4 核心OS层

核心OS层由最低级的iOS服务组成，这些功能包括线程、复杂的数学运算、硬件配件和加密，需要访问这些框架的情况很少。

1. Accelerate

Accelerate框架简化了计算和大数操作任务，其中包括数字信号处理功能。

2. External Accessory

External Accessory框架用于开发到配件的接口，这些配件是基座接口或蓝牙连接的。

3. Security

Security框架提供了执行加密（加密/解密数据）的函数，其中包括与iOS密钥链交互以添加、删除和修改密钥项。

4. System

通过使用System框架，可以让开发人员访问不受限制的Unix开发环境中的一些典型工具。

3.3 Cocoa Touch中的框架

基础Cocoa Touch框架重用了许多Mac系统的成熟模式，但是它更多地专注于触摸的接口和优化。UIKit提供了在iOS上实现图形和事件驱动程序的基本工具，其建立在和Mac OS X中一样的Foundation框架上，包括文件处理、网络、字符串操作等。Cocoa Touch具有和iPhone用户接口一致的特殊设计，同时也拥有各色俱全的框架。除了UIKit外，Cocoa Touch包含了创建世界一流iOS应用程序需要的所有框架，从三维图形，到专业音效，甚至提供设备访问API以控制摄像头，或通过GPS获知当前位置。本节将简单讲解Cocoa Touch中的主要框架。

3.3.1 Core Animation（图形处理）框架

使用Core Animation，就可以通过一个基于组合独立图层的简单的编程模型来创建丰富的用户体验。iOS提供了一系列的图形图像技术，这是建立动人的视觉体验的基础。通过Core Animation，可以处理2D、3D和动画效果。动画是按定义好的关键步骤创建的，步骤描述了文字层、图像层和OpenGL ES图形是如何交互的。Core Animation在运行时按照预定义的步骤处理，平稳地将视觉元素从一步移至下一步，并自动填充动画中的过渡帧。

和iOS中的许多场景切换功能一样，也可以使用Core Animation来创建引人瞩目的效果，例如在屏幕上平滑地移动用户接口元素，并加入渐入渐出的效果，所有这些功能仅需几行Core Animation代码即可完成。

通过使用带有硬件加速的OpenGL ES API技术，可利用iPhone和iPod Touch强大的图形处理能力。OpenGL ES具有比其桌面版本更加简单的APL，但使用了相同的核心理念，包括可编程着色器和其他能够使3D程序或游戏脱颖而出的扩展。

1. Quartz 2D

Quartz 2D是iOS下强大的2D图形API，提供了专业的2D图形功能，如贝赛尔曲线、变换和渐变等。使用Quartz 2D来定制接口元素，可以为程序带来个性化外观。

2. 独立的分辨率

iPhone 4高像素密度Retina屏可让任意尺寸的文本和图像都显得平滑流畅。如果需要支持早期的iPhone，则可以使用iOS SDK中的独立分辨率，它可让应用程序运行于不同屏幕分辨率环境。只需要对应用程序的图标、图形及代码稍作修改，便可确保它在各种iOS设备中都具有极好的视觉效果，并在iPhone 4设备上达到最佳。

3. 照片库

应用程序可以通过UIKit访问用户的照片库，如可以通过照片选取器界面浏览用户照片库，选取某张图片后再返回应用程序；还能够控制是否允许用户对返回的图片进行拖动或编辑。另外，UIKit还提供相机接口。通过该接口，应用程序可直接加载相机拍摄的照片。

3.3.2 Core Audio（多媒体处理）框架

Core Audio是一个集多媒体播放、处理和录制音频的专业技术，能够为应用程序添加强大的音频和视频功能。iOS中提供了丰富的音频和视频功能，可以轻松地在程序中使用媒体播放框架来传输和播放全屏视频。Core Audio能够完全控制iPod Touch和iPhone的音频处理功能。对于非常复杂的效果，OpenAL能够建立3D音频模型。

通过使用媒体播放框架，可以让程序轻松地全屏播放视频，视频源可以是程序包中或者远程加载的一个文件。在影片播放完毕时，会有一个简单的回调机制通知程序，从而可以进行相应的操作。

1. HTTP 在线播放

通过使用HTTP在线播放的内置支持，可以使程序在iPhone和iPod Touch中播放标准Web服务器所提供的高质量的音频流和视频流。并且在设计时就考虑了移动性的支持，HTTP在线播放可以动态地调整播放质量来适应 Wi-Fi 或蜂窝网络的速度。

2. AV Foundation

在iOS系统中，所有音频和视频播放及录制技术都源自AV Foundation。在通常情况下，应用程序可以使用媒体播放器框架（Media Player Framework）实现音乐和电影播放功能。如果所需实现的功能不止于此，而媒体播放器框架又没有相应支持，则可考虑使用AV Foundation。AV Foundation对媒体项的处理和管理提供高级支持，如媒体资产管理、媒体编辑、电影捕捉及播放、曲目管理及立体声声像等都在支持之列。

AV Foundation程序可以访问iPod Touch或iPhone中的音乐库，从而利用用户的音乐定制自己的用户体验。例如赛车游戏可以在赛车加速时将玩家最喜爱播放列表变成虚拟广播电台，甚至可以让玩家直接在程序中选择定制的播放列表，无需退出程序即可直接播放。

Core Audio是集播放、处理和录制音频为一体的专业级技术。通过Core Audio，程序可以同时播放一个或多个音频流，甚至录制音频。Core Audio能够透明管理音频环境，并自动适应耳机、蓝牙耳机或底座配件，同时它也可触发振动。

3.3.3 Core Data（数据处理）框架

此框架提供了一个面向对象的数据管理解决方案，它易于使用和理解，甚至可处理任何应用或大或小的数据模型。iOS操作系统提供一系列用于存储、访问和共享数据的完整的工具和框架。

Core Data是一个针对Cocoa Touch程序的全功能的数据模型框架，而SQLite非常适合用于关系数据库操作。应用程序可以通过URL在整个iOS范围内共享数据。Web应用程序可以利用HTML 5数据存储API在客户端缓冲保存数据。iOS程序甚至可访问设备的全局数据，如地址簿里的联系人和照片库里的照片。

1. Core Data

Core Data为创建基于模型-视图-控制器（MVC）模式的良好架构的Cocoa程序提供了一个灵活和强大的数据模型框架。Core Data提供了一个通用的数据管理解决方案，用于处理所有应用程序的数据模型需求，不论程序的规模大小。用户可以在此基础上构建任何应用程序。只有想不到的，没有做不到的。

通过Core Data，能够以图形化的方式快速定义程序的数据模型，并能够方便地在代码中访问该数据模型。Core Data提供了一套基础框架，不仅可以处理常见的功能，如保存、恢复、撤销、重做等，还可以在应用程序中方便地添加新的功能。由于Core Data 使用内置的SQLite 数据库，因此不需要单独安装数据库系统。

Interface Builder 是苹果的图形用户界面编辑器，提供了预定义的Core Data控制器对象，用于消除应用程序的用户界面和数据模型之间的大量粘合代码。读者不必担心SQL的语法，不必维护逻辑树来跟踪用户行为，也不必创建一个新的持久化机制。这一切都已经在将应用程序的用户界面连接到Core Data模型时自动完成。

2. SQLite

iOS中包含时下流行的SQLite 库，这是一个轻量级但功能强大的关系数据库引擎，能够很容易地嵌入到应用程序中。SQLite被多种平台上的无数应用程序所使用，事实上它已经被认为是轻量级嵌入式 SQL数据库编程的工业标准。与面向对象的 Core Data 框架不同，SQLite使用过程化的针对SQL的 API直接操作数据表。

3.4 iOS程序的生命周期

任何程序的生命周期都是指从程序加载到程序结束这一短时间。本节将详细讲解iOS程序生命周期的基本知识，为后面知识的学习打下基础。

3.4.1 iOS程序生命周期的原理

每一个iOS应用程序都包含一个UIApplication对象，iOS系统通过该UIApplication对象监控应用程序生命周期全过程。每一个iOS应用程序都要为其UIApplication对象指定一个代理对象，并由该代理对象处理UIApplication对象监测到的应用程序生命周期事件。通常来说，一个iOS应用程序拥有如下的5种状态。

1. Not running
应用还没有启动,或者应用正在运行但是途中被系统停止。

2. Inactive
当前应用正在前台运行,但是并不接收事件(当前或许正在执行其他代码)。一般每当应用要从一个状态切换到另一个不同的状态时,中途过渡会短暂停留在此状态。唯一在此状态停留时间比较长的情况是:当用户锁屏时,或者系统提示用户去响应某些(如电话来电、有未读短信等)事件的时候。

3. Active
当前应用正在前台运行,并且接收事件。这是应用正在前台运行时所处的正常状态。

4. Background
应用处在后台,并且还在执行代码。大多数将要进入Suspended状态的应用,会先短暂进入此状态。然而,对于请求需要额外执行时间的应用,会在此状态保持较长一段时间。另外,如果一个应用要求启动时直接进入后台运行,这样的应用会直接从Not running状态进入Background状态,中途不会经过Inactive状态。比如没有界面的应用。注此处并不特指没有界面的应用,其实也可以是有界面的应用,只是如果要直接进入Background状态的话,该应用界面不会被显示。

5. Suspended
应用处在后台,并且已停止执行代码。系统自动将应用移入此状态,且在此操作之前不会对应用做任何通知。当处在此状态时,应用依然驻留内存但不执行任何程序代码。当系统发生低内存告警时,系统将会将处于Suspended状态的应用清除出内存,以为正在前台运行的应用提供足够的内存。

由此可见,执行iOS程序的过程如图3-4所示。

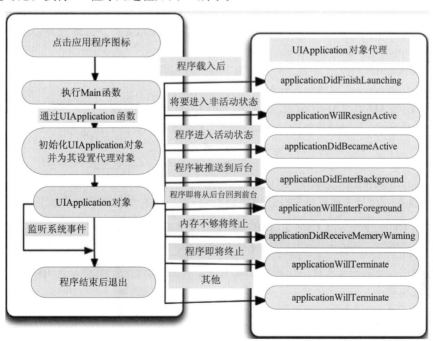

图3-4 执行iOS程序的过程

作为UIApplication的代理类，必须要先实现UIApplicationDelegate协议，协议里明确了作为代理应该做或可以做哪些事情。UIApplication对象负责监听应用程序的生命周期事件，并将生命周期事件交由UIApplication代理对象处理。

在UIApplication代理对象中，和生命周期有关的函数的具体说明如下所示。

- -(void)applicationWillResignActive:(UIApplication *)application：当应用程序将要进入非活动状态调用。在此期间，应用程序不接收消息或事件，比如来电。
- -(void)applicationDidBecomeActive:(UIApplication *)application：当应用程序将要进入活动状态调用。这个刚好跟上面的方法相反。
- -(void)applicationDidEnterBackground:(UIApplication *)application：当程序被推送到后台的时候调用。所以要设置后台继续运行，则在这个函数里面设置即可。
- -(void)applicationWillEnterForeground:(UIApplication *)application：当程序从后台将要重新回到前台时候调用，这个刚好跟上面的那个方法相反。
- -(void)applicationWillTerminate:(UIApplication *)application：当程序将要退出时被调用，通常用来保存数据和一些退出前的清理工作。这个需要设置UIApplicationExitsOnSuspend的键值为YES，iOS 5设置Application does not run in background的键值为YES。
- -(void)applicationDidReceiveMemoryWarning:(UIApplication *)application：iOS设备只有有限的内存，如果为应用程序分配了太多内存，操作系统会终止应用程序的运行，在终止前会执行这个方法，通常可以在这里进行内存清理工作，防止程序被终止。
- -(void)applicationDidFinishLaunching:(UIApplication*)application：当程序载入后执行。
- -(BOOL)application:(UIApplication*)application handleOpenURL:(NSURL*)URL：当打开URL时执行。

3.4.2 UIViewController的生命周期

UIViewController是iOS顶层视图的载体及控制器，用户与程序界面的交互都是由UIViewController来控制的。UIViewController用于管理UIView的生命周期及资源的加载与释放，而UIView与UIWindow共同展示了应用用户界面。

在UIViewController控制器中，包含了如下6种生命周期事件。

- -(void)loadView：用于加载视图资源并初始化视图。
- -(void)viewDidLoad和-(void)viewDidUnload：用于释放视图资源。
- -(void)viewWillAppear:(BOOL)animated：表示将要加载出视图。
- -(void)viewDidAppear:(BOOL)animated：表示视图出现。
- -(void)viewWillDisappear:(BOOL)animated:表示视图即将消失。
- -(void)viewDidDisappear:(BOOL)animated：表示视图已经消失。

根据系统是否支持多线程来划分，可以将iOS应用程序的生命周期分为如下两种。

1. 不支持多线程的iOS 4之前的系统

在iOS 4系统以前的版本中，不支持多线程的功能，程序的运作流程如下所示。

步骤 1 点击App图标或者从应用程序URL（比如在Safari地址栏中输入应用程序URL）启动应用程序。

步骤 2 进入UIApplicationDelegate 的 -(void)applicationDidFinishLaunching:(UIApplication *)application或- (BOOL)application:(UIApplication *)application didFinishLaunchingWithOptions:(NSDictionary *)launchOptions。

步骤 3　如果是从URL启动，则先进入UIApplicationDelegate的-(BOOL)application:(UIApplication *)application handleOpenURL:(NSURL *)URL，然后再跳转到第4步；否则直接跳转到第4步。

步骤 4　进入UIApplicationDelegate 的 - (void)applicationDidBecomeActive:(UIApplication *)application。

步骤 5　进入应用程序主循环，这时应用程序已经是活动的了，用户可以与应用程序交互。

步骤 6　在第5步状态下，如果按住Home键或者进行任务切换操作，则跳转到第8步。

步骤 7　在第5步状态下，应用程序被中断（如来电或来短信），进入UIApplicationDelegate的- (void)applicationWillResignActive:(UIApplication *)application；如果用户选择不处理继续留在当前应用程序，则回到第4步；如果用户选择处理，则跳转到第8步。

步骤 8　进入UIApplicationDelegate 的 - (void)applicationWillTerminate:(UIApplication *)application，当前应用程序关闭。

注意　这里所说的进入，并非真正的调用该消息，只是走流程。因为 UIApplicationDelegate 的方法都是@optional的，实现了则真正执行，没有实现则什么也不做。

2. 支持多线程的iOS 4及其之后的系统

在支持多线程之后，只是比以前版本多了一个后台模式而已，具体说明如下所示。

- 在程序被中断之后，先进入后台- (void)applicationDidEnterBackground:(UIApplication *)application。
- 在程序被中断后继续时，要从后台模式切换到前台- (void)applicationWillEnterForeground:(UIApplication *)application。

3.5　Cocoa中的类

在iOS SDK中包含了数千个类，但是编写的大部分应用程序都可以使用很少的类实现90%的功能。为了让读者熟悉这些类及其用途，本节将简要介绍常用的类，为后面知识的学习打下基础。

3.5.1　核心类

在新建一个iOS应用程序时，即使它只支持最基本的用户交互，也将使用一系列常见的核心类。在这些类中，虽然有很多在日常编码过程中并不会用到，但是它们仍扮演了重要的角色。在Cocoa中，常用的核心类如下所示。

1. 根类（NSObject）

根类是所有类的根类。面向对象编程的最大好处是当创建子类时，它可以继承父类的功能。NSObject是Cocoa的根类，几乎所有Objective-C类都是从它派生而来的。这个类定义了所有类都有的方法，如alloc和init。在开发中无需手动创建NSObject实例，但是可以使用从这个类继承的方法来创建和管理对象。

2. 应用程序类（UIApplication）

UIApplication的作用是提供了iOS程序运行期间的控制和协作工作。每一个程序在运行期必须有且仅有一个UIApplication（或其子类）的一个实例。UIApplication的主要工作是处理用户事件，它会提供一个队列，把所有用户事件都放入队列中并逐个处理，在处理的时候会发送当前事件到一个合适的处理事件的目标控件。此外，UIApplication实例还维护一个在本应用中打开的Window列表（UIWindow实例），这样它就可以接触应用中的任何一个UIView对象。UIApplication实例会被赋予一个代理对象，以处理应用程序的生命周期事件（比如程序启动和关闭）、系统事件（比如来电、记事项警告）等。

3. 窗口类（UIWindow）

UIWindow提供了一个用于管理和显示视图的容器。在iOS中，视图更像是典型桌面应用程序的窗口，而UIWindow的实例不过是用于放置视图的容器。在本书中将只使用一个UIWindow实例，它将在Xcode提供的项目模板中自动创建。

窗口是视图的一个子类，主要有如下两个功能：
- 提供一个区域来显示视图。
- 将事件（Event）发布给视图。

4. 视图（UIView）

UIView类定义了一个矩形区域，并管理该区域内的所有屏幕显示，一般将其称为视图。在现实中编写的大多数应用程序，都首先将一个视图加入到一个UIWindow实例中。视图可以使用嵌套形成层次结构，例如顶级视图可能包含按钮和文本框，这些控件被称为子视图，而包含它们的视图称为父视图。几乎所有视图都可以在Interface Builder中以可视化的方式创建。

5. 响应者（UIResponder）

在iOS中，一个UIResponder类表示一个可以接收触摸屏上的触摸事件的对象，通俗地说，就是表示一个可以接收事件的对象。在iOS中，所有显示在界面上的对象都是从UIResponder直接或间接继承的。UIResponder类让继承它的类能够响应iOS生成的触摸事件。UIControl是几乎所有屏幕控件的父类，它是从UIView派生而来的，而后者又是从UIResponder派生而来的。UIResponder的实例被称为响应者。

6. 屏幕控件（UIControl）

UIControl类是从UIView派生而来的，且是几乎所有屏幕控件（如按钮、文本框和滑块）的父类，此类负责根据触摸事件（如按下按钮）触发操作。例如可以为按钮定义几个事件，并且可以对这些事件做出响应。通过使用Interface Builder，可以将这些事件与编写的操作关联起来。UIControl负责在幕后实现这种行为。

UIControl类是UIView的子类，当然也是UIResponder的子类。UIControl是诸如UIButton、UISwitch、UITextField等控件的父类，它本身也包含了一些属性和方法，但是不能直接使用UIControl类，它只是定义了子类都需要使用的方法。

7. 视图控制器（UIViewController）

几乎本书中所有应用程序项目，都将使用UIViewController类来管理视图的内容。此类提供了一个用于显示的View界面，同时包含View加载、卸载事件的重定义功能。在此需要注意的是，在自定义其子类实现时，必须在Interface Builder中手动关联View属性。

3.5.2 数据类型类

在Cocoa中,常用的数据类型类如下所示。

1. 字符串(NSString/NSMutableString)

字符串是一系列字符,如数字、字母和符号,在本书中将经常使用字符串来收集用户输入以及创建和格式化输出。和平常使用的众多数据类型对象一样,也是有两个字符串类:NSString和NSMutableString。两者的差别如下所示。

- NSMutableString实例是可修改的(如加长、缩短、替换等)。
- NSString实例在初始化后就保持不变。

在Cocoa Touch应用程序中,使用字符串的频率非常高,这导致Apple允许使用语法@"<my string value>"来创建并初始化NSString实例。例如,如果要将对象myLabel的text属性设置为字符串Hello World!,可使用如下代码实现。

```
myLabel.text=@"Hello World!";
```

另外,还可使用其他变量的值(如整数、浮点数等)来初始化字符串。

2. 数组(NSArray/NSMutableArray)

NSArray是一种集合数据类型,可以存储多个对象,这些对象可通过数字索引来访问。例如可以创建一个数组,它包含想在应用程序中显示的所有用户反馈的字符串,代码如下。

```
myMessages=[[NSArray alloc] initWithObjects:@"Good boy!",@"Bad boy!",nil];
```

在初始化数组时,总是使用nil来结束对象列表。要访问字符串,可使用索引。索引是表示位置的数字,从0开始。要返回"Bad boy!",可使用方法objectAtIndex实现。

```
[myMessages objectAtIndex:1];
```

与字符串一样,NSMutableArray用于创建初始化后可被修改的数组。

通常在创建的时候就包含了所有对象,不能增加或是删除其中任何一个对象,这种特定称为immutable。

3. 字典(NSDictionary/NSMutableDictionary)

字典也是一种集合数据类型,但是和数组有所区别。数组中的对象可以通过数字索引进行访问,而字典以"对象.键对"的方式存储信息。键可以是任何字符串,而对象可以是任何类型,如可以是字符串。如果使用前述数组的内容来创建一个NSDictionary对象,则可以用下面的代码实现。

```
myMessages=[[NSDictionary alloc] initwithObjectsAndKeys: @"Good boy!",
@"positive",@"Bad boy! ",@"negative",nil];
```

现在要想访问字符串,不能使用数字索引,而需使用方法objectForKey、positive或negative,例如下面的代码。

```
[myMessages objectForKey:@"negative"]
```

字典能够以随机地方式(而不是严格的数字顺序)存储和访问数据。通常,也可以使用字典的修改形式NSMutableDictionary,这种用法可在初始化后进行修改。

4. 数字（NSNumber/NSDecimalNumber）

如果需要使用整数，可使用C语言数据类型int来存储。如果需要使用浮点数，可以使用数据类型float来存储。类NSNumber用于将C语言中的数字数据类型存储为NSNumber对象，例如通过下面的代码可以创建一个值为100的NSNumber对象。

```
myNumberObject=[[NSNumber alloc]numberWithInt:100];
```

这样，便可以将数字作为对象将其加入到数组、字典中等。NSDecimalNumber是NSNumber的一个子类，可用于对非常大的数字执行算术运算，但只在特殊情况下才需要它。

5. 日期（NSDate）

通过使用NSDate，可以用当前日期创建一个NSDate对象（date方法可自动完成这项任务）。例如：

```
myDate=[NSDate date];
```

然后使用方法earlierDate可以找出这两个日期中哪个更早。

```
[myDate earlierDate: userDate]
```

由此可见，通过使用NSDate对象可以避免进行讨厌的日期和时间操作。

6. URL（NSURL）

URL显然不是常见的数据类型，但在iPhone和iPad等连接到Internet设备时，操纵URL非常方便。NSURL类能够轻松管理URL，例如，假设有URL http://www.floraphotographs.com/index.html，并只想从中提取主机名，可创建一个NSURL对象。

```
MyURL=[[NSURL alloc]  initWithString:
@"http://www.floraphotographs.com/index.html"]
```

然后使用host方法自动解析该URL并提取文本www.floraphotographs.com。

```
[MyURL host]
```

这在创建支持Internet的应用程序时非常方便。

注意

如果您以前使用过C或类似于C的语言，可能发现这些数据类型对象与Apple框架外定义的数据类型类似。通过使用框架Foundation，可使用大量超出了C/C++数据类型的方法和功能。另外，可通过Objective-C使用这些对象，就像使用其他对象一样。

3.5.3 UI界面类

iPhone和iPad等iOS设备之所以具有这么好的用户体验，其中有相当部分原因是可以在屏幕上创建触摸界面。接下来将讲解的UI界面类是用来实现界面效果的，Cocoa框架中常用的UI界面类如下所示。

1. 标签（UILabel）

在应用程序中添加 UILabel 标签可以实现如下两个功能：

- 在屏幕上显示静态文本（这是标签的典型用途）。

- 将其作为可控制的文本块，必要时程序可以对其进行修改。

2. 按钮（UIButton）

按钮是iOS开发中使用的最简单的用户输入方法之一。按钮可响应众多触摸事件，还让用户能够轻松地做出选择。

3. 开关（UISwitch）

开关对象可用于从用户那里收集"开"和"关"响应。它显示为一个简单的开关，常用于启用或禁用应用程序功能。

4. 分段控件（UISegmentedControl）

分段控件用于创建一个可触摸的长条，其中包含多个命名的选项：类别1、类别2等。触摸选项可激活，还可能导致应用程序执行操作，如更新屏幕以隐藏或显示。

5. 滑块（UISlider）

滑块向用户提供了一个可拖曳的小球，以便从特定范围内选择一个值。例如滑块可用于控制音量、屏幕亮度以及以模拟方式表示的其他输入。

6. 步进控件（UIStepper）

步进控件类似于滑块。步进控件也提供了一种以可视化方式输入指定范围内值的方式。单击这个控件的一边，将给一个内部属性加1或减1。

7. 文本框（UITextField/UITextView）

文本框用于收集用户通过屏幕（或蓝牙）键盘输入的内容。其中UITextField是单行文本框，类似于网页订单，其包含如下所示的常用方法。

- @property(nonatomic, copy) NSString *text：输入框中的文本字符串。
- @property(nonatomic, copy) NSString *placeholder：当输入框中无输入文字时显示的灰色提示信息。

而UITextView类能够创建一个较大的多行文本输入区域，让用户可以输入较多的文本。此组件与UILabel的主要区别是UITextView支持编辑模式，而且UITextView继承自UIScrollView，所以当内容超出显示区域范围时，不会被自动截短或修改字体大小，而会自动添加滑动条。与UITextField不同的是，UITextView中的文本可以包含换行符，所以如果要关闭其输入键盘，应有专门的事件处理。UITextView类包含如下所示的常用方法。

- @property(nonatomic, copy) NSString *text：文本域中的文本内容。
- @property(nonatomic, getter=isEditable) BOOL editable：文本域中的内容是否可以编辑。

8. 选择器（UIDatePicker/UIPicker）

选择器是一种有趣的界面元素，类似于自动贩卖机。通过让用户修改转盘的每个部分，选择器可用于输入多个值的组合。Apple实现了一个完整的选择器：UIDatePicker类。通过这种对象，用户可快速输入日期和时间。通过继承UIPicker类，还可以创建自己的选择器。

9. 弹出框（UIPopoverController）

弹出框是iPad特有的，它既是一个UI元素，又是一种显示其他UI元素的手段。它能够在其他视图上面显示一个视图，以便用户选择其中的一个选项。例如，iPad的Safari浏览器使用弹出框显示一个书签列表，供用户从中选择。

10. UIColor类

本类用于指定Cocoa组件的颜色。

11. UITableView类

用于显示列表条目。需要注意的是，iPhone中没有二维表的概念，每行都只有一个单元格。如果一定要实现二维表的显示，则需重定义每行的单元格，或者并列使用多个TableView。一个TableView至少有一个Section，每个Section中可以有0行、1行或者多行Cell。

3.6 国际化

在开发iOS项目时，无需关注显示语言的问题。在代码中任何地方要显示文字，都调用下面格式的代码。

```
NSLocalizedString(@"aaa", @"bbb");
```

这里的aaa相当于关键字，它用于以后从文件中取出相应语言对应的文字。bbb相当于注释，翻译人员可以根据bbb的内容来翻译aaa，这里的aaa与显示的内容可以一点关系也没有，只要程序员自己能看懂就行。比如，一个页面用于显示联系人列表，这里调用可以用如下所示的写法。

```
NSLocalizedString(@"shit_or_anything_you_want", @"联系人列表标题");
```

写好项目后，取出全部的文字内容送给翻译去翻译。这里取出所有的文字列表很简单，使用Mac的genstrings命令。具体方法如下所示。

步骤 1 打开控制台，切换到项目所在目录。

步骤 2 输入命令：genstrings ./Classes/*.m。

步骤 3 这时在项目目录中会有一个Localizable.strings文件，其中内容如下：

```
/* 联系人列表标题 */
"shit_or_anything_you_want" = "shit_or_anything_you_want"
```

步骤 4 翻译只需将等号右边改好就行了。这里如果是英文，修改后的代码如下如下：

```
/* 联系人列表标题 */
"shit_or_anything_you_want" = "Buddies";
```

如果是法文，翻译后如下：

```
/* 联系人列表标题 */
"shit_or_anything_you_want" = "Copains";
```

翻译好语言文件以后，将英语文件拖入项目中，然后右击，选择Get Info→Make Localization命令。此时XCode会自动拷贝文件到English.lproj目录下。可再添加其他语言。

在编译程序后，运行在iPhone中时，程序会根据当前系统设置的语言来自动选择相应的语言包。

genstrings产生的文件拖入XCode中可能是乱码，这时只要在XCode中右击文件，并选择Get Info→General→File Encoding→UTF-16命令后即可解决。

3.7 使用Xcode学习iOS框架

iOS的框架非常多，而每个框架都可能包含数十个类，并且每个类都可能有数百个方法。需要了解的信息量非常大，非常不利于初学者的记忆。为了更深入地学习它们，最有效的方法是选择一个感兴趣的对象或框架，并借助Xcode文档系统进行学习。Xcode让我们能够访问浩瀚的Apple开发库，可以通过类似于浏览器的可搜索界面进行快速访问，也可使用上下文敏感的搜索助手(Research Assistant)。接下来将简要介绍这两种功能，提高读者的学习效率。

▶ 3.7.1 使用Xcode文档

打开Xcode文档的方法非常简单，选择菜单栏中的Help→Documentation→API Reference命令，将启动帮助系统，如图3-5所示。

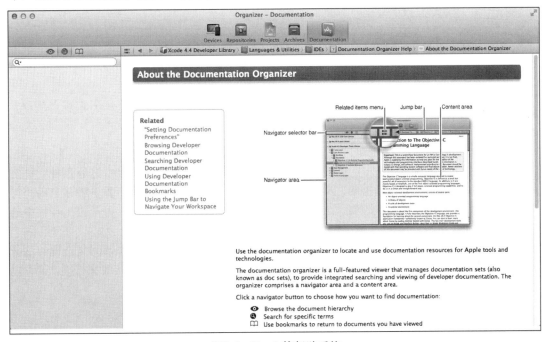

图3-5　Xcode的帮助系统

单击眼睛图标以探索所有的文档。导航器左边显示了主题和文档列表，右边显示了相应的内容，就像Xcode项目窗口一样。进入感兴趣的文档后，就可阅读它并使用蓝色链接在文档中导航。还可以使用内容窗格上方的箭头按钮在文档之间切换，就像浏览网页一样。也可以添加书签，方便以后阅读。要创建书签，可右击导航器中的列表项或内容本身，再从快捷菜单中选择Add Bookmark命令。还可访问所有的文档标签，方法是单击导航器顶部的书籍图标。

1. 在文档库中搜索

浏览是一种不错的探索方式，但对于查找有关特定主题的内容（如类方法或属性）来说不那么有用。要在Xcode文档中搜索，可单击放大镜图标，再在搜索文本框中输入要查找的内容。可输入类、方法或属性的名称，也可输入感兴趣的概念的名称。例如当输入UILabel时，Xcode将在搜索文本框下方返回结果，如图3-6所示。

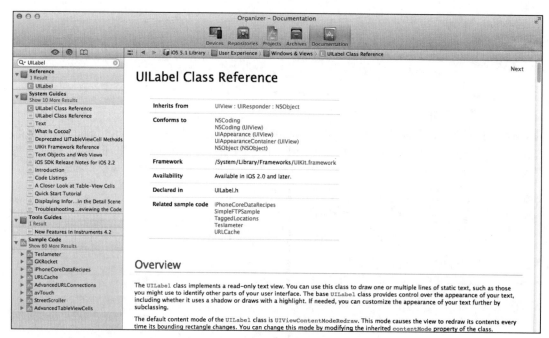

图3-6 搜索结果

搜索结果被分组，包括Reference (API文档)、System Guides/Tools Guides（解释／教程）和Sample Code (Xcode示例项目)。

2. 管理Xcode文档集

Xcode接收来自Apple的文档集更新，以确保文档系统是最新的。文档集是各种文档类别，包括针对特定Mac OS X版本、Xcode本身和iOS版本的开发文档集。要下载并自动获得文档集更新，可打开Xcode首选项（选择菜单Xcode→Preferences命令），再单击工具栏中的Documentation按钮。

在Documentation窗格中，选中Check for and Install Updates Automatically复选框，这样Xcode将定期连接到Apple的服务器，并自动更新本地文档。还可能列出了其他文档集，要在以后自动下载相应的更新，可以单击列表项旁边的Get按钮。

要想手动更新文档，可单击Check and Install Now按钮。

3.7.2 快速帮助

要在编码期间获取帮助，最简单、最快捷的方式之一是使用Xcode Quick Help助手。要打开该助手，可按住Option键并双击Xcode中的符号（如类名或方法名），也可以选择菜单Help→Quick Help命令，此时会打开一个小窗口，在里面包含了有关该符号的基本信息，还有到其他文档资源的链接。

1. 使用快速帮助

假如有如下所示的一段代码。

```
- (void)viewWillAppear:(BOOL)animated
{
    [super viewWillAppear:animated];
}
```

在上述演示代码中，涉及了viewWillAppear的信息，按住Option键并单击viewWillAppear，会打开如图3-7所示的Quick Help弹出框。

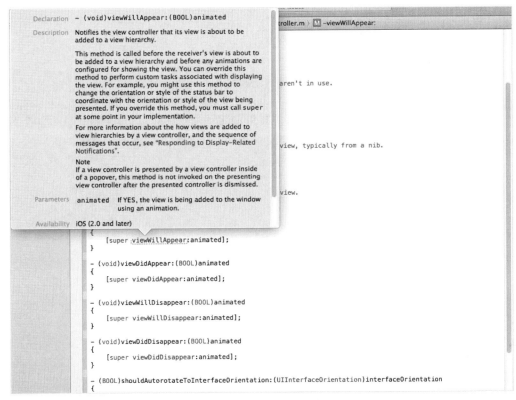

图3-7　Quick Help弹出框

要打开有关该符号的完整Xcode文档，单击右上角的书籍图标；还可单击Quick Help结果中的任何超链接，这样可以跳转到特定的文档部分或代码。

通过将鼠标指向代码，可知道单击它是否能获得快速帮助；如果答案是肯定的，Xcode编辑器中将出现蓝色虚线，而鼠标将显示问号。

2. 激活快速帮助检查器

如果发现快速帮助很有用，并希望能够更快捷地访问它，那么您很幸运，因为任何时候都可使用快速帮助检查器来显示帮助信息。实际上，在输入代码时，Xcode就像根据输入的内容显示相关的帮助信息。

要打开快速帮助检查器，可以单击工具栏的View部分的第3个按钮，以显示实用工具（Utility）区域。然后，单击显示快速帮助检查器的图标（包含波浪线的深色方块），它位于Utility区域的顶部。这样，快速帮助将自动显示有关光标所处位置的代码的参考资料。

3. 解读Quick Help结果

Quick Help最多可在10个部分显示与代码相关的信息。具体显示哪些部分取决于当前选定的符号（代码）类型，如类属性没有返回类型，而类方法有有返回类型。

- Abstract（摘要）：描述类、方法或其他符号提供的功能。
- Availability（可用性）：支持该功能的操作系统版本。

- Declaration（声明）：方法的结构或数据类型的定义。
- Parameters（参数）：必须提供给方法的信息以及可选的信息。
- Return Value（返回值）：方法执行完毕后将返回的信息。
- Related API（相关API）：选定方法所属类的其他方法。
- Declared In（声明位置）：定义选定符号的文件。
- Reference（参考）：官方参考文档。
- Related Documents（相关文档）：提到了选定符号的其他文档。
- Sample Code（示例代码）：包含类、方法或属性的使用示例的代码文件。

在需要对对象调用正确的方法时，Quick Help简化了查找过程，无需试图记住数10个实例方法，而只需了解基本知识，并在需要时让Quick Help指出对象包含的所有方法。

第 **4** 章

Xcode Interface Builder界面开发

Interface Builder（IB）是Mac OS X平台下用于设计和测试用户界面（GUI）的应用程序。实际上，Mac OS X下所有的用户界面元素都可以使用代码直接生成，但是IB能够使开发者简单快捷地开发出符合Mac OS X human-interface guidelines的GUI。通常只需通过简单的拖曳（drag-n-drop）操作就可以构建GUI。本章将详细讲解 Interface Builder的基本知识，为后面知识的学习打下基础。

4.1 Interface Builder基础

通过使用Interface Builder（IB），可以快速地创建一个应用程序界面。它不仅是一个GUI绘画工具，而且还可以在不编写任何代码的情况下添加应用程序。这样不但可以减少Bug，而且缩短了开发周期，并且让整个项目更容易维护。

4.1.1 Interface Builder的作用

IB向Objective-C开发者提供了包含一系列用户界面对象的工具箱，这些对象包括文本框、数据表格、滚动条和弹出式菜单等控件。IB的工具箱是可扩展的，也就是说，所有开发者都可以开发新的对象，并将其加入IB的工具箱中。

开发者只需要从工具箱中简单地向窗口或菜单中拖曳控件即可完成界面的设计。然后，用连线将控件可以提供的动作（Action）、控件对象分别和应用程序代码中对象方法（Method）、对象接口（Outlet）连接起来，就完成了整个创建工作。与其他图形用户界面设计器，如Microsoft Visual Studio相比，这样的过程减小了MVC模式中控制器和视图两层的耦合，提高了代码质量。

在代码中，使用IBAction标记可以接受动作的方法，使用IBOutlet标记可以接受的对象接口。IB将应用程序界面保存为捆绑状态，其中包含了界面对象及其与应用程序的关系。这些对象被序列化为XML文件，扩展名为.nib。在运行应用程序时，对应的NIB对象调入内存，与其应用程序的二进制代码联系起来。与其他绝大多数GUI设计系统不同，IB不是生成代码以在运行时产生界面，而是采用与代码无关的机制，通常称为Freeze Dried。从IB 3.0开始，加入了一种新的文件格式，其扩展名为.xib。这种格式与原有的格式功能相同，但是为单独文件而非捆绑，以便于版本控制系统的运作以及类似diff的工具的处理。

4.1.2 Interface Builder的新特色

当把Interface Builder集成到Xcode中后，和原来的版本相比主要如下4点不同。

1. 在导航区选择xib文件后，会在编辑区显示xib文件的详细信息

由此可见，Interface Builder和Xcode整合在一起了，如图4-1所示。

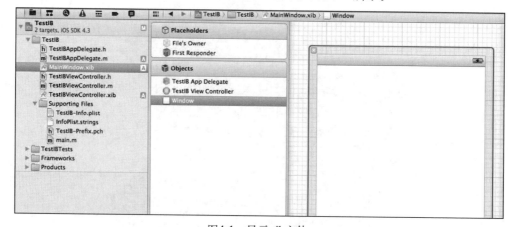

图4-1　显示xib文件

2. 在工具栏选择View控制按钮

单击图4-2中最右边的按钮,可以调出工具区。

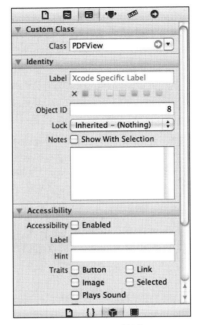

图4-2　View控制按钮　　　　图4-3　工具区

在图4-3的工具区中,最上面的按钮分别是4个Inspector:Identity,Attributes,Size,Connections。

工具区下面是可以往View中拖曳的控件。

3. 隐藏导航区

在前面提到的View控制按钮中单击第一个选项,可以隐藏导航区,如图4-4所示。

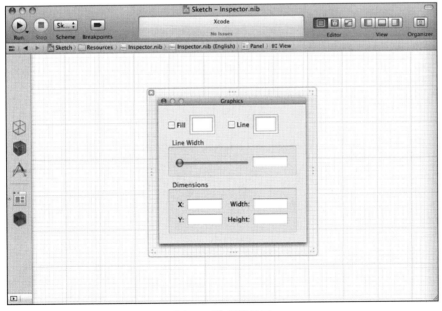

图4-4　隐藏导航区

4. 关联方法和变量

这是一个所见即所得功能，涉及到了View:Assistant View，是编辑区的一部分，如图4-5所示。

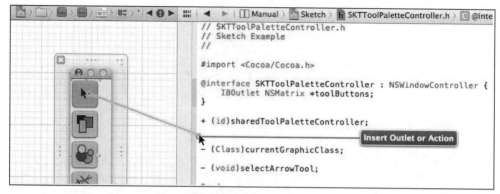

图4-5　关联方法和变量

此时只需将按钮（或者其他控件）拖到代码指定地方即可。在拖动时需要按住Control键。怎么让Assistant View显示要对应的.h文件呢？只需使用View上面的选择栏进行选择即可。

4.2　Interface Builder采用的方法

通过使用Xcode和Cocoa工具集，可以手动编写生成iOS界面的代码，实现实例化界面对象、指定它们出现在屏幕的什么位置、设置对象的属性以及使其可见。例如通过下面的代码，可以在iOS设备屏幕设备的一角中显示文本Hello Xcode。

```
- (BOOL)application:(UIApplication *)application
       didFinishLaunchingWithOptions:(NSDictionary *)launchOptions
{
    self.window = [[UIWindow alloc]
                  initWithFrame:[[UIScreen mainScreen] bounds]];
    // Override point for customization after application launch.
    UILabel *myMessage;
    UILabel *myUnusedMessage;
    myMessage=[[UILabel alloc]
              initWithFrame:CGRectMake(30.0,50.0,300.0,50.0)];
    myMessage.font=[UIFont systemFontOfSize:48];
    myMessage.text=@"Hello Xcode";
    myMessage.textColor = [UIColor colorWithPatternImage:
                         [UIImage imageNamed:@"Background.png"]];
    [self.window addSubview:myMessage];
    self.window.backgroundColor = [UIColor whiteColor];
    [self.window makeKeyAndVisible];
    return YES;
}
```

如果要创建一个包含文本、按钮、图像以及数十个其他控件的界面，会需要编写很多事件。而Interface Builder不是自动生成界面代码，也不是将源代码直接关联到界面元素，而是生成实时的对象，并通过称为连接（Connection）的简单关联将其连接到应用程序代码。需要修改应用程序功能的触发方式时，只需修改连接即可。要改变应用程序使用我们创建的对象的方式，只需连接或重新连接即可。

4.3 Interface Builder的故事板

Storyboard（故事板）是从iOS 5开始新加入的Interface Builder（IB）的功能，其功能是在一个窗口中显示整个App用到的所有或者部分的页面，并且可以定义各页面之间的跳转关系，大大增加了IB便利性。本节将详细讲解Interface Builder故事板的基本知识。

4.3.1 推出的背景

Interface Builder是Xcode开发环境自带的用户图形界面设计工具，通过它可以方便地将控件或对象（Object）拖曳到视图中。这些控件被存储在一个XIB（发音为 zib）或NIB文件中。其实XIB文件是一个XML格式的文件，可以通过编辑工具打开并改写这个XIB文件。当编译程序时，这些视图控件被编译成一个NIB文件。

通常来说，NIB是与ViewController相关联的，很多ViewController都有对应的NIB文件。NIB文件的作用是描述用户界面、初始化界面元素对象。其实，开发者在NIB中所描述的界面和初始化的对象都能够在代码中实现。之所以用Interface Builder来绘制页面，是为了减少那些设置界面属性的重复而枯燥的代码，让开发者能够集中精力在功能的实现上。

在Xcode 4.2之前，每当创建一个视图时会生成一个相应的XIB文件。当一个应用有多个视图时，视图之间的跳转管理将变得十分复杂。为了解决这个问题，便推出了Storyboard。

NIB文件无法描述从一个ViewController到另一个ViewController的跳转，这种跳转功能只能靠手写代码的形式来实现，通常会用到如下所示的两个方法：

- -presentModalViewController:animated。
- -pushViewController:animated。

随着Storyboarding 的出现，取而代之的方法是 Segue [Segwei]。Segue定义了从一个ViewController 到另一个ViewController的跳转。在Stroyboard中，可以通过Segue将ViewController 连接起来，而不再需要手写代码。如果想自定义Segue，也只需编写Segue的实现即可，而无需编写调用的代码，Storyboard 会自动调用。在使用Storyboard机制时，必须严格遵守MVC原则，View 与 Controller 需完全解耦，并且不同的Controller之间也要充分解耦。

在开发iOS 应用程序时，有如下两种创建一个视图（View）的方法。

- 在Interface Builder中拖曳一个UIView控件：这种方式看似简单，但是会在View之间跳转，所以不便操控。
- 通过原生代码方式：需要编写的代码工作量巨大，哪怕仅仅创建几个Label，就得手写上百行代码，需要为每个Label设置坐标。为解决以上问题，从iOS 5开始新增了Storyboard 功能。

Storyboard是Xcode 4.2自带的工具，主要用于iOS 5以上版本。早期的Interface Builder所创建的View是互相独立的，之间没有相互关联。当一个应用程序有多个View 时，View 之间的跳转很复杂。为此Apple 为开发者带来了Storyboard，尤其是使用导航栏和标签栏。Storyboard简化了各个视图之间的切换，并由此简化了管理视图控制器的开发过程，完全可以指定视图的切换顺序，而不用手工编写代码。

Storyboard 能够包含一个程序的所有的 ViewController 以及它们之间的连接。在开发应用程序时，可以将 UIFlow 作为 Storyboard 的输入，一个看似完整的 UI 在 Storyboard 唾手可得。故事板可以根据需要包含任意数量的场景，并通过切换（Segue）将场景关联起来。然而故事板不仅可以创建视觉效果，还能够创建对象，而无需手工分配或初始化它们。当应用程序在加载故事板文件中的场景时，其描述的对象将被实例化，可以通过代码访问它们。

4.3.2 故事板的文档大纲

为了详细说明问题，下面打开一个演示项目来观察故事板文件的真实面目。双击光盘中本章项目中的文件 Empty.storyboard，此时将打开 Interface Builder，并在其中显示该故事板文件的骨架。该文件的内容将以可视化方式显示在 IB 编辑器区域，而在编辑器区域左边的文档大纲（Document Outline）区域，将以层次方式显示其中的场景，如图4-6所示。

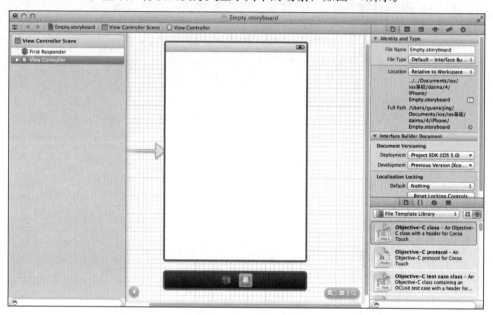

图4-6 故事板场景对象

本章演示项目文件只包含了一个场景：View Controller Scene。在本书中讲解的创建界面演示项目，在大多数情况下都是从单场景故事板开始的，因为它们提供了丰富的空间，能够收集用户输入和显示输出。

在 View Controller Scene 中有如下3个图标：First Responder（第一响应者），View Controller（视图控制器），View（视图）。其中前两个特殊图标用于表示应用程序中的非界面对象，在使用的所有故事板场景中都包含它们。

- First Responder：该图标表示用户当前正在与之交互的对象。当用户使用 iOS 应用程序时，可能有多个对象响应用户的手势或键击，但第一响应者是当前与用户交互的对象。例如，当用户在文本框中输入时，该文本框将是第一响应者，直到用户移到其他文本框或控件。
- View Controller：该图标表示加载应用程序中的故事板场景并与之交互的对象。场景描述的其他所有对象几乎都是由它实例化的。
- View：该图标是一个 UIView 实例，表示将被视图控制器加载并显示在 iOS 设备屏幕中的布局。从本质上说，视图是一种层次结构，这意味着在界面中添加控件时，它们将包含在视图中。甚至可在视图中添加其他视图以便将控件编组，或者创建可作为一个整体进行显示与隐藏的界面元素。

通过使用独特的视图控制器名称/标签,还有利于场景命名。Interface Builder自动将场景名设置为视图控制器的名称或标签(如果设置了标签),并加上后缀。例如给视图控制器设置了标签Recipe Listing,场景名将变成Recipe Listing Scene。在本项目中包含一个名为View Controller的通用类,此类负责与场景交互。

在最简单的情况下,视图(UIView)是一个矩形区域,可以包含内容以及响应用户事件(触摸等)。事实上,加入到视图中的所有控件(按钮、文本框等)都是UIView的子类。一般将按钮和其他界面元素称为子视图,而将包含它们的视图称为父视图。

4.3.3 文档大纲的区域对象

在故事板中,文档大纲区域显示了表示应用程序中对象的图标,这样可以展现给用户一个漂亮的列表,并且通过这些图标能够以可视化方式引用它们代表的对象。开发人员可以从这些图标拖曳到其他位置或从其他地方拖曳到这些图标,从而创建让应用程序能够工作的连接。假如希望一个屏幕控件(如按钮)能够触发代码中的操作。通过从该按钮拖曳到View Controller图标,可将该GUI元素连接到希望它激活的方法,甚至可以将有些对象直接拖放到代码中,这样可以快速地创建一个与该对象交互的变量或方法。

当在Interface Builder中使用对象时,Xcode为开发人员提供了很大的灵活性。例如可以在IB编辑器中直接与UI元素交互,也可以与文档大纲区域中表示这些UI元素的图标交互。另外,在编辑器中的视图下方有一个图标栏,所有在用户界面中不可见的对象(如第一响应者和视图控制器)都可在这里找到,如图4-7所示。

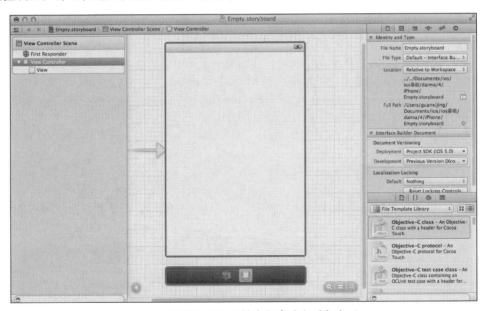

图4-7 在编辑器和文档大纲中建立对象交互

4.4 创建一个界面

本节将详细讲解如何使用Interface Builder创建界面的方法。在开始之前,需要先创建一个

Empty.storyboard文件。

4.4.1 对象库

添加到视图中的任何控件都来自对象库（Object Library），从按钮到图像再到Web内容。可以选择Xcode菜单命令View→Utilities→Show Object Library（快捷键Control+Option+Command+3）来打开对象库。如果对象库以前不可见，此时将打开Xcode的Utility区域，并在右下角显示对象库。确保从对象库顶部的下拉列表中选择了Objects，这样将列出所有的选项。

其实在Xcode中有多个库，其中对象库包含将添加到用户界面中的UI元素，其他还有文件模板（File Template）、代码片段（Code Snippet）和多媒体（Media）库。通过单击Library区域上方的图标可以显示这些库。如果发现在当前的库中没有显示期望的内容，可单击库上方的立方体图标或再次选择菜单命令View→Utilities→Show Object Library，如图4-8所示，这样可以确保处于对象库中。

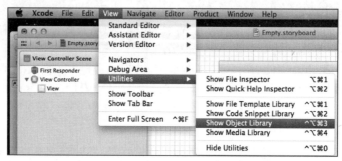

图4-8　打开对象库命令

单击对象库中的元素并将鼠标指向它，会出现一个弹出框，在其中包含了如何在界面中使用该对象的描述，如图4-9所示。这样无需打开Xcode文档便可以得知UI元素的真实功能。

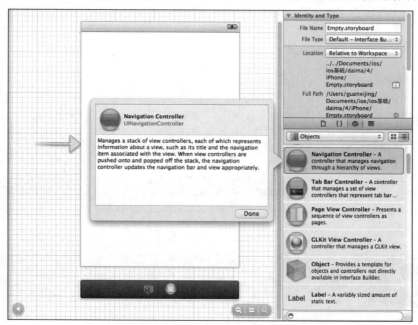

图4-9　对象库包含大量可添加到视图中的对象

另外，通过使用对象库顶部的视图按钮，可以在列表视图和图标视图之间进行切换。如果只想显示特定的UI元素，可以使用对象列表上方的下拉列表。如果知道对象的名称，但是在列表中找不到它，可以使用对象库底部的过滤文本框快速找到。

4.4.2 将对象加入到视图中

在添加对象时，只需在对象库中单击某一个对象，并将其拖放到视图中，就可以将这个对象加入到视图中。例如在对象库中找到标签对象（Label），并将其拖放到编辑器中的视图中央。此时标签将出现在视图中，并显示Label信息。双击Label并输入文本how are you，显示的文本将更新，如图4-10所示。

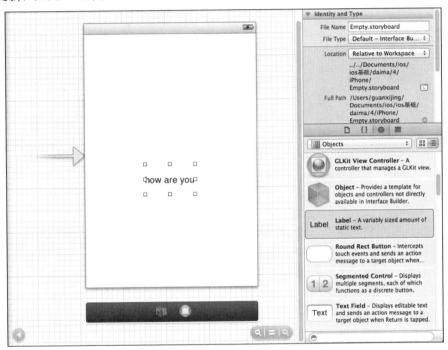

图4-10　插入一个Label对象

可以继续尝试将其他对象（按钮、文本框等）从对象库中拖放到视图，原理和实现方法都是一样。在大多数情况下，对象的外观和行为都符合用户的预期。要将对象从视图中删除，可以单击选择它，再按Delete键。另外还可以使用Edit菜单中的选项，在视图间复制并粘贴对象或在视图内复制对象多次。

4.4.3 使用IB布局工具

通过使用Apple提供的调整布局工具，可以很方便地指定对象在视图中的位置。其中常用的辅助工具如下所示。

1. 参考线

当视图中拖曳对象时，将会自动出现蓝色的帮助布局的参考线。通过这些蓝色的虚线，能够将对象与视图边缘、视图中其他对象的中心，以及标签和对象名中使用的字体的基线对齐。当间距接近Apple界面要求的值时，参考线将自动出现以指出这一点。也可以手工添加参考线，方法是选择菜单命令Editor→Add Horizontal Guide或Editor→Add Vertical Guide。

2. 选取手柄

除了可以使用布局参考线外，大多数对象都有选取手柄，可以使用它们沿水平、垂直或这两个方向缩放对象。当选定对象后，在其周围会出现小框，单击并拖曳它们可调整对象的大小，例如图4-11通过一个按钮演示了这一点。

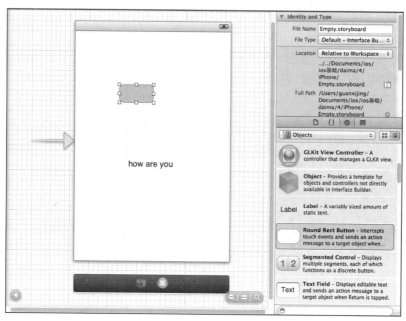

图4-11　大小调整手柄

在iOS中有一些对象会限制如何调整其大小，因为这样可以确保iOS应用程序界面的一致性。

3. 对齐

要快速对齐视图中的多个对象，可单击并拖曳出一个覆盖它们的选框，或按住Shift键并单击以选择它们，然后从菜单命令Editor→Align中选择合适的对齐方式，如图4-12所示。

4. 大小检查器

为了控制界面布局，有时需要使用Size Inspector（大小检查器）工具。Size Inspector提供了和大小有关的信息，以及有关位置和对齐方式的信息。要想打开Size Inspector，需要先选择要调整的一个或多个对象，再单击Utility区域顶部的标尺图标，也可以选择菜单命令View→Utilities→Show Size Inspector或按Option+Command+5快捷键。打开后的界面效果如图4-13所示。

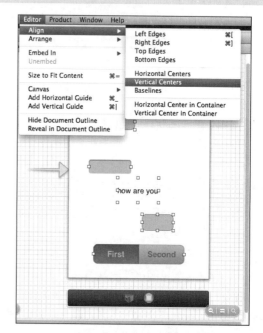

图4-12　垂直居中对齐

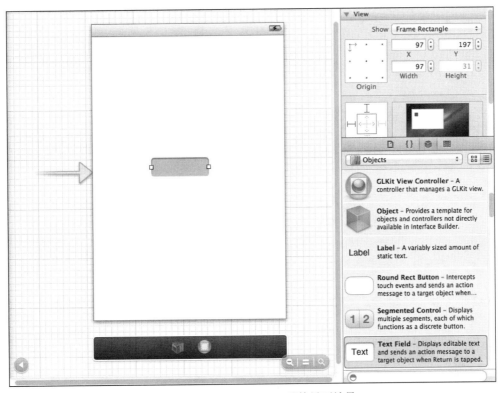

图4-13　打开Size Inspector后的界面效果

另外，使用该检查器顶部的文本框可以查看对象的大小和位置，还可以通过修改文本框Height/Width和X/Y中的值调整大小和位置。另外，通过单击网格中的黑点（用于指定读数对应的部分）可以查看对象特定部分的坐标，如图4-14所示。

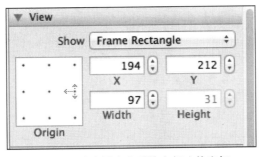

图4-14　单击黑点查看特定部分的坐标

注意　在Size部分有一个下拉列表，可通过它选择Frame Rectangle或Layout Rectangle。这两个设置的方法通常十分相似，但也有细微的差别。具体说明如下所示。
- 当选择Frame Rectangle时，将准确指出对象在屏幕上占据的区域。
- 当选择Layout Rectangle时，将考虑对象周围的间距。

使用Size Inspector中的Autosizing可以设置当设备朝向发生变化时，控件如何调整其大小和位置。另外，该检查器底部有一个Arrange下拉列表，此列表包含了与菜单Editor→Align中的命令对应的选项。当选择多个对象后，可以使用该下拉列表指定对齐方式，如图4-15所示。

当在Interface Builder中选择一个对象后，如果按住Option键并移动鼠标，会显示选定对象与当前鼠标指向的对象之间的距离。

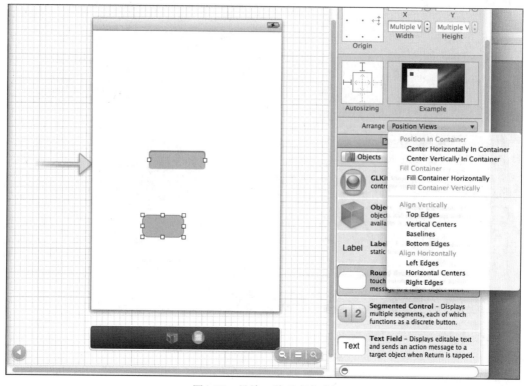

图4-15　另外一种对齐方式

4.5　定制界面外观

在iOS应用中，用户最终看到的界面不仅仅取决于控件的大小和位置。对于很多对象来说，有数十个不同的属性可供调整，在调整时可以使用Interface Builder中的工具来达到事半功倍的效果。

4.5.1　使用属性检查器

为了调整界面对象的外观，最常用的方式是使用Attributes Inspector（属性检查器）。要想打开该检查器，可以单击Utility区域顶部的滑块图标。如果当前Utility区域不可见，可以选择菜单命令View→Utilities→Show Attributes Inspector（或按Option+ Command+4快捷键）。

下面通过一个简单演示来说明使用Attributes Inspector的方法。假设存在一个空项目文件Empty.storyboard，并在该视图中添加了一个文本标签。选择该标签，再打开Attributes Inspector，如图4-16所示。

在Attributes Inspector面板的顶部包含了当前选定对象的属性，例如标签对象Label包括的属性有字体、字号、颜色和对齐方式等。而在Attributes Inspector面板的底部是继承而来的其他属性，在很多情况下，不会修改这些属性，但其中的背景和透明度属性很有用。

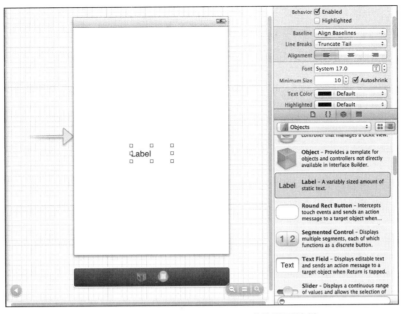

图4-16 打开Attributes Inspector后的界面效果

4.5.2 设置辅助功能属性

在iOS应用中，可以使用专业触摸阅读器技术Voiceover，此技术集成了语音合成功能，可以帮助开发人员实现导航应用程序。在使用Voiceover后，当触摸界面元素时会听到有关其用途和用法的简短描述。虽然可以免费获得这种功能，但是通过在Interface Builder中配置辅助功能（Accessibility）属性，可以提供其他协助。要想访问辅助功能设置，需要打开Identity Inspector（身份检查器），为此可单击Utility区域顶部的窗口图标，也可以选择菜单命令View→Utilities→Show Identity Inspector或按 Option+Command+3快捷键，如图4-17所示。

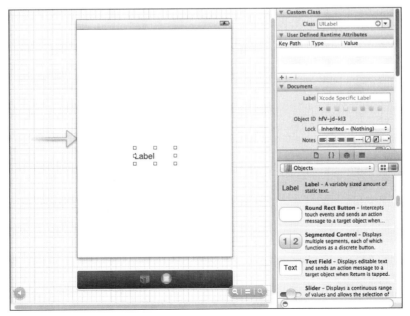

图4-17 打开Identity Inspector

在Identity Inspector中，辅助功能选项位于一个独立的部分。在该区域，可以配置如下所示的4组属性。

- Accessibility（辅助功能）：如果选中它，对象将具有辅助功能。如果创建了只有看到才能使用的自定义控件，则应该禁用这个设置。
- Label（标签）：一两个简单的单词，用作对象的标签。例如，对于收集用户姓名的文本框，可使用your name。
- Hint（提示）：有关控件用法的简短描述。仅当标签本身没有提供足够的信息时才需要设置该属性。
- Traits（特征）：这组复选框用于描述对象的特征，如其用途以及当前的状态。

具体界面如图4-18所示。

图4-18　4组属性

为了让应用程序能够供最大的用户群使用，应该尽可能利用辅助功能工具来开发项目。即使文本标签这样的对象，也应配置其特征（Traits）属性，以指出它们是静态文本，这可以让用户知道不能与之交互。

4.5.3　测试界面

通过使用Xcode，能够帮助开发人员编写绝大部分的界面代码。这意味着即使该应用程序还未编写好，在创建界面并将其关联到应用程序类后，依然可以在iOS模拟器中运行该应用程序。接下来开始介绍启用辅助功能检查器（Accessibility Inspector）的方法。

如果创建了一个支持辅助功能的界面，可能想在iOS模拟器中启用Accessibility Inspector（辅助功能检查器）。此时可启动模拟器，再单击主屏幕（Home）按钮返回主屏幕。单击Setting（设置）按钮，并选择General→Accessibility命令，然后使用开关启用Accessibility Inspector，如图4-19所示。

通过使用Accessibility Inspector，能够在模拟器工作空间中添加一个覆盖层，功能是显示为界面元素配置的标签、提示和特征。使用该检查器左上角的X按钮，可以在关闭和开启模式之间切换。当处于关闭状态时，该检查器折叠成一个小条，而iOS模拟器的行为将恢复正常。

图4-19　启用Accessibility Inspector功能

在此单击X按钮可重新开启。要禁用Accessibility Inspector,只需再次单击Setting按钮并选择General→Accessibility命令。

4.6 将界面连接到代码

经过本章前面内容的学习,已经掌握了创建界面的基本知识。但是如何才能使设计的界面起作用呢?在本节的内容中,将详细讲解将界面连接到代码并让应用程序运行的方法。

实例4-1	将Xcode界面连接到代码
源码路径	光盘:\daima\4\lianjie

4.6.1 打开项目

首先,双击文件lianjie.xcworkspace,这将在Xcode中打开该项目,如图4-20所示。

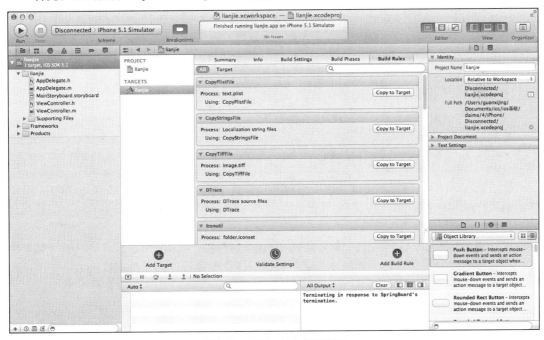

图4-20 在Xcode中打开项目

加载该项目后,展开项目代码编组(Disconnected),并单击文件MainStoryboard.storyboard,此故事板文件包含该应用程序将把它显示为界面的场景和视图,并且会在Interface Builder编辑器中显示场景,如图4-21所示。

由图4-9所示的效果可知,该界面包含了如下4个交互式元素。
- 一个按钮栏(分段控件)。
- 一个按钮。
- 一个输出标签。
- 一个Web视图(一个集成的Web浏览器组件)。

这些控件将与应用程序代码交互，让用户选择花朵颜色并单击"获取花朵"按钮时，文本标签将显示选择的颜色，并从网站http://www.floraphotographs.com随机取回一朵这种颜色的花朵。执行结果如图4-22所示。

但是到目前为止，还没有将界面连接到应用程序代码，因此执行后只是显示一张漂亮的图片。为了让应用程序能够正常运行，需要将创建到应用程序代码中定义的输出口和操作的连接。

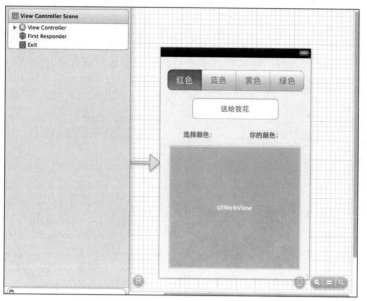

图4-21　显示应用程序的场景和相应的视图　　　　图4-22　执行效果

4.6.2　输出口和操作

输出口（Outlet）是一个通过它可引用对象的变量，假如Interface Builder中创建了一个用于收集用户姓名的文本框，在代码中为它创建一个名为userName的输出口，这样便可以使用该输出口和相应的属性获取或修改该文本框的内容。

操作（Action）是代码中的一个方法，在相应的事件发生时调用它。有些对象（如按钮和开关）可在用户与之交互（如触摸屏幕）时通过事件触发操作。通过在代码中定义操作，Interface Builder可使其能够被屏幕对象触发。

可以将Interface Builder中的界面元素与输出口或操作相连，这样就可以创建一个连接。为了让应用程序Disconnected能够成功运行，需要创建到如下所示的输出口和操作的连接。

- ColorChoice：一个对应于按钮栏的输出口，用于访问用户选择的颜色。
- getFlower：这是一个操作，它从网上获取一幅花朵图像并显示它，然后将标签更新为选择的颜色。
- ChosedColor：对应于标签的输出口，将被getFlower更新以显示选定颜色的名称。
- FlowerView：对应于Web视图的输出口，将被getFlower更新以显示获取的花朵图像。

4.6.3　创建到输出口的连接

要想建立从界面元素到输出口的连接，可以先按住Control键，并同时从场景的View Controller图标（在文档大纲区域和视图下方的图标栏）拖曳到视图中对象的可视化表示或文档大纲区域中的相应图标。在按住Control键的同时，再单击文档大纲区域中的View Controller

图标，并将其拖曳到屏幕上的按钮栏。拖曳时将出现一条线，这样让我们能够轻松地指向要连接的对象。

当松开鼠标时会出现一个下拉列表，在其中列出了可供选择的输出口，如图4-23所示，再次用鼠标选中"选择颜色"文本。

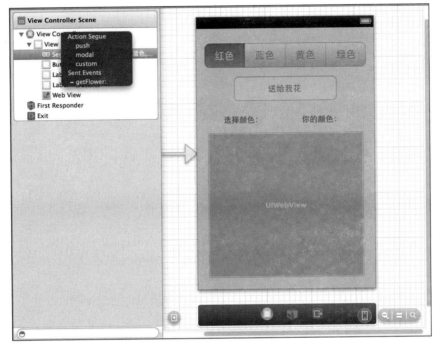

图4-23　出现一个下拉列表

因为Interface Builder知道什么类型的对象可以连接到给定的输出口，所以只显示适合当前要创建的连接的输出口。对文本为"你的颜色"的标签和Web视图重复上述过程，将它们分别连接到输出口chosenColor和flowerView。

在这个演示项目中，其核心功能是通过文件 ViewController.m实现的，其主要代码如下所示：

```
#import "ViewController.h"

@implementation ViewController

@synthesize colorChoice;
@synthesize chosenColor;
@synthesize flowerView;

-(IBAction)getFlower:(id)sender {
    NSString *outputHTML;
    NSString *color;
    NSString *colorVal;
    int colorNum;
    colorNum=colorChoice.selectedSegmentIndex;
    switch (colorNum) {
        case 0:
```

```objc
            color=@"Red";
            colorVal=@"red";
            break;
        case 1:
            color=@"Blue";
            colorVal=@"blue";
            break;
        case 2:
            color=@"Yellow";
            colorVal=@"yellow";
            break;
        case 3:
            color=@"Green";
            colorVal=@"green";
            break;
    }
    chosenColor.text=[[NSString alloc] initWithFormat:@"%@",color];
    outputHTML=[[NSString alloc] initWithFormat:@"<body style='margin: 0px; padding: 0px'><img height='1200' src='http://www.floraphotographs.com/showrandom.php?color=%@' ></body>",colorVal];
    [flowerView loadHTMLString:outputHTML baseURL:nil];
}

- (void)didReceiveMemoryWarning
{
    [super didReceiveMemoryWarning];
}

#pragma mark - View lifecycle

- (void)viewDidLoad
{
    [super viewDidLoad];
}

- (void)viewDidUnload
{
    [self setFlowerView:nil];
    [self setChosenColor:nil];
    [self setColorChoice:nil];
    [super viewDidUnload];
}

- (void)viewWillAppear:(BOOL)animated
{
    [super viewWillAppear:animated];
}

- (void)viewDidAppear:(BOOL)animated
{
    [super viewDidAppear:animated];
```

```
}

- (void)viewWillDisappear:(BOOL)animated
{
    [super viewWillDisappear:animated];
}

- (void)viewDidDisappear:(BOOL)animated
{
    [super viewDidDisappear:animated];
}

- (BOOL)shouldAutorotateToInterfaceOrientation:
            (UIInterfaceOrientation)interfaceOrientation
{
    return (interfaceOrientation !=
            UIInterfaceOrientationPortraitUpsideDown);
}

@end
```

4.6.4 创建到操作的连接

选择将调用操作的对象，并单击Utility区域顶部的箭头图标以打开Connections Inspector（连接检查器）。另外，也可以选择菜单命令View→Utilities→Show Connections Inspector（快捷键Option+Command+6）。

在Connections Inspector中显示了当前对象（这里是按钮）支持的事件列表，如图4-24所示。每个事件旁边都有一个空心圆圈，要将事件连接到代码中的操作，可单击相应的圆圈并将其拖曳到文档大纲区域中的View Controller图标。

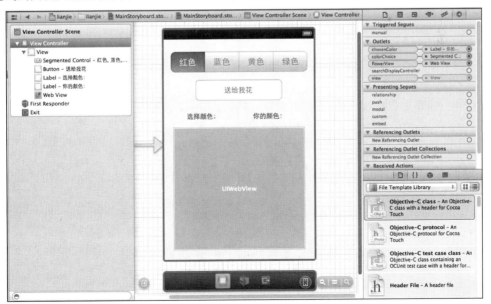

图4-24　使用Connections Inspector操作连接

假如要将按钮"送给我花"连接到方法getFlower，可以选择该按钮并打开Connections Inspector（快捷键Option+Command+6）。然后将Touch Up Inside事件旁边的圆圈拖曳到场景的View Controller图标，再松开鼠标。当系统询问时选择操作getFlower，如图4-25所示。

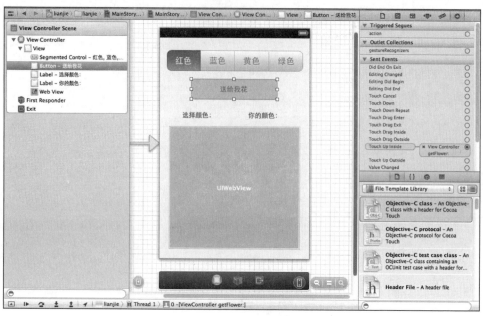

图4-25　选择希望界面元素触发的操作

在建立连接后，检查器会自动更新以显示事件及其调用的操作。如果单击了其他对象，Connections Inspector将显示该对象到输出口和操作的连接。到此为止，界面已经连接到了支持它的代码。单击Xcode工具栏中的Run按钮，在iOS模拟器或iOS设备中便可以生成并运行该应用程序，执行效果如图4-26所示。

图4-26　执行效果

第 5 章
文本框和文本视图

前面已经创建了一个简单的应用程序，并学会了使用应用程序基础框架和图形界面基础框架。从本章开始，将详细介绍iOS应用中常用组件和控件的知识。本章将讲解使用可编辑的文本框和文本视图的基本知识及具体用法。

5.1 文本框（UITextField）

在iOS应用中，文本框和文本视图都是用于实现文本输入的，本节将首先详细讲解文本框的基本知识，为后面知识的学习打下基础。

5.1.1 文本框基础

在iOS应用中，文本框（UITextField）是一种常见的信息输入机制，类似于Web表单中的表单字段。当在文本框中输入数据时，可以使用各种iOS键盘将其输入限制为数字或文本。和按钮一样，文本框也能响应事件，但是通常将其实现为被动（Passive）界面元素，这意味着视图控制器可随时通过text属性读取其内容。

控件 UITextField的常用属性如下所示。

- borderStyle属性：设置输入框的边框线样式。
- backgroundColor属性：设置输入框的背景颜色，使用其font属性设置字体。
- clearButtonMode属性：设置一个清空按钮，可以指定是否以及何时显示清除按钮。此属性主要有如下4种类型。
  - UITextFieldViewModeAlways：不为空，获得焦点与没有获得焦点都显示清空按钮。
  - UITextFieldViewModeNever：不显示清空按钮。
  - UITextFieldViewModeWhileEditing：不为空，且在编辑状态时（及获得焦点）显示清空按钮。
  - UITextFieldViewModeUnlessEditing：不为空，且不在编译状态时（焦点不在输入框上）显示清空按钮。
- Background属性：设置一个背景图片。

5.1.2 实战演练——在屏幕中显示一个文本输入框

在iOS应用中，可以使用控件 UITextField在屏幕中显示一个文本输入框。UItextField通常用于外部数据输入，以实现人机交互。在本实例中，使用UItextField控件设置了1个文本输入框，并设置在框中显示提示文本"请输入信息"。

实例5-1	在屏幕中显示一个文本输入框
源码路径	光盘:\daima\5\quan

实例文件UIKitPrjPlaceholder.m的具体实现代码如下所示。

```
#import "UIKitPrjPlaceholder.h"
@implementation UIKitPrjPlaceholder
- (void)viewDidLoad {
    [super viewDidLoad];
    self.view.backgroundColor = [UIColor whiteColor];
    UITextField* textField = [[[UITextField alloc] init] autorelease];
    textField.frame = CGRectMake( 20, 100, 280, 30 );
    textField.borderStyle = UITextBorderStyleRoundedRect;
    textField.contentVerticalAlignment =
            UIControlContentVerticalAlignmentCenter;
```

```
    textField.placeholder = @"请输入信息";
    [self.view addSubview:textField];
}
@end
```

执行后的效果如图5-1所示。

图5-1 执行效果

5.1.3 实战演练——设置文本输入框的边框线样式

在本实例中,首先使用UItextField控件设置了4个文本输入框,然后使用borderStyle属性为这4个输入框设置了不同的边框线样式。

实例5-2	设置文本输入框的边框线样式
源码路径	光盘:\daima\5\quan

注意　　为了便于对比,本书中的很多实例在同一个项目文件中实现。

实例文件 UIKitPrjSimple.m的具体实现代码如下所示。

```
#import "UIKitPrjSimple.h"
@implementation UIKitPrjSimple
- (void)dealloc {
    [textFields_ release];
    [super dealloc];
}
- (void)viewDidLoad {
    [super viewDidLoad];
```

```objc
    self.view.backgroundColor = [UIColor whiteColor];

    UITextField* textField1 = [[[UITextField alloc] init] autorelease];
    textField1.delegate = self;
    textField1.frame = CGRectMake( 20, 20, 280, 30 );
    textField1.borderStyle = UITextBorderStyleLine;
    textField1.text = @"aaaaaaaaa";
    textField1.returnKeyType = UIReturnKeyNext;
    [self.view addSubview:textField1];

    UITextField* textField2 = [[[UITextField alloc] init] autorelease];
    textField2.delegate = self;
    textField2.frame = CGRectMake( 20, 60, 280, 30 );
    textField2.borderStyle = UITextBorderStyleBezel;
    textField2.text = @"bbbbbbbbb";
    textField2.returnKeyType = UIReturnKeyNext;
    [self.view addSubview:textField2];

    UITextField* textField3 = [[[UITextField alloc] init] autorelease];
    textField3.delegate = self;
    textField3.frame = CGRectMake( 20, 100, 280, 30 );
    textField3.borderStyle = UITextBorderStyleRoundedRect;
    textField3.text = @"ccccccccccc";
    textField3.returnKeyType = UIReturnKeyNext;
    [self.view addSubview:textField3];

    UITextField* textField4 = [[[UITextField alloc] init] autorelease];
    textField4.delegate = self;
    textField4.frame = CGRectMake( 20, 140, 280, 30 );
    textField4.borderStyle = UITextBorderStyleNone;
    textField4.text = @"dddddddddd";
    textField4.returnKeyType = UIReturnKeyNext;
    [self.view addSubview:textField4];

     textFields_ = [[NSArray alloc] initWithObjects:textField1, textField2, textField3, textField4, nil];
  }
  - (void)textFieldDidBeginEditing:(UITextField*)textField {
    currentFieldIndex_ = [textFields_ indexOfObject:textField];
  }
  - (BOOL)textFieldShouldReturn:(UITextField*)textField {
    if ( textFields_.count <= ++currentFieldIndex_ ) {
      currentFieldIndex_ = 0;
    }
    UITextField* newField = [textFields_ objectAtIndex:currentFieldIndex_];
    if ( [newField canBecomeFirstResponder] ) {
      [newField becomeFirstResponder];
    }
    return YES;
  }
  @end
```

执行后的效果如图5-2所示。

图5-2 执行效果

5.1.4 实战演练——设置文本输入框的字体和颜色

在本实例中，首先使用UITextField控件设置了一个文本输入框，然后设置了输入框中默认显示的文本为"看我的字体和颜色"，并设置了文本的字体和整个输入框的背景颜色。

实例5-3	设置文本输入框的字体和颜色
源码路径	光盘:\daima\5\quan

实例文件 UIKitPrjChangeColorAndFont.m 的具体实现代码如下所示。

```
#import "UIKitPrjChangeColorAndFont.h"
@implementation UIKitPrjChangeColorAndFont
- (void)viewDidLoad {
  [super viewDidLoad];
  self.view.backgroundColor = [UIColor whiteColor];
  UITextField* textField = [[[UITextField alloc] init] autorelease];
  textField.frame = CGRectMake( 20, 100, 280, 50 );
  textField.borderStyle = UITextBorderStyleBezel;
  textField.backgroundColor = [UIColor blackColor];//设置背景色
  textField.textColor = [UIColor redColor];//设置文本颜色
  textField.textAlignment = UITextAlignmentCenter;
  textField.font = [UIFont systemFontOfSize:36];//设置字体大小
  textField.text = @"看我的字体和颜色";
  [self.view addSubview:textField];
}
@end
```

执行后的效果如图5-3所示。

图5-3 执行效果

5.1.5 实战演练——在文本输入框中设置一个清空按钮

在本实例中,首先使用UITextField控件设置了4个文本输入框,然后分别为这4个输入框设置了不同类型的清空按钮。

实例5-4	在文本输入框中设置一个清空按钮
源码路径	光盘:\daima\5\quan

实例文件 UIKitPrjClearButtonMode.m 的具体实现代码如下所示。

```objc
#import "UIKitPrjClearButtonMode.h"
@implementation UIKitPrjClearButtonMode
- (void)dealloc {
  [textFields_ release];
  [super dealloc];
}
- (void)viewDidLoad {
  [super viewDidLoad];
  self.view.backgroundColor = [UIColor whiteColor];

  UITextField* textField1 = [[[UITextField alloc] init] autorelease];
  textField1.delegate = self;
  textField1.clearsOnBeginEditing = YES;
  textField1.frame = CGRectMake( 20, 20, 280, 30 );
  textField1.borderStyle = UITextBorderStyleRoundedRect;
  textField1.clearButtonMode = UITextFieldViewModeNever;
  textField1.text = @"UITextFieldViewModeNever";
  [self.view addSubview:textField1];

  UITextField* textField2 = [[[UITextField alloc] init] autorelease];
  textField2.delegate = self;
  textField2.frame = CGRectMake( 20, 60, 280, 30 );
  textField2.borderStyle = UITextBorderStyleRoundedRect;
  textField2.clearButtonMode = UITextFieldViewModeWhileEditing;
  textField2.text = @"UITextFieldViewModeWhileEditing";
  [self.view addSubview:textField2];

  UITextField* textField3 = [[[UITextField alloc] init] autorelease];
  textField3.delegate = self;
  textField3.frame = CGRectMake( 20, 100, 280, 30 );
  textField3.borderStyle = UITextBorderStyleRoundedRect;
  textField3.clearButtonMode = UITextFieldViewModeUnlessEditing;
  textField3.text = @"UITextFieldViewModeUnlessEditing";
  [self.view addSubview:textField3];

  UITextField* textField4 = [[[UITextField alloc] init] autorelease];
  textField4.delegate = self;
  textField4.frame = CGRectMake( 20, 140, 280, 30 );
  textField4.borderStyle = UITextBorderStyleRoundedRect;
  textField4.clearButtonMode = UITextFieldViewModeAlways;
  textField4.text = @"UITextFieldViewModeAlways";
```

```
    [self.view addSubview:textField4];

      textFields_ = [[NSArray alloc] initWithObjects:textField1,
textField2, textField3, textField4, nil];
}

- (BOOL)textFieldShouldClear:(UITextField*)textField {
   NSLog( @"textFieldShouldClear:%@", textField.text );
   return YES;
}
@end
```

执行后的效果如图5-4所示。

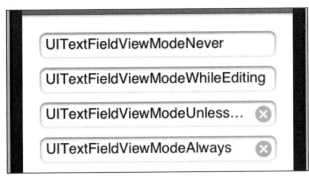

图5-4　执行效果

5.1.6　实战演练——为文本输入框设置背景图片

在本实例中，首先用 UITextField在屏幕中设置一个文本输入框，然后使用textField.background = stretchableWhitePaper语句为输入框设置了背景图片。

实例5-5	为文本输入框设置背景图片
源码路径	光盘:\daima\5\quan

实例文件 UIKitPrjBackground.m 的具体实现代码如下所示。

```
#import "UIKitPrjBackground.h"
@implementation UIKitPrjBackground
- (void)viewDidLoad {
   [super viewDidLoad];
   self.view.backgroundColor = [UIColor whiteColor];
   //导入背景图片，并设置成自动伸缩
   UIImage* imageWhitePaper = [UIImage imageNamed:@"paper.png"];
   UIImage* stretchableWhitePaper =
[imageWhitePaper stretchableImageWithLeftCapWidth:20 topCapHeight:20];
   UIImage* imageGrayPaper = [UIImage imageNamed:@"paperGray.png"];
   UIImage* stretchableGrayPaper =
[imageGrayPaper stretchableImageWithLeftCapWidth:20 topCapHeight:20];
    //创建UITextField实例
    UITextField* textField = [[[UITextField alloc] init] autorelease];
    textField.delegate = self;
```

```
    textField.frame = CGRectMake( 20, 100, 280, 50 );
    textField.background = stretchableWhitePaper;//设置背景图片
    textField.disabledBackground = stretchableGrayPaper;
    textField.text = @"有图片";
    textField.textAlignment = UITextAlignmentCenter;
    textField.contentVerticalAlignment =
            UIControlContentHorizontalAlignmentCenter;
    [self.view addSubview:textField];
}
- (BOOL)textFieldShouldReturn:(UITextField*)textField {
    textField.enabled = NO;
    return YES;
}
@end
```

执行后的效果如图5-5所示。

图5-5　执行效果

5.2　文本视图（UITextView）

文本视图（UITextView）与文本框类似，差别在于文本视图显示一个可滚动和编辑的文本块，供用户阅读或修改。仅当需要的输入内容很多时，才应使用文本视图。

5.2.1　文本视图基础

在iOS应用中，UITextView是一个类。在Xcode中当使用IB给视图拖上一个文本框后，选中文本框后可以在Attribute Inspector中设置其各种属性。

Attribute Inspector分为3部分，分别是Text Field、Control和View。下面重点看看Text Field部分，它有以下选项。

- Text：设置文本框的默认文本。
- Placeholder：可以在文本框中显示灰色的字，用于提示用户应该在这个文本框输入什么内容。当这个文本框中输入了数据时，用于提示的灰色的字将会自动消失。
- Background：设置背景。
- Disabled：若选中此项，用户将不能更改文本框内容。
- Border Style：选择边界风格。
- Clear Button：这是一个下拉菜单，可以选择清除按钮什么时候出现。所谓清除按钮，就是在文本框右边出现一个小x，可以有以下选择。

- ◆ Never appears：从不出现。
- ◆ Appears while editing：编辑时出现。
- ◆ Appears unless editing：编辑时不出现。
- ◆ Is always visible：总是可见。
- Clear when editing begins：若选中此项，则当开始编辑这个文本框时，文本框中之前的内容会被清除掉。比如，在文本框A中输入了What，之后去编辑文本框B，若再回来编辑文本框A，则其中的What会被立即清除。
- Text Color：设置文本框中文本的颜色。
- Font：设置文本的字体与字号。
- Min Font Size：设置文本框可以显示的最小字体。
- Adjust To Fit：指定当文本框尺寸减小时，文本框中的文本是否也要缩小。选择它，可以使得全部文本都可见，即使文本很长。但是这个选项要跟 Min Font Size 配合使用，文本再缩小，也不会小于设定的 Min Font Size。

接下来的部分用于设置键盘如何显示。
- Captilization：设置大写，下拉菜单中有4个选项。
  - ◆ None：不设置大写。
  - ◆ Words：每个单词首字母大写，这里的单词指的是以空格分开的字符串。
  - ◆ Sentances：每个句子的第一个字母大写，这里的句子是以句号加空格分开的字符串。
  - ◆ All Characters：所有字母大写。
- Correction：检查拼写，默认是 YES。
- Keyboard：选择键盘类型，比如全数字、字母和数字等。
- Return Key：选择返回键，可以选择Search、Return、Done 等。
- Auto-enable Return Key：如选择此项，则只有至少在文本框输入一个字符后按键盘的返回键才有效。
- Secure：当文本框用作密码输入框时，可以选择这个选项，此时字符显示为星号。

在iOS应用中，可以使用UITextView在屏幕中显示文本，并且能够同时显示多行文本。UITextView的常用属性如下所示。
- textColor属性：设置文本的的颜色。
- font属性：设置文本的字体和大小。
- editable属性：如果设置为YES，可以将这段文本设置为可编辑的。
- textAlignment属性：设置文本的对齐方式，此属性有如下3个值。
  - ◆ UITextAlignmentRight：右对齐。
  - ◆ UITextAlignmentCenter：居中对齐。
  - ◆ UITextAlignmentLeft：左对齐。

5.2.2 实战演练——在屏幕中换行显示文本

在本实例中，使用控件UITextView在屏幕中同时显示了12行文本。并且设置了文本的颜色是白色，设置了字体大小是32。

实例5-6	在屏幕中换行显示文本
源码路径	光盘:\daima\5\wenshi

实例文件 UIKitPrjTextView.m的具体代码如下所示。

```objc
#import "UIKitPrjTextView.h"
@implementation UIKitPrjTextView
- (void)viewDidLoad {
  [super viewDidLoad];
  UITextView* textView = [[[UITextView alloc] init] autorelease];
  textView.frame = self.view.bounds;
  textView.autoresizingMask =
    UIViewAutoresizingFlexibleWidth | UIViewAutoresizingFlexibleHeight;
  //textView.editable = NO;                                     //< 不可编辑

  textView.backgroundColor = [UIColor blackColor];    //< 背景为黑色
  textView.textColor = [UIColor whiteColor];          //< 字符为白色
  textView.font = [UIFont systemFontOfSize:32];       //< 字体的设置
  textView.text = @"学习UITextView!\n"
                   "第2行\n"
                   "第3行\n"
                   "4行\n"
                   "第5行\n"
                   "第6行\n"
                   "第7行\n"
                   "第8行\n"
                   "第9行\n"
                   "第10行\n"
                   "第11行\n"
                   "第12行\n";
  [self.view addSubview:textView];
}
@end
```

执行后的效果如图5-6所示。

图5-6 执行效果

5.2.3 实战演练——在屏幕中显示可编辑的文本

在本实例中，使用控件UITextView在屏幕中显示了一段文本"亲们，可以编辑这一段文本。"，然后将其editable属性设置为YES。当单击Edit按钮后可以编辑这段文本，单击Done按钮后可以完成对这段文本的编辑操作。

实例5-7	在屏幕中显示可编辑的文本
源码路径	光盘:\daima\5\wenshi

实例文件 UIKitPrjEditableTextView.m的具体代码如下所示。

```
#import "UIKitPrjEditableTextView.h"
@implementation UIKitPrjEditableTextView
- (void)dealloc {
  [textView_ release];
  [super dealloc];
}
- (void)viewDidLoad {
  [super viewDidLoad];
  textView_ = [[UITextView alloc] init];
  textView_.frame = self.view.bounds;
  textView_.autoresizingMask = UIViewAutoresizingFlexibleWidth |
                    UIViewAutoresizingFlexibleHeight;
  textView_.delegate = self;
  textView_.text = @"亲们，可以编辑这一段文本。";
  [self.view addSubview:textView_];
}
- (void)viewWillAppear:(BOOL)animated {
  [super viewWillAppear:animated];
  [self.navigationController setNavigationBarHidden:NO animated:YES];
  [self.navigationController setToolbarHidden:NO animated:YES];
}
- (void)viewDidAppear:(BOOL)animated {
  [super viewDidAppear:animated];
  [self textViewDidEndEditing:textView_];  //< 画面显示时设置为非编辑模式
}
- (void)viewWillDisappear:(BOOL)animated {
  [super viewWillDisappear:animated];
  [textView_ resignFirstResponder];  //< 画面跳转时设置为非编辑模式
}
- (void)textViewDidBeginEditing:(UITextView*)textView {
  static const CGFloat kKeyboardHeight = 215.0;
  // 按钮设置为[完成]
  self.navigationItem.rightBarButtonItem = [[[UIBarButtonItem alloc]
    initWithBarButtonSystemItem:UIBarButtonSystemItemDone
                   target:self
                   action:@selector(doneDidPush)] autorelease];
  [UIView beginAnimations:nil context:nil];
  [UIView setAnimationDuration:0.3];
  // 缩小UITextView以免被键盘挡住
  CGRect textViewFrame = textView.frame;
textViewFrame.size.height = self.view.bounds.size.height - kKeyboardHeight;
  textView.frame = textViewFrame;
  // 工具条位置上移
  CGRect toolbarFrame = self.navigationController.toolbar.frame;
```

```objc
    toolbarFrame.origin.y =
self.view.window.bounds.size.height - toolbarFrame.size.height - kKeyboardHeight;
    self.navigationController.toolbar.frame = toolbarFrame;
    [UIView commitAnimations];
}
- (void)textViewDidEndEditing:(UITextView*)textView {
    // 按钮设置为[编辑]
    self.navigationItem.rightBarButtonItem = [[[UIBarButtonItem alloc]
        initWithBarButtonSystemItem:UIBarButtonSystemItemEdit
                        target:self
                        action:@selector(editDidPush)] autorelease];
    [UIView beginAnimations:nil context:nil];
    [UIView setAnimationDuration:0.3];
    // 恢复UITextView的尺寸
    textView.frame = self.view.bounds;
    // 恢复工具条的位置
    CGRect toolbarFrame = self.navigationController.toolbar.frame;
    toolbarFrame.origin.y =
        self.view.window.bounds.size.height - toolbarFrame.size.height;
    self.navigationController.toolbar.frame = toolbarFrame;
    [UIView commitAnimations];
}
- (void)editDidPush {
    [textView_ becomeFirstResponder];
}
- (void)doneDidPush {
    [textView_ resignFirstResponder];
}
@end
```

执行后的效果如图5-7所示。单击Edit按钮后可以编辑这段文字，如图5-8所示。

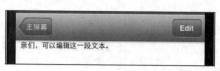

图5-7 执行效果

图5-8 编辑界面

5.2.4 实战演练——设置屏幕中文本的对齐方式

在本实例中,使用控件UITextView在屏幕中显示了一段文本"此文本可编辑。",然后在工具条中添加了4个按钮。其中通过按钮alignment可以控制文本的对齐方式,通过按钮selection可以获得文本的范围。

实例5-8	设置屏幕中文本的对齐方式
源码路径	光盘:\daima\5\wenshi

实例文件 UIKitPrjWorkingWithTheSelection.m的具体代码如下所示。

```
#import "UIKitPrjWorkingWithTheSelection.h"
static const CGFloat kKeyboardHeight = 215.0;
@implementation UIKitPrjWorkingWithTheSelection
- (void)dealloc {
  [textView_ release];
  [super dealloc];
}

- (void)viewDidLoad {
  [super viewDidLoad];
  // UITextView的追加
  textView_ = [[UITextView alloc] init];
  textView_.frame = self.view.bounds;
  textView_.autoresizingMask = UIViewAutoresizingFlexibleWidth |
                  UIViewAutoresizingFlexibleHeight;
  textView_.text = @"此文本可编辑。";
  [self.view addSubview:textView_];
  // 在工具条中追加按钮
  UIBarButtonItem* hasTextButton =
    [[[UIBarButtonItem alloc] initWithTitle:@"hasText"
                    style:UIBarButtonItemStyleBordered
                    target:self
                    action:@selector(hasTextDidPush)] autorelease];
  UIBarButtonItem* selectionButton =
    [[[UIBarButtonItem alloc] initWithTitle:@"selection"
                    style:UIBarButtonItemStyleBordered
                    target:self
                    action:@selector(selectionDidPush)] autorelease];
  UIBarButtonItem* alignmentButton =
    [[[UIBarButtonItem alloc] initWithTitle:@"alignment"
                    style:UIBarButtonItemStyleBordered
                    target:self
                    action:@selector(alignmentDidPush)] autorelease];
  UIBarButtonItem* scrollButton =
    [[[UIBarButtonItem alloc] initWithTitle:@"top"
                    style:UIBarButtonItemStyleBordered
                    target:self
                    action:@selector(scrollDidPush)] autorelease];
  NSArray* buttons = [NSArray arrayWithObjects:hasTextButton,
selectionButton, alignmentButton, scrollButton, nil];
```

```objc
    [self setToolbarItems:buttons animated:YES];
}
- (void)viewDidAppear:(BOOL)animated {
    [super viewDidAppear:animated];
    // 调整工具条位置
    [UIView beginAnimations:nil context:nil];
    [UIView setAnimationDuration:0.3];
    textView_.frame =
        CGRectMake( 0, 0, self.view.bounds.size.width,
    self.view.bounds.size.height - kKeyboardHeight );
    CGRect toolbarFrame = self.navigationController.toolbar.frame;
    toolbarFrame.origin.y =
        self.view.window.bounds.size.height - toolbarFrame.size.height - kKeyboardHeight;
    self.navigationController.toolbar.frame = toolbarFrame;
    [UIView commitAnimations];
    [textView_ becomeFirstResponder]; //< 画面显示时显示键盘
}
- (void)viewWillDisappear:(BOOL)animated {
    [super viewWillDisappear:animated];
    // 恢复工具条
    [UIView beginAnimations:nil context:nil];
    [UIView setAnimationDuration:0.3];
    textView_.frame = self.view.bounds;
    CGRect toolbarFrame = self.navigationController.toolbar.frame;
    toolbarFrame.origin.y = self.view.window.bounds.size.height - toolbarFrame.size.height;
    self.navigationController.toolbar.frame = toolbarFrame;
    [UIView commitAnimations];
    [textView_ resignFirstResponder]; //< 画面隐藏时隐藏键盘
}
- (void)hasTextDidPush {
    UIAlertView* alert = [[[UIAlertView alloc] init] autorelease];
    if ( textView_.hasText ) {
        alert.message = @"textView_.hasText = YES";
    } else {
        alert.message = @"textView_.hasText = NO";
    }
    [alert addButtonWithTitle:@"OK"];
    [alert show];
}
- (void)selectionDidPush {
    UIAlertView* alert = [[[UIAlertView alloc] init] autorelease];
    alert.message = [NSString stringWithFormat:@"location = %d, length = %d",
        textView_.selectedRange.location, textView_.selectedRange.length];
    [alert addButtonWithTitle:@"OK"];
    [alert show];
}
- (void)alignmentDidPush {
    textView_.editable = NO;
    if ( UITextAlignmentRight < ++textView_.textAlignment ) {
```

```
    textView_.textAlignment = UITextAlignmentLeft;
  }
  textView_.editable = YES;
}
- (void)scrollDidPush {
  // NSRange scrollRange = NSMakeRange( 0, 1 );
  [textView_ scrollRangeToVisible:NSMakeRange( 0, 1 )];
}
@end
```

执行后的效果如图5-9所示。

图5-9 执行效果

第 6 章
按钮和标签

本章将详细介绍iOS应用中的按钮控件和标签控件的基本知识和具体用法,为后面知识的学习打下基础。

6.1 标签（UILabel）

在iOS应用中，使用标签（UILabel）可以在视图中显示字符串，这一功能是通过设置其text属性实现的。标签中可以控制文本的属性有很多，例如字体、字号、对齐方式以及颜色。通过标签可以在视图中显示静态文本，也可显示在代码中生成的动态输出。在本节的内容中，将详细讲解标签控件的基本用法。

6.1.1 标签（UILabel）的属性

标签（UILabel）有如下5个常用的属性。
- font属性：设置显示文本的字体。
- size属性：设置文本的大小。
- backgroundColor属性：设置背景颜色，并分别使用如下3个对齐属性设置了文本的对齐方式。
    - UITextAlignmentLeft：左对齐。
    - UITextAlignmentCenter：居中对齐。
    - UITextAlignmentRight：右对齐。
- textColor属性：设置文本的颜色。
- adjustsFontSizeToFitWidth属性：如果将adjustsFontSizeToFitWidth的值设置为YES，表示文本文字自适应大小。

6.1.2 实战演练——使用标签（UILabel）显示一段文本

本节将通过一个简单的实例来说明使用标签（UILabel）的方法。

实例6-1	在屏幕中用标签（UILabel）显示一段文本
源码路径	光盘:\daima\6\UILabelDemo

步骤1 新打开Xcode，创建一个名为UILabelDemo的Single View Application项目，如图6-1所示。

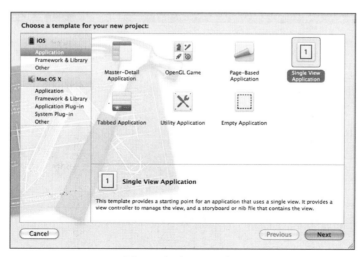

图6-1 新建Xcode项目

步骤 2 设置新建项目的名称,然后设置设备为iPhone,如图6-2所示。
步骤 3 设置一个界面,整个界面为空,效果如图6-3所示。

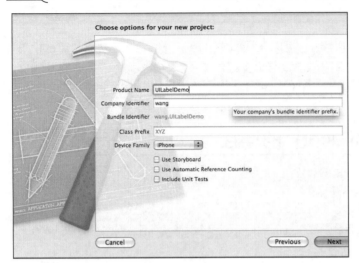

图6-2 设置设备

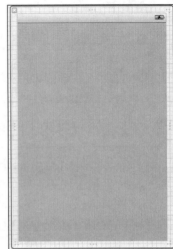

图6-3 空界面

步骤 4 编写文件 ViewController.m,在此创建了一个UILabel对象,并分别设置了显示文本的字体、文本颜色、背景颜色和水平位置等。并且在此文件中使用了自定义控件UILabelEx,此控件可以设置文本的垂直方向位置。文件 ViewController.m的实现代码如下所示。

```objc
- (void)viewDidLoad
{
    [superviewDidLoad];
#if 0
//创建
- (void)viewDidLoad
{
    [superviewDidLoad];

#if 0
    //创建UILabel对象
UILabel* label = [[UILabel alloc] initWithFrame:self.view.bounds];
    //设置显示文本
    label.text = @"This is a UILabel Demo,";
    //设置文本字体
    label.font = [UIFont fontWithName:@"Arial" size:35];
    //设置文本颜色
    label.textColor = [UIColor yellowColor];
    //设置文本水平显示位置
    label.textAlignment = UITextAlignmentCenter;
    //设置背景颜色
    label.backgroundColor = [UIColor blueColor];
    //设置单词折行方式
    label.lineBreakMode = UILineBreakModeWordWrap;
```

```
    //设置label是否可以显示多行，0则显示多行
    label.numberOfLines = 0;
    //根据内容大小，动态设置UILabel的高度
    CGSize size = [label.text sizeWithFont:label.font
constrainedToSize:self.view.bounds.size lineBreakMode:label.lineBreakMode];
    CGRect rect = label.frame;
    rect.size.height = size.height;
    label.frame = rect;
#endif
#if 1
//使用自定义控件UILabelEx,此控件可以设置文本的垂直方向位置
UILabelEx* label = [[UILabelExalloc] initWithFrame:self.view.bounds];
    label.text = @"This is a UILabel Demo,";
    label.font = [UIFontfontWithName:@"Arial"size:35];
    label.textColor = [UIColoryellowColor];
    label.textAlignment = UITextAlignmentCenter;
    label.backgroundColor = [UIColorblueColor];
    label.lineBreakMode = UILineBreakModeWordWrap;
    label.numberOfLines = 0;
    label.verticalAlignment = VerticalAlignmentTop;
                                            //设置文本垂直方向顶部对齐

#endif
    //将label对象添加到view中，这样才可以显示
    [self.view addSubview:label];
    [label release];
}
```

步骤 5 接下来是自定义控件UILabelEx的实现过程。首先在文件UILabelEx.h中定义一个枚举类型，在里面分别设置了顶部、居中和底部对齐3种类型。具体代码如下所示。

```
#import <UIKit/UIKit.h>
//定义一个枚举类型，顶部，居中，底部对齐，三种类型
typedef enum {
    VerticalAlignmentTop,
    VerticalAlignmentMiddle,
    VerticalAlignmentBottom,
} VerticalAlignment;
@interface UILabelEx : UILabel
{
    VerticalAlignment _verticalAlignment;
}
@property (nonatomic, assign) VerticalAlignment verticalAlignment;
@end
```

步骤 6 打开文件UILabelEx.m，在此设置了文本显示类型，并重写了两个父类。具体代码如下所示。

```
@implementation UILabelEx
```

```objc
@synthesize verticalAlignment = _verticalAlignment;

-(id) initWithFrame:(CGRect)frame
{
    if (self = [super initWithFrame:frame]) {
        self.verticalAlignment = VerticalAlignmentMiddle;
    }

    return  self;
}
 //设置文本显示类型
-(void) setVerticalAlignment:(VerticalAlignment)verticalAlignment
{
    _verticalAlignment = verticalAlignment;
    [selfsetNeedsDisplay];
}
 //重写父类(CGRect) textRectForBounds:
 //(CGRect)bounds limitedToNumberOfLines:(NSInteger)numberOfLines
-(CGRect) textRectForBounds:(CGRect)bounds limitedToNumberOfLines:
(NSInteger)numberOfLines
{
    CGRect textRect = [supertextRectForBounds:
          bounds limitedToNumberOfLines:numberOfLines];
    switch (self.verticalAlignment) {
        caseVerticalAlignmentTop:
            textRect.origin.y = bounds.origin.y;
            break;

        caseVerticalAlignmentBottom:
textRect.origin.y=bounds.origin.y+bounds.size.height-textRect.size.height;
            break;

        caseVerticalAlignmentMiddle:
        default:
textRect.origin.y=bounds.origin.y+(bounds.size.height-textRect.size.height)/2.0;
    }
    return  textRect;
}
 //重写父类 -(void) drawTextInRect:(CGRect)rect
-(void) drawTextInRect:(CGRect)rect
{
CGRect realRect=[selftextRectForBounds:rect limitedToNumberOfLines:self.numberOfLines];
    [super drawTextInRect:realRect];
}
@end
```

这样整个实例就讲解完毕，执行后的效果如图6-4所示。

图6-4　执行效果

6.1.3　实战演练——在屏幕中显示指定字体和指定大小的文本

在iOS应用中，使用UILabel控件可以在屏幕中显示文本。在本实例中，使用UILabel控件的font属性设置了显示文本的字体，并使用其size属性设置了文本的大小。

实例6-2	在屏幕中显示指定字体和指定大小的文本
源码路径	光盘:\daima\6\biaoqian

实例文件UIKitPrjSimple.m的具体实现代码如下所示。

```
#import "UIKitPrjSimple.h"
@implementation UIKitPrjSimple
- (void)viewDidLoad {
  [super viewDidLoad];
  UILabel* label = [[[UILabel alloc] init] autorelease];
  label.frame = self.view.bounds;
  label.autoresizingMask =
   UIViewAutoresizingFlexibleWidth | UIViewAutoresizingFlexibleHeight;
  label.text = @"good";
  label.textAlignment = UITextAlignmentCenter;
  label.backgroundColor = [UIColor blackColor];
  label.textColor = [UIColor whiteColor];
  label.font = [UIFont fontWithName:@"Zapfino" size:48];
  [self.view addSubview:label];
}
@end
```

执行后的效果如图6-5所示。

图6-5 执行效果

6.1.4 实战演练——设置屏幕中文本的对齐方式

本实例还是使用了UILabel控件,首先在屏幕中显示了3段文本。然后使用backgroundColor属性设置了背景颜色,并分别使用如下3个对齐属性设置了文本的对齐方式。

- UITextAlignmentLeft:左对齐。
- UITextAlignmentCenter:居中对齐。
- UITextAlignmentRight:右对齐。

实例6-3	设置屏幕中文本的对齐方式
源码路径	光盘:\daima\6\biaoqian

实例文件UIKitPrjAlignment.m的具体实现代码如下所示。

```
#import "UIKitPrjAlignment.h"
@implementation UIKitPrjAlignment
- (void)viewDidLoad {
  [super viewDidLoad];
  self.title = @"UITextAlignment";
  self.view.backgroundColor = [UIColor blackColor];
  UILabel* label1 = [[[UILabel alloc] initWithFrame:CGRectMake( 0, 10, 320, 30 )] autorelease];
  UILabel* label2 = [[[UILabel alloc] initWithFrame:CGRectMake( 0, 50, 320, 30 )] autorelease];
  UILabel* label3 = [[[UILabel alloc] initWithFrame:CGRectMake( 0, 90, 320, 30 )] autorelease];
  label1.textAlignment = UITextAlignmentLeft;
  label2.textAlignment = UITextAlignmentCenter;
  label3.textAlignment = UITextAlignmentRight;
  label1.text = @"UITextAlignmentLeft";
  label2.text = @"UITextAlignmentCenter";
  label3.text = @"UITextAlignmentRight";
  [self.view addSubview:label1];
  [self.view addSubview:label2];
  [self.view addSubview:label3];
}
@end
```

执行后的效果如图6-6所示。

图6-6　执行效果

6.2　按钮（UIButton）

在iOS应用中，最常见的与用户交互的方式是检测用户轻按按钮（UIButton）并对此做出反应。按钮在iOS中是一个视图元素，用于响应用户在界面中触发的事件。按钮通常用Touch Up Inside事件来体现，能够抓取用户用手指按下按钮并在该按钮上松开发生的事件。当检测到事件后，便能触发相应视图控件中的操作（IBAction）。在本节的内容中，将详细讲解按钮控件的基本知识。

6.2.1　按钮基础

按钮有很多用途，例如在游戏中触发动画特效，在表单中触发获取信息。虽然到目前为止我们只使用了一个圆角矩形按钮，但通过使用图像可赋予它们以众多不同的形式。其实在iOS中可以实现样式各异的按钮效果，并且市面中诞生了各种可用的按钮控件，例如图6-7显示了一个奇异效果的按钮。

图6-7　奇异效果的按钮

在iOS应用中，使用UIButton控件可以实现不同样式的按钮效果。通过使用方法ButtonWithType可以指定几种不同的UIButtonType的类型常量，用不同的常量可以显示不同外观样式的按钮。UIButtonType属性指定了一个按钮的风格，其中有如下几种常用的外观风格。

- UIButtonTypeCustom：无按钮的样式。
- UIButtonTypeRoundedRect：一个圆角矩形样式的按钮。
- UIButtonTypeDetailDisclosure：一个详细披露按钮。
- UIButtonTypeInfoLight：一个信息按钮，有一个浅色背景。
- UIButtonTypeInfoDark：一个信息按钮，有一个黑暗的背景。
- UIButtonTypeContactAdd：一个联系人添加按钮。

另外，通过设置Button控件的setTitle:forState方法可以设置按钮的状态变化时标题字符串的变化形式。例如setTitleColor:forState方法可以设置标题颜色的变化形式，setTitleShadowColor:forState方法可以设置标题阴影的变化形式。

6.2.2 实战演练——按下按钮后触发一个事件

在本实例中，设置了一个"危险!请勿触摸!"按钮，按下按钮后会执行buttonDidPush方法，弹出一个对话框，在对话框中显示"哈哈，这是笑话!!"。

实例6-4	按下按钮后触发一个事件
源码路径	光盘:\daima\6\anniu

实例文件 UIKitPrjButtonTap.m的具体实现代码如下所示。

```
#import "UIKitPrjButtonTap.h"
@implementation UIKitPrjButtonTap
- (void)viewDidLoad {
  [super viewDidLoad];
  UIButton* button = [UIButton buttonWithType:UIButtonTypeRoundedRect];
  [button setTitle:@"危险!请勿触摸!" forState:UIControlStateNormal];
  [button sizeToFit];
  [button addTarget:self
             action:@selector(buttonDidPush)
   forControlEvents:UIControlEventTouchUpInside];
  button.center = self.view.center;
  button.autoresizingMask = UIViewAutoresizingFlexibleLeftMargin |
                            UIViewAutoresizingFlexibleRightMargin |
                            UIViewAutoresizingFlexibleTopMargin |
                            UIViewAutoresizingFlexibleBottomMargin;
  [self.view addSubview:button];
}
- (void)buttonDidPush {
  UIAlertView* alert = [[[UIAlertView alloc] init] autorelease];
  alert.message = @"哈哈，这是笑话!!";
  [alert addButtonWithTitle:@"OK"];
  [alert show];
}
@end
```

执行后的效果如图6-8所示。

图6-8 执行效果

6.2.3 实战演练——在屏幕中显示不同的按钮

在iOS应用中，使用Button控件可以实现不同样式的按钮效果。通过使用方法ButtonWithType可以指定几种不同的UIButtonType的类型常量，使用不同的常量显示不同外观样式的按钮。本实例在屏幕中演示了各种不同外观样式按钮。

实例6-5	在屏幕中显示不同样式的按钮
源码路径	光盘:\daima\6\anniu

实例文件 UIKitPrjButtonWithType.m的具体实现代码如下所示。

```
#import "UIKitPrjButtonWithType.h"
static const CGFloat kRowHeight = 80.0;
#pragma mark ----- Private Methods Definition -----
@interface UIKitPrjButtonWithType ()
- (UIButton*)buttonForThisSampleWithType:(UIButtonType)type;
@end
#pragma mark ----- Start Implementation For Methods -----
@implementation UIKitPrjButtonWithType
- (void)dealloc {
  [dataSource_ release];
  [buttons_ release];
  [super dealloc];
}
- (void)viewDidLoad {
  [super viewDidLoad];
  self.tableView.rowHeight = kRowHeight;
  dataSource_ = [[NSArray alloc] initWithObjects:
                  @"Custom",
                  @"RoundedRect",
                  @"DetailDisclosure",
```

```objc
                        @"InfoLight",
                        @"InfoDark",
                        @"ContactAdd",
                        nil];
    UIButton* customButton = 
 [self buttonForThisSampleWithType:UIButtonTypeCustom];
    UIImage* image = [UIImage imageNamed:@"frame.png"];
    UIImage* stretchableImage = 
 [image stretchableImageWithLeftCapWidth:20 topCapHeight:20];
 [customButton setBackgroundImage:stretchableImage forState:UIControlStateNormal];
    customButton.frame = CGRectMake( 0, 0, 200, 60 );
      //self.tableView.backgroundColor = [UIColor lightGrayColor];
    buttons_ = [[NSArray alloc] initWithObjects:
         customButton,
        [self buttonForThisSampleWithType:UIButtonTypeRoundedRect],
        [self buttonForThisSampleWithType:UIButtonTypeDetailDisclosure],
        [self buttonForThisSampleWithType:UIButtonTypeInfoLight],
        [self buttonForThisSampleWithType:UIButtonTypeInfoDark],
        [self buttonForThisSampleWithType:UIButtonTypeContactAdd],
        nil ];
}
- (void)viewDidUnload {
  [dataSource_ release];
  [super viewDidUnload];
}
- (NSInteger)tableView:(UITableView*)tableView 
  numberOfRowsInSection:(NSInteger)section
{
  return [dataSource_ count];
}
- (UITableViewCell*)tableView:(UITableView*)tableView 
  cellForRowAtIndexPath:(NSIndexPath*)indexPath
{
  static NSString* CellIdentifier = @"CellStyleDefault";
  UITableViewCell* cell = 
 [tableView dequeueReusableCellWithIdentifier:CellIdentifier];
  if ( nil == cell ) {
    cell = [[[UITableViewCell alloc] initWithStyle:
 UITableViewCellStyleDefault reuseIdentifier:CellIdentifier] autorelease];
  }
  cell.textLabel.text = [dataSource_ objectAtIndex:indexPath.row];
  UIButton* button = [buttons_ objectAtIndex:indexPath.row];
  button.frame = 
 CGRectMake(cell.contentView.bounds.size.width-button.bounds.size.width-20,
                (kRowHeight-button.bounds.size.height)/2,
                button.bounds.size.width,
                button.bounds.size.height);
  [cell.contentView addSubview:button];
  return cell;
}
#pragma mark ----- Private Methods -----
```

```
- (UIButton*)buttonForThisSampleWithType:(UIButtonType)type {
  UIButton* button = [UIButton buttonWithType:type];
  [button setTitle:@"UIButton" forState:UIControlStateNormal];
  [button setTitleColor:[UIColor blackColor] forState:UIControlStateNormal];
  [button sizeToFit];
  return button;
}
@end
```

执行后的效果如图6-9所示。

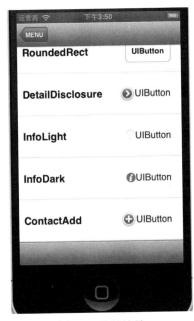

图6-9 执行效果

第 7 章
滑块、步进和图像

控件是对数据和方法的封装。控件可以有自己的属性和方法。属性是控件数据的简单访问者。方法则是控件的一些简单而可见的功能。在iOS应用中,为了方便开发应用程序,提供了很多功能强大的控件。本章将详细讲解滑块控件、步进控件和图像视图控件的基本知识,为后面知识的学习打下基础。

7.1 滑块控件（UISlider）

滑块（UISlider）是常用的界面组件，它可以用可视化方式设置指定范围内的值。若想让用户提高或降低速度，采取让用户输入值的方式并不合理，可以提供一个如图7-1所示的滑块，让用户能够轻按并来回拖曳。在幕后设置一个value属性，应用程序可使用它来设置速度。这不要求用户理解幕后的细节，也不需要用户执行除使用手指拖曳之外的其他操作。

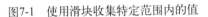

图7-1 使用滑块收集特定范围内的值

和按钮一样，滑块也能响应事件，还可像文本框一样被读取。如果希望对滑块的调整立刻影响应用程序，则需要让它触发操作。

滑块提供了一种可见的针对范围的调整方法，可以通过拖动一个滑动条改变它的值，并且可以对其配置以适合不同值域。可以设置滑块值的范围，也可以在两端加上图片，以及进行各种调整让它更美观。滑块非常适合用于在很大范围（但不精确）的数值中进行选择，比如音量设置、灵敏度控制等诸如此类的用途。

UISlider控件的常用属性如下所示。

- minimumValue属性：设置滑块的最小值。
- maximumValue属性：设置滑块的最大值。
- UIImage属性：为滑块设置表示放大和缩小的图像素材。

7.1.1 使用UISlider控件的基本方法

在接下来的内容中，将详细介绍使用UISlider控件的基本方法。

1. 创建

滑块是一个标准的UIControl，可以通过代码来创建它，代码如下。

```
UISlider* mySlider = [ [ UISlider alloc ]
initWithFrame:CGRectMake(20.0,10.0,200.0,0.0) ];//高度设为0即可
```

2. 设定范围与默认值

创建完毕的同时需要设置好滑块的范围，如果没有设置，那么会使用默认的0.0～1.0之间的值。UISlider提供了两个属性来设置范围：mininumValue和maxinumValue。例如：

```
mySlider.mininumValue = 0.0;//下限
mySlider.maxinumValue = 50.0;//上限
```

同时也可以为滑块设定一个默认值：

```
mySlider.value = 22.0;
```

3. 两端添加图片

滑块可以在任何一段显示图像。添加图像后会导致滑动条缩短，所以要记得在创建的时候增加滑块的宽度来适应图像。

```
[ mySlider setMininumTrackImage: [ UIImage applicationImageNamed:@"min.
```

```
png" ] forState: UIControlStateNormal ];
  [ mySlider setMaxinumTrackImage: [ UIImage applicationImageNamed:@"max.
png" ] forState: UIControlStateNormal ];
```

可以根据滑块的各种不同状态显示不同的图像，下面是可用的状态。

- UIControlStateNormal。
- UIControlStateHighlighted。
- UIControlStateDisabled。
- UIControlStateSelected。

4. 显示控件

```
[ parentView addSubview:myslider ];//添加到父视图
```

或：

```
[ self.navigationItem.titleView addSubview:myslider ];//添加到导航栏
```

5. 读取控件值

```
float value = mySlider.value;
```

6. 通知

要想在滑块值改变时收到通知，可以用UIControl类的addTarget方法为UIControlEventValueChanged事件添加一个动作。

```
[ mySlider addTarget:self action:@selector(sliderValueChanged:)
forControlEventValueChanged ];
```

只要滑块停放到新的位置，该动作方法就会被调用。

```
- (void) sliderValueChanged:(id)sender{
      UISlider* control = (UISlider*)sender;
      if(control == mySlider){
            float value = control.value;
            /* 添加自己的处理代码 */
        }
}
```

如果要在拖动中也触发，需要设置滑块的continuos属性：

```
mySlider.continuous = YES ;
```

这个通知最简单的一个实例就是实时显示滑块的值。

▶ 7.1.2 实战演练——滑动滑块时显示对应的值

在本实例中，设置了滑块的最大值是1.0，最小值是0.0，初始值是0.5，然后通过方法sliderDidChange:(id)sender设置滑动时改变的滑块的值。

实例7-1	在屏幕中滑动滑块时显示对应的值
源码路径	光盘:\daima\7\huakuai

实例文件 UIKitPrjSlider.m 的具体实现代码如下所示。

```objc
#import "UIKitPrjSlider.h"
@implementation UIKitPrjSlider
- (void)dealloc {
  [label_ release];
  [super dealloc];
}
- (void)viewDidLoad {
  [super viewDidLoad];
  label_ = [[UILabel alloc] init];
  label_.frame = self.view.bounds;
  label_.autoresizingMask =
    UIViewAutoresizingFlexibleWidth | UIViewAutoresizingFlexibleHeight;
  label_.text = @"0.5";
  label_.font = [UIFont boldSystemFontOfSize:36];
  label_.textAlignment = UITextAlignmentCenter;
  [self.view addSubview:label_];

  UISlider* slider = [[[UISlider alloc] init] autorelease];
  slider.frame = CGRectMake( 0, 0, 250, 50 );
  slider.minimumValue = 0.0;
  slider.maximumValue = 1.0;
  slider.value = 0.5; //< 设置初始值
  slider.center = self.view.center;
  [slider addTarget:self
             action:@selector(sliderDidChange:)
   forControlEvents:UIControlEventValueChanged];
  [self.view addSubview:slider];
}
- (void)sliderDidChange:(id)sender {
  if ( [sender isKindOfClass:[UISlider class]] ) {
    UISlider* slider = sender;
    label_.text = [NSString stringWithFormat:@"%0.1f", slider.value];
  }
}
@end
```

执行后的效果如图7-2所示。

图7-2　执行效果

7.1.3 实战演练——滑动滑块控制文字的大小

在本实例中，设置了滑块的最大值是1.0，最小值是0.0，初始值是0.5，然后为滑块左侧图标设置了minimumValueImage属性，为滑块右侧图标设置了maximumValueImage属性。最后定义了方法- (void)sliderDidChange:(id)sender，当滑块变化时会响应此方法，通过此方法设置标签的文字字体放大或缩小，缩放级别是96。

实例7-2	在屏幕中滑动滑块控制文字的大小
源码路径	光盘:\daima\7\huakuai

实例文件 UIKitPrjSliderWithImage.m 的具体实现代码如下所示。

```
#import "UIKitPrjSliderWithImage.h"
@implementation UIKitPrjSliderWithImage
- (void)dealloc {
  [label_ release];
  [super dealloc];
}
- (void)viewDidLoad {
  [super viewDidLoad];
  //追加标签，将通过滑块控制标签文字大小
  label_ = [[UILabel alloc] init];
  label_.frame = self.view.bounds;
  label_.autoresizingMask =
    UIViewAutoresizingFlexibleWidth | UIViewAutoresizingFlexibleHeight;
  label_.text = @"标题";
  label_.font = [UIFont boldSystemFontOfSize:48];
  label_.textAlignment = UITextAlignmentCenter;
  [self.view addSubview:label_];
  //创建并初始化滑块对象
  UISlider* slider = [[[UISlider alloc] init] autorelease];
  slider.frame = CGRectMake( 0, 0, 250, 50 );
  slider.minimumValue = 0.0;
  slider.maximumValue = 1.0;
  slider.value = 0.5; //< 初期值的设置
  slider.center = self.view.center;
  //读入左侧及右侧用的图标图片，并设置到minimumValueImage及maximumValueImage
  //属性中
  UIImage* imageForMin = [UIImage imageNamed:@"roope_small.png"];
  UIImage* imageForMax = [UIImage imageNamed:@"roope_big.png"];
  slider.minimumValueImage = imageForMin;
  slider.maximumValueImage = imageForMax;
  [self.view addSubview:slider];
  //注册滑块变化时的响应方法
  [slider addTarget:self
             action:@selector(sliderDidChange:)
   forControlEvents:UIControlEventValueChanged];
}
//滑块变化时的响应方法，其中设置标签的文字字体
- (void)sliderDidChange:(id)sender {
  if ( [sender isKindOfClass:[UISlider class]] ) {
```

```
        UISlider* slider = sender;
        label_.font = [UIFont boldSystemFontOfSize:( 96 * slider.value )];
    }
}
@end
```

执行后的效果如图7-3所示。

图7-3　执行效果

7.2　步进控件（UIStepper）

步进控件是从iOS 5开始新增的一个控件，可用于替换传统的用于输入值的文本框，如设置定时器或控制屏幕对象的速度。由于步进控件没有显示当前的值，必须在用户单击步进控件时在界面的某个地方指出相应的值发生了变化。步进控件支持的事件与滑块相同，能对变化做出反应或随时读取内部属性value。在iOS应用中，步进控件（UIStepper）类似于滑块，也提供了一种以可视化方式输入指定范围值的数字，但它实现这一点的方式稍有不同。如图7-4所示，步进控件同时提供了"＋"和"－"按钮，按其中一个按钮，可让内部属性value递增或递减。

图7-4　步进控件的作用类似于滑块

UIStepper继承自UIControl，它主要的事件是UIControlEventValueChanged，每当它的值改变了就会触发这个事件。UIStepper主要有下面几个属性。

- value：当前所表示的值，默认0.0。
- minimumValue：最小可以表示的值，默认0.0。
- maximumValue：最大可以表示的值，默认100.0。

- stepValue：每次递增或递减的值，默认1.0。

在设置以上几个值后，就可以很方便地使用了，例如下面的演示代码。

```
UIStepper *stepper = [[UIStepper alloc] init];
stepper.minimumValue = 2;
stepper.maximumValue = 5;
stepper.stepValue = 2;
stepper.value = 3;
stepper.center = CGPointMake(160, 240);
[stepper addTarget:self action:@selector(valueChanged:)
forControlEvents:UIControlEventValueChanged];
```

在上述演示代码中，设置stepValue的值是2，当前value是3，最小值是2。但如果单击"－"按钮，这时value会变成2，而不是1。即每次改变都是value±stepValue，然后将最终的值限制在[minimumValue,maximumValue]区间内。

除此之外，UIStepper还有如下3个控制属性。

- continuous：控制是否持续触发UIControlEventValueChanged事件。默认YES，即当按住时每次值改变都触发一次UIControlEventValueChanged事件，否则只有在释放按钮时触发UIControlEventValueChanged事件。
- autorepeat：控制是否在按住时自动持续递增或递减。默认YES。
- wraps：控制值是否在[minimumValue,maximumValue]区间内循环。默认NO。

这几个控制属性只有在特殊情况下使用，一般使用默认值即可。

7.3 图像视图控件（UIImageView）

在iOS应用中，图像视图（UIImageView）用于显示图像。可以将图像视图加入到应用程序中，并用于向用户呈现信息。UIImageView实例还可以创建简单的基于帧的动画，其中包括开始、停止和设置动画播放速度的控件。在使用Retina屏幕的设备中，图像视图可利用其高分辨率屏幕。令开发人员兴奋的是，无需编写任何特殊代码，无需检查设备类型，只需将多幅图像加入到项目中，图像视图就能在正确的时间加载正确的图像。

7.3.1 UIImageView的常用操作

UIImageView是用来放置图片的，当使用Interface Builder设计界面时，可以直接将控件拖进去并设置相关属性。

1. 创建一个UIImageView

在iOS应用中，有如下5种创建一个UIImageView对象的方法。

```
UIImageView *imageView1 = [[UIImageView alloc] init];
UIImageView *imageView2 = [[UIImageView alloc] initWithFrame:(CGRect)];
UIImageView *imageView3 = [[UIImageView alloc] initWithImage:(UIImage *)];
UIImageView *imageView4=[[UIImageView alloc] initWithImage:(UIImage *)
highlightedImage:(UIImage *)];
UIImageView *imageView5 = [[UIImageView alloc] initWithCoder:(NSCoder *)];
```

其中比较常用的是前3个。当第4个imageView的highlighted属性是YES时，显示的就是参数highlightedImage，一般情况下显示的是第一个参数UIImage。

2. frame与bounds属性

在上述创建UIImageView的5种方法中，第2个方法是在创建时就设定位置和大小。以后想改变位置时，可以重新设定frame属性。

```
imageView.frame = CGRectMake(CGFloat x, CGFloat y, CGFloat width, CGFloat heigth);
```

在此需要注意UIImageView还有一个bounds属性。

```
imageView.bounds = CGRectMake(CGFloat x, CGFloat y, CGFloat width, CGFloat heigth);
```

这个属性跟frame有一点区别：frame属性用于设置其位置和大小，而bounds属性只能设置其大小，其参数中的x、y不起作用。即便是之前没有设定frame属性，控件最终的位置也不是bounds所设定的参数。bounds实现的是将UIImageView控件以原来的中心为中心进行缩放。例如有如下代码。

```
imageView.frame = CGRectMake(0, 0, 320, 460);
imageView.bounds = CGRectMake(100, 100, 160, 230);
```

执行之后，这个imageView的位置和大小是（80，115，160，230）。

3. contentMode属性

这个属性是用来设置图片的显示方式，如居中、居右、是否缩放等，有以下几个常量可供设定。

- UIViewContentModeScaleToFill。
- UIViewContentModeScaleAspectFit。
- UIViewContentModeScaleAspectFill。
- UIViewContentModeRedraw。
- UIViewContentModeCenter。
- UIViewContentModeTop。
- UIViewContentModeBottom。
- UIViewContentModeLeft。
- UIViewContentModeRight。
- UIViewContentModeTopLeft。
- UIViewContentModeTopRight。
- UIViewContentModeBottomLeft。
- UIViewContentModeBottomRight。

在上述常量中，凡是没有带Scale的，当图片尺寸超过imageView尺寸时，只有部分显示在imageView中。UIViewContentModeScaleToFill属性会导致图片变形。UIViewContentModeScaleAspectFit会保证图片比例不变，而且全部显示在imageView中，这意味着imageView会有部分空白。UIViewContentModeScaleAspectFill也会证图片比例不变，但是会填充整个imageView，所以可能只有部分图片显示出来。

其中前3个效果如图7-5所示。

图7-5 显示效果

4. 更改位置

更改一个UIImageView的位置，可以通过如下所示的步骤实现。

步骤 1 直接修改其frame属性。

步骤 2 修改其center属性，例如下面的代码。

```
imageView.center = CGPointMake(CGFloat x, CGFloat y);
```

center属性指的是这个ImageView的中间点。

步骤 3 使用transform属性，例如下面的代码。

```
imageView.transform = CGAffineTransformMakeTranslation(CGFloat dx, CGFloat dy);
```

其中dx与dy表示想要往x或者y方向移动多少，而不是移动到多少。

5. 旋转图像

可以使用如下所示的代码来旋转图像。

```
imageView.transform = CGAffineTransformMakeRotation(CGFloat angle);
```

上述代码是按照顺时针方向旋转的，而且旋转中心是原始imageView的中心，也就是center属性表示的位置。这个方法的参数angle的单位是弧度，而不是最常用的度数，所以可以用如下宏定义将度数转化成弧度。

```
#define degreesToRadians(x) (M_PI*(x)/180.0)
```

如图7-6所示是旋转45°的情况。

6. 缩放图像

可以使用transform属性来缩放图像，例如下面的代码。

```
imageView.transform = CGAffineTransformMakeScale(CGFloat scale_w, CGFloat scale_h);
```

其中，CGFloat scale_w与CGFloat scale_h分别表示将原来的宽度和高度缩放到多少倍，如图7-7所示是缩放到原来的0.6倍的效果图。

图7-6　旋转后的效果　　　　　　　　　　图7-7　缩放效果

7. 播放一系列图片

可以使用如下所示的代码来播放一系列图片。

```
imageView.animationImages = imagesArray;
// 设定所有的图片在多少秒内播放完毕
imageView.animationDuration = [imagesArray count];
// 不重复播放多少遍，0表示无数遍
imageView.animationRepeatCount = 0;
// 开始播放
[imageView startAnimating];
```

其中，imagesArray是一些列图片的数组，效果如图7-8所示。

图7-8　播放多个图片

8. 为图片添加单击事件

可以使用如下所示的代码为图片添加单击事件。

```
imageView.userInteractionEnabled = YES;
UITapGestureRecognizer *singleTap = [[UITapGestureRecognizer alloc] initWithTarget:self action:@selector(tapImageView:)];
[imageView addGestureRecognizer:singleTap];
```

一定要先将userInteractionEnabled置为YES，这样才能响应单击事件。

9. 其他设置

另外还有常见的一些其他设置，例如如下所示的代码。

```
imageView.hidden = YES或者NO;                    // 隐藏或者显示图片
imageView.alpha = (CGFloat) al;                  // 设置透明度
imageView.highlightedImage = (UIImage *)hightlightedImage;
                                                 // 设置高亮时显示的图片
imageView.image = (UIImage *)image;              // 设置正常显示的图片
[imageView sizeToFit];                           // 将图片尺寸调整为与内容图片相同
```

7.3.2 实战演练——在屏幕中显示图像

在本实例中，使用 UIImageView控件在屏幕中显示一副指定的图像。

实例7-3	在屏幕中显示图像
源码路径	光盘:\daima\7\tuxiang

实例文件 UIKitPrjUIImageView.m 的具体实现代码如下所示。

```
#import "UIKitPrjUIImageView.h"
@implementation UIKitPrjUIImageView
- (void)viewDidLoad {
  [super viewDidLoad];
  // 读入图片文件
  UIImage* image = [UIImage imageNamed:@"dog.jpg"];
  // UIImageView的创建
  UIImageView*imageView=[[[UIImageView alloc] initWithImage:image] autorelease];
  // 设置中心位置以及自动调节参数
  imageView.center = self.view.center;
  imageView.autoresizingMask = UIViewAutoresizingFlexibleTopMargin |
                               UIViewAutoresizingFlexibleBottomMargin;
  // 将图片View追加到self.view中
  [self.view addSubview:imageView];
}
@end
```

执行效果如图7-9所示。

图7-9 执行效果

7.3.3 实战演练——在屏幕中绘制一幅图像

在iOS应用中,如果不使用UIImageView显示一个图像,也可以使用UIImage直接绘制图片。在具体实现时,可以分别通过UIImage的方法drawAtPoint或drawInRect方法实现。在本实例中,分别演示了使用方法 drawAtPoint和drawInRect绘制图像的过程。

实例7-4	在屏幕中绘制一幅图像
源码路径	光盘:\daima\7\tuxiang

实例文件UIKitPrjUIImage.m的具体实现代码如下所示。

```
#import "UIKitPrjUIImage.h"
//实现UIView子类
@implementation DrawImageTest
- (void)dealloc {
  [image_ release];
  [super dealloc];
}
- (id)initWithImage:(UIImage*)image {
  if ( (self = [super init]) ) {
    image_ = image;
  }
  return self;
}
- (void)drawRect:(CGRect)rect {
//在drawAtPoint与drawInRect间切换,比较具体效果
  [image_ drawAtPoint:rect.origin];
  //[image_ drawInRect:rect];
}
@end
@implementation UIKitPrjUIImage
- (void)viewDidLoad {
```

```
  [super viewDidLoad];
  // 读入图片文件
  UIImage* image = [UIImage imageNamed:@"dog.jpg"];
  // 创建定制的View
DrawImageTest* test=[[[DrawImageTest alloc] initWithImage:image] autorelease];
  test.frame = self.view.bounds;
  test.autoresizingMask =
    UIViewAutoresizingFlexibleWidth | UIViewAutoresizingFlexibleHeight;
  [self.view addSubview:test];
}
@end
```

方法drawAtPoint绘制的效果如图7-10所示，方法drawInRect绘制的效果如图7-11所示。

图7-10　执行效果1

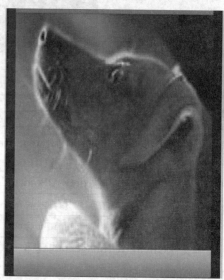
图7-11　执行效果2

7.3.4　实战演练——在屏幕中绘图时设置透明度

在iOS应用中，当使用UIImage在屏幕中绘制图像时，除了可以设置图像的大小尺寸外，还可以指定其透明值，即alpha值。在本实例中，使用drawInRect:blendMode_alpha设置了绘制图像时的透明值，并且在CGBlendMode中设置了透明类型。

实例7-5	在屏幕中绘图时设置透明度
源码路径	光盘:\daima\7\tuxiang

实例文件UIKitPrjBlendMode.m的具体实现代码如下所示。

```
#import "UIKitPrjBlendMode.h"
@implementation BlendModeTest
@synthesize blendMode = blendMode_;
- (void)dealloc {
  [frontImage_ release];
  [backImage_ release];
```

```objc
    [super dealloc];
}
- (id)init {
    if ( (self = [super init]) ) {
        backImage_ = [UIImage imageNamed:@"back.png"];
        frontImage_ = [UIImage imageNamed:@"dog.jpg"];
        CGRect newFrame = self.frame;
        newFrame.size = frontImage_.size;
        self.frame = newFrame;
    }
    return self;
}
- (void)drawRect:(CGRect)rect {
    [backImage_ drawInRect:rect];
    [frontImage_ drawInRect:rect blendMode:blendMode_ alpha:1.0];
}
- (void)changeMode {
    if ( kCGBlendModeLuminosity < ++blendMode_ ) {
        blendMode_ = kCGBlendModeNormal;
    }
}
@end
#pragma mark ----- Private Methods Definition -----
@interface UIKitPrjBlendMode ()
- (void)changeLabel;
@end
#pragma mark ----- Start Implementation For Methods -----
@implementation UIKitPrjBlendMode
- (void)dealloc {
    [test_ release];
    [label_ release];
    [super dealloc];
}
- (void)viewDidLoad {
    [super viewDidLoad];
    test_ = [[BlendModeTest alloc] init];
    test_.center = self.view.center;
    test_.autoresizingMask = UIViewAutoresizingFlexibleTopMargin |
                             UIViewAutoresizingFlexibleBottomMargin;
    [self.view addSubview:test_];
    label_ = [[UILabel alloc] init];
    label_.frame =
       CGRectMake( 0, self.view.bounds.size.height - 100,
self.view.bounds.size.width, 20 );
    label_.autoresizingMask = UIViewAutoresizingFlexibleTopMargin |
                              UIViewAutoresizingFlexibleBottomMargin;
    label_.textAlignment = UITextAlignmentCenter;
    [self.view addSubview:label_];
    [self changeLabel];
    UIImage* imageBack = [UIImage imageNamed:@"back.png"];
    UIImageView* imageViewBack = [[[UIImageView alloc] initWithImage:imageBack]
```

```objc
    autorelease];
    imageViewBack.frame = CGRectMake( 0, 0, 90, 83 );
    imageViewBack.autoresizingMask = UIViewAutoresizingFlexibleLeftMargin |
                            UIViewAutoresizingFlexibleRightMargin |
                            UIViewAutoresizingFlexibleTopMargin |
                            UIViewAutoresizingFlexibleBottomMargin;
    [self.view addSubview:imageViewBack];
    UIImage* imageFront = [UIImage imageNamed:@"dog.jpg"];
    UIImageView* imageViewFront =
 [[[UIImageView alloc] initWithImage:imageFront] autorelease];
    imageViewFront.frame = CGRectMake( 320 - 90, 0, 90, 83 );
    imageViewFront.autoresizingMask = imageViewFront.autoresizingMask;
    [self.view addSubview:imageViewFront];
}
#pragma mark ----- Private Methods -----
- (void)changeLabel {
    switch ( test_.blendMode ) {
        case kCGBlendModeMultiply: label_.text = @"kCGBlendModeMultiply"; break;
        case kCGBlendModeScreen: label_.text = @"kCGBlendModeScreen"; break;
        case kCGBlendModeOverlay: label_.text = @"kCGBlendModeOverlay"; break;
        case kCGBlendModeDarken: label_.text = @"kCGBlendModeDarken"; break;
        case kCGBlendModeLighten: label_.text = @"kCGBlendModeLighten"; break;
        case kCGBlendModeColorDodge: label_.text = @"kCGBlendModeColorDodge"; break;
        case kCGBlendModeColorBurn: label_.text = @"kCGBlendModeColorBurn"; break;
        case kCGBlendModeSoftLight: label_.text = @"kCGBlendModeSoftLight"; break;
        case kCGBlendModeHardLight: label_.text = @"kCGBlendModeHardLight"; break;
        case kCGBlendModeDifference: label_.text = @"kCGBlendModeDifference"; break;
        case kCGBlendModeExclusion: label_.text = @"kCGBlendModeExclusion"; break;
        case kCGBlendModeHue: label_.text = @"kCGBlendModeHue"; break;
        case kCGBlendModeSaturation: label_.text = @"kCGBlendModeSaturation"; break;
        case kCGBlendModeColor: label_.text = @"kCGBlendModeColor"; break;
        case kCGBlendModeLuminosity: label_.text = @"kCGBlendModeLuminosity"; break;
        case kCGBlendModeClear: label_.text = @"kCGBlendModeClear"; break;
        case kCGBlendModeCopy: label_.text = @"kCGBlendModeCopy"; break;
        case kCGBlendModeSourceIn: label_.text = @"kCGBlendModeSourceIn"; break;
        case kCGBlendModeSourceOut: label_.text = @"kCGBlendModeSourceOut"; break;
```

```
        case kCGBlendModeSourceAtop: label_.text = @"kCGBlendModeSourceAtop";
break;
        case kCGBlendModeDestinationOver: label_.text = @"kCGBlendM
odeDestinationOver";  break;
        case kCGBlendModeDestinationIn:label_.text = @"kCGBlendModeDestinationIn";
break;
        case kCGBlendModeDestinationOut:label_.text = @"kCGBlendModeDestinationOut";
break;
        case kCGBlendModeDestinationAtop:label_.text = @"kCGBlendModeDestinationAtop";
break;
        case kCGBlendModeXOR: label_.text = @"kCGBlendModeXOR"; break;
        case kCGBlendModePlusDarker: label_.text = @"kCGBlendModePlusDarker";
break;
        case kCGBlendModePlusLighter: label_.text = @"kCGBlendModePlusLighter";
break;
        default: label_.text = @"kCGBlendModeNormal"; break;
    }
}
#pragma mark ----- Responder -----
- (void)touchesEnded:(NSSet*)touches withEvent:(UIEvent*)event {
    [test_ changeMode];
    [self changeLabel];
    [test_ setNeedsDisplay];
}
@end
```

执行后的效果如图7-12所示。

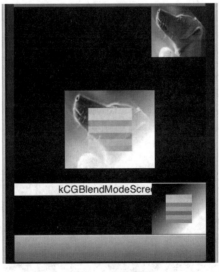

图7-12　执行效果

第 8 章
使用开关控件和分段控件

前面已经讲解了iOS应用中基本控件的用法。其实在iOS中还有很多其他控件,例如开关控件和分段控件,在本章将介绍这两种控件的基本用法,为后面知识的学习打下基础。

8.1 开关控件（UISwitch）

在大多数传统桌面应用程序中，通过复选框和单选按钮来实现开关功能。在iOS中，Apple放弃了这些界面元素，取而代之的是开关和分段控件。在iOS应用中，使用开关控件（UISwitch）来实现"开/关"UI元素，它类似于传统的物理开关，如图8-1所示。开关的可配置选项很少，一般将其用于处理布尔值。

图8-1 开关控件提供了开和关两个选项

复选框和单选按钮不包含在iOS UI库中，一般通过UIButton类并使用按钮状态和自定义按钮图像来创建它们。用户能够随心所欲地进行定制，但建议不要在设备屏幕上显示出乎意料的控件。

8.1.1 开关控件基础

为了利用开关，将使用其Value Changed事件来检测开关切换，并通过属性on或实例方法isOn来获取当前值。检查开关时将返回一个布尔值，这意味着可将其与TRUE或FALSE（YES/NO）进行比较以确定其状态，还可直接在条件语句中判断结果。例如，要检查开关mySwitch是否是开的，可使用类似于下面的代码。

```
if([mySwitch isOn]){
<switch is on>
}
else{
<switch is off>
}
```

8.1.2 实战演练——改变UISwitch的文本和颜色

我们知道，iOS中的Switch控件默认的文本为ON和OFF两种，不同的语言显示不同，颜色均为蓝色和亮灰色。如果想改变上面的ON和OFF文本，必须重新从UISwitch继承一个新类，然后在新的Switch类中修改替换原有的Views。在本实例中，根据上述原理改变了UISwitch的文本和颜色。

实例8-1	在屏幕中改变UISwitch的文本和颜色
源码路径	光盘:\daima\8\kaiguan1

本实例的具体的实现代码如下所示。

```
#import <UIKit/UIKit.h>
//该方法是SDK文档中没有的，添加一个category
```

```
@interface UISwitch (extended)
- (void) setAlternateColors:(BOOL) boolean;
@end
//自定义Slider 类
@interface _UISwitchSlider : UIView
@end
 @interface UICustomSwitch : UISwitch {
}
- (void) setLeftLabelText:(NSString *)labelText
                    font:(UIFont*)labelFont
                    color: (UIColor *)labelColor;
- (void) setRightLabelText:(NSString *)labelText
                    font:(UIFont*)labelFont
                    color:(UIColor *)labelColor;
- (UILabel*) createLabelWithText:(NSString*)labelText
                    font:(UIFont*)labelFont
                    color:(UIColor*)labelColor;
@end
```

这样在上述代码中添加了一个名为extended的category，主要作用是声明一下UISwitch的setAlternateColors消息，否则在使用的时候会出现找不到该消息的警告。其实setAlternateColors已经在UISwitch中实现，只是没有在头文件中公开而已，所以在此只是做一个申明。当调用setAlternateColors:YES 时，UISwitch的状态为on会显示为橙色，否则为亮蓝色。对应的文件UICustomSwitch.m的实现代码如下所示。

```
#import "UICustomSwitch.h"
 @implementation UICustomSwitch
 - (id)initWithFrame:(CGRect)frame {
    if (self = [super initWithFrame:frame]) {
        // Initialization code
    }
    return self;
}
- (void)drawRect:(CGRect)rect {
    // Drawing code
}
- (void)dealloc {
    [super dealloc];
}
- (_UISwitchSlider *) slider {
    return [[self subviews] lastObject];
}
- (UIView *) textHolder {
    return [[[self slider] subviews] objectAtIndex:2];
}
- (UILabel *) leftLabel {
    return [[[self textHolder] subviews] objectAtIndex:0];
}
- (UILabel *) rightLabel {
    return [[[self textHolder] subviews] objectAtIndex:1];
```

```objc
}
// 创建文本标签
- (UILabel*) createLabelWithText:(NSString*)labelText
                            font:(UIFont*)labelFont
                           color:(UIColor*)labelColor{
    CGRect rect = CGRectMake(-25.0f, -10.0f, 50.0f, 20.0f);
    UILabel *label = [[UILabel alloc] initWithFrame: rect];
    label.text = labelText;
    label.font = labelFont;
    label.textColor = labelColor;
    label.textAlignment = UITextAlignmentCenter;
    label.backgroundColor = [UIColor clearColor];
    return label;
}
// 重新设定左边的文本标签
- (void) setLeftLabelText:(NSString *)labelText
                     font:(UIFont*)labelFont
                    color:(UIColor *)labelColor
{
    @try {
        //
        [[self leftLabel] setText:labelText];
        [[self leftLabel] setFont:labelFont];
        [[self leftLabel] setTextColor:labelColor];
    } @catch (NSException *ex) {
        //
        UIImageView* leftImage = (UIImageView*)[self leftLabel];
        leftImage.image = nil;
        leftImage.frame = CGRectMake(0.0f, 0.0f, 0.0f, 0.0f);
        [leftImage addSubview: [[self createLabelWithText:labelText
                                                     font:labelFont
                                                    color:labelColor] autorelease]];
    }
}

// 重新设定右边的文本
- (void) setRightLabelText:(NSString *)labelText font:(UIFont*)labelFont color:(UIColor *)labelColor {
    @try {
        //
        [[self rightLabel] setText:labelText];
        [[self rightLabel] setFont:labelFont];
        [[self rightLabel] setTextColor:labelColor];
    } @catch (NSException *ex) {
        //
        UIImageView* rightImage = (UIImageView*)[self rightLabel];
        rightImage.image = nil;
        rightImage.frame = CGRectMake(0.0f, 0.0f, 0.0f, 0.0f);
        [rightImage addSubview: [[self createLabelWithText:labelText
                                                      font:labelFont
```

```
                                   color:labelColor] autorelease]];
    }
}
@end
```

由此可见，具体的实现的过程就是替换原有标签的View和Slider值。使用方法非常简单，只需设置一下左右文本以及颜色即可，比如下面的代码。

```
switchCtl = [[UICustomSwitch alloc] initWithFrame:frame];
//   [switchCtl setAlternateColors:YES];
    [switchCtl setLeftLabelText:@"Yes"
                          font:[UIFont boldSystemFontOfSize: 17.0f]
                         color:[UIColor whiteColor]];
    [switchCtl setRightLabelText:@"No"
                          font:[UIFont boldSystemFontOfSize: 17.0f]
                         color:[UIColor grayColor]];
```

这样上面的代码将显示Yes或No选项，如图8-2所示。

图8-2　显示效果

8.1.3　实战演练——显示具有开关状态的开关

本实例简单地演示了UIswitch 控件的基本用法。首先通过方法- (IBAction)switchChanged:(id)sender获取了开关的状态，然后通过setOn:setting设置了开关的显示状态。

实例8-2	在屏幕中显示具有开关状态的开关
源码路径	光盘:\daima\8\UIswitch

步骤 1　打开Xcode，创建一个名为UIswitch的项目。

步骤 2　文件UIswitchViewController.h的实现代码如下所示。

```
#import <UIKit/UIKit.h>
@interface UIswitchViewController : UIViewController
{
    UISwitch* leftSwitch;
    UISwitch* rightSwitch;
}
@property(nonatomic,retain)UISwitch*leftSwitch;
@property(nonatomic,retain)UISwitch*rightSwitch;
@end
```

步骤 3　文件UIswitchViewController.m的实现代码如下所示。

```
#import "UIswitchViewController.h"
@interface UIswitchViewController ()
@end
@implementation UIswitchViewController
```

```objc
@synthesize leftSwitch,rightSwitch;
- (id)initWithNibName:(NSString *)nibNameOrNil bundle:(NSBundle *)nibBundleOrNil
{
    self = [super initWithNibName:nibNameOrNil bundle:nibBundleOrNil];
    if (self) {
        // Custom initialization
    }
    return self;
}
- (void)viewDidLoad
{
    [super viewDidLoad];
    leftSwitch=[[UISwitch alloc]initWithFrame:CGRectMake(0, 0, 40, 20)];
    rightSwitch=[[UISwitch alloc] initWithFrame:CGRectMake(0,240, 40, 20)];
   [leftSwitch addTarget:self action:@selector(switchChanged:) forControlEvents: UIControlEventValueChanged];
    
    [self.view addSubview:leftSwitch];
[rightSwitch addTarget:self action:@selector(switchChanged:) forControlEvents: UIControlEventValueChanged];
    [self.view addSubview:rightSwitch];
    // Do any additional setup after loading the view.
}
- (IBAction)switchChanged:(id)sender {
    UISwitch *mySwitch = (UISwitch *)sender;
    BOOL setting = mySwitch.isOn;      //获得开关状态
    if(setting)
    {
       NSLog(@"YES");
    }else {
       NSLog(@"NO");
    }
    [leftSwitch setOn:setting animated:YES];   //设置开关状态
    [rightSwitch setOn:setting animated:YES];
}
- (void)viewDidUnload
{
    [super viewDidUnload];
    // Release any retained subviews of the main view.
}
- (BOOL)shouldAutorotateToInterfaceOrientation:(UIInterfaceOrientation)interfaceOrientation
{
    return (interfaceOrientation == UIInterfaceOrientationPortrait);
}
@end
```

执行后的效果如图8-3所示。

图8-3　执行效果

8.1.4　实战演练——联合使用UISlider与UISwitch控件

我们知道,UISlider控件就像其名字一样,是一个像滑动变阻器的控件。接下来将通过简单的小例子,来说明联合使用UISlider与UISwitch控件的方法。

步骤① 假设已经建立了一个Single View Application,打开ViewController.xib,在IB中添加一个UISlider控件和一个Label,这个Label用来显示Slider的值,如图8-4所示。

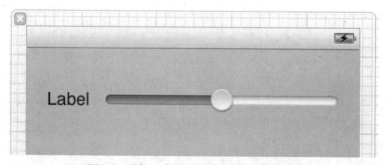

图8-4　添加一个UISlider控件和一个Label

步骤② 选中新加的Slider控件,打开Attributes Inspector,修改属性值,设置最小值为0,最大值为100,当前值为50,并确保勾选上Continuous,如图8-5所示。

步骤③ 修改Label的文本为50。

步骤④ 接下来还是建立映射,将Label和Slider都映射到ViewController.h中,其中Label映射为Outlet,名称为sliderLabel;Switch映射为Action,事件类型为默认的Value Changed,方法名称为sliderChanged,如图8-6所示。

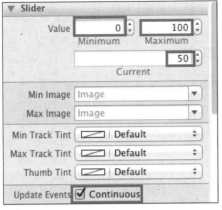

图8-5 修改属性值

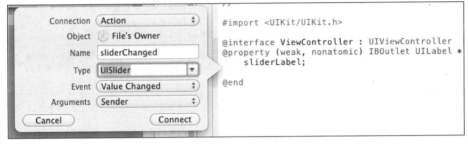

图8-6 实现映射

步骤 5 打开ViewController.m，找到sliderChanged方法，在其中添加以下代码。

```
- (IBAction)sliderChanged:(id)sender {
    UISlider *slider = (UISlider *)sender;
    int progressAsInt = (int)roundf(slider.value);
    sliderLabel.text = [NSString stringWithFormat:@"%i", progressAsInt];
}
```

此时的运行效果如图8-7所示。

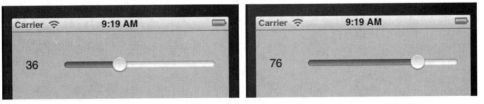

图8-7 运行效果

接下来开始添加UISwitch控件。我们知道，UISwitch控件就像开关那样只有两个状态on和off，下面实现改变任一Switch的状态，另一个Switch也发生同样的变化。

步骤 6 继续打开ViewController.xib，在IB中添加两个UISwitch控件。

步骤 7 将这两个Switch控件都映射到ViewController.h中，都映射成Outlet，名称分别是leftSwitch和rightSwitch。

步骤 8 选中左边的Switch，按住Control键，在ViewController.h中映射成一个Action，事件类型默认为Value Changed，名称为switchChanged，如图8-8所示。

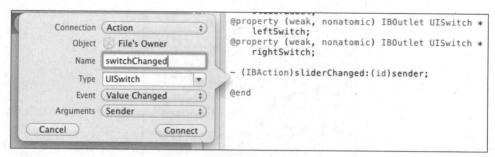

图8-8 映射1

步骤 9 让右边的Switch也映射到这个方法，如图8-9所示。

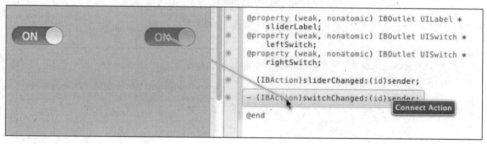

图8-9 映射2

步骤 10 打开文件ViewController.m，找到switchChanged方法，添加如下代码：

```
- (IBAction)switchChanged:(id)sender {
    UISwitch *mySwitch = (UISwitch *)sender;
    BOOL setting = mySwitch.isOn;      //获得开关状态
    [leftSwitch setOn:setting animated:YES];   //设置开关状态
    [rightSwitch setOn:setting animated:YES];
}
```

此时运行后的效果如图8-10所示。

图8-10 运行效果

8.2 分段控件

在iOS应用中，当用户输入的不仅仅是布尔值时，可使用分段控件UISegmentedControl实现需要的功能。分段控件提供一栏按钮（有时称为按钮栏），但只能激活其中一个按钮，如图8-11所示。

图8-11 分段控件

如果按Apple指南使用UISegmentedControl，分段控件会导致用户在屏幕上看到的内容发生变化。它们常用于在不同类别的信息之间选择，或在不同的应用程序屏幕（如配置屏幕和结果屏幕）之间切换。如果在一系列值中选择时不会立刻发生视觉方面的变化，应使用选择器（Picker）对象。处理用户与分段控件交互的方法与处理开关极其相似，也是通过监视Value Changed事件，并通过selectedSegmentIndex方法判断当前选择的按钮，它返回当前选定按钮的编号（从0开始按从左到右的顺序对按钮编号）。

可以结合使用索引和实例方法titleForSegmentAtIndex来获得每个分段的标题。要获取分段控件mySegment中当前选定按钮的标题，可使用如下代码段。

```
[mySegment titleForSegmentAtIndex: mySegment.selectedSegmentIndex]
```

▶ 8.2.1 分段控件的属性和方法

为了说明UISegmentedControl控件的各种属性与方法的使用，请看下面的一段代码，在里面几乎包括了UISegmentedControl控件的所有属性和方法。

```
#import "SegmentedControlTestViewController.h"
@implementation SegmentedControlTestViewController
@synthesize segmentedControl;

//Implement viewDidLoad to do additional setup after loading the
//view, typically from a nib.
- (void)viewDidLoad {
    NSArray *segmentedArray = [[NSArray alloc]initWithObjects:@"1",@"2
",@"3",@"4",nil];
    //初始化UISegmentedControl
    UISegmentedControl *segmentedTemp = [[UISegmentedControl alloc]
initWithItems:segmentedArray];
    segmentedControl = segmentedTemp;
    segmentedControl.frame = CGRectMake(60.0, 8.0, 200.0, 50.0);

    [segmentedControl setTitle:@"two" forSegmentAtIndex:1];
    //设置指定索引的题目
    [segmentedControl setImage:[UIImage imageNamed:@"lan.png"]
forSegmentAtIndex:3];//设置指定索引的图片
    [segmentedControl insertSegmentWithImage:[UIImage imageNamed:@"mei.
png"] atIndex:2 animated:NO];//在指定索引插入一个选项并设置图片
    [segmentedControl insertSegmentWithTitle:@"insert" atIndex:3
animated:NO];//在指定索引插入一个选项并设置题目
    [segmentedControl removeSegmentAtIndex:0 animated:NO];
```

```objc
    //移除指定索引的选项
    [segmentedControl setWidth:70.0 forSegmentAtIndex:2];
    //设置指定索引选项的宽度
    [segmentedControl setContentOffset:CGSizeMake(8.0,8.0) forSegmentAtIndex:1];//设置选项中图片等的左上角的位置

    //获取指定索引选项的图片imageForSegmentAtIndex:
    UIImageView *imageForSegmentAtIndex = [[UIImageView alloc] initWithImage:[segmentedControl imageForSegmentAtIndex:1]];
    imageForSegmentAtIndex.frame = CGRectMake(60.0, 100.0, 30.0, 30.0);

    //获取指定索引选项的标题titleForSegmentAtIndex
    UILabel *titleForSegmentAtIndex = [[UILabel alloc] initWithFrame:CGRectMake(100.0, 100.0, 30.0, 30.0)];
    titleForSegmentAtIndex.text = [segmentedControl titleForSegmentAtIndex:0];

    //获取总选项数segmentedControl.numberOfSegments
    UILabel *numberOfSegments =
    [[UILabel alloc]initWithFrame: CGRectMake(140.0, 100.0, 30.0, 30.0)];
    numberOfSegments.text =
    [NSString stringWithFormat:@"%d",segmentedControl.numberOfSegments];

    //获取指定索引选项的宽度widthForSegmentAtIndex:
    UILabel *widthForSegmentAtIndex = [[UILabel alloc] initWithFrame:CGRectMake(180.0, 100.0, 70.0, 30.0)];
    widthForSegmentAtIndex.text =
    [NSString stringWithFormat:@"%f",[segmentedControl widthForSegmentAtIndex:2]];

    segmentedControl.selectedSegmentIndex = 2;//设置默认选择项索引
    segmentedControl.tintColor = [UIColor redColor];
    segmentedControl.segmentedControlStyle = UISegmentedControlStylePlain;
    //设置样式
    segmentedControl.momentary = YES;//设置在点击后是否恢复原样

    [segmentedControl setEnabled:NO forSegmentAtIndex:4];
    //设置指定索引选项不可选
    BOOL enableFlag = [segmentedControl isEnabledForSegmentAtIndex:4];
    //判断指定索引选项是否可选
    NSLog(@"%d",enableFlag);

    [self.view addSubview:widthForSegmentAtIndex];
    [self.view addSubview:numberOfSegments];
    [self.view addSubview:titleForSegmentAtIndex];
    [self.view addSubview:imageForSegmentAtIndex];
    [self.view addSubview:segmentedControl];
```

```objc
        [widthForSegmentAtIndex release];
        [numberOfSegments release];
        [titleForSegmentAtIndex release];
        [segmentedTemp release];
        [imageForSegmentAtIndex release];
        
        //移除所有选项
        //[segmentedControl removeAllSegments];
        [super viewDidLoad];
}

/*
// Override to allow orientations other than the default portrait
// orientation.
- (BOOL)shouldAutorotateToInterfaceOrientation:(UIInterfaceOrientation)interfaceOrientation {
    // Return YES for supported orientations
    return (interfaceOrientation == UIInterfaceOrientationPortrait);
}
*/
- (void)didReceiveMemoryWarning {
    // Releases the view if it doesn't have a superview.
    [super didReceiveMemoryWarning];
    
    // Release any cached data, images, etc that aren't in use.
}
- (void)viewDidUnload {
    // Release any retained subviews of the main view.
    // e.g. self.myOutlet = nil;
}

- (void)dealloc {
    [segmentedControl release];
    [super dealloc];
}
@end
```

8.2.2 实战演练——使用UISegmentedControl控件

在本节的内容中，将通过一个简单的实例来演示UISegmentedControl控件的用法。

实例8-3	在屏幕中使用UISegmentedControl控件
源码路径	光盘:\daima\8\UISegmentedControlDemo

步骤 1 打开Xcode，创建一个名为UISegmentedControlDemo的项目。

步骤 2 文件 ViewController.h的实现代码如下所示。

```objc
#import <UIKit/UIKit.h>

@interface ViewController : UIViewController{

}
@end
```

步骤 3 文件 ViewController.m 的实现代码如下所示。

```objc
#import "ViewController.h"
@implementation ViewController

- (void)didReceiveMemoryWarning
{
    [super didReceiveMemoryWarning];
    // Release any cached data, images, etc that aren't in use.
}

#pragma mark - View lifecycle
-(void)selected:(id)sender{
    UISegmentedControl* control = (UISegmentedControl*)sender;
    switch (control.selectedSegmentIndex) {
        case 0:
            //
            break;
        case 1:
            //
            break;
        case 2:
            //
            break;

        default:
            break;
    }
}
- (void)viewDidLoad
{
    [super viewDidLoad];
    UISegmentedControl* mySegmentedControl =
[[UISegmentedControl alloc]initWithItems:nil];
    mySegmentedControl.segmentedControlStyle = UISegmentedControlStyleBezeled;
    UIColor *myTint =
[[ UIColor alloc]initWithRed:0.66 green:1.0 blue:0.77 alpha:1.0];
    mySegmentedControl.tintColor = myTint;
    mySegmentedControl.momentary = YES;

    [mySegmentedControl insertSegmentWithTitle:@"First" atIndex:0
```

```objc
animated:YES];
        [mySegmentedControl insertSegmentWithTitle:@"Second" atIndex:2 animated:YES];
        [mySegmentedControl insertSegmentWithImage:[UIImage imageNamed:@"pic"] atIndex:3 animated:YES];

    //[mySegmentedControl removeSegmentAtIndex:0 animated:YES];
    //删除一个片段
    //[mySegmentedControl removeAllSegments];//删除所有片段

    [mySegmentedControl setTitle:@"ZERO" forSegmentAtIndex:0];//设置标题
    NSString* myTitle = [mySegmentedControl titleForSegmentAtIndex:1];
    //读取标题
    NSLog(@"myTitle:%@",myTitle);

    //[mySegmentedControl setImage:[UIImage imageNamed:@"pic"] forSegmentAtIndex:1];//设置
    UIImage* myImage = [mySegmentedControl imageForSegmentAtIndex:2];
    //读取

    [mySegmentedControl setWidth:100 forSegmentAtIndex:0];
    //设置Item的宽度

    [mySegmentedControl addTarget:self action:@selector(selected:) forControlEvents:UIControlEventValueChanged];

    //[self.view addSubview:mySegmentedControl];//添加到父视图

    self.navigationItem.titleView = mySegmentedControl;//添加到导航栏

    //可能显示出来乱七八糟的,不过没关系,我们这是联系它的每个功能,
    //所以你可以自己练练,越乱越好,关键在于掌握原理。
    // 你可以尝试修改一下 让它显得美观
}

- (void)viewDidUnload
{
    [super viewDidUnload];
    // Release any retained subviews of the main view.
    // e.g. self.myOutlet = nil;
}

- (void)viewWillAppear:(BOOL)animated
{
    [super viewWillAppear:animated];
}
```

```objc
- (void)viewDidAppear:(BOOL)animated
{
    [super viewDidAppear:animated];
}

- (void)viewWillDisappear:(BOOL)animated
{
    [super viewWillDisappear:animated];
}

- (void)viewDidDisappear:(BOOL)animated
{
    [super viewDidDisappear:animated];
}

- (BOOL)shouldAutorotateToInterfaceOrientation:
(UIInterfaceOrientation)interfaceOrientation
{
    // Return YES for supported orientations
    return (interfaceOrientation !=
UIInterfaceOrientationPortraitUpsideDown);
}

@end
```

执行后的效果如图8-12所示。

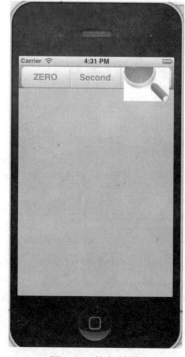

图8-12　执行效果

8.2.3 实战演练——选择一个分段卡后可以改变屏幕的背景颜色

在iOS应用中，分段控件UISegmentedControl的功能是让我们选择一个选项，选择后可以实现不同的功能。在本实例中提供了Black和White两个选项，当选择Black分段卡后屏幕的背景颜色变为黑色，当选择White分段卡后屏幕的背景颜色变为白色。

实例8-4	在屏幕中择一个分段卡后可以改变屏幕的背景颜色
源码路径	光盘:\daima\8\fenduan

实例文件 UIKitPrjSegmentedControl.m的具体实现代码如下所示。

```
#import "UIKitPrjSegmentedControl.h"
@implementation UIKitPrjSegmentedControl
- (void)viewDidLoad {
  [super viewDidLoad];
  self.view.backgroundColor = [UIColor blackColor];
  //创建两个选项的字符串数组
  NSArray* items = [NSArray arrayWithObjects:@"Black", @"White", nil];
  //以NSArray为参数初始化选择控件
  UISegmentedControl* segment =
    [[[UISegmentedControl alloc] initWithItems:items] autorelease];
  //左侧第一选项默认被选择
  segment.selectedSegmentIndex = 0;
  segment.frame = CGRectMake( 0, 0, 130, 30 );
  //注册选项被选择时调用方法
  [segment addTarget:self
            action:@selector(segmentDidChange:)
      forControlEvents:UIControlEventValueChanged];
  //将选择控件对象追加到导航条的右侧
  UIBarButtonItem* barButton =
    [[[UIBarButtonItem alloc] initWithCustomView:segment] autorelease];
  self.navigationItem.rightBarButtonItem = barButton;
}
//选项选择发生变化时调用此方法
- (void)segmentDidChange:(id)sender {
  if ( [sender isKindOfClass:[UISegmentedControl class]] ) {
    UISegmentedControl* segment = sender;
    if ( 0 == segment.selectedSegmentIndex ) {
       //第一个选项被选择后将画面背景设置成黑色
       self.view.backgroundColor = [UIColor blackColor];
    } else {
       //第二个选项被选择后将画面背景设置成白色
       self.view.backgroundColor = [UIColor whiteColor];
    }
  }
}
```

@end

执行后的效果如图8-13所示。

图8-13　执行效果

8.2.4　实战演练——设置分段卡的显示样式

在iOS应用中，使用分段控件UISegmentedControl在屏幕中设置一个分段卡后，可以继续使用其segmentedControlStyle属性设置分段卡的显示样式。一共有如下4种样式。

- UISegmentedControlStylePlain：
- UISegmentedControlStyleBordered：
- UISegmentedControlStyleBar：
- UISegmentedControlStyleBezeled：

在本实例中，使用segmentedControlStyle属性设置了显示样式是UISegmentedControlStylePlain。

实例8-5	在屏幕中设置分段卡的显示样式
源码路径	光盘:\daima\8\fenduan

实例文件UIKitPrjSegmentedControlStyle.m的具体实现代码如下所示。

```
#import "UIKitPrjSegmentedControlStyle.h"
@implementation UIKitPrjSegmentedControlStyle
- (void)viewDidLoad {
  [super viewDidLoad];
  self.view.backgroundColor = [UIColor whiteColor];
   NSArray* items = [NSArray arrayWithObjects:@"Plain", @"Borderd", @"Bar", nil];
   UISegmentedControl* segment =
     [[[UISegmentedControl alloc] initWithItems:items] autorelease];
   segment.segmentedControlStyle = UISegmentedControlStylePlain;
   segment.selectedSegmentIndex = 0;
   segment.frame = CGRectMake( 10, 50, 300, 30 );
   //segment.momentary = YES;
```

```
    [segment addTarget:self
            action:@selector(segmentDidChange:)
      forControlEvents:UIControlEventValueChanged];

    [self.view addSubview:segment];
}
- (void)segmentDidChange:(id)sender {
  if ( [sender isKindOfClass:[UISegmentedControl class]] ) {
    UISegmentedControl* segment = sender;
    switch ( segment.selectedSegmentIndex ) {
    case 0: segment.segmentedControlStyle = UISegmentedControlStylePlain; break;
    case 1: segment.segmentedControlStyle = UISegmentedControlStyleBordered; break;
    default: segment.segmentedControlStyle = UISegmentedControlStyleBar; break;
    }
  }
}
@end
```

执行效果如图8-14所示。

图8-14 执行效果

8.2.5 实战演练——设置不显示分段卡的选择状态

在iOS应用中，当选择分段卡中的某一个选项后，被选择的选项会默认呈现蓝色高亮样式显示。其实将其属性momentary设置为YES后，会取消这个特殊样式效果，即选择后不显示分段卡的选择状态。在本实例中，通过使用momentary = YES，取消了屏幕中分段卡的选择状态样式。

实例8-6	在屏幕中设置不显示分段卡的选择状态
源码路径	光盘:\daima\8\fenduan

实例文件 UIKitPrjMomentary.m的具体实现代码如下所示。

```
#import "UIKitPrjMomentary.h"
@implementation UIKitPrjMomentary
- (void)viewDidLoad {
  [super viewDidLoad];
  self.view.backgroundColor = [UIColor blackColor];
  NSArray* items = [NSArray arrayWithObjects:@"Black", @"White", nil];
  UISegmentedControl* segment =
    [[[UISegmentedControl alloc] initWithItems:items] autorelease];
```

```
    segment.momentary = YES;
    segment.frame = CGRectMake( 0, 0, 130, 30 );
    [segment addTarget:self
             action:@selector(segmentDidChange:)
        forControlEvents:UIControlEventValueChanged];
    UIBarButtonItem* barButton =
[[[UIBarButtonItem alloc] initWithCustomView:segment] autorelease];
    self.navigationItem.rightBarButtonItem = barButton;
}
- (void)segmentDidChange:(id)sender {
    if ( [sender isKindOfClass:[UISegmentedControl class]] ) {
        UISegmentedControl* segment = sender;
        if ( 0 == segment.selectedSegmentIndex ) {
            self.view.backgroundColor = [UIColor blackColor];
        } else {
            self.view.backgroundColor = [UIColor whiteColor];
        }
    }
}
@end
```

执行效果如图8-15所示。

图8-15　执行效果

第 9 章

提醒和操作表

　　提醒处理在PC设备和移动收集设备中比较常见，通常是以对话框的形式出现的。通过提醒处理功能，可以实现各种类型的用户通知效果。在本章将介绍提醒和操作表两种提醒模式，为后面知识的学习打下基础。

9.1 提醒视图（UIAlertView）

iOS应用程序是以用户为中心的，这意味着它们通常不在后台执行功能或在没有界面的情况下运行。它们让用户能够处理数据、玩游戏、通信或执行众多其他的操作。当应用程序需要发出提醒、提供反馈或让用户做出决策时，它总是以相同的方式进行。Cocoa Touch通过各种对象和方法来引起用户注意，这包括UIAlertView和UIActionSheet。这些控件不同于前面介绍的其他对象，需要使用代码来创建。

9.1.1 UIAlertView基础

有时候，当应用程序运行时，需要将发生的变化告知用户。例如，发生内部错误事件（如可用内存太少或网络连接断开）或长时间运行的操作结束时，仅调整当前视图是不够的。为此，可使用UIAlertView类。

UIAlertView类可以创建一个简单的模态提醒窗口，其中包含一条消息和几个按钮，还可能有普通文本框和密码文本框，如图9-1所示。

图9-1 典型的提醒窗口

在iOS应用中，模态UI元素要求用户必须与之交互（通常是按下按钮）后才能做其他事情。它们通常位于其他窗口前面，在可见时禁止用户与其他任何界面元素交互。

要实现提醒视图，需要声明一个UIAlertView对象，再初始化并显示它。其中最简单的用法如下所示。

```
UIAlertView*alert = [[UIAlertView alloc]initWithTitle:@"提示"
                    message:@"这是一个简单的警告框！"
                    delegate:nil
                    cancelButtonTitle:@"确定"
                    otherButtonTitles:nil];
[alert show];
[alert release];
```

上述代码的执行效果如图9-1所示。除此之外，还可以为UIAlertView添加多个按钮，例如下面的代码。

```
UIAlertView*alert = [[UIAlertView alloc]initWithTitle:@"提示"
                        message:@"请选择一个按钮："
                        delegate:nil
                        cancelButtonTitle:@"取消"
            otherButtonTitles:@"按钮一", @"按钮二", @"按钮三",nil];
[alert show];
[alert release];
```

上述代码的执行效果如图9-2所示。

图9-2　执行效果

在图9-2中，究竟应该如何判断用户点击的是哪一个按钮呢？在UIAlertView中有一个委托UIAlertViewDelegate，通过继承该委托的方法可以实现点击事件处理。例如下面的头文件代码。

```
@interface MyAlertViewViewController : UIViewController<UIAlertViewDelegate> {
}
- (void)alertView:(UIAlertView *)alertView clickedButtonAtIndex:(NSInteger)buttonIndex;
-(IBAction) buttonPressed;
@end
```

对应的源文件代码如下所示。

```
-(IBAction) buttonPressed
{
UIAlertView*alert = [[UIAlertView alloc]initWithTitle:@"提示"
                              message:@"请选择一个按钮："
                              delegate:self
                              cancelButtonTitle:@"取消"
                 otherButtonTitles:@"按钮一", @"按钮二", @"按钮三",nil];
[alert show];
[alert release];
}
- (void)alertView:(UIAlertView *)alertView clickedButtonAtIndex:(NSInteger)buttonIndex
{
NSString* msg = [[NSString alloc] initWithFormat:@"您按下的第%d个按钮！", buttonIndex];

UIAlertView* alert = [[UIAlertView alloc]initWithTitle:@"提示"
                              message:msg
                              delegate:nil
                              cancelButtonTitle:@"确定"
                              otherButtonTitles:nil];
[alert show];
[alert release];
[msg release];
```

}

　　执行上述代码后，如果单击"取消"按钮，则"按钮一"、"按钮二"和"按钮三"的索引buttonIndex分别是0，1，2，3。

　　设置手动的取消对话框的代码如下所示。

```
[alertdismissWithClickedButtonIndex:0 animated:YES];
```

　　另外也可以为UIAlertView添加子视图。在为UIAlertView对象添加子视图的过程中，有一点需要特别注意：如果删除按钮，也就是取消UIAlerView视图中所有按钮的时候，可能会导致整个显示结构失衡。按钮占用的空间不会消失，也可以理解为这些按钮没有真正的删除，仅仅是不可见了而已。如果在UIAlertView对象中仅仅用来显示文本，那么可以在消息的开头添加换行符（@"\n）有助于平衡按钮底部和顶部的空间。

　　例如下面的代码演示了如何为UIAlertview对象添加子视图的方法。

```
UIAlertView*alert = [[UIAlertView alloc]initWithTitle:@"请等待"
                                              message:nil
                                              delegate:nil
                                              cancelButtonTitle:nil
                                              otherButtonTitles:nil];
[alert show];
UIActivityIndicatorView*activeView = [[UIActivityIndicatorView alloc]initWithActivityIndicatorStyle:UIActivityIndicatorViewStyleWhiteLarge];
activeView.center = CGPointMake(alert.bounds.size.width/2.0f, alert.bounds.size.height-40.0f);
[activeView startAnimating];
[alert addSubview:activeView];
[activeView release];
[alert release];
```

　　此时执行后的效果如图9-3所示。

图9-3　执行效果

　　在iOS应用中，UIAlertView默认情况下所有的text是居中对齐的。那如果需要将文本向左对齐或者添加其他控件（如输入框）时该怎么办呢？在iOS中，有很多Delegate消息供调用程序使用。所要做的就是在如下语句中按照自己的需要修改或添加命令即可。

```
- (void)willPresentAlertView:(UIAlertView *)alertView
```

　　比如需要将消息文本左对齐，通过下面的代码即可实现。

```
-(void) willPresentAlertView:(UIAlertView *)alertView
{
    for( UIView * view in alertView.subviews )
    {
```

```
            if( [view isKindOfClass:[UILabel class]] )
            {
                    UILabel* label = (UILabel*) view;
                    label.textAlignment=UITextAlignmentLeft;
            }
        }
}
```

上述代码表示在消息框即将弹出时遍历所有消息框对象，将其文本对齐属性修改为UITextAlignmentLeft即可。此时执行后的效果如图9-4所示。

图9-4　执行效果

添加其他部件的方法也是一样，例如通过如下代码可添加两个UITextField。

```
-(void) willPresentAlertView:(UIAlertView *)alertView
{
      CGRect frame = alertView.frame;
      frame.origin.y -= 120;
      frame.size.height += 80;
      alertView.frame = frame;

      for( UIView * viewin alertView.subviews )
      {
            if( ![viewisKindOfClass:[UILabelclass]] )
            {
                  CGRect btnFrame = view.frame;
                  btnFrame.origin.y += 70;

                  view.frame = btnFrame;
            }
      }

UITextField* accoutName = [[UITextFieldalloc] init];
UITextField* accoutPassword = [[UITextFieldalloc] init];

accoutName.frame =
CGRectMake( 10, frame.origin.y + 40,frame.size.width - 20, 30 );
accoutPassword.frame =
```

```
    CGRectMake( 10, frame.origin.y + 80,frame.size.width -20, 30 );

    accoutName.placeholder = @"请输入账号";
    accoutPassword.placeholder = @"请输入密码";
    accoutPassword.secureTextEntry = YES;

    [alertView addSubview:accoutPassword];
    [alertView addSubview:accoutName];

    [accoutName release];
    [accoutPassword release];
}
```

显示将消息框固有的button和label移位,不然添加的text field会将其遮盖住。然后添加需要的部件到相应的位置即可。

对于UIActionSheet其实也是一样的, 在 - (void)willPresentActionSheet:(UIActionSheet *) actionSheet 中做同样的处理,一样可以得到自己想要的界面。

9.1.2 不同的提醒效果

在接下来的内容中,将通过一段代码来演示如下两种提醒框效果。
- 只有OK的提示框。
- 有3个按钮的提示框。

具体代码如下所示。

```
//只有ok的提示框
- (IBAction)alert1:(id)sender {
    UIAlertView *alertView=[[UIAlertView alloc] initWithTitle:@"title" message:@"这里是消息体。" delegate:self cancelButtonTitle:@"OK" otherButtonTitles:nil];
    [alertView show];
    [alertView release];
}


//有3个按钮的提示框
- (IBAction)alert2:(id)sender {
    //初始化AlertView
    UIAlertView *alert =
[[UIAlertView alloc]initWithTitle:@"AlertViewTest"
                                           message:@"message"
                                           delegate:self
                                           cancelButtonTitle:@"Cancel"
                                           otherButtonTitles:@"OK",nil];
    alert.title = @"title";
    alert.message = @"消息体。";

    //这个属性继承自UIview,当一个视图中有多个AlertView时,可以用这个属性来区分
    alert.tag = 0;

    //只读属性,看AlertView是否可见
```

```
    NSLog(@"alert2:%d",alert.visible);

    //通过给定标题添加按钮
    [alert addButtonWithTitle:@"addButton"];

    //按钮总数
    NSLog(@"numberOfButtons:%d",alert.numberOfButtons);

    //获取指定索引的按钮的标题
    NSLog(@"buttonTitleAtIndex:%@",[alert buttonTitleAtIndex:2]);

    //获得取消按钮的索引
    NSLog(@"cancelButtonIndex:%d",alert.cancelButtonIndex);

    //获得第一个其他按钮的索引
    NSLog(@"firstOtherButtonIndex:%d",alert.firstOtherButtonIndex);

    //显示AlertView
    [alert show];

    [alert release];
}

//根据被点击按钮的索引处理点击事件
- (void)alertView:(UIAlertView *)alertView clickedButtonAtIndex:(NSInteger)buttonIndex {
    NSLog(@"单击第:%d",buttonIndex);
}

//AlertView已经消失时
- (void)alertView:(UIAlertView *)alertView didDismissWithButtonIndex:(NSInteger)buttonIndex {
    NSLog(@"alert消失.");
}
```

上述代码的执行效果如图9-5所示。

图9-5　执行效果

9.1.3 实战演练——实现一个自定义提醒对话框

在本节下面的内容中,将通过一个简单的实例来说明使用UIAlertView的方法。

实例9-1	实现一个自定义提醒对话框
源码路径	光盘:\daima\9\AlertTest

步骤 1 打开Xcode,新建一个名为AlertTest的Single View Application项目,如图9-6所示。

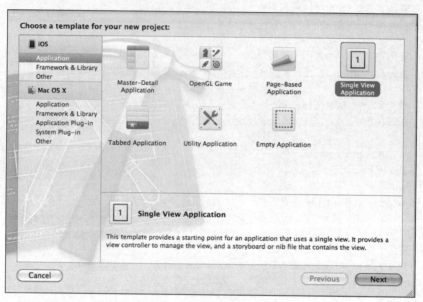

图9-6 新建Xcode项目

步骤 2 设置新建项目的名称,然后设置设备为iPad,如图9-7所示。

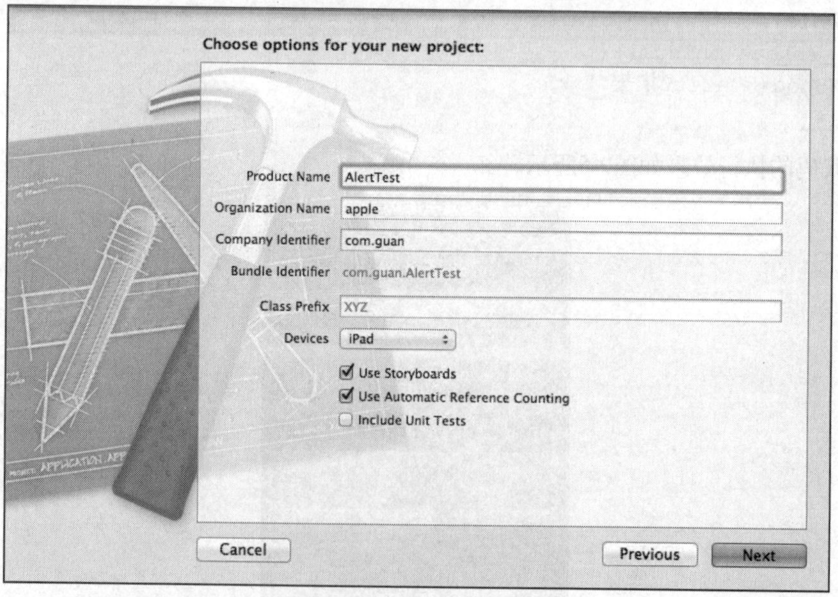

图9-7 设置设备

步骤 3 设置一个界面,整个界面为空,效果如图9-8所示。

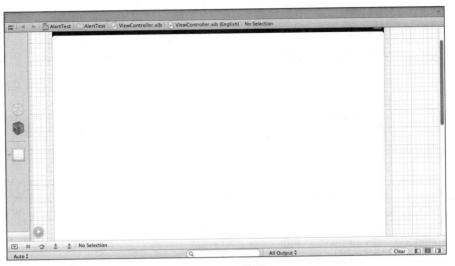

图9-8 UI界面

步骤 4 准备一副素材图片puzzle_warning_bg,如图9-9所示。

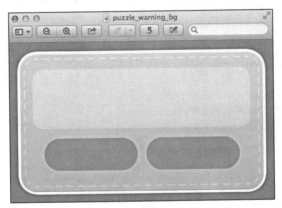

图9-9 素材图片

步骤 5 文件 ViewController.m的源码如下所示。

```
#import "ViewController.h"
@interface ViewController ()
@end
@implementation ViewController

- (void)viewDidLoad
{
    [super viewDidLoad];
    // Do any additional setup after loading the view, typically from a nib.
    // Release any retained subviews of the main view.
    UIButton *test = [UIButton buttonWithType:UIButtonTypeRoundedRect];
    [test setFrame:CGRectMake(200, 200, 200, 200)];
    [test setTitle:@"弹出窗口" forState:UIControlStateNormal];
    [test addTarget:self action:@selector(ButtonClicked:)
forControlEvents:UIControlEventTouchUpInside];
    [self.view addSubview:test];
```

```objc
}

-(void) ButtonClicked:(id)sender
{
    UIButton *btn1 = [UIButton buttonWithType:UIButtonTypeCustom];
    [btn1 setImage:[UIImage imageNamed:@"puzzle_longbt_1.png"] forState:UIControlStateNormal];
    [btn1 setImage:[UIImage imageNamed:@"puzzle_longbt_2.png"] forState:UIControlStateHighlighted];
    [btn1 setFrame:CGRectMake(73, 180, 160, 48)];

    UIButton *btn2 = [UIButton buttonWithType:UIButtonTypeCustom];
    [btn2 setImage:[UIImage imageNamed:@"puzzle_longbt_1.png"] forState:UIControlStateNormal];
    [btn2 setImage:[UIImage imageNamed:@"puzzle_longbt_2.png"] forState:UIControlStateHighlighted];
    [btn2 setFrame:CGRectMake(263, 180, 160, 48)];

    UIImage *backgroundImage = [UIImage imageNamed:@"puzzle_warning_bg.png"];
    UIImage *content = [UIImage imageNamed:@"puzzle_warning_sn.png"];
    JKCustomAlert * alert = [[JKCustomAlert alloc] initWithImage:backgroundImage contentImage:content ];

    alert.JKdelegate = self;
    [alert addButtonWithUIButton:btn1];
    [alert addButtonWithUIButton:btn2];
    [alert show];
}

-(void) alertView:(UIAlertView *)alertView clickedButtonAtIndex:(NSInteger)buttonIndex
{
    switch (buttonIndex) {
        case 0:
            NSLog(@"button1 clicked");
            break;
        case 1:
            NSLog(@"button2 clicked");
        default:
            break;
    }
}

- (void)viewDidUnload
{
    [super viewDidUnload];

}

- (BOOL)shouldAutorotateToInterfaceOrientation:
```

```
(UIInterfaceOrientation)interfaceOrientation
{
    return YES;
}

@end
```

执行后会在iPad模拟器中显示一个提醒框，如图9-10所示。

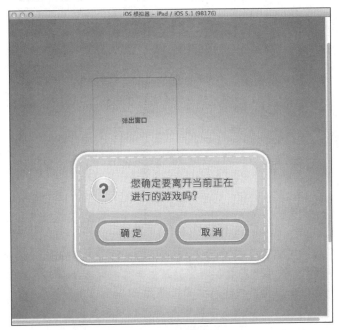

图9-10　执行效果

9.2　操作表（UIActionSheet）

本章上一节介绍的提醒视图可以显示提醒显示消息，这样可以告知用户应用程序的状态或条件发生了变化。然而，有时候需要让用户根据操作结果做出决策。例如，如果应用程序提供了让用户能够与朋友共享信息的选项，可能需要让用户指定共享方法（如发送电子邮件、上传文件等），如图9-11所示。

图9-11　可以让用户在多个选项之间做出选择的操作表

这种界面元素被称为操作表，在iOS应用中，是通过UIActionSheet类的实例实现的。操作表还可用于对可能破坏数据的操作进行确认。事实上，它们提供了一种亮红色按钮样式，让用户注意可能删除数据的操作。

9.2.1 操作表的基本用法

操作表的实现方式与提醒视图极其相似，也分为初始化、配置和显示几个过程，例如下面的代码。

```
 1: - (IBAction)doActionSheet:(id)sender {
 2:     UIActionSheet *actionSheet;
 3:     actionSheet=[ [UIActionSheet allocJ initWithTitle:@"Available Actions"
 4:                         delegate:self
 5:                         cancelButtonTitle:@"Cancel"
 6:                         destructiveButtonTitle:@"Delete"
 7:                   otherButtonTitles:@"Keep",nil];
 8:     actionSheet .actionSheetStyle=UIActionSheetStyleBlackTranslucent ;
 9:     [actionSheet showInView:self.view] ;
10: }
```

由上述代码可知，设置UIActionSheet的方式与设置提醒视图极其相似，具体说明如下所示。

- 第2~7行声明并实例化了一个名为actionSheet的UIActionSheet实例。与创建提醒类似，这个初始化方法几乎完成了所有的设置工作。该方法及其参数如下。
  - initWithTitle：使用指定的标题初始化操作表。
  - delegate：指定将作为操作表委托的对象。如果将其设置为nil，操作表将能够显示，但用户按下任何按钮都只是关闭操作表，而不会有其他任何影响。
  - cancelButtonTitle：指定操作表中默认按钮的标题。
  - destructiveButtonTitle：指定将导致信息丢失的按钮的标题。该按钮将呈亮红色显示（与其他按钮形成强烈对比）。如果将其设置为nil，将不会显示该按钮。
  - otherButtonTitles：在操作表中添加其他按钮，总是以nil结尾。
- 第8行设置操作表的外观，有4种样式可供选择：
  - UIActionSheetStyleAutomatic：如果屏幕底部有按钮栏，则采用与按钮栏匹配的样式；否则采用默认样式。
  - UIActionSheetStyleDefault：由iOS决定的操作表默认外观。
  - UIActionSheetStyleBlackTranslucent：一种半透明的深色样式。
  - UIActionSheetStyleBlackOpaque：一种不透明的深色样式。
- 第9行使用UIActionSheet的方法showInView在当前控制器的视图（self view）中显示操作表。在这个示例中，使用方法showInView用于以动画方式从当前控制器的视图打开操作表。如果有工具栏或选项卡栏，可使用方法showFromToolbar或showFromTabBar让操作表看起来是从这些用户界面元素中打开的。

在初始化、修改和响应方面，操作表与提醒视图很像。然而，不同于提醒视图的是，操作表可与给定的视图、选项卡栏或工具栏相关联。操作表出现在屏幕上时，将以动画方式展示它与这些元素的关系。

9.2.2 响应操作表

操作表和提醒视图在设置方面有很多相似性,在响应用户按下按钮方面也是相似的,需要完成下面的3个工作。

(1) 因为负责响应操作表的类必须遵守协议UIActionSheetDeletgate,所以只需对类接口文件中的@interface行做简单的修改。

```
@interface ViewController : UIViewController <UIActionSheetDelegate>
```

(2) 必须将操作表的属性delegate设置为实现了该协议的对象(例如上述代码中的第4行)。如果负责响应和调用操作表的是同一个对象,只需将delegate设置为self即可。

```
delegate:self
```

(3) 为了捕获单击事件,需要实现方法actionSheet:clickedButtonAtIndex。与方法alertView:clickedButtonAtIndex一样,这个方法也将用户按下的按钮的索引作为参数。与响应提醒视图时一样,也可利用方法buttonTitleAtIndex获取用户触摸的按钮的标题,而不通过数字来获取。

下面继续讲解UIActionSheet类的响应问题。假设有一个如图9-12所示的界面。

图9-12 操作表界面

为了实现图9-12中的界面,首先需要下面的代码。

```
UIActionSheet* mySheet = [[UIActionSheet alloc]
                initWithTitle:@"ActionChoose"
                delegate:self
                cancelButtonTitle:@"Cancel"
                destructiveButtonTitle:@"Destroy"
                otherButtonTitles:@"OK", nil];
    [mySheet showInView:self.view];
```

接下来的工作与UIAlertView类似,也是在委托方法里处理按下按钮后的动作。在此需要在所委托的类中加上UIActionSheetDelegate标记。

```
- (void)actionSheetCancel:(UIActionSheet *)actionSheet{
    //
}
- (void) actionSheet:(UIActionSheet *)actionSheet clickedButtonAtIndex:
(NSInteger)buttonIndex{
    //
}
```

```
-(void)actionSheet:(UIActionSheet *)
actionSheet didDismissWithButtonIndex:(NSInteger)buttonIndex{
    //
}
-(void)actionSheet:(UIActionSheet *)
actionSheet willDismissWithButtonIndex:(NSInteger)buttonIndex{
    //
}
```

其中的红色按钮是ActionSheet支持的一种所谓的销毁按钮,对某户的某个动作起到警示作用,比如永久性删除一条消息或者日志。如果,指定了一个销毁按钮,它就会以红色高亮显示:

```
mySheet.destructiveButtonIndex=1;
```

与导航栏类似,操作表单也支持3种风格。
- UIActionSheetStyleDefault:默认风格:灰色背景上显示白色文字。
- UIActionSheetStyleBlackTranslucent:透明黑色背景,白色文字。
- UIActionSheetStyleBlackOpaque:纯黑背景,白色文字。

例如下面是使用风格的演示代码:

```
mySheet.actionSheetStyle = UIActionSheetStyleBlackOpaque;
```

有如下三种显示ActionSheet方法:
- 在一个视图内部显示,可以用showInView实现。

```
[mySheet showInView:self];
```

- 如果要将ActonSheet 与工具栏或者标签栏对齐,可以使用showFromToolBar或showFromTabBar。

```
[mySheet showFromToolBar:toolbar];
[mySheet showFromTabBar:tabbar];  //解除操作表单
```

- 用户按下按钮之后,Actionsheet就会消失——除非应用程序有特殊原因,需要用户按下做个按钮。用dismiss方法可令表单消失:

```
[mySheet dismissWithClickButtonIndex:1 animated:YES];
```

9.2.3 使用UIActionSheet的流程

UIActionSheet是在iOS中弹出的选择按钮项,可以添加多项,并为每项添加点击事件。接下来将通过一个演示例子来说明其用法,我们使用Xcode 4建立一个Single View Application,然后在xib文件添加一个按钮用来弹出Sheet View。

步骤 1 首先在.h文件中实现协议,在@interface行的最后添加<UIActionSheetDelegate>,协议相当于Java里的接口。

```
@interface sheetviewViewController : UIViewController<UIActionSheetDelegate>
@end
```

步骤 2 添加按钮,命名为showSheetView。

步骤 3 为按钮建立Action映射，映射到.h文件上，事件类型为Action，命名为showSheet。
步骤 4 在.m文件上添加点击事件代码。

```
- (IBAction)showSheet:(id)sender {
    UIActionSheet *actionSheet = [[UIActionSheet alloc]
                           initWithTitle:@"title,nil时不显示"
                           delegate:self
                           cancelButtonTitle:@"取消"
                           destructiveButtonTitle:@"确定"
                    otherButtonTitles:@"第一项", @"第二项",nil];
    actionSheet.actionSheetStyle = UIActionSheetStyleBlackOpaque;
                                  //设置样式
    [actionSheet showInView:self.view];
}
```

此时的效果如图9-13所示。

图9-13　执行效果

参数解释如下所示。
- cancelButtonTitle和destructiveButtonTitle是系统自动填加的两项。
- otherButtonTitles是自定义的项，注意最后一个参数要是nil。
- [actionSheet showInView:self.view]这行语句的意思是在当前View显示Action sheet。当然还可以用其他方法显示Action sheet。

步骤 5 接下来响应Action Sheet的选项的事件，实现协议里的方法。为了能看出点击Action Sheet每一项的效果，加入UIAlertView来做信息显示。下面是封装的一个方法，传入对应的信息，在UIAlertView中显示对应的信息。

```
-(void)showAlert:(NSString *)msg {
    UIAlertView *alert = [[UIAlertView alloc]
                    initWithTitle:@"Action Sheet选择项"
                    message:msg
                    delegate:self
```

```
                         cancelButtonTitle:@"确定"
                         otherButtonTitles: nil];
    [alert show];
}
```

相应地被Action Sheet选项执行的代码如下所示。

```
-(void)actionSheet:(UIActionSheet *)actionSheet clickedButtonAtIndex:(NSInteger)buttonIndex
{
    if (buttonIndex == 0) {
        [self showAlert:@"确定"];
    }else if (buttonIndex == 1) {
        [self showAlert:@"第一项"];
    }else if(buttonIndex == 2) {
        [self showAlert:@"第二项"];
    }else if(buttonIndex == 3) {
        [self showAlert:@"取消"];
    }

}
-(void)actionSheetCancel:(UIActionSheet *)actionSheet{

}
-(void)actionSheet:(UIActionSheet *)actionSheet didDismissWithButtonIndex:(NSInteger)buttonIndex{

}
-(void)actionSheet:(UIActionSheet *)actionSheet willDismissWithButtonIndex:(NSInteger)buttonIndex{

}
```

此时可以看到buttonIndex是对应的项的索引。

第10章
工具栏和选择器

　　本章将重点介绍两个新的用户界面元素：工具栏和选择器。在iOS应用中，工具栏显示在屏幕顶部或底部，其中包含一组执行常见功能的按钮。而选择器是一种独特的UI元素，不但可以向用户显示信息，而且也收集用户输入的信息。本章将讲解3种UI元素：UIToolbar、UIDatePicker和UIPickerView，它们都能够向用户展示一系列选项。工具栏可以在屏幕顶部或底部显示一系列静态按钮或图标。而选择器能够显示类似于自动贩卖机的视图，用户可以通过旋转其中的组件来创建自定义的选项组合，这两种UI元素经常与弹出框结合使用。本章讲解的选择器是事件选择器UIDatePicker和UIPickerView。希望大家认真学习，为后面知识的学习打下基础。

10.1 工具栏（UIToolbar）

在iOS应用中，工具栏（UIToolbar）是一个比较简单的UI元素之一。工具栏是一个实心条，通常位于屏幕顶部或底部，如图10-1所示。

工具栏包含的按钮（UIBarButtonItem）对应于用户可在当前视图中执行的操作。这些按钮提供了一个选择器（Selector）操作，其工作原理几乎与Touch Up Inside事件相同。

图10-1　顶部工具栏

10.1.1 工具栏基础

工具栏用于提供一组选项，让用户执行某个功能，而并非用于在完全不同的应用程序界面之间切换。要想在不同的应用程序界面实现切换功能，则需要使用选项卡栏。在iOS应用中，几乎可以用可视化的方式实现工具栏，它是在iPad中显示弹出框的标准途径。要想在视图中添加工具栏，可打开对象库并使用Toolbar进行搜索，再将工具栏对象拖曳到视图顶部或底部——在iPhone应用程序中，工具栏通常位于底部。

虽然工具栏的实现与分段控件类似，但是工具栏中的控件是完全独立的对象。UIToolbar实例只是一个横跨屏幕的灰色条而已，要想让工具栏具备一定的功能，还需要在其中添加按钮。

1. 栏按钮项

Apple将工具栏中的按钮称为栏按钮项（bar button item，UIBarButtonItem）。栏按钮项是一种交互式元素，可以让工具栏除了看起来像iOS设备屏幕上的一个条带外，还能有点作用。在iOS对象库中提供了3种栏按钮对象，如图10-2所示。

虽然这些对象看起来不同，但是其实都是一个栏按钮项实例。在iOS开发过程中，可以定制栏按钮项，可以根据需要将其设置为十多种常见的系统按钮类型，并且还可以设置里面的文本和图像。要在工具栏中添加栏

图10-2　3种对象

按钮，可以将一个栏按钮项拖曳到视图中的工具栏中。在文档大纲区域，栏按钮项将显示为工具栏的子对象。双击按钮上的文本，可对其进行编辑，这像标准UIButton控件一样。另外还可以使用栏按钮项的手柄调整其大小，但是不能通过拖曳在工具栏中移动按钮。

要想调整工具栏按钮的位置，需要在工具栏中插入特殊的栏按钮项：灵活间距栏按钮项和固定间距栏按钮项。灵活间距（flexible space）栏按钮项自动增大，以填满它两边的按钮之

间的空间（或工具栏两端的空间），如要将一个按钮放在工具栏中央，可在它两边添加灵活间距栏按钮项；要将两个按钮分放在工具栏两端，只需在它们之间添加一个灵活间距栏按钮项即可。固定间距栏按钮项的宽度是固定不变的，可以插入到现有按钮的前面或后面。

2. 栏按钮的属性

要想配置栏按钮项的外观，可以选择它并打开Attributes Inspector（快捷键Option+Command+4），如图10-3所示。

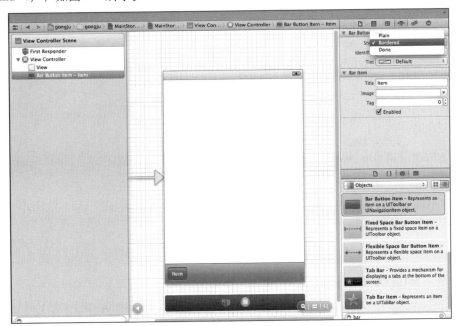

图10-3　右上角的配置栏按钮项

由此可见，一共有如下3种样式可供选择。
- Bordered：简单按钮。
- Plain：只包含文本。
- Done：呈蓝色。

另外，还可以设置多个"标识符"，它们是常见的按钮图标/标签，可让工具栏按钮符合iOS应用程序标准。通过使用灵活间距标识符和固定间距标识符，可以让栏按钮项的行为像这两种特殊的按钮类型一样。如果这些标准按钮样式都不合适，可以设置按钮显示一幅图像，这种图像的尺寸必须是20点×20点，其透明部分将变成白色，而纯色将被忽略。

10.1.2　修改UIToolBar的背景颜色

在iOS应用中，一共有如下3种常用的方法来修改UIToolBar的背景颜色。

1. 第一种具体演示代码

```
[[UIDevice currentDevice] systemVersion];
if ([[[UIDevice currentDevice] systemVersion] floatValue] > 4.9) {
    //iOS 5
UIImage *toolBarIMG = [UIImage imageNamed: @"toolBar_brown.png"];
    if ([toolBar respondsToSelector:@selector(setBackgroundImage:
forToolbarPosition:barMetrics:)]) {
```

```
            [toolBar setBackgroundImage:
  toolBarIMG forToolbarPosition:0 barMetrics:0];
        }
    } else {
        //iOS 4
            [toolBar insertSubview:[[[UIImageView alloc] initWithImage:
[UIImage imageNamed:@"toolBar_brown.png"]] autorelease] atIndex:0];
```

2. 第二种具体演示代码

```
#import <UIKit/UIKit.h>
@interface MyToolBar : UIToolbar {

}
@end
// MyToolBar.m
#import "MyToolBar.h"
@implementation MyToolBar
- (void)drawRect:(CGRect)rect {
 CGContextRef c = UIGraphicsGetCurrentContext();
 UIImage *image = [UIImage imageNamed:@"fish.png"];
 CGContextDrawImage(c, rect, image.CGImage);
}
@end
```

3. 第三种具体演示代码

```
-(void)drawRect:(CGRect)rect
{
    UIImage *img = [[[UIImage alloc] initWithContentsOfFile:
[[NSBundle mainBundle] pathForResource:@"ToolbarBk"ofType:@"png"]]
autorelease];
    [img drawInRect:CGRectMake(0, 0, self.frame.size.width,
 self.frame.size.height)];
```

▶ 10.1.3 实战演练——联合使用UIToolBar和UIView

在本节的内容中，将通过一个具体实例来说明联合使用UIToolBar和UIView的基本知识。

实例10-1	联合使用UIToolBar控件和UIView控件
源码路径	光盘:\daima\10\CodeSwitchView

步骤 1 创建一个Empty Applcition的项目，再创建3个类，分别为MainViewController、RedViewController、BuleViewController，如图10-4所示。

步骤 2 打开AppDelegate.h，添加如下所示的代码。

图10-4 实例文件

```
@property (strong, nonatomic) MainViewController *mainView;
```

步骤 3 打开AppDelegate.m，添加如下所示的代码。

```
- (BOOL)application:(UIApplication *)
application didFinishLaunchingWithOptions:(NSDictionary *)aunchOptions
{
    self.window =
[[[UIWindow alloc] initWithFrame:[[UIScreen mainScreen] bounds]] autorelease];
    self.mainView = [[MainViewController alloc] init];
    self.window.rootViewController = self.mainView;
    [self.window makeKeyAndVisible];
    return YES;
}
```

步骤 4 在MainViewController中的loadView方法中添加初始化父View的代码，具体代码如下所示。

```
mainView = [[[UIView alloc] initWithFrame:[[UIScreen mainScreen] applicationFrame]] autorelease];
    // View的背景设置为白色
    mainView.backgroundColor = [UIColor whiteColor];
```

步骤 5 初始化最开始显示的红色View，具体代码如下所示。

```
RedViewController *redView = [[RedViewController alloc] init];
    self.redViewController = redView;
```

步骤 6 初始化一个UIBarButtonItem并保存到NSMutableArray中，最后Set到myToolbar中。具体代码如下所示。

```
UIToolbar *myToolbar = [[UIToolbar alloc] initWithFrame:CGRectMake(0, 0, 320, 44)];
    NSMutableArray *btnArray = [[NSMutableArray alloc] init];
    [btnArray addObject:[[UIBarButtonItem alloc] initWithTitle:@"Switch" style:UIBarButtonItemStyleDone target:self action:@selector(onClickSwitch:)]];
    [myToolbar setItems:btnArray];
```

步骤 7 将刚刚初始化的控件添加到mainView的窗口上，具体代码如下所示。

```
[mainView insertSubview:self.redViewController.view atIndex:0];
    [mainView addSubview:myToolbar];
    self.view = mainView;
```

步骤 8 实现onClickSwitch的点击事件，具体代码如下所示。

```
if (self.blueViewController.view.superview == nil)
    {
<span style="white-space:pre"> </span>if (self.blueViewController == nil)
        {
            self.blueViewController = [[[BlueViewController alloc] init] autorelease];
```

```
            }
            [self.redViewController.view removeFromSuperview];
            [mainView insertSubview:
self.blueViewController.view atIndex:0];
}
else
{
            if (self.redViewController == nil)
            {
                self.redViewController =
[[[RedViewController alloc] init] autorelease];
            }
            [self.blueViewController.view removeFromSuperview];
            [mainView insertSubview:
self.redViewController.view atIndex:0];
}
```

这样执行后便实现了两个视图之间的切换，执行效果如图10-5所示。

图10-5　执行效果

10.1.4　实战演练——分别实现一个播放、暂停按钮

在本节的内容中，将通过一个具体实例来演示UIToolBar的用法。本实例的功能是分别实现一个播放和暂停转换按钮。

实例10-2	分别实现一个播放和暂停按钮
源码路径	光盘:\daima\10\UIToolBar

步骤 1　准备两幅素材图片Pause.png和play.png，如图10-6所示。

图10-6　素材图片

步骤 2 新建一个Xcode项目，并在UI界面中插入一个UIToolBar，设置其背景图片，如图10-7所示。

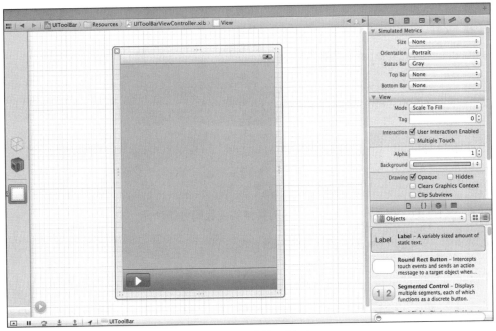

图10-7 设计的UI界面

步骤 3 文件UIToolBarViewController.h的代码如下所示。

```
#import <UIKit/UIKit.h>

@interface UIToolBarViewController : UIViewController {
    IBOutlet UIToolbar *ToolBar;
    IBOutlet UIBarButtonItem *ToolBarBtn;
    BOOL isClick;
}
-(IBAction)ToolBarBtnAction;
@end
```

步骤 4 文件UIToolBarAppDelegate.m的代码如下所示。

```
#import "UIToolBarAppDelegate.h"
#import "UIToolBarViewController.h"
@implementation UIToolBarAppDelegate
@synthesize window;
@synthesize viewController;
- (void)applicationDidFinishLaunching:(UIApplication *)application {
    // Override point for customization after app launch
    [window addSubview:viewController.view];
    [window makeKeyAndVisible];
}
- (void)dealloc {
    [viewController release];
    [window release];
```

```
    [super dealloc];
}
@end
```

步骤 5 文件UIToolBarViewController.h的具体实现代码如下所示。

```
#import <UIKit/UIKit.h>

@interface UIToolBarViewController : UIViewController {
    IBOutlet UIToolbar *ToolBar;
    IBOutlet UIBarButtonItem *ToolBarBtn;
    BOOL isClick;
}
-(IBAction)ToolBarBtnAction;
@end
```

步骤 6 文件UIToolBarViewController.m的具体实现代码如下所示。

```
#import "UIToolBarViewController.h"

@implementation UIToolBarViewController

//Implement viewDidLoad to do additional setup after loading the view,
//typically from a nib.
- (void)viewDidLoad {
    [super viewDidLoad];
}

-(IBAction)ToolBarBtnAction{
    if(isClick == NO)
    {
        [ToolBarBtn setImage:[UIImage imageNamed:@"Pause.png"]];
        isClick = YES;
    }else {
        [ToolBarBtn setImage:[UIImage imageNamed:@"play.png"]];
        isClick = NO;
    }
}


- (void)didReceiveMemoryWarning {
    // Releases the view if it doesn't have a superview.
    [super didReceiveMemoryWarning];

    // Release any cached data, images, etc that aren't in use.
}
- (void)viewDidUnload {
    // Release any retained subviews of the main view.
    // e.g. self.myOutlet = nil;
}

- (void)dealloc {
```

```
    [super dealloc];
}
@end
```

到此为止,整个实例介绍完毕,执行后的效果如图10-8所示。

图10-8　执行效果

10.2　选择器视图（UIPickerView）

在选择器视图中只定义了整体行为和外观,选择器视图包含的组件数以及每个组件的内容都需要进行定义。如图10-9所示的选择器视图包含两个组件,它们分别显示文本和图像。在本节的内容中,将详细讲解选择器视图（UIPickerView）的基本知识。

图10-9　可以配置选择器视图

10.2.1 选择器视图基础

要想在应用程序中添加选择器视图，可以使用Interface Builder编辑器从对象库拖曳选择器视图到视图中。但是不能在Connections Inspector中配置选择器视图的外观，而需要编写遵守两个协议的代码，其中一个协议确定选择器的布局（数据源协议），另一个确定选择器将包含的信息（委托）。可以使用Connections Inspector将委托和数据源输出口连接到一个类，也可以使用代码设置这些属性。

1. 选择器视图数据源协议

选择器视图数据源协议（UIPickerViewDataSource）包含如下描述选择器将显示多少信息的方法。

- numberOfComponentInPickerView：返回选择器需要的组件数。
- pickerView:numberOfRowsInComponent：返回指定组件包含多少行（不同的输入值）。

只要创建这两个方法并返回有意义的数字，便可以遵守选择器视图数据源协议。例如要创建一个自定义选择器，它显示两列，其中第一列包含一个可供选择的值，而第二列包含两个，则可以像如下代码那样实现协议UIPickerViewDataSource。

```
- (NSInteger)numberOfComponentsInPickerView:(UIPickerView *)pickerView
{
    return 2;
}

- (NSInteger)pickerView:(UIPickerView *)pickerView
numberOfRowsInComponent:(NSInteger)component {
    if (component== 0) {
        return 1;
    } else {
        return 2;
    }
}
```

对上述代码的具体说明如下所示：

- 首先实现了方法numberOfComponentslnPickerView，此方法会返回2，因此选择器将有两个组件，即两个转轮。
- 然后定义方法pickerView:numberOfRowsInComponent，设置当iOS指定的component为0时（选择器的第一个组件），此方法返回1（第8行），这表示在此转轮中只显示一个标签。当component为1时（选择器的第二个组件）返回2（第10行），表示该转轮将向用户显示两个选项。在实现数据源协议后，还需实现一个协议（选择器视图委托协议）才能提供一个可行的选择器视图。

2. 选择器视图委托协议

委托协议（UIPickerViewDelegate）负责创建和使用选择器的工作。它负责将合适的数据传递给选择器进行显示，并确定用户是否做出了选择。为让委托按我们希望的方式工作，将使用多个协议方法，但只有如下两个是必不可少的。

- pickerView:titleForRow:forComponent：根据指定的组件和行号返回该行的标题，即应向用户显示的字符串。
- pickerView:didSelectRow:inComponent:当用户在选择器视图中做出选择时，将调用该委托方法，并向它传递用户选择的行号以及用户最后触摸的组件。

下面继续以前面包含两个组件的选择器为例，其中一个组件包含一个值，另一个包含两个值。若要实现方法pickerView:titleForRow:forComponent让该选择器在第一个组件中显示Good，在第二个组件中显示Night和Day，下面的代码演示了上述选择器视图委托协议的简单实现。

```
-(NSString*)pickerView:(UIPickerView *)pickerView titleForRow:
(NSInteger)row forComponent:(NSInteger)component
{
    if (component==0) {
        return  @Good;
    }
    else{
 if (row==0) {
return  @Day;
    }
    else{
return  @Night;

        }
    }
}
- (void)pickerView:(UIPickerView *)
pickerView didSelectRow:(NSInteger)row
    inComponent:(NSInteger)component {
if (component==0) {
/////
    } else {
////
if (row==0) {
/////
    } else {
////
    }
}
}
```

对上述代码的具体说明如下所示：
- 第一段代码的功能是根据传递给方法的组件和行，指定自定义选择器视图应在相应位置显示的值。第一个组件只包含Good，因此需要在后面检查参数component是否为零，如果是则返回字符串Good。然后在后面的else语句处理第二个组件。由于它包含两个值，因此需要检查传入的参数row，以确定需要给哪行提供值。如果参数row为零，则返回字符串Day；如果为1，则返回Night。
- 第二段代码行实现了方法pickerView:didSelectRow:inComponent。这与给选择器提供值以便显示的代码相反，但不是返回字符串，而是根据用户的选择做出响应。在原本需要添加逻辑的地方已经添加了注释符号。

由此可见，实现选择器协议并不很复杂，虽然需要实现几个方法，但只需要编写几行代码而已。

3. 高级选择器委托方法
在选择器视图的委托协议实现中，还可包含其他几个方法，进一步定制选择器的外观。其中有如下3个最为常用的方法。
- pickefview:rowHeightForComponent：给指定组件返回其行高，单位为点。
- pickerView:widthForComponent：给指定组件返回宽度，单位为点。
- pickerView:viewForRow:viewForComponent:ReusingView：给指定组件和行号返回相应位置应显示的自定义视图。

在上述方法中，前两个方法的含义不言而喻。如果要修改组件的宽度或行高，可以实现这两个方法，并让其返回合适的值（单位为点）。而第三个方法更复杂，它让开发人员能够完全修改选择器显示的内容的外观。

方法pickerView:viewForRow:viewForComponent:ReusingView接收行号和组件作为参数，并返回包含自定义内容的视图，例如图像。这个方法优先于方法pickerView:titleForRow:for:Component。也就是说，如果使用pickerView:viewForRow:viewForComponent:ReusingView指定了自定义选择器显示的任何一个选项，就必须使用它指定全部选项。

4. UIPickerView中的实例方法

（1）- (NSInteger) numberOfRowsInComponent:(NSInteger)component

参数为component的序号（从左到右，从0起始），返回指定的component中row的个数。

（2）-(void) reloadAllComponents

调用此方法使得PickerView向delegate查询所有组件的新数据。

（3）-(void) reloadComponent: (NSInteger) component

参数为需更新的component的序号，调用此方法使得PickerView向其delegate查询新数据。

（4）-(CGSize) rowSizeForComponent: (NSInteger) component

参数同上，通过调用委托方法中的pickerView:widthForComponent和pickerView:rowHeightForComponent获得返回值。

（5）-(NSInteger) selectedRowInComponent: (NSInteger) component

参数同上，返回被选中row的序号，若无row被选中，则返回-1。

（6）-(void) selectRow: (NSInteger)row inComponent: (NSInteger)component animated: (BOOL)animated

在代码指定要选择的某component的某行。

参数row表示序号，参数component表示序号，如果BOOL值为YES，则转动spin到选择的新值，若为NO，则直接显示选择的值。

（7）-(UIView *) viewForRow: (NSInteger)row forComponent: (NSInteger)component

参数row表示序号，参数component表示序号，返回由委托方法pickerView:viewForRow:forComponentreusingView指定的view。如果委托对象并没有实现这个方法，或此View不可见时，则返回nil。

▶ 10.2.2 实战演练——实现两个UIPickerView控件间的数据依赖

本实例的功能是实现两个选取器的关联操作，滚动第一个滚轮，第二个滚轮内容随着第一个的变化而变化，然后点击按钮触发一个动作。

实例10-3	实现两个UIPickerView控件间的数据依赖
源码路径	光盘:\daima\10\pickerViewDemo

步骤 **1** 首先在项目中新建一个songInfo.plist文件，储存数据，如图10-10所示。

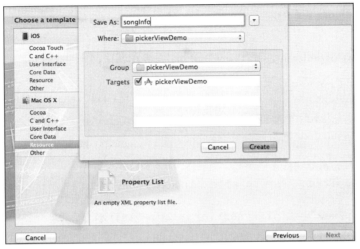

图10-10　新建songInfo.plist文件

添加的数据如图10-11所示。

Key	Type	Value
▼许嵩	Array	(4 items)
Item 0	String	断桥残雪
Item 1	String	玫瑰花的葬礼
Item 2	String	城府
Item 3	String	清明雨上
▶周杰伦	Array	(7 items)
▶梁静茹	Array	(4 items)
▶阿杜	Array	(2 items)
▶林俊杰	Array	(3 items)
▶张靓颖	Array	(2 items)
▶方大同	Array	(3 items)
▶凤凰传奇	Array	(2 items)
▼邱永传	Array	(1 item)
Item 0	String	十一年
▶胡夏	Array	(1 item)

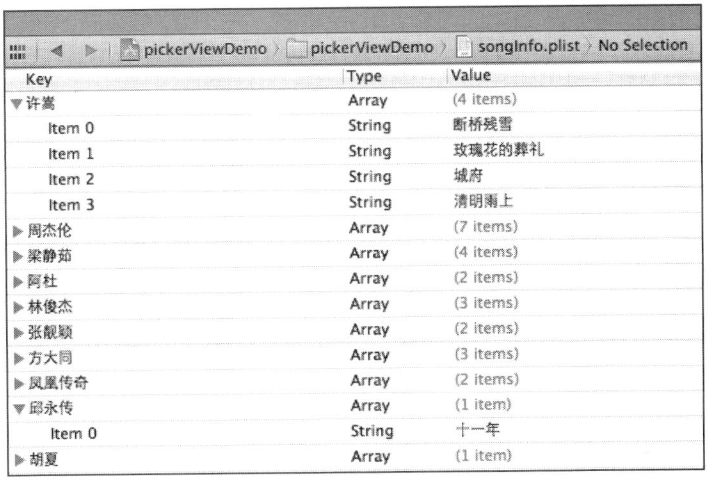

图10-11　添加的数据

步骤 2　在ViewController中设置一个选取器pickerView对象，用两个数组存放选取器数据和一个字典，再读取plist文件。具体代码如下所示。

```
#import <UIKit/UIKit.h>
@interface ViewController : UIViewController<UIPickerViewDelegate,UIPi
ckerViewDataSource>
{
//定义滑轮组建
    UIPickerView *pickerView;
//     储存第一个选取器的的数据
    NSArray *singerData;
//     储存第二个选取器
    NSArray *singData;
//     读取plist文件数据
    NSDictionary *pickerDictionary;
}
```

```objc
-(void) buttonPressed:(id)sender;
@end
```

步骤 3 在ViewController.m文件中ViewDidLoad完成初始化。

```objc
#define singerPickerView 0
#define singPickerView 1
//上述代码分别表示两个选取器的索引序号值,并放在 #import"ViewController.h"后面
- (void)viewDidLoad
{
    [super viewDidLoad];
//Do any additional setup after loading the view, typically from a nib.

    pickerView = [[UIPickerView alloc] initWithFrame:CGRectMake(0, 0, 320, 216)];
//指定Delegate
    pickerView.delegate=self;
    pickerView.dataSource=self;
//显示选中框
    pickerView.showsSelectionIndicator=YES;
    [self.view addSubview:pickerView];
//获取mainBundle
    NSBundle *bundle = [NSBundle mainBundle];
//获取songInfo.plist文件路径
    NSURL *songInfo =
[bundle URLForResource:@"songInfo" withExtension:@"plist"];
//把plist文件里内容存入数组
    NSDictionary *dic =
[NSDictionary dictionaryWithContentsOfURL:songInfo];
    pickerDictionary=dic;
//将字典里面的内容取出放到数组中
    NSArray *components = [pickerDictionary allKeys];
//选取出第一个滚轮中的值
    NSArray *sorted =
[components sortedArrayUsingSelector:@selector(compare:)];
    singerData = sorted;
//根据第一个滚轮中的值,选取第二个滚轮中的值
    NSString *selectedState = [singerData objectAtIndex:0];
    NSArray *array = [pickerDictionary objectForKey:selectedState];
    singData=array;
//添加按钮
    CGRect frame = CGRectMake(120, 250, 80, 40);
    UIButton *selectButton =
[UIButton buttonWithType:UIButtonTypeRoundedRect];
    selectButton.frame=frame;
    [selectButton setTitle:@"SELECT" forState:UIControlStateNormal];

    [selectButton addTarget:self action:
@selector(buttonPressed:) forControlEvents:UIControlEventTouchUpInside];
    [self.view addSubview:selectButton];
}
```

实现按钮事件的代码如下所示。

```
-(void) buttonPressed:(id)sender
{
//获取选取器某一行索引值
    NSInteger singerrow =[pickerView selectedRowInComponent:
singerPickerView];
    NSInteger singrow = [pickerView selectedRowInComponent:
singPickerView];
//将singerData数组中值取出
    NSString *selectedsinger = [singerData objectAtIndex:singerrow];
    NSString *selectedsing = [singData objectAtIndex:singrow];
    NSString *message = [[NSString alloc] initWithFormat:
@"你选择了%@的%@",selectedsinger,selectedsing];

    UIAlertView *alert = [[UIAlertView alloc] initWithTitle:@"提示"
                                            message:message
                                            delegate:self
                                   cancelButtonTitle:@"OK"
                                   otherButtonTitles: nil];

    [alert show];
}
```

步骤 4 关于两个协议的代理方法的实现代码如下所示。

```
#pragma mark -
#pragma mark Picker Date Source Methods

//返回显示的列数
-(NSInteger)numberOfComponentsInPickerView:(UIPickerView *)pickerView
{
//返回几就有几个选取器
    return 2;
}
//返回当前列显示的行数
-(NSInteger)pickerView:(UIPickerView *)pickerView numberOfRowsInComponent:
(NSInteger)component
{
    if (component==singerPickerView) {
        return [singerData count];
    }
        return [singData count];
}
#pragma mark Picker Delegate Methods

//返回当前行的内容,此处是将数组中数值添加到滚动的那个显示栏上
-(NSString*)pickerView:(UIPickerView *)pickerView titleForRow:
(NSInteger)row forComponent:(NSInteger)component
{
    if (component==singerPickerView) {
        return [singerData objectAtIndex:row];
    }
```

```
            return [singData objectAtIndex:row];
    }
    -(void)pickerView:(UIPickerView *)pickerViewt didSelectRow:(NSInteger)
row inComponent:(NSInteger)component
    {
    //如果选取的是第一个选取器
        if (component == singerPickerView) {
    //得到第一个选取器的当前行
            NSString *selectedState =[singerData objectAtIndex:row];
    //根据从pickerDictionary字典中取出的值,选择对应第二个中的值
            NSArray *array = [pickerDictionary objectForKey:
selectedState];
            singData=array;
            [pickerView selectRow:0 inComponent:
singPickerView animated:YES];
    //重新装载第二个滚轮中的值
            [pickerView reloadComponent:singPickerView];
        }
    }
    //设置滚轮的宽度
    -(CGFloat)pickerView:(UIPickerView *)pickerView widthForComponent:
(NSInteger)component
    {
        if (component == singerPickerView) {
            return 120;
        }
        return 200;
    }
```

在方法-(void)pickerView:(UIPickerView *)pickerViewt didSelectRow:(NSInteger) row inComponent:(NSInteger)component中，把(UIPickerView *)pickerView参数改成了(UIPickerView *) pickerViewt，因为定义的pickerView对象和参数发生冲突，所以把参数进行了修改。

这样整个实例接收完毕，执行后的效果如图10-12所示。

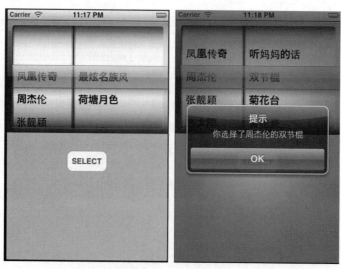

图10-12　执行效果

10.3 日期选择器（UIDatePicker）

选择器是iOS的一种独特功能，它们通过转轮界面提供一系列多值选项，这类似于自动贩卖机。选择器的每个组件显示数行可供用户选择的值，而不是水果或数字。在桌面应用程序中，与选择器最接近的组件是下拉列表。图10-13显示了标准的日期选择器（UIDatePicker）。

图10-13 选择器提供了一系值

当用户需要选择多个（通常相关）值时，应使用选择器。它们通常用于设置日期和事件，但是可以对其进行定制以处理能想到的任何选择方式。

在选择日期和时间方面，选择器是一种不错的界面元素，所以Apple特意提供了如下两种形式的选择器。

- 日期选择器：这种方式易于实现，且专门用于处理日期和时间。
- 自定义选择器视图：可以根据需要配置成显示任意数量的组件。

10.3.1 UIDatePicker基础

日期选择器（UIDatePicker）与前面介绍过的其他对象极其相似，在使用前需要将其加入到视图，将其Value Changed事件连接到一个操作，然后再读取返回的值。日期选择器会返回一个NSDate对象，而不是字符串或整数。要想访问UIDatePicker提供的NSDate对象，可以使用其date属性实现。

1. 日期选择器的属性

与众多其他的GUI对象一样，也可以使用Attributes Inspector对日期选择器进行定制，如图10-14所示。

可以对日期选择器进行配置，使其以4种模式显示。

- Date&Time（日期和时间）：显示用于选择日期和时间的选项。
- Time（时间）：只显示时间。
- Date（日期）：只显示日期。
- Timer（计时器）：显示类似于时钟的界面，用于选择持续时间。

另外还可以设置Locale（区域，决定了各个组成部分的排列顺序）、设置默认显示的日期/时间以及设置日期/时间约束（决定了用户可选择的范围）。属性Date（日期）被自动设置为在视图中加入该控件的日期和时间。

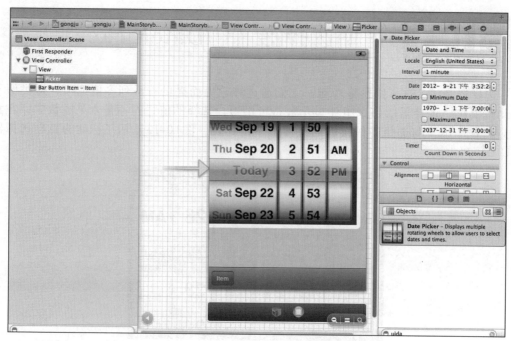

图10-14　在Attributes Inspector中配置日期选择器的外观

2. UIDatePicker的基本操作

UIDatePicker 是一个控制器类，封装了 UIPickerView。但它是UIControl的子类，专门用于接收日期、时间和持续时长的输入。日期选取器的各列会按照指定的风格进行自动配置，这样就让开发者不必关心如何配置表盘这样的底层操作。也可以对其进行定制，令其使用任何范围的日期，代码如下。

```
NSDate* _date = [ [ NSDate alloc] initWithString:@"2010-03-07 00:35:00 -0500"];
```

（1）创建日期/时间选取器

UIDatePicker 使用起来比标准UIPickerView更简单，它会根据指定的日期范围创建自己的数据源。使用它只需要创建一个对象。

```
UIDatePicker *datePicker =
[[ UIDatePicker alloc] initWithFrame:CGRectMake(0.0,0.0,0.0,0.0)];
```

在默认情况下，对象会显示目前的日期和时间，并提供几个表盘，分别显示可以选择的月份和日期、小时、分钟、以及上午、下午。因此用户默认可以选择任何日期和时间的组合。

（2）日期选取器模式

日期/时间选取器支持4种不同模式的选择方式。通过设置 datePickerMode 属性，可以定义选择模式。

```
datePicker.datePickerMode = UIDatePickerModeTime;
```

支持的模式有如下4种。

```
typedef enum {
    UIDatePickerModeTime,
```

```
    UIDatePickerModeDate,
    UIDatePickerModeDateAndTime,
    UIDatePickerModeCountDownTimer
} UIDatePickerMode;
```

（3）时间间隔

可以将分钟表盘设置为以不同的时间间隔来显示分钟，前提是该间隔要能够让60整除。默认间隔是一分钟。如果要使用不同的间隔，需要改变 minuteInterval属性。

```
datePicker.minuteInterval = 5;
```

（4）日期范围

可以通过设置mininumDate 和 maxinumDate 属性，来指定使用的日期范围。如果用户试图滚动到超出这一范围的日期，表盘会回滚到最近的有效日期。在上述两个方法中，都需要使用NSDate对象作为参数。

```
NSDate* minDate = [[NSDate alloc]initWithString:@"1900-01-01 00:00:00 -0500"];
NSDate* maxDate = [[NSDate alloc]initWithString:@"2099-01-01 00:00:00 -0500"];
datePicker.minimumDate = minDate;
datePicker.maximumDate = maxDate;
```

如果两个日期范围属性中任何一个未被设置，则默认行为将会允许用户选择过去或未来的任意日期。这在某些情况下很有用处，比如，当选择生日时，可以是过去的任意日期，但终止于当前日期。也可以使用date属性设置默认显示的日期，例如：

```
datePicker.date = minDate;
```

此外，如果选择了使用动画，则可以用setDate方法设置表盘会滚动到指定的日期，例如：

```
[datePicker setDate:maxDate animated:YES];
```

（5）显示日期选择器

```
 [self.view addSubview:datePicker];
```

需要注意的是，选取器的高度始终是216像素，要确定分配了足够的空间来容纳。

（6）读取日期

```
NSDate* _date = datePicker.date;
```

由于日期选择器是 UIControl的子类（与UIPickerView不同），所以还可以在UIControl类的通知结构中挂接一个委托：

```
[datePicker addTarget:self action:
@selector(dateChanged:) forControlEvents:UIControlEventValueChanged ];
```

只要用户选择了一个新日期，动作类就会被调用：

```
-(void)dateChanged:(id)sender{
        UIDatepicker* control = (UIDatePicker*)sender;
```

```
NSDate* _date = control.date;
/*添加你自己响应代码*/
}
```

10.3.2 实战演练——使用 UIDatePicker

UIDatePicker是一个可以用来选择或者设置日期的控件，不过它是像转轮一样的控件，而且是苹果公司专门为日历定制的控件。除了UIDatePicker控件，还有一种更通用的转轮形的控件：UIPickerView，只不过UIDatePicker控件显示的就是日历，而UIPickerView控件中显示的内容需要用代码设置。

步骤 1 运行Xcode，新建一个Single View Application，命名为UIDatePicker Test。然后单击ViewController.xib，打开Interface Builder。拖曳一个UIDatePicker控件到视图上，如图10-15所示。

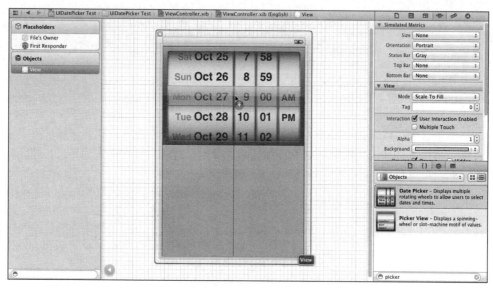

图10-15　拖曳一个UIDatePicker控件到视图

步骤 2 拖曳一个按钮在视图上，并修改按钮名称为Select，如图10-16所示。单击按钮后，弹出一个Alert，用于显示用户所作选择。

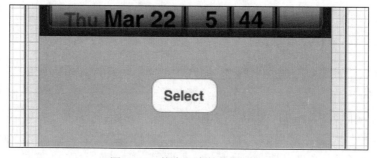

图10-16　拖曳一个按钮到视图

步骤 3 开始创建映射时，打开Assistant Editor，选中UIDatePicker控件，按住Control键，拖到控制ViewController.h中，如图10-17所示。

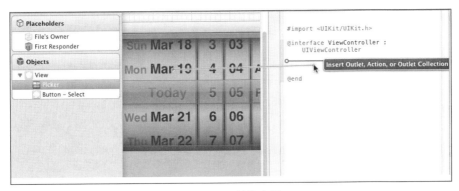

图10-17 创建映射

然后新建一个Outlet，名称为datePicker，如图10-18所示。

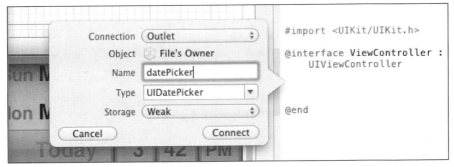

图10-18 新建一个Outlet

步骤 4 以同样的方式为按钮建立一个Action映射，名称为buttonPressed，事件类型为默认的Touch Up Inside。

步骤 5 选中UIDatePicker控件，打开Attribute Inspector，在其中设置Maximum Date为2100-12-31，如图10-19所示。

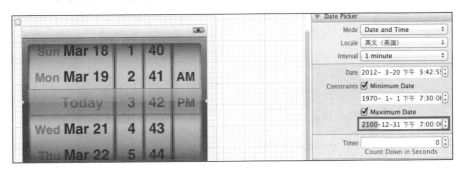

图10-19 Attribute Inspector面板

步骤 6 单击文件ViewController.m，找到buttonPressed方法，在其中添加如下所示的代码。

```
- (IBAction)buttonPressed:(id)sender {
    NSDate *selected = [datePicker date];
    NSDateFormatter *dateFormatter = [[NSDateFormatter alloc] init];
    [dateFormatter setDateFormat:@"yyyy-MM-dd HH:mm +0800"];
    NSString *destDateString = [dateFormatter stringFromDate: selected];
```

```
        NSString *message = [[NSString alloc] initWithFormat:
                @"The date and time you selected is: %@", destDateString];
        UIAlertView *alert = [[UIAlertView alloc]
                            initWithTitle:@"Date and Time Selected"
                            message:message
                            delegate:nil
                            cancelButtonTitle:@"Yes, I did."
                            otherButtonTitles:nil];
        [alert show];
}
```

其中NSDate *selected = [datePicker date]用于获得UIDatePicker所选择的日期和时间，后边的3行代码把日期和时间改成东八区的时间格式。

找到viewDidLoad方法，添加如下所示的代码。

```
- (void)viewDidLoad
{
    [super viewDidLoad];
// Do any additional setup after loading the view, typically from a nib.
    NSDate *now = [NSDate date];
    [datePicker setDate:now animated:NO];
}
```

找到viewDidUnload方法，添加如下所示的代码。

```
- (void)viewDidUnload
{
    [self setDatePicker:nil];
    [super viewDidUnload];
    // Release any retained subviews of the main view.
    // e.g. self.myOutlet = nil;
    self.datePicker = nil;
}
```

运行创建的程序，执行效果如图10-20所示。

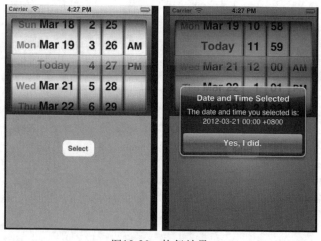

图10-20　执行效果

10.3.3 实战演练——实现一个日期选择器

在本实例中，使用UIDatePicker实现了一个人日期选择器，该选择器通过模态切换方式显示。本实例的初始场景包含一个输出标签以及一个工具栏，其中输出标签用于显示日期计算的结果，而工具栏包含一个按钮，用户触摸它将触发到第二个场景的手动切换。

实例10-4	实现一个日期选择器
源码路径	光盘:\daima\10\ DateCalc

1. 创建项目

使用模板Single View Application新建一个项目，并将其命名为DateCalc。模板创建的初始场景视图控制器将包含日期计算逻辑，但还需添加一个场景和一个视图控制器，它们将用于显示日期选择器界面。

（1）添加DateChooserViewController类

为了使用日期选择器显示日期并在用户选择日期时做出响应，需要在项目中添加一个DateChooserViewController类。方法是单击项目导航器左下角的"+"按钮，在弹出的对话框中选择iOS Cocoa Touch和图标UIViewController subclass，再单击Next按钮。在下一个界面中输入名称DateChooserViewController。在最后一个设置界面，从Group下拉列表中选择项目代码编组，然后再单击Create按钮。

（2）添加Date Chooser场景并关联视图控制器

在Interface Builder编辑器中打开文件MainStoryboard.storyboard，使用快捷键Control+Option+Command+3打开对象库，并将一个视图控制器拖曳到Interface Builder编辑器的空白区域（或文档大纲区域）。此时项目将包含两个场景。为了将新增的视图控制器关联到DateChooserViewController类，在文档大纲区域中选择第二个场景的View Controller图标，按快捷键Option+Command+3打开Identity Inspector，并从Class下拉列表中选择DateChooserViewController。

选择第一个场景的View Controller图标，并确保仍显示了Identity Inspector。在Identity部分，将视图控制器标签设置为Initial。对第二个场景重复上述操作，将其视图控制器标签设置为Date Chooser。此时的文档大纲区域将显示Initial Scene和Date Chooser Scene。

2. 设计界面

打开文件MainStoryboard.storyboard，再打开对象库（快捷键Control+Option+Command+3），并拖曳一个工具栏到该视图底部。在默认情况下，工具栏只包含一个名为item的按钮。双击item，并将其改为"选择日期"。然后从对象库拖曳两个灵活间距栏按钮项（Flexible Space Bar Button Item）到工具栏中，并将它们分别放在按钮"选择日期"两边。这将让按钮Data Chooser View Controller位于工具栏中央。

在视图中央添加一个标签，使用Attributes Inspector（快捷键Option+Command+4）增大标签的字体，并且让文本居中显示，并将标签扩大到至少能够容纳5行文本。将文本改为"没有选择"。最终的视图如图10-21所示。

选择该场景的视图，并将其背景色设置为Scroll View Texted Background Color。拖曳一个日期选择器到视图顶部。如果创建的是该应用程序的iPad版，该视图最终将显示为弹出框，因此只有左上角部分可见，此时在日期选择器下方放置一个标签，并将其文本改为"选择日期"。如果创建的是该应用程序的iPhone版，拖曳一个按钮到视图底部，它将用于关闭日期选择场景；再将该按钮的标签设置为"确定"。图10-22显示了设计的日期选择界面。

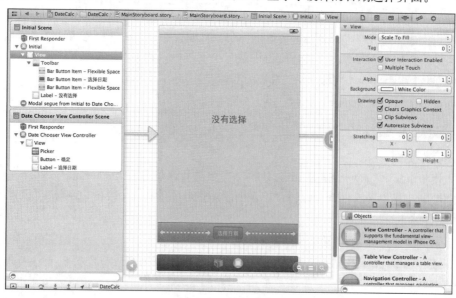

图10-21 设计的UI图

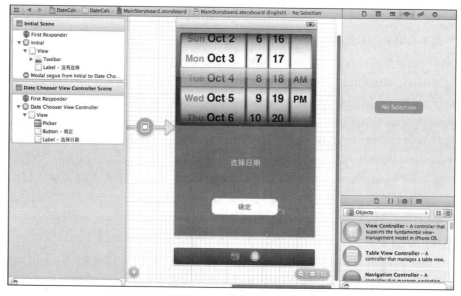

图10-22 日期选择场景

3. 创建切换

按住Control键，从初始场景的视图控制器拖曳到日期选择场景的视图控制器。在Xcode中选择Modal（iPhone）或Popover（iPad），这样在文档大纲区域的初始场景中会新增一行，其内容为Segue from UIViewController to DateChooseViewController。选择这行并打开Attributes Inspector（快捷键 Option+Command+4），以配置该切换。然后给切换指定标识符toDateChooser。

4. 创建并连接输出口和操作

本实例的每个场景都需要建立两个连接：初始场景是一个操作和一个输出口，而日期选择场景是两个操作。这些输出口和操作如下所述。
- outputLabel（UILabel）：该标签在初始场景中显示日期计算的结果。
- showDateChooser：这是一个操作方法，由初始场景中的栏按钮项触发。
- dismissDateChooser：这是一个操作方法，由日期选择场景中的Done按钮触发。
- setDateTime：这是一个操作方法，在日期选择器的值发生变化时触发。

切换到助手编辑器，并首先连接初始场景的输出口。

（1）添加输出口

选择初始场景中的输出标签，按住Control键并从该标签拖曳到文件ViewController.h中编译指令@interface下方。在Xcode提示时，创建一个名为outputLabel的新输出口。

（2）添加操作

在本实例中，除了一个连接是输出口外，其他连接都是操作。在初始场景中，按住Control键并从按钮"选择日期"拖曳到文件ViewController.h中属性定义的下方。在Xcode提示时，添加一个名为showDateChooser的新操作。

切换到第二个场景（日期选择场景），按住Control键，并从日期选择器拖曳到文件DateChooserViewController.h中编译指令@interface下方。在Xcode提示时，新建一个名为setDateTime的操作，并将触发事件指定为Value Changed。如果开发的是该应用程序的iPad版，至此创建并连接操作和输出口的工作就完成了，用户可触摸弹出框的外面来关闭弹出框。如果创建的是iPhone版，还需按住Control键，并从按钮Done拖曳到文件DateChooserViewController.h，以创建由该按钮触发的操作dismissDateChooser。

5. 实现场景切换逻辑

在应用程序逻辑中，需要处理两项主要任务。首先，需要处理初始场景的视图控制器和日期选择场景的视图控制器之间的交互；其次，需要计算并显示两个日期相差多少天。下面首先来处理视图控制器之间的通信。

（1）导入接口文件

在这个示例项目中，类ViewController和类DateChooserViewController需要彼此访问对方的属性。

在文件ViewController.h的#import语句下方添加如下代码行。

```
#import "DateChooserViewController.h"
```

同样，在文件DateChooserViewController.h中添加导入ViewController.h的代码。

```
#import "ViewController.h"
```

添加这些代码行后，这两个类便可彼此访问对方的接口文件（.h）中定义的方法和属性了。

（2）创建并设置属性delegate

除了让这两个类彼此知道对方提供的方法和属性外，还需提供一个属性，让日期选择视图控制器能够访问初始场景的视图控制器。它将通过该属性调用初始场景的iPad控制器中的日期计算方法，并在自己关闭时显示得到的日期。

如果该项目只使用模态切换，则可使用DateChooserViewController的属性presentingViewController来获取初始场景的视图控制器，但该属性不适用于弹出框。为了保持模态实现和弹出框的实现一致，将给类DateChooserViewController添加一个delegate属性。

```
@property (strong, nonatomic) id delegate;
```

上述代码定义了一个类型为id的属性,这意味着它可以指向任何对象,就像Apple类内置的delegate属性一样。

接下来,修改文件DateChooserViewController.m,在@implementation后面添加配套的变异指令@synthesize。

```
@synthesize delegate;
```

最后执行清理工作,将该实例变量的属性设置为nil,即在文件DateChooserViewController.m的方法viewDidUnload中添加如下代码行。

```
[self setDelegate:nil];
```

要想设置属性delegate,可以在ViewController.m的方法prepareForSegue:sender中实现。当初始场景和日期选择场景之间的切换被触发时,会调用这个方法。修改文件ViewController.h,在其中添加该方法,具体代码如下所示。

```
- (void)prepareForSegue:(UIStoryboardSegue *)segue sender:(id)sender {
    ((DateChooserViewController*)segue.destinationViewController).delegate=self;
}
```

通过上述代码,将参数segue的属性destinationViewController强制转换为一个DateChooserViewController,并将其delegate属性设置为self,即初始场景的VewController类的当前实例。

(3)处理初始场景和日期选择场景之间的切换

在这个应用程序中,切换是在视图控制器之间,而不是对象和视图控制器之间创建的。通常将这种切换称为"手工"切换,因为需要在方法showDateChooser中使用代码来触发它。在触发场景时,首先需要检查当前是否显示了日期选择器,这是通过一个布尔属性(dateChooserVisible)进行判断,因此需要在ViewController类中添加该属性。为此,修改文件ViewController.h,在其中包含该属性的定义。

```
@property (nonatomic) Boolean dateChooserVisible;
```

布尔值不是对象,因此声明这种类型的属性或变量时,不需要使用关键字strong,也无需在使用完后将其设置为nil。但需要在文件ViewController.m中添加配套的编译指令@synthesize:

```
@synthesize dateChooserVisible;
```

接下来实现方法showDateChooser,使其首先核实属性dateChooserVisible不为YES,再调用performSegueWithIdentifier:sender启动到日期选择场景的切换,然后将属性dateChooserVisible设置为YES,以便我们知道当前显示了日期选择场景。这个功能是通过文件ViewController.m中的方法showDateChooser实现的,具体代码如下所示。

```
- (IBAction)showDateChooser:(id)sender {
    if (self.dateChooserVisible!=YES) {
        [self performSegueWithIdentifier:@"toDateChooser" sender:sender];
```

```
        self.dateChooserVisible=YES;
    }
}
```

此时可以运行该应用程序,并触摸"选择日期"按钮显示日期选择场景。但是用户将无法关闭模态的日期选择场景,因为还没有给"确定"按钮触发的操作编写代码。若实现当用户单击日期选择场景中的Done时关闭该场景,因为已经建立了到操作dismissDateChooser的连接,因此只需在该方法中调用dismissViewControllerAnimated:completion即可。这一功能是通过文件DateChooserViewController.m中的方法dismissDateChooser实现的,其实现代码如下所示。

```
- (IBAction)dismissDateChooser:(id)sender {
    [self dismissViewControllerAnimated:YES completion:nil];
}
```

6. 实现日期计算逻辑

为了实现日期选择器,最核心的工作是编写calculateDateDifference的代码。为了实现显示当前日期与选择器中的日期相差多少天,需要完成如下3个工作。
- 获取当前的日期。
- 显示日期和时间。
- 计算这两个日期之间相差多少天。

在具体编写代码之前,先来看看完成这些任务所需的方法和数据类型。

(1) 获取日期

为了获取当前的日期并将其存储在一个NSDate对象中,只需使用date方法初始化一个NSDate。在初始化这种对象时,它默认存储当前日期。这意味着完成第一项任务只需一行代码即可实现。

```
todaysDate=[NSDate date];
```

(2) 显示日期和时间

显示日期和时间比获取当前日期要复杂。由于将在标签(UILabel)中显示输出,并且知道它将如何显示在屏幕上,因此真正的问题是,如何根据NSDate对象获得一个字符串并设置其格式。

有趣的是,系统有处理这项工作的类。创建并初始化一个NSDateFormatter对象;然后使用该对象的setDateFormat和一个模式字符串创建一种自定义格式;最后调用NSDateFormatter的另一个方法stringFromDate将这种格式应用于日期,这个方法接收一个NSDate作为参数,并以指定格式返回一个字符串。

假如已经将一个NDDate存储在变量todaysDate中,并要以"月份,日,年 小时:分:秒(AM或PM)"的格式输出,则可使用如下代码。

```
dateFormat= [[NSDateFormatter alloc] init];
[dateFormat setDateFormat:@ "MMMM d,yyyy hh:mm:ssa"];
todaysDateString=[dateFormat stringFromDate:todaysDate];
```

首先,系统分配并初始化了一个NSDateFormatter对象,再将其存储到dateFormat中;然后将字符串"@MMMMd,yyyy hh:mm:ssa"用作格式化字符串以设置格式;最后使用dateFormat对象的实例方法stringFromDate生成一个新的字符串,并将其存储在todaysDateString中。

> 注意
>
> 可用于定义日期格式的字符串是在一项Unicode标准中定义的，该标准可在如下网址找到：
> http://unicode.org/reports/tr35/tr356.html#Date_Format_Patterns
> 对这个示例中使用的模式解释如下。
> - MMMM：完整的月份名。
> - d：没有前导零的日期。
> - YYYY：4位的年份。
> - hh：两位的小时（必要时加上前导零）。
> - mm：两位的分钟。
> - ss：两位的秒。
> - a：AM或PM。

（3）计算两个日期相差多少天

要想计算两个日期相差多少天，可以使用NSDate对象的实例方法timeIntervalSinceDate实现，而无需进行复杂的计算。这个方法返回两个日期相差多少秒，如有两个NSDate对象todaysDate和futureDate，可以使用如下代码计算它们之间相差多少秒。

```
NSTimeInterval difference;
    difference=[todaysDate timeIntervalSinceDate:futureDate];
```

（4）实现日期计算和显示

为了计算两个日期相差多少天并显示结果，可在ViewController.m中实现方法calculateDateDifference，它接收一个参数（chosenDate）。编写该方法后，在日期选择视图控制器中编写调用该方法的代码，而这些代码将在用户使用日期选择器时被执行。

首先，在文件ViewController.h中，添加日期计算方法的原型。

```
- (void) calculateDateDifference: (NSDate *)chosenDate;
```

接下来在文件ViewController.m中添加方法calculateDateDifference，其实现代码如下所示。

```
- (void)calculateDateDifference:(NSDate *)chosenDate {
    NSDate *todaysDate;
    NSString *differenceOutput;
    NSString *todaysDateString;
    NSString *chosenDateString;
    NSDateFormatter *dateFormat;
    NSTimeInterval difference;

    todaysDate=[NSDate date];
    difference = [todaysDate timeIntervalSinceDate:chosenDate]/86400;

    dateFormat = [[NSDateFormatter alloc] init];
    [dateFormat setDateFormat:@"MMMM d, yyyy hh:mm:ssa"];
    todaysDateString = [dateFormat stringFromDate:todaysDate];
    chosenDateString = [dateFormat stringFromDate:chosenDate];

    differenceOutput=[[NSString alloc] initWithFormat:
            @"选择的日期 (%@) 和今天 (%@) 相差：%1.2f天",
```

```
                    chosenDateString,todaysDateString,fabs(difference)];
    self.outputLabel.text=differenceOutput;
}
```

上述代码的具体实现流程如下所示。
- 声明将要使用的todaysDateStringe存储当前日期，differenceOutput是最终要显示给用户的经过格式化的字符串；todaysDateString包含当前日期的格式化版本；chosenDateString将存储传递给这个方法的日期的格式化版本；dateFormat是日期格式化对象；而difference是一个双精度浮点数变量，用于存储两个日期相差的秒数。
- 给todaysDate分配内存，并将其初始化为一个新的NSDate对象。这将自动把当前日期和时间存储到这个对象中。
- 使用timeIntervalSinceDate计算todaysDate和[sender date]之间相差多少秒。sender是日期选择器对象，而date方法命令UIDatePicker实例以NSDate对象的方式返回其日期和时间，这给要实现的方法提供了所需的一切。将结果除以86400并存储到变量difference中。86400是一天的秒数，这样便能够显示两个日期相差的天数而不是秒数。
- 创建一个新的日期格式器（NSDateFormatter）对象，再使用它来格式化todaysDate和chosenDate，并将结果存储到变量todaysDateString和chosenDateString中。
- 设置最终输出字符串的格式，即分配一个新的字符串变量（differenceOutput），并使用initWithFormat对其进行初始化。提供的格式字符串包含要向用户显示的消息以及占位符%@和%1.2f，这分别表示字符串以及带一个前导零和两位小数的浮点数。这些占位符将替换为todayDateString、chosenDateString以及两个日期相差的天数的绝对值（fabs (defference)）。
- 对加入到视图中的标签differenceResult进行更新，使其显示differenceOutput存储的值。

（5）输出更新

为了完成该项目，需要添加调用calculateDateDifference的代码，以便在用户选择日期时更新输出。实际上需要在两个地方调用calculateDateDifference：用户选择日期时以及显示日期选择场景时。在第二种情况下，用户还未选择日期，且日期选择器显示的是当前日期。在文件DateChooserViewController.m中，设置方法setDateTime的实现代码如下所示。

```
- (IBAction)setDateTime:(id)sender {
    [(ViewController *)delegate calculateDateDifference:((UIDatePicker *)sender).date];
}
```

这样通过属性delegate来访问ViewController.m中的方法calculateDateDifferenc，并将日期选择器的date属性传递给这个方法。注意，如果用户在没有显式选择日期的情况下退出选择器，将不会进行日期计算。

此时可以假定用户选择的是当前日期，为了处理这种隐式选择，可以在文件DateChooserViewController.m中设置方法viewDidAppear，此方法的实现代码如下所示。

```
-(void)viewDidAppear:(BOOL)animated {
    [(ViewController *)self.delegate calculateDateDifference:[NSDate date]];
}
```

上述的代码与方法setDateTime相同，但是传递的是包含当前日期的NSDate对象，而不是日期选择器返回的日期。这可确保即使用户马上关闭模态场景或弹出框，也将显示计算得到的结果。

到此为止，本日期选择器实例全部介绍完毕。执行后的效果如图10-23所示。

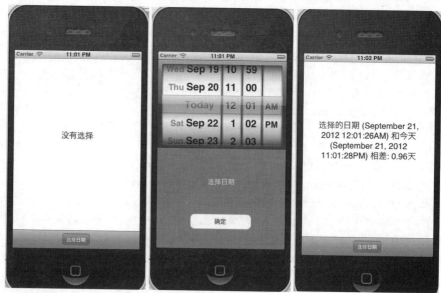

图10-23　执行效果

第 11 章
表视图（UITable）

本章将介绍一个重要的iOS界面元素：表视图。表视图让用户能够有条不紊地在大量信息中导航，这种UI元素相当于分类列表，类似于浏览iOS通讯录时的情形。

11.1 表视图基础

与前面介绍的其他视图一样，表视图UITable也用于放置信息。使用表视图可以在屏幕上显示一个单元格列表，每个单元格都可以包含多项信息，但仍然是一个整体。并且可以将表视图划分成多个区（Section），以便从视觉上将信息分组。表视图控制器是一种只能显示表视图的标准视图控制器，可以在表视图占据整个视图时使用这种控制器。通过使用标准视图控制器，可以根据需要在视图中创建任意尺寸的表，我们只需将表的委托和数据源输出口连接到视图控制器类即可。本节将首先讲解表视图的基本知识。

11.1.1 表视图的外观

在iOS中有两种基本的表视图样式：无格式和分组，如图11-1所示。

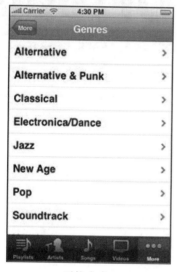

无格式表　　　　　　　分组表

图11-1　两种格式

无格式表不像分组表那样在视觉上将各个区分开，但通常带可触摸的索引（类似于通讯录）。因此，它们有时称为索引表。一般使用Xcode指定的名称（无格式/分组）来表示它们。

11.1.2 表单元格

表只是一个容器。要在表中显示内容，则必须给表提供信息，这是通过配置表视图单元格（UITableViewCell）实现的。在默认情况下，单元格可显示标题、详细信息标签（Detail label）、图像和附属视图（Accessory），其中附属视图通常是一个展开箭头，告诉用户可通过压入切换和导航控制器挖掘更详细的信息。图11-2显示了一种单元格布局，其中包含前面说的所有元素。

其实除了视觉方面的设计外，每个单元格都

图11-2　表由单元格组成

有独特的标识符。这种标识符被称为重用标识符（Reuse identifier），用于在编码时引用单元格。配置表视图时，必须设置这些标识符。

11.1.3 添加表视图

要在视图中添加表格，可以从对象库拖曳UITableView到视图中。添加表格后，可以调整大小，使其赋给整个视图或只占据视图的一部分。如果拖曳一个UITableViewController到编辑器中，将在故事板中新增一个场景，其中包含一个填满整个视图的表格。

1. 设置表视图的属性

添加表视图后，就可以设置其样式了。为此，可以在Interface Builder编辑器中选择表视图，再打开Attributes Inspector（快捷键Option+Command+4），如图11-3所示。

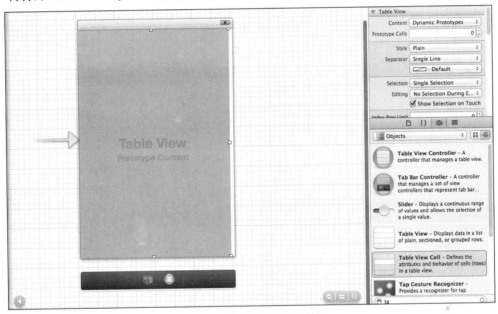

图11-3　设置表视图的属性

第一个属性是Content，它默认被设置为Dynamic Prototypes（动态原型），这表示可以在Interface Builder中以可视化方式设计表格和单元格布局。使用下拉列表Style选择表格样式Plain或Grouped；下拉列表Separator用于指定分区之间的分隔线的外观，而下拉列表Color用于设置单元格分隔线的颜色。下拉列表Selection和Editing用于设置表格被用户触摸时的行为。

2. 设置原型单元格的属性

设置好表格后，需要设计单元格原型。要控制表格中的单元格，必须配置要在应用程序中使用的原型单元格。在添加表视图时，默认只有一个原型单元格。要编辑原型，首先在文档大纲中展开表视图，再选择其中的单元格（也可在编辑器中直接单击单元格）。单元格呈高亮显示后，使用选取手柄增大单元格的高度。其他设置都需要在Attributes Inspector中进行，如图11-4所示。

在Attributes Inspector中，第一个属性用于设置单元格样式。要使用自定义样式，必须创建一个UITableViewCell子类，大多数表格都使用如下所示的标准样式。

- Basic：只显示标题。
- Right Detail：显示标题和详细信息标签，详细信息标签在右边。

- Left Detail：显示标题和详细信息标签，详细信息标签在左边。
- Subtitle：详细信息标签在标题下方。

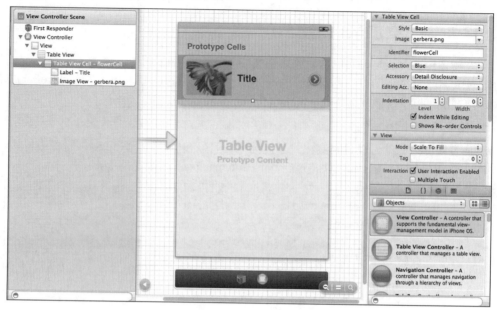

图11-4　配置原型单元格

设置单元格样式后，可以选择标题和详细信息标签。为此可以在原型单元格中单击它们，也可以在文档大纲的单元格视图层次结构中单击它们。选择标题或详细信息标签后，就可以使用Attributes Inspector定制它们的外观。

可以使用下拉列表Image在单元格中添加图像，当然项目中必须有需要显示的图像资源。在原型单元格中设置的图像以及标题、详细信息标签不过是占位符，需要替换为在代码中指定的实际数据。下拉列表Selection和Accessory分别用于配置选定单元格的颜色以及添加到单元格右边的附属图形（通常是展开箭头）。除Identifier外，其他属性都用于配置可编辑的单元格。

如果不设置Identifier属性，就无法在代码中引用原型单元格并显示内容。可以将标识符设置为任何字符串，例如Apple在其大部分示例代码中都使用Cell。如果添加了多个设计不同的原型单元格，则必须给每个原型单元格指定不同的标识符。这就是表格的外观设计。

3. 表视图数据源协议

表视图数据源协议（UITableViewDataSource）包含描述表视图将显示多少信息的方法，并将UITableViewCell对象提供给应用程序进行显示。这与选择器视图不太一样，选择器视图的数据源协议方法只提供要显示的信息量。如下4个是最有用的数据源协议方法。

- numberOfSectionsInTableView：返回表视图将划分成多少个分区。
- tableView:numberOfRowsInSection：返回给定分区包含多少行。分区编号从0开始。
- tableView:titleForHeaderInSection：返回一个字符串，作为给定分区的标题。
- tableView:cellForRowAtIndexPath：返回一个经过正确配置的单元格对象，用于显示在表视图指定的位置。

假设要创建一个表视图，它包含两个标题分别为One和Tow的分区，其中第一个分区只有一行，而第二个分区包含两行。为了指定这样的设置，可以使用前3个方法实现，代码如下：

```
- (NSInteger)numberOfSectionsInTableView:(UITableView *)tableView
{
```

```
        return 2;
    }

- (NSInteger)tableView:(UITableView *)tableView
    numberOfRowsInSection:(NSInteger)section
{
    if  (Section==0){
            return 1;
            }
    else {
           return 2;
        }
}
- (NSString *)tableView:(UITableView *)tableView
titleForHeaderInSection:(NSInteger)section {
    if  (Section==0){
            return @"One";
            }
    else {
           return @"Tow";
        }
}
```

在上述代码中，第1～4行实现了方法numberOfSectionsInTableView。这个方法返回2，因此表视图包含两个分区。第6～14行实现了方法tableView:numberOfRowsInSection。在iOS指定的分区编号为0（第一个分区）时，这个方法返回1（第10行）；当分区编号为1（第二个分区）时，这个方法回2（第12行）。第16～24行实现了方法tableView:titleForHeaderInSection。它与前一个方法很像，但是返回的是作为分区标题的字符串。如果分区编号为0，该方法返回One（第20行），否则返回Tow（第22行）。

这3个方法设置了表视图的布局，但是要想给单元格提供内容，必须实现tableView:cellForRowAtIndexPath。iOS将一个NSIndexPath对象传递给这个方法，该对象包含一个section属性和一个row属性，这些属性指定了应返回的单元格。在这个方法中，需要初始化一个UITableViewCell对象，并设置其属性textLabel、detailTextLabel和imageView，以指定单元格将显示的信息。

下面的代码是方法tableView:cellForRowAtIndexPath的一种实现。

```
- (UITableViewCell *)tableView:(UITableView *)tableView
       cellForRowAtIndexPath:(NSIndexPath *)indexPath
{
    UITableViewCell *cell = [tableView
                    dequeueReusableCellWithIdentifier:@"flowerCell"];


    switch (indexPath.section) {
        case kRedSection:
            cell.textLabel.text=[self.redFlowers
                            objectAtIndex:indexPath.row];
            break;
```

```
            case kBlueSection:
                cell.textLabel.text=[self.blueFlowers
                                objectAtIndex:indexPath.row];
                break;
            default:
                cell.textLabel.text=@"Unknown";
    }
    UIImage *flowerImage;
    flowerImage=[UIImage imageNamed:
                [NSString stringWithFormat:@"%@%@",
                 cell.textLabel.text,@".png"]];
    cell.imageView.image=flowerImage;

    return cell;
}
```

上述代码的具体实现流程如下所示。
- 声明一个单元格对象，使用标识符为Cell的原型单元格初始化它。在这个方法的所有实现中，都应以这些代码行打头。
- 声明一个UIImage对象（cellImage），并使用项目资源中的图片generic.png来初始化它。在实际项目中，很可能在每个单元格中显示不同的图像。
- 配置第一个分区（indexPath.section==0）的单元格。由于这个分区只包含一行，因此无需考虑查询的是哪行。通过设置属性textLabel、detailTextLabel和imageView给单元格填充数据。这些属性是 UILabel和UIImageView实例，因此，对于标签，需要设置text属性；而对于图像视图，需要设置image属性。
- 配置第二个分区（编号为1）的单元格。然而，对于第二个分区，需要考虑行号，因为它包含两行。因此，检查row属性，看它是0还是1，并相应地设置单元格的内容。
- 最后返回初始化后的单元格。这就是填充表视图需要做的全部工作，但要在用户触摸单元格时做出响应，需实现UITableViewDelegate协议定义的一个方法。

4.表视图委托协议

表视图委托协议包含多个对用户在表视图中执行的操作进行响应的方法，包括从选择单元格到触摸展开箭头，再到编辑单元格。此处我们只关心用户触摸并选择单元格，因此将使用方法tableView:didSelectRowAtIndexPath。通过向方法tableView:didSelectRowAtIndexPath传递一个NSIndexPath对象，指出触摸的位置。这表示需要根据触摸位置所属的分区和行做出响应，具体过程和上一段代码类似。

▶ 11.1.4 UITableView详解

UITableView主要用于显示数据列表，数据列表中的每项都由行表示，其主要作用如下所示。
- 为了能通过分层的数据进行导航。
- 为了把项以索引列表的形式展示。
- 用于分类不同的项并展示其详细信息。
- 为了展示选项的可选列表。

UITableView表中的每一行都由一个UITableViewCell表示，可以使用一个图像、一些文本、一个可选的辅助图标来配置每个UITableViewCell对象，其模型如图11-5所示。

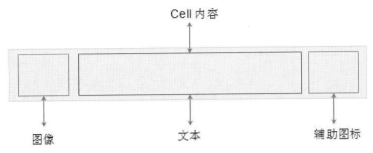

图11-5 UITableViewCell的模型

类UITableViewCell为每个Cell定义了如下所示的属性。
- textLabel：Cell的主文本标签（一个UILabel对象）。
- detailTextLabel：Cell的二级文本标签，当需要添加额外细节时（一个UILabel对象）使用。
- imageView：一个用来装载图片的图片视图（一个UIImageView对象）。

1. UITableView的初始化

请看下面的代码。

```
UITableView tableview= [[UITableView alloc] initWithFrame:CGRectMake(0, 0, 320, 420)];
 [tableview setDelegate:self];
 [tableview setDataSource:self];
 [self.view addSubview: tableview];
 [tableview release];
```

- 在初始化UITableView的时候必须实现UITableView的是：在.h文件中要继承UITableViewDelegate和UITableViewDataSource，并实现3个UITableView数据源方法和设置它的delegate为self，这个是在不直接继承UITableViewController的方法中实现。
- 直接在Xcode生成项目的时候继承UITableViewController，它会自动写好UITableView必须要实现的方法。
- UITableView继承自UIScrollView。

2. UITableView的数据源

（1）UITableView是依赖外部资源为新表格单元填上内容的，称为数据源，这个数据源可以根据索引路径提供表格单元格。在UITableView中，索引路径是NSIndexPath的对象，可以选择分段或者分行，即编码中的section和row。

（2）UITableView有3个必须实现的核心方法，具体说如下所示。

```
-(NSInteger)numberOfSectionsInTableView:(UITableView*)tableView;
```

这个方法可以分段显示或者单个列表显示数据。如图11-6所示，左图表示分段显示，右图表示单个列表显示。

```
-(NSInteger)tableView:(UITableView*)tableViewnumberOfRowsInSection:
(NSInteger)section;
```

这个方法返回每个分段的行数，不同分段返回不同的行数可以用switch来做，如果是单个列表就直接返回单个想要的函数即可。

```
-(UITableViewCell*)tableView:(UITableView*)tableViewcellForRowAtIndexPath:
(NSIndexPath *)indexPath;
```

这个方法返回调用的每一个单元格，通过索引路径的section和row来确定。

图11-6　显示数据

3. UITableView的委托方法

使用委托是为了响应用户的交互动作，比如下拉更新数据和选择某一行单元格，在UITableView中有很多这种方法供开发人员选择。

委托方法代码如下所示。

```
//设置Section的数量
- (NSArray *)sectionIndexTitlesForTableView:(UITableView *)tableView{
 return TitleData;
}
//设置每个section显示的Title
- (NSString *)tableView:(UITableView *)tableViewtitleForHeaderInSection:
(NSInteger)section{
 return @"Andy-11";
}
//指定有多少个分区(Section)，默认为1
- (NSInteger)numberOfSectionsInTableView:(UITableView *)tableView {
 return 2;
}
//指定每个分区中有多少行，默认为1
- (NSInteger)tableView:(UITableView *)tableViewnumberOfRowsInSection:(
NSInteger)section{
}
//设置每行调用的cell
-(UITableViewCell *)tableView:(UITableView *)
tableViewcellForRowAtIndexPath:(NSIndexPath *)indexPath {
static NSString *SimpleTableIdentifier = @"SimpleTableIdentifier";
```

```objc
        UITableViewCell *cell = [tableViewdequeueReusableCellWithIdentifier:
                            SimpleTableIdentifier];
    if (cell == nil) {
        cell = [[[UITableViewCellalloc] initWithStyle:
UITableViewCellStyleDefault
                    reuseIdentifier:SimpleTableIdentifier] autorelease];
    }
    cell.imageView.image=image;//未选cell时的图片
    cell.imageView.highlightedImage=highlightImage;//选中cell后的图片
    cell.text=@"Andy-清风";
    return cell;
}
//设置让UITableView行缩进
-(NSInteger)tableView:(UITableView *)
tableViewindentationLevelForRowAtIndexPath:(NSIndexPath *)indexPath{
    NSUInteger row = [indexPath row];
    return row;
}
//设置cell每行间隔的高度
- (CGFloat)tableView:(UITableView *)tableViewheightForRowAtIndexPath:(
NSIndexPath *)indexPath{
    return 40;
}
//返回当前所选cell
NSIndexPath *ip = [NSIndexPath indexPathForRow:row inSection:section];
[TopicsTable selectRowAtIndexPath:ip animated:YESscrollPosition:
UITableViewScrollPositionNone];

//设置UITableView的style
[tableView setSeparatorStyle:UITableViewCellSelectionStyleNone];
//设置选中Cell的响应事件
- (void)tableView:(UITableView *)tableView didSelectRowAtIndexPath:
(NSIndexPath*)indexPath{
    [tableView deselectRowAtIndexPath:indexPath animated:YES];
//选中后的反显颜色即刻消失
}
//设置选中的行所执行的动作

-(NSIndexPath *)tableView:(UITableView *)
tableViewwillSelectRowAtIndexPath:(NSIndexPath *)indexPath
{
    NSUInteger row = [indexPath row];
    return indexPath;
}
//设置划动cell是否出现del按钮,可供删除数据里进行处理
- (BOOL)tableView:(UITableView *)tableView canEditRowAtIndexPath:
(NSIndexPath*)indexPath {
}
//设置删除时编辑状态
- (void)tableView:(UITableView *)tableView commitEditingStyle:
(UITableViewCellEditingStyle)editingStyle
```

```
forRowAtIndexPath:(NSIndexPath *)indexPath
{
}
//右侧添加一个索引表
- (NSArray *)sectionIndexTitlesForTableView:(UITableView *)tableView{
}
```

11.2 实战演练

经过本章前面内容的学习，已经了解了iOS中表格视图的基本知识。在本节的内容中，将通过几个具体实例的实现过程，详细讲解在iOS中使用表格视图的技巧。

11.2.1 实战演练——拆分表视图

在本实例中创建了一个表视图，它包含两个分区，这两个分区的标题分别为Red和Blue，且分别包含常见的红色和绿色花朵的名称。除标题外，每个单元格还包含一幅花朵图像和一个展开箭头。用户触摸单元格时，将出现一个提醒视图，指出选定花朵的名称和颜色。

实例11-1	拆分表视图
源码路径	光盘:\daima\11\biaoge

实例文件 ViewController.m的具体实现代码如下所示。

```
#import "ViewController.h"
#define kSectionCount 2
#define kRedSection 0
#define kBlueSection 1
@implementation ViewController
@synthesize redFlowers;
@synthesize blueFlowers;
- (void)didReceiveMemoryWarning
{
    [super didReceiveMemoryWarning];
}
#pragma mark - View lifecycle
- (void)viewDidLoad
{
    self.redFlowers = [[NSArray alloc]
                        initWithObjects:@"aa",@"bb",@"cc",
                        @"dd",nil];
    self.blueFlowers = [[NSArray alloc]
                        initWithObjects:@"ee",@"ff",
                        @"gg",@"hh",@"ii",nil];
    
    [super viewDidLoad];
}
```

```objc
- (void)viewDidUnload
{
    [self setRedFlowers:nil];
    [self setBlueFlowers:nil];
    [super viewDidUnload];
}
- (void)viewWillAppear:(BOOL)animated
{
    [super viewWillAppear:animated];
}
- (void)viewDidAppear:(BOOL)animated
{
    [super viewDidAppear:animated];
}
- (void)viewWillDisappear:(BOOL)animated
{
    [super viewWillDisappear:animated];
}
- (void)viewDidDisappear:(BOOL)animated
{
    [super viewDidDisappear:animated];
}
- (BOOL)shouldAutorotateToInterfaceOrientation:
(UIInterfaceOrientation)interfaceOrientation
{
    // Return YES for supported orientations
    return (interfaceOrientation !=
UIInterfaceOrientationPortraitUpsideDown);
}
#pragma mark - Table view data source
- (NSInteger)numberOfSectionsInTableView:(UITableView *)tableView
{
    return kSectionCount;
}
- (NSInteger)tableView:(UITableView *)tableView
    numberOfRowsInSection:(NSInteger)section
{
    switch (section) {
        case kRedSection:
            return [self.redFlowers count];
        case kBlueSection:
            return [self.blueFlowers count];
        default:
            return 0;
    }
}
- (NSString *)tableView:(UITableView *)tableView
titleForHeaderInSection:(NSInteger)section {
    switch (section) {
        case kRedSection:
            return @"红";
```

```objectivec
        case kBlueSection:
            return @"蓝";
        default:
            return @"Unknown";
    }
}
- (UITableViewCell *)tableView:(UITableView *)tableView
        cellForRowAtIndexPath:(NSIndexPath *)indexPath
{
    UITableViewCell *cell = [tableView
                    dequeueReusableCellWithIdentifier:@"flowerCell"];

    switch (indexPath.section) {
        case kRedSection:
            cell.textLabel.text=[self.redFlowers
                                objectAtIndex:indexPath.row];
            break;
        case kBlueSection:
            cell.textLabel.text=[self.blueFlowers
                                objectAtIndex:indexPath.row];
            break;
        default:
            cell.textLabel.text=@"Unknown";
    }

    UIImage *flowerImage;
    flowerImage=[UIImage imageNamed:
                [NSString stringWithFormat:@"%@%@",
                 cell.textLabel.text,@".png"]];
    cell.imageView.image=flowerImage;

    return cell;
}
#pragma mark - Table view delegate
- (void)tableView:(UITableView *)tableView
        didSelectRowAtIndexPath:(NSIndexPath *)indexPath {
    UIAlertView *showSelection;
    NSString *flowerMessage;

    switch (indexPath.section) {
        case kRedSection:
            flowerMessage=[[NSString alloc]
                                            initWithFormat:
                                            @"你选择了红色 - %@",
                    [self.redFlowers objectAtIndex: indexPath.row]];
            break;
        case kBlueSection:
            flowerMessage=[[NSString alloc]
                                            initWithFormat:
                                            @"你选择了蓝色 - %@",
```

```
                    [self.blueFlowers objectAtIndex: indexPath.row]];
            break;
        default:
            flowerMessage=[[NSString alloc]
                                            initWithFormat:
                                            @"我不知道选什么!?"];
            break;
    }
    showSelection = [[UIAlertView alloc]
                                    initWithTitle: @"已经选择了"
                                    message:flowerMessage
                                    delegate: nil
                                    cancelButtonTitle: @"Ok"
                                    otherButtonTitles: nil];
    [showSelection show];
}
@end
```

执行后的效果如图11-7所示。

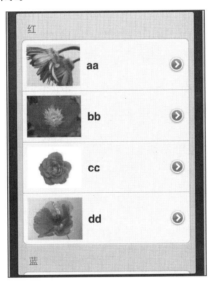

图11-7 执行效果

11.2.2 实战演练——列表显示18条数据

在本实例中，创建了各单元显示内容对象tableView，并将表格中列表显示的数据存储在数组 dataSource中。通过cell.textLabel.text代码设置在单元格中显示 dataSource中的内容，即列表显示18个数据。最后定义了方法 didSelectRowAtIndexPath，通过此方法实现选择某一行数据时的处理动作。

实例11-2	列表显示18条数据
源码路径	光盘:\daima\11\biaoge

实例文件 UIKitPrjSimpleTable.m 的具体实现代码如下所示。

```objc
#import "UIKitPrjSimpleTable.h"
@implementation UIKitPrjSimpleTable
- (void)dealloc {
  [dataSource_ release];//画面释放时也需释放保存元素的数组
  [super dealloc];
}
- (void)viewDidLoad {
  [super viewDidLoad];
  //初始化表格元素数值
  dataSource_ = [[NSArray alloc] initWithObjects:
                          @"AAA1", @"AAA2", @"AAA3",
                          @"AAA", @"AAA5", @"AAA6",
                          @"AAA7", @"AAA8", @"AAA9",
                          @"AAA10", @"AAA11", @"AAA12",
                          @"AAA13", @"AAA14", @"AAA15",
                          @"AAA16", @"AAA17", @"AAA18",
                          nil ];
}
//返回表格行数（本例只有单元数）
 - (NSInteger)tableView:(UITableView*)tableView numberOfRowsInSection:
(NSInteger)section {
    return [dataSource_ count];
}
//创建各单元显示内容（创建参数indexPath指定的单元）
- (UITableViewCell*)tableView:(UITableView*)tableView
   cellForRowAtIndexPath:(NSIndexPath*)indexPath
{
   //为了提供表格显示性能，已创建完成的单元需重复使用
   static NSString* identifier = @"basis-cell";
   //同一形式的单元格重复使用（基本上各形式相同而内容是不同的）
   UITableViewCell* cell = [tableView dequeueReusableCellWithIdentifier:
identifier];
    if ( nil == cell ) {
       //初始为空时必须创建
       cell = [[UITableViewCell alloc]
 initWithStyle:UITableViewCellStyleDefault
                                     reuseIdentifier:identifier];
                                     [cell autorelease];
    }
   //设置单元格中的显示内容
   cell.textLabel.text = [dataSource_ objectAtIndex:indexPath.row];
   return cell;
}
- (void)tableView:(UITableView*)tableView didSelectRowAtIndexPath:
(NSIndexPath*)indexPath {
   NSString* message = [dataSource_ objectAtIndex:indexPath.row];
   UIAlertView* alert = [[[UIAlertView alloc] init] autorelease];
   alert.message = message;
   [alert addButtonWithTitle:@"OK"];
   [alert show];
}
@end
```

执行后的效果如图11-8所示。

图11-8 执行效果

11.2.3 实战演练——分段显示列表中的数据

在iOS项目中，当使用UITableView控件创建一个表格视图后，可以对列表中的数据实现分段显示。本实例中，通过方法numberOfSectionsInTableView和 tableView:titleForHeaderInSection 实现了分段显示功能。

实例11-3	分段显示列表中的数据
源码路径	光盘:\daima\11\TableSample

实例文件 UIKitPrjSectionTable.m的具体实现代码如下所示。

```
#import "UIKitPrjSectionTable.h"
@implementation UIKitPrjSectionTable
- (void)dealloc {
  [keys_ release];
  [dataSource_ release];
  [super dealloc];
}
- (id)init {
  if ( (self = [super init]) ) {
    self.title = @"SectionTable"; //追加标题
  }
  return self;
}
- (void)viewDidLoad {
  [super viewDidLoad];
  //创建显示用数据，首先创建段名
  keys_ = [[NSArray alloc] initWithObjects:@"英超", @"西甲", @"意甲", @"德甲", nil];
  //创建各段数据
```

```objc
    NSArray* object1 = [NSArray arrayWithObjects:@"AAA", @"BBB", @"CCC",
@"DDD", nil];
    NSArray* object2 = [NSArray arrayWithObjects:@"EEE", @"FFF", nil];
    NSArray* object3 = [NSArray arrayWithObjects:@"GGG", @"HHH", nil];
    NSArray* object4 = [NSArray arrayWithObjects:@"III", @"JJJ", nil];
    NSArray* objects = [NSArray arrayWithObjects:object1, object2,
object3, object4, nil];
    //以段名数组，段数据为参数创建数据资源用的字典实例
    dataSource_ = [[NSDictionary alloc] initWithObjects:
  objects forKeys:keys_];
}
//返回各段的项目数
- (NSInteger)tableView:(UITableView*)tableView numberOfRowsInSection:
(NSInteger)section {
    id key = [keys_ objectAtIndex:section];
    return [[dataSource_ objectForKey:key] count];
}
//创建indexPath中指定单元实例
- (UITableViewCell*)tableView:(UITableView*)tableView
    cellForRowAtIndexPath:(NSIndexPath*)indexPath
{
    static NSString* identifier = @"basis-cell";
    UITableViewCell* cell = [tableView dequeueReusableCellWithIdentifier:
identifier];
    if ( nil == cell ) {
        cell = [[UITableViewCell alloc] initWithStyle:
  UITableViewCellStyleDefault
                                    reuseIdentifier:identifier];
                                    [cell autorelease];
    }
    //首先取得单元格的段名
    id key = [keys_ objectAtIndex:indexPath.section];
    //返回对应段及对应位置的数据，并设置到单元中
    NSString* text = [[dataSource_ objectForKey:key] objectAtIndex:
indexPath.row];
    cell.textLabel.text = text;
    return cell;
}
//返回段的数目
- (NSInteger)numberOfSectionsInTableView:(UITableView*)tableView {
    return [keys_ count];
}
//返回对应段的段名
-(NSString*)tableView:(UITableView*)tableView titleForHeaderInSection:
(NSInteger)section {
    return [keys_ objectAtIndex:section];
}
- (NSArray*)sectionIndexTitlesForTableView:(UITableView*)tableView {
    return keys_;
}
@end
```

执行后的效果如图11-9所示。在上述代码中，如果将UITableView的Style属性设置为UITableViewStyleGrouped，则将以分组的样式演示列表中的数据，如图11-10所示。

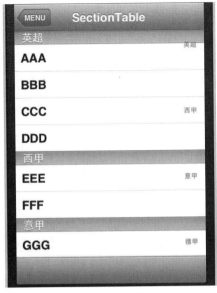

图11-9　执行效果

图11-10　分组样式显示

11.2.4　实战演练——删除单元格

在iOS项目中，当使用UITableView控件创建一个表格视图后，可以删除表格中的某一个单元格。在具体实现时，只需要调用UITableView的setEditing:animated方法，将此方法设置为YES后，就会在单元格的左侧显示删除按钮"-"，触摸此删除按钮即可删除这个单元格。另外，当在iOS项目中添加或删除单元格时，可以使用属性UITableViewRowAnimation设置删除单元格时呈现的动画效果。表11-1中列出了UITableViewRowAnimation可以支持的动画效果。

表11-1　UITableViewRowAnimation支持的动画效果

动画效果	描述
UITableViewRowAnimationFade	单元格淡出
UITableViewRowAnimationRight	单元格从右侧滑出
UITableViewRowAnimationLeft	单元格从左侧滑出
UITableViewRowAnimationTop	单元格滑动到相邻单元格之上
UITableViewRowAnimationBottom	单元格滑动到相邻单元格之下

在本实例中，演示了使用setEditing:animated方法删除单元的过程，并在删除过程中使用UITableViewRowAnimation属性设置了删除时呈现的动画效果。

实例11-4	删除单元格
源码路径	光盘:\daima\11\TableSample

实例文件UIKitPrjDeleteableRow.m的具体实现代码如下所示。

```
#import "UIKitPrjDeleteableRow.h"
```

```objc
@implementation UIKitPrjDeleteableRow
- (void)dealloc {
  [dataSource_ release];
  [super dealloc];
}
- (void)viewDidLoad {
  [super viewDidLoad];
  dataSource_ = [[NSMutableArray alloc] initWithObjects:
                             @"AAA1", @"AAA2", @"AAA3",
                             @"AAA", @"AAA5", @"AAA6",
                             @"AAA7", @"AAA8", @"AAA9",
                             @"AAA10", @"AAA11", @"AAA12",
                             @"AAA13", @"AAA14", @"AAA15",
                             @"AAA16", @"AAA17", @"AAA18",
                             nil ];
}
- (void)viewDidAppear:(BOOL)animated {
  [super viewDidAppear:animated];
  [self.tableView setEditing:YES animated:YES];
}
 - (NSInteger)tableView:(UITableView*)tableView numberOfRowsInSection:(NSInteger)section {
   return [dataSource_ count];
}
- (UITableViewCell*)tableView:(UITableView*)tableView
   cellForRowAtIndexPath:(NSIndexPath*)indexPath
{
   static NSString* identifier = @"basis-cell";
   UITableViewCell* cell = [tableView dequeueReusableCellWithIdentifier:identifier];
   if ( nil == cell ) {
     cell = [[UITableViewCell alloc] initWithStyle:
  UITableViewCellStyleDefault
                                   reuseIdentifier:identifier];
     [cell autorelease];
   }
   cell.textLabel.text = [dataSource_ objectAtIndex:indexPath.row];
   return cell;
}
//单元的追加、删除
- (void)tableView:(UITableView*)tableView
   commitEditingStyle:(UITableViewCellEditingStyle)editingStyle
   forRowAtIndexPath:(NSIndexPath*)indexPath
{
   if ( UITableViewCellEditingStyleDelete == editingStyle ) {
     //从datasource删除实际数据
     [dataSource_ removeObjectAtIndex:indexPath.row];
     //删除表格中的单元
     [tableView deleteRowsAtIndexPaths:[NSArray arrayWithObject:indexPath]
                 withRowAnimation:UITableViewRowAnimationLeft];
```

```
    }
}
@end
```

执行后的效果如图11-11所示。

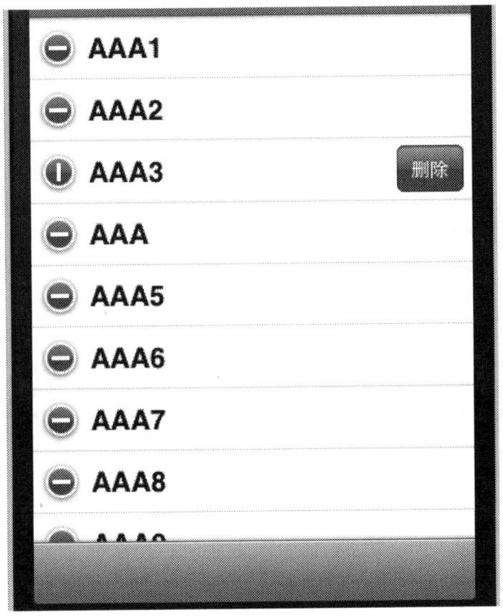

图11-11 执行效果

第 12 章
活动指示器、进度条和检索条

本章将介绍3个新的控件：活动指示器、进度条和检索条。在iOS应用中，可以使用活动指示器实现一个轻型视图效果；通过使用进度条能够以动画的方式显示某个动作的进度，如播放进度和下载进度；而检索条可以实现一个搜索表单效果。在本章将详细讲解这3个控件的基本知识，为后面知识的学习打下基础。

12.1 活动指示器（UIActivityIndicatorView）

在iOS应用中，可以使用控件UIActivityIndicatorView实现一个活动指示器效果。在本节的内容中，将详细讲解UIActivityIndicatorView的基本知识和具体用法。

12.1.1 活动指示器基础

在开发过程中，可以使用UIActivityIndicatorView实例提供轻型视图，这些视图显示一个标准的旋转进度轮。当使用这些视图时，20像素×20像素是大多数指示器样式获得最清楚显示效果的最佳大小。若稍大一点，指示器都会变得模糊。

iOS中提供了几种不同样式的UIActivityIndicatorView类，UIActivityIndicatorViewStyleWhite和UIActivityIndicatorViewStyleGray是最简洁的。黑色背景下最适合白色版本的外观，白色背景最适合灰色外观。在选择白色还是灰色时要格外注意，全白显示在白色背景下将不能显示任何内容。而UIActivityIndicatorViewStyleWhiteLarge只能用于深色背景，它提供最大、最清晰的指示器。

12.1.2 实战演练——实现一个播放器的活动指示器

在本实例中，首先在根视图中使用tableView实现一个列表效果，然后在次级视图设置了一个播放界面。当单击播放、暂停和快进按钮时会显示对应的提示效果，这个提示效果是通过UIActivityIndicatorView实现的。

实例12-1	实现一个播放器的活动指示器
源码路径	光盘:\daima\12\UIActivityIndicatorViewSample

实例文件 RootViewController.m用于实现根视图，具体代码如下所示。

```
#import "RootViewController.h"
@implementation RootViewController
- (void)dealloc {
  [items_ release];
  [super dealloc];
}
#pragma mark UIViewController methods
- (void)viewDidLoad {
  [super viewDidLoad];
  self.title = @"MENU";
  if ( !items_ ) {
    items_ = [[NSArray alloc] initWithObjects:
                              @"UIKitPrjActivityIndicator",
                              nil ];
  }
}
- (void)viewWillAppear:(BOOL)animated {
  [super viewWillAppear:animated];
```

```objc
    [self.navigationController setNavigationBarHidden:NO animated:NO];
    [self.navigationController setToolbarHidden:NO animated:NO];
    [UIApplication sharedApplication].statusBarStyle = UIStatusBarStyleDefault;
    self.navigationController.navigationBar.barStyle = UIBarStyleDefault;
    self.navigationController.navigationBar.translucent = NO;
    self.navigationController.navigationBar.tintColor = nil;
    self.navigationController.toolbar.barStyle = UIBarStyleDefault;
    self.navigationController.toolbar.translucent = NO;
    self.navigationController.toolbar.tintColor = nil;
}
#pragma mark UITableView methods
- (NSInteger)tableView:(UITableView*)tableView
   numberOfRowsInSection:(NSInteger)section
{
    return [items_ count];
}


- (UITableViewCell*)tableView:(UITableView*)tableView
   cellForRowAtIndexPath:(NSIndexPath*)indexPath
{
    static NSString *CellIdentifier = @"Cell";

    UITableViewCell *cell = [tableView dequeueReusableCellWithIdentifier:CellIdentifier];
    if (cell == nil) {
      cell = [[[UITableViewCell alloc] initWithStyle:
    UITableViewCellStyleDefault reuseIdentifier:CellIdentifier] autorelease];
    }
    NSString* title = [items_ objectAtIndex:indexPath.row];
    cell.textLabel.text = [title stringByReplacingOccurrencesOfString:@"UIKitPrj" withString:@""];
return cell;
}
- (void)tableView:(UITableView*)tableView
   didSelectRowAtIndexPath:(NSIndexPath*)indexPath
{
    NSString* className = [items_ objectAtIndex:indexPath.row];
    Class class = NSClassFromString( className );
    UIViewController* viewController =
[[[class alloc] init] autorelease];
    if ( !viewController ) {
      NSLog( @"%@ was not found.", className );
      return;
    }
    [self.navigationController pushViewController:
viewController animated:YES];
}
@end
```

文件UIKitPrjActivityIndicator.m实现次级视图，具体实现代码如下所示。

```objc
#import "UIKitPrjActivityIndicator.h"
@implementation UIKitPrjActivityIndicator
- (void)dealloc {
  [indicator_ release];
  [super dealloc];
}
- (void)viewDidLoad {
  [super viewDidLoad];
  self.view.backgroundColor = [UIColor lightGrayColor];
  UIBarButtonItem* playButton =
    [[[UIBarButtonItem alloc] initWithBarButtonSystemItem:
UIBarButtonSystemItemPlay
                       target:self
                       action:@selector(playDidPush)] autorelease];
  UIBarButtonItem* pauseButton =
    [[[UIBarButtonItem alloc] initWithBarButtonSystemItem:
UIBarButtonSystemItemPause
                       target:self
                       action:@selector(pauseDidPush)] autorelease];
  UIBarButtonItem* changeButton =
    [[[UIBarButtonItem alloc] initWithBarButtonSystemItem:
UIBarButtonSystemItemFastForward
                       target:self
                       action:@selector(changeDidPush)] autorelease];
  NSArray* items =
[NSArray arrayWithObjects:playButton, pauseButton, changeButton, nil];
  [self setToolbarItems:items animated:YES];

  indicator_ =
    [[UIActivityIndicatorView alloc] initWithActivityIndicatorStyle:
UIActivityIndicatorViewStyleWhiteLarge];
  [self.view addSubview:indicator_];
}
- (void)playDidPush {
  if ( UIActivityIndicatorViewStyleWhiteLarge ==
indicator_.activityIndicatorViewStyle ) {
    indicator_.frame = CGRectMake( 0, 0, 50, 50 );
  } else {
    indicator_.frame = CGRectMake( 0, 0, 20, 20 );
  }
  indicator_.center = self.view.center;
  [indicator_ startAnimating];
}
- (void)pauseDidPush {
  indicator_.hidesWhenStopped = NO;
  [indicator_ stopAnimating];
}
- (void)changeDidPush {
  [self pauseDidPush];
  if ( UIActivityIndicatorViewStyleGray < ++indicator_.
activityIndicatorViewStyle ) {
```

```
    indicator_.activityIndicatorViewStyle =
UIActivityIndicatorViewStyleWhiteLarge;
    }
    [self playDidPush];
}
@end
```

执行后的效果如图12-1所示,次级视图界面如图12-2所示。

图12-1　执行效果

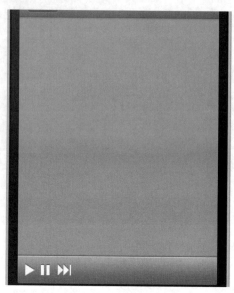

图12-2　次级视图界面

12.2 进度条(UIProgressView)

在iOS应用中,可通过UIProgressView来显示进度效果,如音乐、视频的播放进度,以及文件的上传下载进度等。在本节的内容中,将详细讲解UIProgressView的基本知识和具体用法。

12.2.1 进度条基础

在iOS应用中,UIProgressView与UIActivityIndicatorView相似,只不过它提供了一个接口以显示一个进度条,这样就能让用户知道当前操作完成了多少。在开发过程中,可以使用控件UIProgressView实现一个进度条效果。它包括如下3个属性。

- center属性和frame属性:设置进度条的显示位置,并添加到显示画面中。
- UIProgressViewStyle属性:设置进度条的样式,可以设置如下两种。
  - UIProgressViewStyleDefault:标准进度条。
  - UIProgressViewStyleDefault:深灰色进度条,用于工具栏中。

12.2.2 实战演练——实现一个蓝色进度条效果

在本实例中,首先使用方法initWithProgressViewStyle创建并初始化了UIProgressView

对象，然后通过center属性和frame属性设置其显示位置，并添加到显示画面中，最后使用UIProgressViewStyle属性设置了显示样式。

实例12-2	实现一个蓝色进度条效果
源码路径	光盘:\daima\12\UIProgressViewSample

实例文件 UIKitPrjProgressView.m的具体代码如下所示。

```
#import "UIKitPrjProgressView.h"
#pragma mark ----- Private Methods Definition -----
@interface UIKitPrjProgressView ()
- (void)updateProgress:(UIProgressView*)progressView;
@end
#pragma mark ----- Start Implementation For Methods -----
@implementation UIKitPrjProgressView
- (void)dealloc {
  [progressView_ release];
  [super dealloc];
}
- (void)viewDidLoad {
  [super viewDidLoad];
  self.view.backgroundColor = [UIColor whiteColor];
  progressView_ =
    [[UIProgressView alloc] initWithProgressViewStyle:
UIProgressViewStyleDefault];
  progressView_.center = self.view.center;
  progressView_.autoresizingMask = UIViewAutoresizingFlexibleTopMargin
                        |UIViewAutoresizingFlexibleBottomMargin;
  [self.view addSubview:progressView_];
}
- (void)viewDidAppear:(BOOL)animated {
  [super viewDidAppear:animated];
  [self updateProgress:progressView_];
}
- (void)viewWillDisappear:(BOOL)animated {
  [super viewWillDisappear:animated];
  progressView_.hidden = YES;
}
- (void)updateProgress:(UIProgressView*)progressView {
  if ( [progressView isHidden] || 1.0 <= progressView.progress ) {
    return;
  }
  progressView.progress += 0.1;
  [self performSelector:@selector(updateProgress:)
          withObject:progressView
          afterDelay:1.0];
}
@end
```

执行后的效果如图12-3所示。

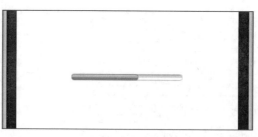

图12-3 执行效果

12.3 检索条（UISearchBar）

在iOS应用中，可以使用UISearchBar控件实现一个检索框效果。在本节的内容中，将详细讲解使用UISearchBar控件的基本知识和具体用法。

12.3.1 检索条基础

UISearchBar控件各个属性的具体说明如表12-1所示。

表12-1 UISearchBar控件的属性

属 性	作 用
UIBarStyle barStyle	控件的样式
id<UISearchBarDelegate> delegate	设置控件的委托
NSString *text	控件上面的显示的文字
NSString *prompt	显示在顶部的单行文字，通常作为一个提示行
NSString *placeholder	半透明的提示文字，输入搜索内容时消失
BOOL showsBookmarkButton	是否在控件的右端显示一个书签按钮（没有文字的时候）
BOOL showsCancelButton	是否显示Cancel按钮
BOOL showsSearchResultsButton	是否在控件的右端显示搜索结果按钮（没有文字的时候）
BOOL searchResultsButtonSelected	搜索结果按钮是否被选中
UIColor *tintColor	bar的颜色（具有渐变效果）
BOOL translucent	指定控件是否会有透视效果
UITextAutocapitalizationType autocapitalizationType	设置在什么的情况下自动大写
UITextAutocorrectionType autocorrectionType	对于文本对象自动校正风格
UIKeyboardType keyboardType	键盘的样式
NSArray *scopeButtonTitles	搜索栏下部的选择栏，数组里面的内容是按钮的标题
NSInteger selectedScopeButtonIndex	搜索栏下部的选择栏按钮的个数
BOOL showsScopeBar	控制搜索栏下部的选择栏是否显示出来

12.3.2 实战演练——在屏幕中实现一个检索框效果

本实例的功能是在上方使用UISearchBar控件设置了一个检索框，在下方显示了NSMutableArray中存储的数据，共设置了显示0~63共64个数字。在检索框中输入数字关键字后，可以检索出对应的结果。

实例12-3	在屏幕中实现一个检索框效果
源码路径	光盘:\daima\12\UISearchBarSample

实例文件 UIKitPrjSearchBar.m的具体代码如下所示。

```
#import "UIKitPrjSearchBar.h"
@implementation UIKitPrjSearchBar
- (void)dealloc {
  [searchBar_ release];
  [dataSource_ release];
  [dataBase_ release];
  [super dealloc];
}
- (void)viewDidLoad {
  [super viewDidLoad];
searchBar_ = [[UISearchBar alloc] init];
   searchBar_.frame = CGRectMake( 0, 0, self.tableView.bounds.size.width, 0 );
   searchBar_.delegate = self;
   [searchBar_ sizeToFit];
   self.tableView.tableHeaderView = searchBar_;
dataBase_ = [[NSMutableArray alloc] initWithCapacity:64];
   dataSource_ = [[NSMutableArray alloc] initWithCapacity:64];
   for ( int i = 0; i < 64; ++i ){
     [dataBase_ addObject:[NSString stringWithFormat:@"%d", i]];
     [dataSource_ addObject:[NSString stringWithFormat:@"%d", i]];
   }
}
//此处datasource_为NSArray类型的实例变量
//dataBase_为保持全部数据的NSArray类型变量
- (void)searchBarSearchButtonClicked:(UISearchBar*)searchBar {
   //首先删除数据资源中的内容
   [dataSource_ removeAllObjects];
   for ( NSString* data in dataBase_ ) {
     if ( [data hasPrefix:searchBar.text] ) {
        //将满足检索条件的数据追加到数据资源变量中
        [dataSource_ addObject:data];
     }
   }
   //表格更新
   [self.tableView reloadData];
   //隐藏键盘
   [searchBar resignFirstResponder];
}
#pragma mark UITableView methods
```

```
- (NSInteger)tableView:(UITableView*)tableView
  numberOfRowsInSection:(NSInteger)section
{
    return [dataSource_ count];
}
- (UITableViewCell*)tableView:(UITableView*)tableView
  cellForRowAtIndexPath:(NSIndexPath*)indexPath
{
    static NSString *CellIdentifier = @"Cell";

    UITableViewCell *cell = [tableView dequeueReusableCellWithIdentifier:CellIdentifier];
    if (cell == nil) {
        cell = [[[UITableViewCell alloc] initWithStyle:
UITableViewCellStyleDefault reuseIdentifier:CellIdentifier] autorelease];
    }
    cell.textLabel.text = [dataSource_ objectAtIndex:indexPath.row];
    return cell;
}
@end
```

执行后的效果如图12-4所示。

图12-4　执行效果

12.3.3　实战演练——实现一个实时显示检索框效果

本实例是以上一个实例为基础，它使用searchBarCancelButtonClicked:(UISearchBar*) searchBar设置Cancel按钮隐藏输入键盘，然后使用方法searchBar:textDidChange实现了实时检索功能。

实例12-4	在屏幕中实现一个实时显示检索框效果
源码路径	光盘:\daima\12\UISearchBarSample

实例文件UIKitPrjRealTimeSearch.m的具体代码如下所示。

```objc
#import "UIKitPrjRealTimeSearch.h"
@implementation UIKitPrjRealTimeSearch
- (void)viewDidLoad {
  [super viewDidLoad];
  searchBar_.keyboardType = UIKeyboardTypeNumberPad;
  searchBar_.showsCancelButton = YES;
}
- (void)searchBar:(UISearchBar*)searchBar textDidChange:(NSString*)searchText {
    if ( 0 == searchText.length ) {
      //检索字符串为空时，显示全部数据
      [dataSource_ release];
      dataSource_ = [[NSMutableArray alloc] initWithArray:dataBase_];
      [self.tableView reloadData];
    } else {
      //检索字符串非空时，进行实时检索
      [dataSource_ removeAllObjects];
      for ( NSString* data in dataBase_ ) {
        if ( [data hasPrefix:searchBar.text] ) {
          [dataSource_ addObject:data];
        }
      }
      [self.tableView reloadData];
    }
    //实时检索时保持键盘为显示状态
}
- (void)searchBarCancelButtonClicked:(UISearchBar*)searchBar {
  searchBar.text = @"";
  [searchBar resignFirstResponder];//隐藏键盘
}
@end
```

执行后的效果如图12-5所示。

图12-5 执行效果

12.3.4 实战演练——设置检索框的背景颜色

在iOS应用中,当使用UISearchBar控件实现一个检索框效果后,可以使用属性barStyle、translucent和tintColor设置检索框的背景颜色。本实例在屏幕上方设置了一个检索框,在中间设置了拥有64个数字的数组,在下方设置了3个按钮black、translucent和tintColor,当单击按钮后可以显示不同颜色的样式。

实例12-5	在屏幕中设置检索框的背景颜色
源码路径	光盘:\daima\12\UISearchBarSample

实例文件UIKitPrjBarStyle.m的具体代码如下所示。

```objc
#import "UIKitPrjBarStyle.h"
@implementation UIKitPrjBarStyle
- (void)viewDidLoad {
  [super viewDidLoad];
  searchBar_.barStyle = UIBarStyleBlack;
  searchBar_.translucent = YES;
  searchBar_.tintColor = nil;
  UIBarButtonItem* blackButton =
    [[[UIBarButtonItem alloc] initWithTitle:@"black"
                        style:UIBarButtonItemStyleDone
                        target:self
                        action:@selector(blackDidPush:)] autorelease];
  UIBarButtonItem* translucentButton =
    [[[UIBarButtonItem alloc] initWithTitle:@"translucent"
                        style:UIBarButtonItemStyleDone
                        target:self
                        action:@selector(translucentDidPush:)] autorelease];
  UIBarButtonItem* tintButton =
    [[[UIBarButtonItem alloc] initWithTitle:@"tintColor"
                         style:UIBarButtonItemStyleBordered
                         target:self
                         action:@selector(tintDidPush:)] autorelease];
   NSArray* items = [NSArray arrayWithObjects:blackButton, translucentButton, tintButton, nil];
   [self setToolbarItems:items animated:NO];
 }
 - (void)blackDidPush:(UIBarButtonItem*)sender {
   if ( UIBarButtonItemStyleDone == sender.style ) {
     searchBar_.barStyle = UIBarStyleDefault;
     sender.style = UIBarButtonItemStyleBordered;
   } else {
     searchBar_.barStyle = UIBarStyleBlack;
     sender.style = UIBarButtonItemStyleDone;
   }
 }
 - (void)translucentDidPush:(UIBarButtonItem*)sender {
   if ( UIBarButtonItemStyleDone == sender.style ) {
     searchBar_.translucent = NO;
     sender.style = UIBarButtonItemStyleBordered;
```

```
    } else {
      searchBar_.translucent = YES;
      sender.style = UIBarButtonItemStyleDone;
    }
  }
- (void)tintDidPush:(UIBarButtonItem*)sender {
    if ( UIBarButtonItemStyleDone == sender.style ) {
      searchBar_.tintColor = nil;
      sender.style = UIBarButtonItemStyleBordered;
    } else {
      searchBar_.tintColor = [UIColor redColor];
      sender.style = UIBarButtonItemStyleDone;
    }
  }
}
@end
```

执行后的效果如图12-6所示。

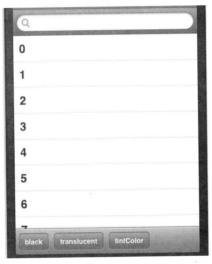

图12-6 执行效果

12.3.5 实战演练——在检索框中添加一个书签按钮

在iOS应用中,当使用UISearchBar控件实现一个检索框效果后,可以将其属性showsBookmarkButton设置为YES,这样便可以在检索框中添加一个书签按钮。在本实例中,当触摸了检索框中的书签按钮后,会触发searchBarBookmarkButtonClicked方法,以模态画面的形式显示书签列表。

实例12-6	在检索框中添加一个书签按钮
源码路径	光盘:\daima\12\UISearchBarSample

实例文件 UIKitPrjBookmarkButton.m 的具体代码如下所示。

```
#import "UIKitPrjBookmarkButton.h"
@implementation UIKitPrjBookmarkButton
- (void)viewDidLoad {
```

```objc
    [super viewDidLoad];
    //显示书签按钮
    searchBar_.showsBookmarkButton = YES;
}
//触摸书签按钮后,以模态画面的形式显示书签列表
- (void)searchBarBookmarkButtonClicked:(UISearchBar*)searchBar {
    id rootViewController = [[BookmarkDialog alloc] initWithParent:self];
    id navi= [[UINavigationController alloc] initWithRootViewController:rootViewController];
    [rootViewController release];
    [self presentModalViewController:navi animated:YES];
    [navi release];
}
- (void)setCurrentText:(NSString*)text {
    searchBar_.text = text;
    [self searchBarSearchButtonClicked:searchBar_];
}
@end
#pragma mark ----- BookmarkDialog -----
@implementation BookmarkDialog
- (void)dealloc {
    [dataSource_ release];
    [super dealloc];
}
- (id)initWithParent:(UIViewController*)parent {
    if ( (self = [super init]) ) {
        parent_ = parent;
    }
    return self;
}
- (void)viewDidLoad {
    [super viewDidLoad];
    dataSource_ = [[NSArray alloc] initWithObjects:@"11",
                                                   @"22",
                                                   @"33",
                                                   nil ];
    self.title = @"Bookmarks";
    UIBarButtonItem* barButton =
      [[[UIBarButtonItem alloc] initWithBarButtonSystemItem:UIBarButtonSystemItemDone
                            target:self
                            action:@selector(doneDidPush)] autorelease];
    self.navigationItem.rightBarButtonItem = barButton;
}
- (void)doneDidPush {
    [self dismissModalViewControllerAnimated:YES];
}
- (void)tableView:(UITableView*)tableView
    didSelectRowAtIndexPath:(NSIndexPath*)indexPath
{
    [parent_ setCurrentText:[dataSource_ objectAtIndex:indexPath.row]];
```

```objc
    [self dismissModalViewControllerAnimated:YES];
  }
- (NSInteger)tableView:(UITableView*)tableView
  numberOfRowsInSection:(NSInteger)section
{
    return [dataSource_ count];
}
- (UITableViewCell*)tableView:(UITableView*)tableView
  cellForRowAtIndexPath:(NSIndexPath*)indexPath
{
    static NSString *CellIdentifier = @"Cell";
    UITableViewCell *cell = [tableView dequeueReusableCellWithIdentifier:CellIdentifier];
    if (cell == nil) {
       cell = [[[UITableViewCell alloc] initWithStyle:
   UITableViewCellStyleDefault reuseIdentifier:CellIdentifier] autorelease];
    }
    cell.textLabel.text = [dataSource_ objectAtIndex:indexPath.row];
    return cell;
}
@end
```

执行效果如图12-7所示。单击书签按钮后，会在新界面中显示书签中的数据，如图12-8所示。书签中存储的是当前设备已经使用过的搜索关键字。

图12-7　执行效果

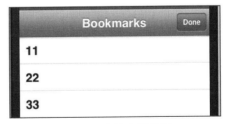

图12-8　书签中的数据

第 13 章
导航控制和弹出框处理

　　在iOS应用程序中，可以采用结构化程度更高的场景进行布局，其中有两种最流行的应用程序布局方式，分别是导航控制器和选项卡栏控制器。在本章的内容中，将详细介绍视图控制器、多场景弹出框和分割视图控制器的基本知识，为后面知识的学习打下基础。

13.1 视图控制器（UIViewController）

在本书前面的内容中，其实已经多次用到了UIViewController。UIViewController的主要功能是控制画面的切换，其中的view属性（UIView类型）管理整个画面的外观。在开发iOS应用程序时，其实不使用UIViewController也能编写出iOS应用程序，但是这样整个代码会看起来将非常凌乱，如果可以将不同外观的画面进行整体的切换，显然更合理。UIViewController正是用于实现这种画面切换方式。在本节的内容中，将详细讲解UIViewController的基本知识。

13.1.1 UIViewController基础

类UIViewController提供了一个显示用的View界面，同时包含View加载、卸载事件的重定义功能。在此需要注意的是，在自定义其子类时须在Interface Builder中手动关联view属性。类UIViewController中的常用属性和方法如下所示。

- @property(nonatomic, retain) UIView *view：此属性为ViewController类的默认显示界面，可以使用自定义实现的View类替换。
- - (id)initWithNibName:(NSString *)nibName bundle:(NSBundle *)nibBundle：最常用的初始化方法，其中nibName名称必须与要调用的Interface Builder文件名一致，但不包括文件扩展名。比如要使用aa.xib，则应写为[[UIViewController alloc] initWithNibName:@"aa" bundle:nil]。nibBundle指定在哪个文件束中搜索指定的nib文件，如在项目主目录下，则可直接使用nil。
- - (void)viewDidLoad：此方法在ViewController实例中的View被加载完毕后调用。如需重定义某些要在View加载后立刻执行的动作或者界面修改，则应把代码写在此函数中。
- - (void)viewDidUnload：此方法在ViewControll实例中的View被卸载完毕后调用。如需重定义某些要在View卸载后立刻执行的动作或者释放内存，则应把代码写在此函数中。
- - (BOOL)shouldAutorotateToInterfaceOrientation:(UIInterfaceOrientation)interfaceOrientation：iPhone的重力感应装置感应到屏幕由横向变为纵向或者由纵向变为横向时，调用此方法。如返回结果为NO，则不自动调整显示方式；如返回结果为YES，则自动调整显示方式。
- @property(nonatomic, copy) NSString *title：如View中包含NavBar时，当前NavItem的显示标题。当NavBar前进或后退时，此title则变为后退或前进的尖头按钮中的文字。

13.1.2 实战演练——实现不同界面之间的跳转处理

在本实例中，通过使用UIViewController类实现了两个不同界面之间的切换。其中第一个界面显示文本"Hello, world!"和一个"画面跳转"按钮。单击此按钮后会来到第二个界面，第二个显示文本"你好、世界！"和一个"画面跳转"按钮，单击此按钮后会返回到第一个界面。

实例13-1	实现不同界面之间的跳转处理
源码路径	光盘:\daima\13\HelloWorld

实例文件 ViewController1.m的具体实现代码如下所示。

```
#import "ViewController1.h"
@implementation ViewController1
- (void)viewDidLoad {
  [super viewDidLoad];
  //追加Hello, world!标签
  //背景为白色、文字为黑色
  UILabel* label =
[[[UILabel alloc] initWithFrame:self.view.bounds] autorelease];
  label.text = @"Hello, world!";
  label.textAlignment = UITextAlignmentCenter;
  label.backgroundColor = [UIColor whiteColor];
  label.textColor = [UIColor blackColor];
  label.autoresizingMask = UIViewAutoresizingFlexibleWidth |
UIViewAutoresizingFlexibleHeight;
  [self.view addSubview:label];
  //追加按钮
  //点击按钮后跳转到其他画面
  UIButton* button = [UIButton buttonWithType:UIButtonTypeRoundedRect];
  [button setTitle:@"画面跳转" forState:UIControlStateNormal];
  [button sizeToFit];
  CGPoint newPoint = self.view.center;
  newPoint.y += 50;
  button.center = newPoint;
  button.autoresizingMask =
    UIViewAutoresizingFlexibleTopMargin |
UIViewAutoresizingFlexibleBottomMargin;
  [button addTarget:self
            action:@selector(buttonDidPush)
   forControlEvents:UIControlEventTouchUpInside];
  [self.view addSubview:button];
}
- (void)buttonDidPush {
  // 自己移向背面
  // 结果是ViewController2显示在前
  [self.view.window sendSubviewToBack:self.view];
}
@end
```

实例文件 ViewController2.m 的具体实现代码如下所示。

```
#import "ViewController2.h"
@implementation ViewController2
- (void)viewDidLoad {
  [super viewDidLoad];
  //追加您好、世界！标签
  //背景为黑色、文字为白色
  UILabel* label =
[[[UILabel alloc] initWithFrame:self.view.bounds] autorelease];
  label.text = @"您好、世界！";
  label.textAlignment = UITextAlignmentCenter;
  label.backgroundColor = [UIColor blackColor];
```

```
  label.textColor = [UIColor whiteColor];
  label.autoresizingMask = UIViewAutoresizingFlexibleWidth |
UIViewAutoresizingFlexibleHeight;
  [self.view addSubview:label];
  //追加按钮
  //点击按钮后画面跳转
  UIButton* button = [UIButton buttonWithType:UIButtonTypeRoundedRect];
  [button setTitle:@"画面跳转" forState:UIControlStateNormal];
  [button sizeToFit];
  CGPoint newPoint = self.view.center;
  newPoint.y += 50;
  button.center = newPoint;
  button.autoresizingMask =
    UIViewAutoresizingFlexibleTopMargin |
UIViewAutoresizingFlexibleBottomMargin;
  [button addTarget:self
             action:@selector(buttonDidPush)
   forControlEvents:UIControlEventTouchUpInside];
  [self.view addSubview:button];
}
- (void)buttonDidPush {
    //自己移向背面
    //结果是ViewController1显示在前
  [self.view.window sendSubviewToBack:self.view];
}
@end
```

执行后的效果如图13-1所示，单击"画面跳转"按钮后会来到第二个界面，如图13-2所示。

图13-1　第一个界面

图13-2　第二个界面

13.2 导航控制器（UINavigationController）

在iOS应用中，导航控制器（UINavigationController）可以管理一系列显示层次型信息的场景。也就是说，第一个场景显示有关特定主题的高级视图，第二个场景用于进一步描述，第三个场景再进一步描述，依此类推。例如，iPhone应用程序"通讯录"显示一个联系人编组列表，触摸编组将打开其中的联系人列表，而触摸联系人将显示其详细信息。另外，用户可以随时返回到上一级，甚至直接回到起点（根）。

通过使用导航控制器，可以实现场景间的过渡效果，它会创建一个视图控制器栈，栈底是根视图控制器。当用户在场景之间进行切换时，依次将视图控制器压入栈中，且当前场景的视图控制器位于栈顶。

在iOS文档中，都使用术语压入（Push）和弹出（Pop）来描述导航控制器。对于导航控制器下面的场景来说，也使用压入（Push）切换进行显示。

UINavigationController由Navigation bar、Navigation view和Navigation toobar等组成的，如图13-3所示。

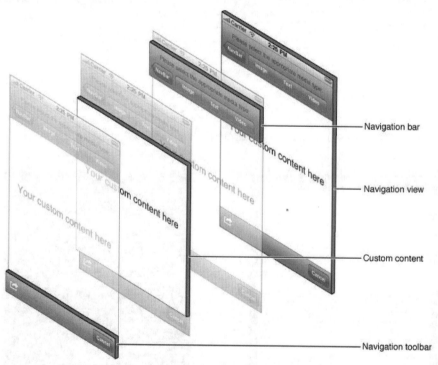

图13-3　导航控制器的组成

当iOS程序中有多个需要在View之间切换的时候，可以使用 UINavigationController或ModalViewController实现。UINavigationController 是通过向导条来切换多个View的。如果 View的数量比较少，并且显示领域为全屏的时候，建议使用ModalViewController。

▶ 13.2.1　导航栏、导航项和栏按钮项

除了管理视图控制器栈外，导航控制器还管理一个导航栏（UINavigationBar）。导航栏类

似于工具栏,但它是使用导航项(UINavigationItem)实例填充的,该实例被加入到导航控制器管理的每个场景中。在默认情况下,场景的导航项包含一个标题和一个Back按钮。Back按钮是以栏按钮项(UIBarButtonItem)的方式加入到导航项的,就像前一章使用的栏按钮一样。甚至可以将额外的栏按钮项拖放到导航项中,从而在场景显示的导航栏中添加自定义按钮。

通过使用Interface Builder,可以很容易地完成上述工作。只要知道了如何创建每个场景的方法,就很容易在应用程序中使用这些对象。

13.2.2　UINavigationController详解

UINavigationController是iOS编程中比较常用的一种容器View Controller,很多系统的控件(如UIImagePickerViewController)以及很多有名的APP中(如QQ、系统相册等)都有用到。

1. navigationItem

navigationItem是UIViewController的一个属性,此属性是为UINavigationController服务的。navigationItem在navigationBar中代表一个viewController,就是每一个加到navigationController的viewController都会有一个对应的navigationItem,该对象由viewController以懒加载的方式创建,在后面就可以在对象中对navigationItem进行配置。可以设置leftBarButtonItem、rightBarButtonItem、backBarButtonItem、title以及prompt等属性。其中前3个都是UIBarButtonItem对象,最后两个属性是NSString类型描述,添加该描述以后,NavigationBar的高度会增加30,总的高度会变成74(不管当前方向是Portrait还是Landscape,此模式下navgationbar都使用高度44加上prompt30的方式进行显示)。如果觉得只是设置文字的title不够灵活,还可以通过titleview属性指定一个定制的标题,注意指定的titleview的frame大小,不要显示出界。

请看下面的代码:

```
//set rightItem
UIBarButtonItem *rightItem = [[UIBarButtonItem alloc] initWithTitle:@"Root" style:UIBarButtonItemStyleBordered target:self action:@selector(popToRootVC)];
childOne.navigationItem.rightBarButtonItem = rightItem;
[rightItem release];
//when you design a prompt for navigationbar, the hiehgt of
//navigationbar will become 74, ignore the orientation
//
childOne.navigationItem.prompt = @"Hello, im the prompt";
```

上述代码设置了navigationItem的rightBarButtonItem,并且同时设置了prompt信息。

2. titleTextAttributes

titleTextAttributes是UINavigationBar的一个属性,通过此属性可以设置title部分的字体,此属性定义如下所示:

```
@property(nonatomic,copy) NSDictionary *titleTextAttributes __OSX_AVAILABLE_STARTING(__MAC_NA,__IPHONE_5_0) UI_APPEARANCE_SELECTOR;
```

titleTextAttributes的dictionary的key定义以及其对应的value类型如下:

```
//    Keys for Text Attributes Dictionaries
//    NSString *const UITextAttributeFont;                    value: UIFont
//    NSString *const UITextAttributeTextColor;               value: UIColor
```

```
//        NSString *const UITextAttributeTextShadowColor;      value: UIColor
//        NSString *const UITextAttributeTextShadowOffset;     value: NSValue
//wrapping a UIOffset struct.
```

下面是一个简单的例子：

```
NSDictionary *dict = [NSDictionary dictionaryWithObject:[UIColor
yellowColor] forKey:UITextAttributeTextColor];
childOne.navigationController.navigationBar.titleTextAttributes = dict;
```

通过上述代码设置title的字体颜色为黄色。

3. wantsFullScreenLayout

wantsFullScreenLayout是viewController的一个属性，这个属性默认值是NO，如果设置为YES，且statusBar、navigationBar、toolBar是半透明的话，viewController的View就会缩放或延伸到它们下面，但注意tabBar不在范围内，即无论该属性是否为YES，View都不会覆盖到tabBar的下方。

4. navigationBar中的stack

此属性是UINavigationController的灵魂之一，它维护了一个和UINavigationController中viewControllers对应的navigationItem的stack，该stack用于负责navigationBar的刷新。navigationBar中navigationItem的stack和对应的NavigationController中viewController的stack是一一对应的关系，如果两个stack不同步就会抛出异常。

下面是一个简单抛出异常的例子：

```
SvNavChildViewController *childOne =
[[SvNavChildViewController alloc] initWithTitle:@"First" content:@"1"];
[self.navigationController pushViewController:childOne animated:NO];
[childOne release];
// raise exception when the stack of navigationbar and navigationController
// was not correspond
[self.navigationController.navigationBar popNavigationItemAnimated:NO];
```

在上述代码中，当pushViewController之后，强制把navigationBar中的navigationItem出栈一个，程序会马上挂起。

5. navigationBar的刷新

通过前面介绍的内容，已经知道navigationBar中包含了几个重要组成部分：leftBarButtonItem、rightBarButtonItem、backBarButtonItem和title。当一个viewController添加到navigationController以后，navigationBar的显示遵循以下3个原则。

（1）navigationBar左侧

- 如果当前的viewController设置了leftBarButtonItem，则显示当前VC所自带的leftBarButtonItem。
- 如果当前的viewController没有设置leftBarButtonItem，且当前VC不是rootVC的时候，则显示前一层VC的backBarButtonItem。如果前一层的VC没有显示指定的backBarButtonItem，系统将会根据前一层VC的title属性自动生成一个back按钮，并显示出来。
- 如果当前的viewController没有设置leftBarButtonItem，且当前VC已是rootVC的时候，左边将不显示任何东西。

在此需要注意，从5.0开始便新增加了一个属性leftItemsSupplementBackButton，通过指定该属性为YES，可以让leftBarButtonItem和backBarButtonItem同时显示，其中leftBarButtonItem显示在backBarButtonItem的右边。

（2）title部分
- 如果当前应用通过.navigationItem.titleView指定了自定义的titleView，系统将会显示指定的titleView，此处要注意自定义titleView的高度不要超过navigationBar的高度，否则会显示出界。
- 如果当前VC没有指定titleView，系统则会根据当前VC的title或者当前VC的navigationItem.title的内容创建一个UILabel并显示，其中如果指定了navigationItem.title的话，则优先显示navigationItem.title的内容。

（3）navigationBar右侧
- 如果指定了rightBarButtonItem的话，则显示指定的内容。
- 如果没有指定rightBarButtonItem的话，则不显示任何东西。

6. Toolbar

navigationController自带了一个工具栏，通过设置 "self.navigationController.toolbarHidden = NO" 来显示工具栏，工具栏中的内容可以通过viewController的toolbarItems来设置，显示的顺序和设置的NSArray中存放的顺序一致，其中每一个数据都一个UIBarButtonItem对象，可以使用系统提供的常用风格的对象，也可以根据需求进行自定义。

下面是设置Toolbar内容的例子。

```
UIBarButtonItem *one = [[UIBarButtonItem alloc]
initWithBarButtonSystemItem:UIBarButtonSystemItemAdd target:nil action:nil];
UIBarButtonItem *two = [[UIBarButtonItem alloc]
initWithBarButtonSystemItem:UIBarButtonSystemItemBookmarks target:nil action:nil];
UIBarButtonItem *three = [[UIBarButtonItem alloc]
initWithBarButtonSystemItem:UIBarButtonSystemItemAction target:nil action:nil];
UIBarButtonItem *four = [[UIBarButtonItem alloc]
initWithBarButtonSystemItem:UIBarButtonSystemItemEdit target:nil action:nil];
UIBarButtonItem *flexItem = [[UIBarButtonItem alloc]
initWithBarButtonSystemItem:UIBarButtonSystemItemFlexibleSpace target:nil action:nil];
[childOne setToolbarItems:[NSArray arrayWithObjects:flexItem, one, flexItem, two, flexItem, three, flexItem, four, flexItem, nil]];
[one release];
[two release];
[three release];
[four release];
[flexItem release];
childOne.navigationController.toolbarHidden = NO;
```

7. UINavigationControllerDelegate

这个代理非常简单，就是当一个viewController要显示的时候通知一下外面，包含如下两个函数。

- - (void)navigationController:(UINavigationController *)navigationController willShowViewController:(UIViewController *)viewController animated:(BOOL)animated;

- - (void)navigationController:(UINavigationController *) navigationController didShowViewController:(UIViewController *)viewController animated:(BOOL)animated;

当需要对某些将要显示的viewController进行修改的话，可实现该代理。

13.2.3 在故事板中使用导航控制器

在故事板中添加导航控制器的方法与添加其他视图控制器的方法类似，整个流程完全相同。在此假设使用模板Single View Application新建了一个项目，则具体流程如下所示。

步骤 1 添加视图控制器子类，以处理用户在导航控制器管理的场景中进行的交互。

步骤 2 在Interface Builder编辑器中打开故事板文件。如果要让整个应用程序都置于导航控制器的控制之下，将默认场景的视图控制器删除，还需删除文件ViewController.m和ViewController.h，这就删除了默认场景。

步骤 3 从对象库拖曳一个导航控制器对象到文档大纲或编辑器中，这好像在项目中添加了两个场景，如图13-4所示。

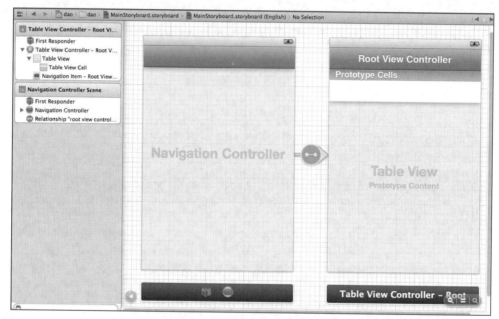

图13-4　在项目中添加导航控制器

这样名为Navigation Controller Scene的场景表示的是导航控制器。它只是一个对象占位符，此对象将控制与之相关所有场景。此处不会对导航控制器做太多修改，但可使用Attributes Inspetor定制其外观（例如指定其颜色）。

导航控制器通过一个"关系"连接到名为Root View Controller的场景，将给这个场景指定自定义视图控制器。在此需要说明的一点是，这个场景与其他场景没有任何不同，只是顶部有一个导航栏，并且可以使用压入切换来过渡到其他场景

1. 设置导航栏项的属性

要修改导航栏中的标题，只需双击它并进行编辑；也可选择场景中的导航项，再打开Attributes Inspector（快捷键Option+Command+4），如图13-5所示。

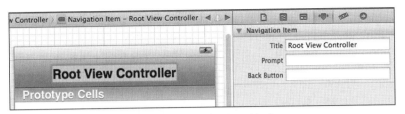

图13-5 为场景定制导航项

在Attributes Inspector面板中，可以修改如下所示的3个属性。
- Title（标题）：显示在视图顶部的标题字符串。
- Prompt（提示）：一行显示在标题上方的文本，向用户提供使用说明。
- Back Button（后退按钮）：下一个场景的后退按钮的文本。

在下一个场景还未创建之前，可以编辑其按钮的文本。在默认情况下，从一个导航控制器场景切换到另一个场景时，后者的后退按钮将显示前者的标题。但有时标题可能很长或者不合适，在这种情况下，可以将属性Back Button设置为所需的字符串；在用户切换到下一个场景时，该字符串将出现在让用户能够返回到前一个场景的按钮上。

编辑属性Back Button会导致由于iOS不再能够使用默认方式创建后退按钮，因此它在导航项中新建一个自定义栏按钮项，其中包含您指定的字符串。我们可进一步定制该栏按钮项，使用Attributes Inspector修改其颜色和外观。

现在，导航控制器管理的场景只有一个，因此后退按钮不会出现。在接下来的内容中，开始介绍如何串接多个场景，创建导航控制器知道的挖掘层次结构。

2. 添加其他场景并使用压入切换

要在导航层Control中添加场景，可以通过如下所示的流程实现。

步骤 1　在导航控制器管理场景中添加一个控件，用于触发到另一个场景的过渡。如果想使用手工触发的方式实现切换，只需把视图控制器连接起来即可。

步骤 2　拖曳一个视图控制器实例到文档大纲或编辑器中，这样会创建一个没有导航栏和导航项的空场景。还需要指定一个自定义视图控制器子类，用于编写视图后面的代码。

步骤 3　按住Control键，从用于触发切换的对象拖曳到新场景的视图控制器。

通过上述步骤创建的新场景将包含导航栏，并自动添加并显示导航项。可定制标题和后退按钮，还可以添加额外的栏按钮项。可以不断地添加新场景和压入切换，还可以添加分支，让应用程序能够沿不同的流程执行，如图13-6所示。

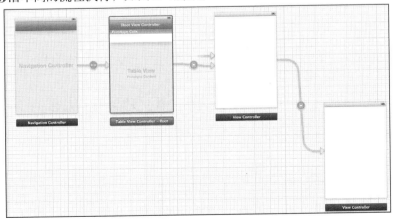

图13-6 可以根据需要创建任意数量的切换

因为它们都是视图，就像其他视图一样，还可以同时在故事板中添加模态切换和弹出框。相对于模态切换，本章介绍的控制器的优点之一是能够自动处理视图之间的切换，且无需编写任何代码，就可以在导航控制器中使用后退按钮。在选项卡栏的应用程序中，无需编写任何代码就可在场景间切换。

13.2.4 使用 UINavigationController的流程

（1）第一步：创建一个UINavigationController

在创建的同时会添加一个根视图，如果没有视图添加进去，自然UINavigationController也就没有什么意义了。

```
UINavigationController *nav = [[UINavigationController alloc]
initWithRootViewController:aControl];
```

（2）第二步：把这个nav加到窗口中

在第一步把aControl封装成了nav后，就是入栈第一个视图，即根视图，任何子视图都有此繁衍功能，现在可以直接把nav当成一个视图控制器。nav.view就是这个可视的视图aControl本身了。

```
[window addSubView:nav.view];
```

UINavigationController 本身会自动进行入栈、出栈的相关操作，进入到新的视图的同时，UINavigationController 会自动添加左边返回按钮用以返回一个视图，当然可以在新的视图中将这个左边的按钮修改成其他用途。比如，可以通过设置self.navigationItem.leftBarButtonItem为某个ButtonItem，当用户点击左边按钮时，进行一些清理操作等。

一般在使用过程中会碰到的设置内容有：self.navigationItem.leftBarButtonItem，self.navigationItem.rightBarButtonItem，self.navigationItem.backBarButtonItem，self.navigationItem.titleView等，属性很多，这里就不一一列举了，可以直接参考SDK文档，都有非常详细的说明。

（3）第三步：入栈操作

```
UIViewController *aViewController = [[UIView alloc] init;
[self.navigationController pushViewController:
aViewController    animated:NO];
```

（4）第四步：出栈操作

把当前视图出栈，当然根视图不能出栈。

```
[self.navigationController popViewControllerAnimated:YES];
```

13.2.5 实战演练——实现不同视图的切换

在下面的内容中，将通过一个具体实例来说明使用UINavigationController的具体流程。

实例13-2	在屏幕中实现不同视图的切换
源码路径	光盘:\daima\13\NavigationControllerDemo

本实例的功能是实现不同场景的切换，具体实现流程如下所示。

步骤 1 新建一个项目，命名为UINavigationControllerDemo。为了更好地理解

UINavigationController，选择Empty Application模板，如图13-7所示。

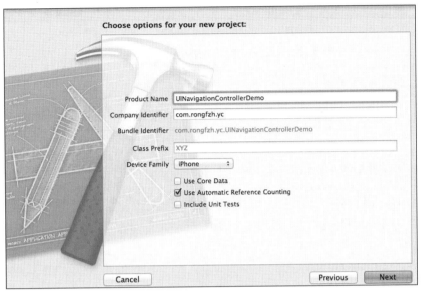

图13-7　新建项目

步骤 2　创建一个View Controller，命名为RootViewController；选择菜单命令File→New→New File，默认勾选With XIB for user interface，如图13-8所示。

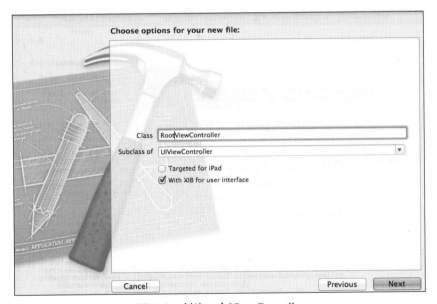

图13-8　创建一个View Controller

选择正确位置创建完成后，此时在项目中多了如下3个文件。
- RootViewController.h
- RootViewController.m
- RootViewController.xib

步骤 3　打开文件RootViewController.xib，添加一个按钮控件，将按钮文本改为Goto SecondView，为跳转做准备，如图13-9所示。

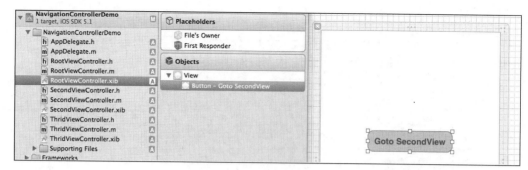

图13-9 添加一个按钮控件

步骤 4 打开文件AppDelegate.h，向其中添加属性。

```
@property (strong, nonatomic) UINavigationController *navController;
```

添加后，文件AppDelegate.h的代码如下所示。

```
#import
@class ViewController;
@interface AppDelegate : UIResponder
@property (strong, nonatomic) UIWindow *window;
@property (strong, nonatomic) ViewController *viewController;
@property (strong, nonatomic) UINavigationController *navController;

@end
```

步骤 5 在AppDelegate.m文件的didFinishLaunchingWithOptions方法中添加navController、RootViewController视图，具体代码如下所示。

```
- (BOOL)application:(UIApplication *)
application didFinishLaunchingWithOptions:(NSDictionary *)launchOptions
{
    self.window = [[UIWindow alloc] initWithFrame:
[[UIScreen mainScreen] bounds]];
    RootViewController *rootView = [[RootViewController alloc] init];
    rootView.title = @"Root View";
    self.navController = [[UINavigationController alloc] init];
    [self.navController pushViewController:rootView animated:YES];
    [self.window addSubview:self.navController.view];
    [self.window makeKeyAndVisible];
    return YES;
}
```

给rootView的title命名为Root View，用pushViewController把rootView加入到navController的视图栈中。此时Root视图添加完成，执行后的效果如图13-10所示。

步骤 6 添加UIBarButtonItem。Bar ButtonItem分为左右两个UIBarButtonItem，在此把左、右两个都添加上去。在文件RootViewController.m中添加如下所示的代码。

```
- (void)viewDidLoad
{
    [super viewDidLoad];
    UIBarButtonItem *leftButton = [[UIBarButtonItem alloc]
```

```
initWithBarButtonSystemItem:UIBarButtonSystemItemAction target:
self action:@selector(selectLeftAction:)];
    self.navigationItem.leftBarButtonItem = leftButton;
    UIBarButtonItem *rightButton = [[UIBarButtonItem alloc]
initWithBarButtonSystemItem:UIBarButtonSystemItemAdd target:
self action:@selector(selectRightAction:)];
    self.navigationItem.rightBarButtonItem = rightButton;
}
```

这样便成功添加了UIBarButtonItem，此时的执行效果如图13-11所示。

图13-10　执行效果1

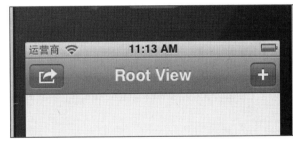

图13-11　执行效果2

此处重点介绍下面的代码：

```
UIBarButtonItem *leftButton =
[[UIBarButtonItemalloc]initWithBarButtonSystemItem:UIBarButtonSystemItemActiontarget:
selfaction:@selector(selectLeftAction:)];
```

代码表示UIBarButtonSystemItemAction的风格，这是系统自带的按钮风格，具体说明如图13-12所示。

步骤 **7**　响应UIBarButtonItem的事件的实现。接下来需要在action:@selector(selectLeftAction:)中添加selectLeftAction和selectRightAction，在文件RootViewController.m中添加如下所示的代码。

```
-(void)selectLeftAction:(id)sender
{
    UIAlertView *alter = [[UIAlertView alloc] initWithTitle:@"提示" message:@"你点击了导航栏左按钮" delegate:self cancelButtonTitle:@"确定" otherButtonTitles:nil, nil];
    [alter show];
```

```
}
-(void)selectRightAction:(id)sender
{
      UIAlertView *alter = [[UIAlertView alloc] initWithTitle:@"提示
" message:@"你点击了导航栏右按钮" delegate:self  cancelButtonTitle:@"确定"
otherButtonTitles:nil, nil];
    [alter show];
}
```

标签	效果	标签	效果
UIBarButtonSystemItemAction		UIBarButtonSystemItemPause	
UIBarButtonSystemItemAdd		UIBarButtonSystemItemPlay	
UIBarButtonSystemItemBookmarks		UIBarButtonSystemItemRedo	Redo
UIBarButtonSystemItemCamera		UIBarButtonSystemItemRefresh	
UIBarButtonSystemItemCancel	Cancel	UIBarButtonSystemItemReply	
UIBarButtonSystemItemCompose		UIBarButtonSystemItemRewind	
UIBarButtonSystemItemDone	Done	UIBarButtonSystemItemSave	Save
UIBarButtonSystemItemEdit	Edit	UIBarButtonSystemItemSearch	
UIBarButtonSystemItemFastForward		UIBarButtonSystemItemStop	
UIBarButtonSystemItemOrganize		UIBarButtonSystemItemTrash	
UIBarButtonSystemItemPageCurl		UIBarButtonSystemItemUndo	Undo

图13-12　UIBarButtonSystemItemAction的风格

这样在点击左右的UIBarButtonItem时弹出提示信息，如图13-13所示。

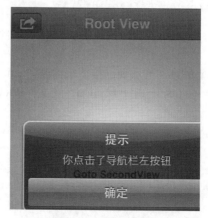

图13-13　执行效果

13.3 选项卡栏控制器（UITabBarController）

选项卡栏控制器（UITabBarController）与导航控制器一样，也被广泛用于各种iOS应用程序。顾名思义，选项卡栏控制器在屏幕底部显示一系列选项卡，这些选项卡表示为图标和文本，用户触摸它们将在场景间切换。和UINavigationController类似，UITabBarController也可以用来控制多个页面导航，用户可以在多个视图控制器之间移动，并可以定制屏幕底部的选项卡栏。

借助屏幕底部的选项卡栏，UITabBarController不必像UINavigationController那样以栈的方式推入和推出视图，而是组建一系列的控制器（可以是UIViewController、UINavigationController、UITableViewController或任何其他种类的视图控制器），并将它们添加到选项卡栏，使每个选项卡对应一个视图控制器。每个场景都呈现了应用程序的一项功能，或提供了一种查看应用程序信息的独特方式。UITabBarController是iOS中很常用的一个viewController，例如系统的闹钟程序、iPod程序等。UITabBarController通常作为整个程序的rootViewController，而且不能添加到别的Container viewController中。图13-14演示了选项卡控制器的view层级图。

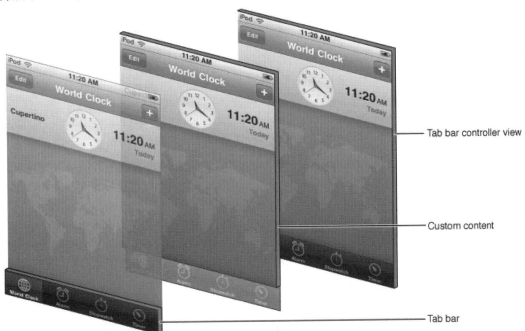

图13-14 用于在不同场景间切换的选项卡栏控制器

与导航控制器一样，选项卡栏控制器会处理一切事务。当用户触摸按钮时，会在场景间进行切换，无需以编程方式处理选项卡栏事件，也无需手工在视图控制器之间切换。

13.3.1 选项卡栏和选项卡栏项

在故事板中，选项卡栏的实现与导航控制器也很像，它包含一个UITabBar，类似于工具栏。选项卡栏控制器管理的每个场景都将继承这个选项卡栏。选项卡栏控制器管理的场景必须包含一个选项卡栏项（UITabBarItem），它包含标题、图像和徽章。在接下来的内容中，将介绍在故事板中添加选项卡栏控制器、配置选项卡栏按钮以及选项卡栏控制器管理的方法。

如果要在应用程序中使用选项卡栏控制器，建议使用模板Single View Application来创建项目。如果不想从默认创建的场景切换到选项卡栏控制器，可以将其删除。为此可以删除其视图控制器，再删除相应的文件ViewController.h和ViewController.m。当故事板处于我们想要的状态后，可以从对象库拖曳一个选项卡栏控制器实例到文档大纲或编辑器中，这样会添加一个选项卡栏控制器和两个相关联的场景，如图13-15所示。

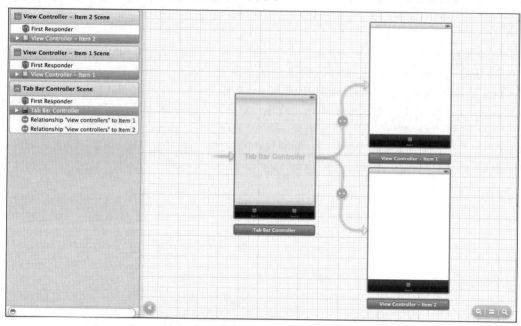

图13-15　在应用程序中添加选项卡栏控制器时添加两个场景

选项卡栏控制器场景表示UITabBarController对象，该对象负责协调所有场景过渡，包含一个选项卡栏对象。可以使用Interface Builder对UITabBarController对象进行定制，例如修改为喜欢的颜色。

有两条从选项卡栏控制器出发的关系连接，它们连接到将通过选项卡栏显示的两个场景。这些场景可通过选项卡栏按钮的名称（默认为Item 1和Item 2）进行区分。虽然所有的选项卡栏按钮都显示在选项卡栏控制器场景中，但它们实际上属于各个场景。要修改选项卡栏按钮，必须在相应的场景中，而不能在选项卡栏控制场景中进行修改。

1. 设置选项卡栏项的属性

要编辑场景对应的选项卡栏项（UITabBarItem），在文档大纲中展开场景的视图控制器，选择其中的选项卡栏项，再打开Attributes Inspector（快捷键Option+Command+4），如图13-16所示。

在Tab Bar Item部分，可以指定要在选项卡栏项的徽章中显示的值，但是通常应在代码中通过选项卡栏项的属性badgeValue（其类型为NSString）进行设置。还可以通过Identifier下拉列表从十多种预定义的图标中进行选择；如果选择使用预定义的图标，就不能进一步定制了，因为Apple希望这些图标在整个iOS中保持不变。

可使用Bar Item部分设置自定义图标和标题，其中Title文本框用于设置选项卡栏项的标签，而Image下拉列表能够将项目中的图像资源关联到选项卡栏项。

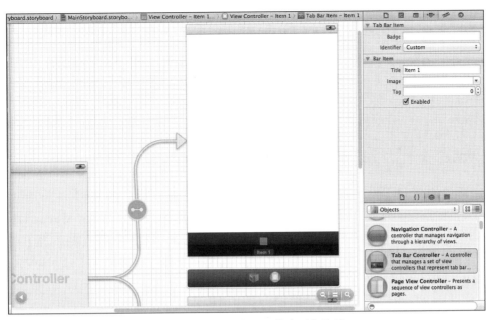

图13-16　定制每个场景的选项卡栏项

2. 添加额外的场景

选项卡栏明确指定了用于切换到其他场景的对象——选项卡栏项。其中的场景过渡甚至都不叫切换，而是选项卡栏控制器和场景之间的关系。要想添加场景、选项卡栏项以及控制器和场景之间的关系，首先在故事板中添加一个视图控制器，拖曳一个视图控制器实例到文档大纲或编辑器中。然后按住Control键，并在文档大纲中从选项卡栏控制器拖曳到新场景的视图控制器。在Xcode提示时，选择Relationship→View Controller命令，如图13-17所示。

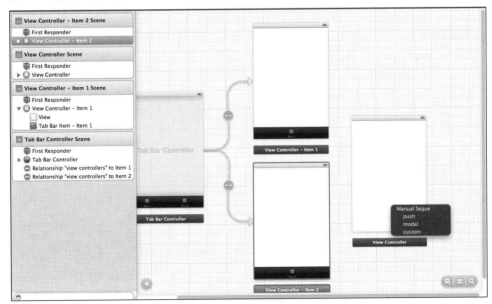

图13-17　在控制器之间建立关系

这样只需要创建关系就行了，这将自动在新场景中添加一个选项卡栏项，可以对其进行配置。重复上述操作，可以根据需要创建任意数量的场景，并在选项卡栏中添加选项卡。

13.3.2 在选项卡栏控制器管理的场景之间共享数据

与导航控制器一样,通过选项卡栏控制器也可以实现信息共享功能。在使用时可以创建一个选项卡栏控制器(UITabBarController)子类,并将其关联到选项卡栏控制器中。然后在这个子类中添加一些属性,用于存储要共享的数据。再在每个场景中通过属性parentViewController获取该控制器,用于访问这些属性。

13.3.3 UITabBarController使用详解

1. 手动创建UITabBarController

最常见的创建UITabBarController的地方就是在application delegate中的applicationDidFinishLaunching方法,因为UITabBarController通常是作为整个程序的rootViewController,所以需要在程序的window显示之前就创建好它,具体步骤如下所示。

步骤 1 创建一个UITabBarController对象。

步骤 2 创建TabBarController中每一个tab对应的要显示的对象。

步骤 3 通过UITabBarController的viewController属性,将要显示的所有Content ViewController(内容视图控制器)添加到UITabBarController中。

步骤 4 通过设置UITabBarController对象为window.rootViewController,然后显示window。

下面看一个简单的例子。

```objc
- (BOOL)application:(UIApplication *)application
didFinishLaunchingWithOptions:(NSDictionary *)launchOptions
{
    self.window =
[[[UIWindow alloc] initWithFrame:[[UIScreen mainScreen] bounds]] autorelease];
    // Override point for customization after application launch.
    SvTabBarFirstViewController *viewController1, *viewController2;
    viewController1 =
[[SvTabBarFirstViewController alloc] initWithNibName:nil bundle:nil];
    viewController1.title = @"First";

    viewController2 =
[[SvTabBarFirstViewController alloc] initWithNibName:nil bundle:nil];
    viewController2.title = @"Second";
    self.tabBarController =
[[[UITabBarController alloc] init] autorelease];
    self.tabBarController.delegate = self;
    self.tabBarController.viewControllers =
[NSArray arrayWithObjects:viewController1, viewController2, nil];
[viewController1 release];
    [viewController2 release];
    self.window.rootViewController = self.tabBarController;
    [self.window makeKeyAndVisible];
    return YES;
}
```

2. UITabBarItem

UITabBar上面显示的每一个Tab都对应着一个viewController，可以通过设置viewController.tabBarItem属性来改变TabBar上对应的Tab显示内容。否则系统将会根据viewController的title自动创建一个，该tabBarItem只显示文字，没有图像。当自己创建UITabBarItem的时候，可以显示指定的图像和对应的文字描述。还可以通过setFinishedSelectedImage:withFinishedUnselectedImage方法给选中状态和非选中状态指定不同的图片。下面看一个自己创建UITabBarItem的小例子。

```
UITabBarItem *item =
[[UITabBarItem alloc] initWithTitle:@"Second" image:nil tag:2];
[item setFinishedSelectedImage:[UIImage imageNamed:@"second.png"]
    withFinishedUnselectedImage:[UIImage imageNamed:@"first.png"]];
viewController2.tabBarItem = item;
[item release];
```

此外UITabBarItem还有一个属性badgeValue，通过设置该属性可以在其右上角显示一个小的角标，通常用于提示用户有新的消息。

3. moreNavigationController

在UITabBar上最多可以显示5个Tab，在往UITabBarController中添加超过的viewController多于5个时，最后一个就会自动变成如图13-18所示的样式。

图13-18 样式

按照设置的viewControlles的顺序，显示前四个viewController的tabBarItem，后面的tabBarItem将不再显示。当单击More时候，将会弹出一个标准的navigationViewController，里面放有其他未显示的viewController，并且带有一个edit按钮，通过点击该按钮可以进入类似于iPod程序中设置tabBar的编辑界面。编辑界面中默认所有的viewController都是可以编辑的，我们可以通过设置UITabBarController的customizableViewControllers属性来指定viewControllers的一个子集，即只允许一部分viewController可以放到tabBar中显示。但要注意一个问题，每当UITabBarController的viewControllers属性发生变化的时候，customizableViewControllers就会自动设置成跟viewControllers一致，即默认的所有的viewController都是可以编辑的，如果我们要始终限制只是某一部分可编辑的话，记得在每次viewControlles发生改变的时候，重新设置一次customizableViewControllers。

4. UITabBarController的旋转

UITabBarController默认只支持竖屏，当设备方向发生变化时，它会查询viewControllers中包含的所有ViewController，仅当所有的viewController都支持该方向时，UITabBarController才会发生旋转，否则保持默认的竖向。

此处需要注意，当UITabBarController支持旋转而且发生旋转的时候，只有当前显示的viewController会接收到旋转的消息。

5. UITabBar

UITabBar有一些方法可以改变自身状态，但是对于UITabBarController自带的tabBar，不能直接去修改其状态。任何直接修改tabBar的操作将会抛出异常，下面看一个抛出异常的小例子。

```
self.tabBarController =
[[[UITabBarController alloc] init] autorelease];
```

```
self.tabBarController.delegate = self;
self.tabBarController.viewControllers = [NSArray arrayWithObjects:
viewController1, viewController2, viewController3, nil];
self.window.rootViewController = self.tabBarController;
[self.window makeKeyAndVisible];
self.tabBarController.tabBar.selectedItem = nil;
```

上面代码的最后一行直接修改了tabBar的状态，运行程序，会得到如图13-19所示的结果。

```
All Output ♦                                                Clear
2012-05-19 23:54:27.781 SvTabBarControllerSample[2323:f803] *** Terminating app due to
uncaught exception 'NSInternalInconsistencyException', reason: 'Directly modifying a
tab bar managed by a tab bar controller is not allowed.'
*** First throw call stack:
(0x13cb022 0x155ccd6 0x1373a48 0x13739b9 0x2402a0 0x3a0a 0x13386 0x14274 0x23183
0x23c38 0x17634 0x12b5ef5 0x139f195 0x1303ff2 0x13028da 0x1301d84 0x1301c9b 0x13c65
0x15626 0x2662 0x25d5 0x1)
terminate called throwing an exception(lldb)
```

图13-19　执行效果

6. Change Selected Viewcontroller

改变UITabBarController中当前显示的viewController，可以通过如下3种方法实现。

（1）selectedIndex属性

通过该属性可以获得当前选中的viewController，设置该属性，可以显示viewControllers中对应的index的viewController。如果当前选中的是MoreViewController的话，该属性获取的值是NSNotFound，而且通过该属性也不能设置选中MoreViewController。设置的index若超出viewControllers的范围，将会被忽略。

（2）selectedViewController属性

通过该属性可以获取到当前显示的viewController，也可以设置当前选中的viewController，同时更新selectedIndex。通过给该属性赋值tabBarController.moreNavigationController可以选中moreViewController。

（3）viewControllers属性

设置viewControllers属性也会影响当前选中的viewController，设置该属性时UITabBarController首先会清空所有旧的viewController，然后部署新的viewController，接着尝试重新选中上一次显示的viewController，如果该viewController已经不存在的话，会接着尝试选中index和selectedIndex相同的viewController，如果该index无效的话，则默认选中第一个viewController。

7. UITabBarControllerDelegate

通过代理可以监测UITabBarController当前选中的viewController的变化，以及moreViewController中对所有viewController的编辑。可通过实现下面方法：

```
- (BOOL)tabBarController:(UITabBarController *)
tabBarController shouldSelectViewController:(UIViewController *)viewController;
```

该方法用于控制TabBarItem能不能选中，返回NO将禁止用户点击的某一个TabBarItem被选中。但是程序内部还是可以通过直接setSelectedIndex选中该TabBarItem。

下面这3个方法主要用于监测moreViewController中对view controller的edit操作。

- (void)tabBarController:(UITabBarController *)
tabBarController willBeginCustomizingViewControllers:(NSArray *)viewControllers;
- (void)tabBarController:(UITabBarController *)
tabBarController willEndCustomizingViewControllers:
(NSArray *)viewControllers changed:(BOOL)changed;
- (void)tabBarController:(UITabBarController *)
tabBarController didEndCustomizingViewControllers:
(NSArray *)viewControllers changed:(BOOL)changed;

13.3.4 实战演练——实现不同场景的切换

在下面的内容中，将通过一个具体实例来说明使用UITabBarController的具体流程。

实例13-3	实现不同场景的切换
源码路径	光盘:\daima\13\LeveyTabBarController

本实例的功能是实现不同场景的切换，具体实现流程如下所示。

步骤 1 准备好3幅素材图片1.png、2.png和3.png，如图13-20所示。

图13-20 准备的素材图片

步骤 2 创建一个Xcode项目，设计UI界面。主UI界面如图13-21所示。

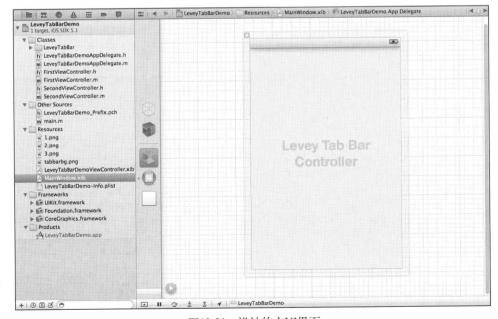

图13-21 设计的主UI界面

设计的次UI界面如图13-22所示。

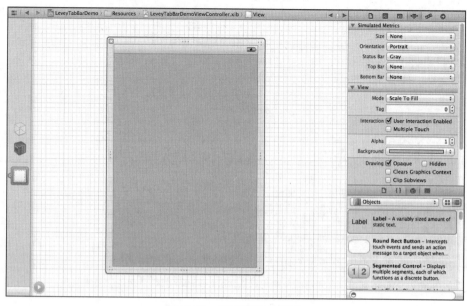

图13-22　设计的次UI界面

步骤 3 文件LeveyTabBarDemoAppDelegate.m的主要代码如下所示。

```
#import "LeveyTabBarDemoAppDelegate.h"
#import "FirstViewController.h"
#import "SecondViewController.h"
#import "LeveyTabBarController.h"

@implementation LeveyTabBarDemoAppDelegate
@synthesize window;
@synthesize leveyTabBarController;
#pragma mark -
#pragma mark Application lifecycle
- (BOOL)application:(UIApplication *)
application didFinishLaunchingWithOptions:(NSDictionary *)launchOptions
{
    FirstViewController *firstVC = [[FirstViewController alloc] init];
    SecondViewController *secondVC =
[[SecondViewController alloc] init];
    UITableViewController *thirdVC =
[[UITableViewController alloc] init];
    UIViewController *fourthVC = [[UIViewController alloc] init];
    fourthVC.view.backgroundColor = [UIColor grayColor];
    FirstViewController *fifthVC = [[FirstViewController alloc] init];
    UINavigationController *nc =
[[UINavigationController alloc] initWithRootViewController:secondVC];
    nc.delegate = self;
    [secondVC release];
    NSArray *ctrlArr =
[NSArray arrayWithObjects:firstVC,nc,thirdVC,fourthVC,fifthVC,nil];
    [firstVC release];
```

```objc
        [nc release];
        [thirdVC release];
        [fourthVC release];
        [fifthVC release];
        NSMutableDictionary *imgDic =
    [NSMutableDictionary dictionaryWithCapacity:3];
        [imgDic setObject:[UIImage imageNamed:@"1.png"] forKey:@"Default"];
        [imgDic setObject:[UIImage imageNamed:@"2.png"] forKey:@"Highlighted"];
        [imgDic setObject:[UIImage imageNamed:@"2.png"] forKey:@"Seleted"];
        NSMutableDictionary *imgDic2 =
    [NSMutableDictionary dictionaryWithCapacity:3];
        [imgDic2 setObject:[UIImage imageNamed:@"1.png"] forKey:@"Default"];
        [imgDic2 setObject:[UIImage imageNamed:@"2.png"] forKey:@"Highlighted"];
        [imgDic2 setObject:[UIImage imageNamed:@"2.png"] forKey:@"Seleted"];
        NSMutableDictionary *imgDic3 =
    [NSMutableDictionary dictionaryWithCapacity:3];
        [imgDic3 setObject:[UIImage imageNamed:@"1.png"] forKey:@"Default"];
        [imgDic3 setObject:[UIImage imageNamed:@"2.png"] forKey:@"Highlighted"];
        [imgDic3 setObject:[UIImage imageNamed:@"2.png"] forKey:@"Seleted"];
        NSMutableDictionary *imgDic4 =
    [NSMutableDictionary dictionaryWithCapacity:3];
        [imgDic4 setObject:[UIImage imageNamed:@"1.png"] forKey:@"Default"];
        [imgDic4 setObject:[UIImage imageNamed:@"2.png"] forKey:@"Highlighted"];
        [imgDic4 setObject:[UIImage imageNamed:@"2.png"] forKey:@"Seleted"];
        NSMutableDictionary *imgDic5 =
    [NSMutableDictionary dictionaryWithCapacity:3];
        [imgDic5 setObject:[UIImage imageNamed:@"1.png"] forKey:@"Default"];
        [imgDic5 setObject:[UIImage imageNamed:@"2.png"] forKey:@"Highlighted"];
        [imgDic5 setObject:[UIImage imageNamed:@"2.png"] forKey:@"Seleted"];
        NSArray *imgArr = [NSArray
    arrayWithObjects:imgDic,imgDic2,imgDic3,imgDic4,imgDic5,nil];
    leveyTabBarController = [[LeveyTabBarController alloc]
    initWithViewControllers:ctrlArr imageArray:imgArr];
        [leveyTabBarController.tabBar setBackgroundImage:[UIImage
    imageNamed:@"tabbarbg.png"]];
        [leveyTabBarController setTabBarTransparent:YES];
```

```objc
        [self.window addSubview:leveyTabBarController.view];
        [self.window makeKeyAndVisible];
    return YES;
}
- (void)navigationController:(UINavigationController *)
navigationController willShowViewController:(UIViewController *)
viewController animated:(BOOL)animated
{
    if (viewController.hidesBottomBarWhenPushed)
    {
        [leveyTabBarController hidesTabBar:YES animated:YES];
    }
    else
    {
        [leveyTabBarController hidesTabBar:NO animated:YES];
    }
}
```

步骤 4 第一个选项面板实现文件FirstViewController.m的主要代码如下所示。

```objc
#import "FirstViewController.h"
#import "LeveyTabBarController.h"
@implementation FirstViewController
- (void)viewDidLoad
{
    [super viewDidLoad];
    self.view.backgroundColor = [UIColor yellowColor];
}
@end
```

步骤 5 第二个选项面板实现文件SecondViewController.m的主要代码如下所示。

```objc
#import "LeveyTabBarDemoAppDelegate.h"
#import "SecondViewController.h"
#import "LeveyTabBarController.h"
#import "FirstViewController.h"
@implementation SecondViewController
- (void)viewWillAppear:(BOOL)animated
{
    [super viewWillAppear:animated];
}
- (void)viewDidLoad
{
    [super viewDidLoad];
    self.view.backgroundColor = [UIColor redColor];
    UIBarButtonItem *rightBtn = [[UIBarButtonItem alloc]
initWithTitle:@"Add" style:UIBarButtonItemStyleBordered target:self
action:@selector(hide)];
    self.navigationItem.rightBarButtonItem = rightBtn;
    [rightBtn release];
}
- (void)hide
```

```
{
    static NSInteger dir = 0;
    
    FirstViewController *firstVC = [[FirstViewController alloc] init];
    
    //firstVC.hidesBottomBarWhenPushed = YES;
    LeveyTabBarDemoAppDelegate* appDelegate = 
(LeveyTabBarDemoAppDelegate*)[UIApplication sharedApplication].delegate;
    dir++;
    appDelegate.leveyTabBarController.animateDriect = dir % 2;
    firstVC.hidesBottomBarWhenPushed = YES;
    //[appDelegate.leveyTabBarController hidesTabBar:YES 
    //animated:YES];
       [self.navigationController  pushViewController:firstVC 
animated:YES];
     [firstVC release];
}
- (void)dealloc {
    [super dealloc];
}
```

到此为止，整个实例介绍完毕。执行后的效果如图13-23所示。

图13-23　执行效果

13.4 多场景故事板

在iOS应用中，使用单个视图也可以创建功能众多的应用程序，但很多应用程序不适合使用单视图。在我们下载的应用程序中，几乎都有配置屏幕、帮助屏幕或在启动时加载的初始视图之外显示信息。

13.4.1 多场景故事板基础

要在iOS应用程序中实现多场景的功能，需要在故事板文件中创建多个场景。通常简单的项目只有一个视图控制器和一个视图，如果能够不受限制地添加场景（视图和视图控制器）就会增加很多功能，这些功能可以通过故事板实现，还可以在场景之间建立连接。图13-24显示了一个包含切换的多场景应用程序的设计。

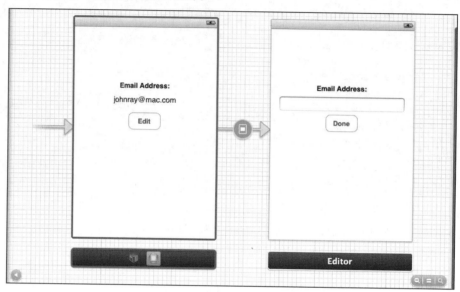

图13-24　一个多场景应用程序的设计

在讲解多场景开发的知识之前，需要先了解如下所示的术语。

- 视图控制器（View Controller）：负责管理用户与其iOS设备交互的类。在本书的很多实例中，都使用单视图控制器来处理大部分应用程序逻辑，但也有其他类型的控制器，后面将用到它们。
- 视图（View）：用户在屏幕上看到的布局，前面一直在视图控制器中创建视图。
- 场景（Scene）：视图控制器和视图的独特组合。假设要开发一个图像编辑程序，可能需要创建用于选择文件的场景、实现编辑器的场景、应用滤镜的场景等。
- 切换（Segue）：切换是场景间的过渡，常使用视觉过渡效果。有多种切换类型，具体使用哪些类型取决于使用的视图控制器类型。
- 模态视图（Modal View）：在需要进行用户交互时，通过模态视图显示在另一个视图上。
- 关系（Relationship）：类似于切换，用于某些类型的视图控制器，如选项卡栏控制器。关系是在主选项卡栏的按钮之间创建的，当用户触摸这些按钮时会显示独立的场景。
- 故事板（Storyboard）：包含项目中场景、切换和关系定义的文件。

要在应用程序中包含多个视图控制器，必须创建相应的类文件，并且需要掌握在Xcode中添加新文件的方法。

13.4.2 创建多场景项目

要想创建包含多个场景和切换的iOS应用程序，需要知道如何在项目中添加新视图控制器和视图。对于每对视图控制器和视图来说，还需要提供支持的类文件，然后才可以在其中使用编写的代码实现场景的逻辑。

为了让大家对这一点有更深入的认识，接下来将以模板Single View Application为例进行讲解，假设新建了一个名为duo的项目，如图13-25所示。

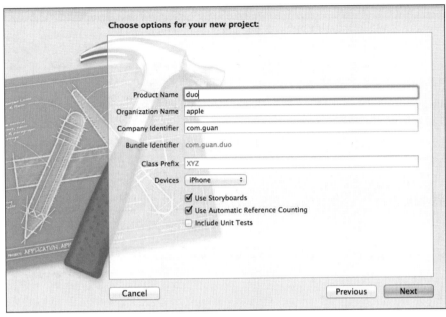

图13-25　新建项目

众所周知，模板Single View Application只包含一个视图控制器和一个视图，也就是说只包含一个场景。但是这并不表示必须使用这种配置，我们可以对其进行扩展，以支持任意数量的场景。由此可见，这个模板只是提供了一个起点而已。

1. 在故事板中添加场景

为了在故事板中添加场景，在Interface Builder编辑器中打开故事板文件MainStoryboard.storyboard。然后确保打开了对象库（快捷键Control+Option+Command+3），如图13-26所示。

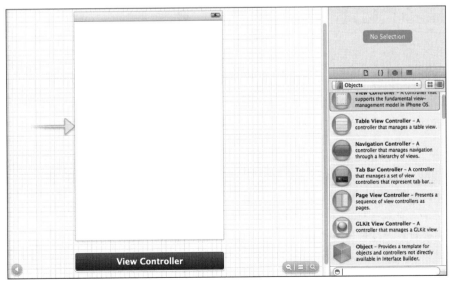

图13-26　打开对象库

然后在搜索文本框中输入View Controller，这样可以列出可用的视图控制器对象，如图13-27所示。

接下来将View Controller拖曳到Interface Builder编辑器的空白区域，这样就在故事板中成功添加了一个视图控制器和相应的视图，从而新增加了一个场景，如图13-28所示。可以在故事板编辑器中拖曳新增的视图，并将其放到方便的地方。

如果发现在编辑器中拖曳视图比较困难，可使用它下方的对象栏，这样可以方便地移动对象。

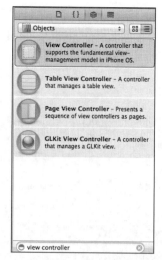

图13-27 在对象库中查找视图控制器对象

图13-28 添加新视图控制器/视图

2. 给场景命名

当新增加一个场景后，会发现在默认情况下，每个场景都会根据其视图控制器类来命名。现在已经存在一个名为ViewController的类了，所以在文档大纲中，默认场景名为View Controller Scene。而现在新增场景还没有为其指定视图控制器类，所以该场景也名为View Controller Scene。如果继续添加更多地场景，这些场景也会被命名为View Controller Scene。

为了避免这种同名的问题，可以用如下两种办法解决。

- 可以添加视图控制器类，并将其指定给新场景。
- 但是有时应该根据自己的喜好给场景指定名称，而不只是为了反映底层代码的功能。例如对视图控制器类来说，名称GUAN Image Editor Scene是一个糟糕的名字。要想根据自己的喜好给场景命名，可以在文档大纲中选择其视图控制器，然后再打开Identity Inspector并展开Identity部分，在Label文本框中输入场景名。Xcode将自动在指定的名称后面添加Scene，并不需要手工输入它，如图13-29所示。

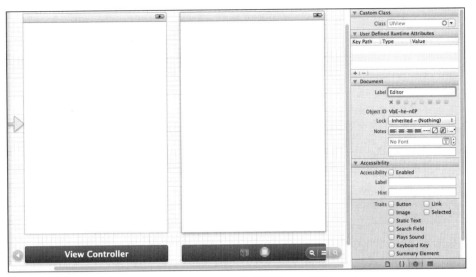

图13-29　设置视图控制器的Label属性

3. 添加提供支持的视图控制器子类

在故事板中添加新场景后，需要将其与代码关联起来。在模板Single View Application中，已经将初始视图的视图控制器配置成了类ViewController的一个实例，可以通过编辑文件ViewController.h和ViewController.m来实现这个类。为了支持新增的场景，还需要创建类似的文件。所以要在项目中添加UIViewController的子类，方法是确保项目导航器可见，然后再单击其左下角的"+"按钮，选择New File选项，如图13-30所示。

在打开的对话框中，选择模板类别iOS→Cocoa Touch，再选择图标Objective-C class，如图13-31所示。

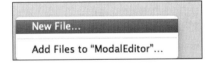

图13-30　选择New File选项

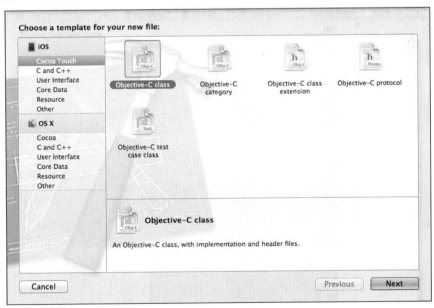

图13-31　设置类别

此时弹出一个新界面，在Subclass of文本框输入UIViewController，如图13-32所示，这样可以方便地区分不同的场景。

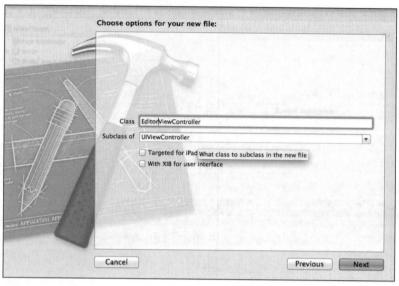

图13-32　命名

如果添加的场景将显示静态内容（如Help或About页面），则无需添加自定义子类，而是使用场景指定的默认类UIViewController。但这样就不能在场景中添加互动性。

在图13-32中，Xcode会提示给类命名，在命名时需要遵循将这个类与项目中的其他视图控制器区分开来的原则。例如，图13-32中的EditorViewController就比ViewControllerTwo要好。如果创建的是iPad应用程序，选择复选框Targeted for iPad，然后再单击Next按钮。最后，Xcode会提示指定新类的存储位置，如图13-33所示。

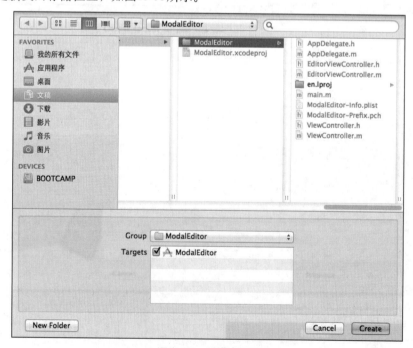

图13-33　选择位置

在对话框底部，从Group下拉列表中选择项目代码编组，再单击Create按钮。将这个新类加入到项目中后就可以编写代码了。要想将场景的视图控制器关联到UIViewController子类，需要在文档大纲中选择新场景的View Controller，再打开Identity Inspector（快捷键Option+Command+3）。在Custom Class下拉列表中选择刚创建的类（如EditorViewController），如图13-34所示。

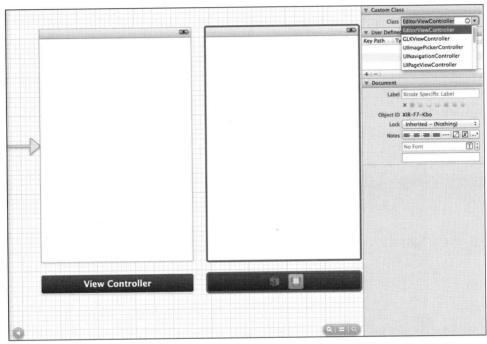

图13-34　将视图控制器与新创建的类关联起来

给视图控制器指定类以后，便可以像开发初始场景那样开发新场景了，只是在新的视图控制器类中编写代码。至此，创建多场景应用程序的大部分流程就完成了，但这两个场景还是完全彼此独立的。此时的新场景就像是一个新应用程序，不能在该场景和原来的场景之间交换数据，也不能在它们之间过渡。

4. 使用#import和@class共享属性和方法

要想以编程的方式让这些类知道对方的存在，需要导入对方的接口文件。例如，如果MyEditorClass需要访问MyGraphicsClass的属性和方法，则需要在MyEditorClass.h的开头包含语句#import "MyGraphicsClass"。

如果两个类需要彼此访问，且在这两个类中都导入对方的接口文件，则此时很可能会出现编译错误，因为这些import语句将导致循环引用，即一个类引用另一个类，而后者又引用前者。为了解决这个问题，需要添加编译指令@class，以避免接口文件引用其他类时导致循环引用。即需要将MyGraphicsClass和MyEditorClass彼此导入对方，按照如下过程添加引用。

步骤1　在文件MyEditorClass.h中，添加#import MyGraphicsClass.h。在其中一个类中，只需使用#import来引用另一个类，而无需做任何特殊处理。

步骤2　在文件MyGraphicsClsss.h中，在现有#import代码行后面添加@class MyEditorClass;。

步骤3　在文件MyGraphicsClsss.m中，在现有#import代码行后面添加#import"MyEditorClass.h"。

在第一个类中，像通常那样添加#import，但为避免循环引用，在第二个类的实现文件中添加#import，并在其接口文件中添加编译指令@class。

13.4.3 实战演练——使用第二个视图来编辑第一个视图中的信息

在本节的演示实例中，将演示如何使用第二个视图来编辑第一个视图中的信息的方法。这个项目显示一个屏幕，其中包含电子邮件地址和Edit按钮。当用户单击Edit按钮时会出现一个新场景，让用户能修改电子邮件地址。关闭编辑器视图后，原始场景中的电子邮件地址将相应地更新。

实例13-4	使用第二个视图来编辑第一个视图中的信息
源码路径	光盘:\daima\13\ModalEditor

步骤 1 使用模板Single View Application新建一个项目，并将其命名为ModalEditor，如图13-35所示。

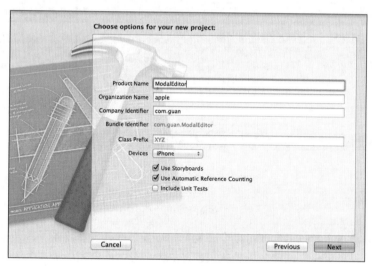

图13-35 创建项目

步骤 2 添加一个名为EditorViewController的类，此类用于编辑电予邮件地址的视图。在创建项目后，单击项目导航器左下角的"+"按钮。在出现的对话框中选择类别iOS→Cocoa Touch，选择图标UIViewController subclass，然后单击Next按钮，如图13-36所示。

步骤 3 在新出现的对话框中，将名称设置为EditorViewController。如果创建的是iPad项目，则需要选择Targeted for iPad复选框，再单击Next按钮。在最后一个对话框中，必须从Group下拉列表中选择项目代码编组，再单击Create按钮。这样，此新类便被加入到了项目中。

步骤 4 开始添加新场景并将其关联到EditorViewController。在Interface Builder编辑器中打开文件MaimStoryboard.storyboard，按Control+Option+Command+3快捷键打开对象库，并拖曳View Controller到Interflace Builder编辑器的空白区域，此时的屏幕应类似于如图13-37所示。

为了将新的视图控制器关联到添加到项目中的EditorViewController，在文档大纲中选择第二个场景中的View Controller图标，再打开Identity Inspector（快捷键Option+Command+3），从Class下拉列表中选择EditorViewController，如图13-38所示。

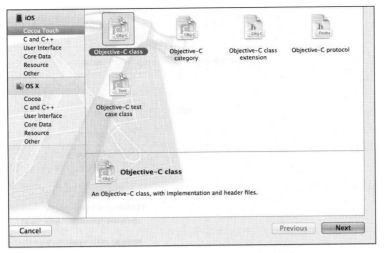

图13-36　新建一个UIViewController子类

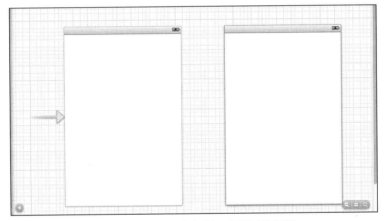

图13-37　在项目中新增一个视图控制器

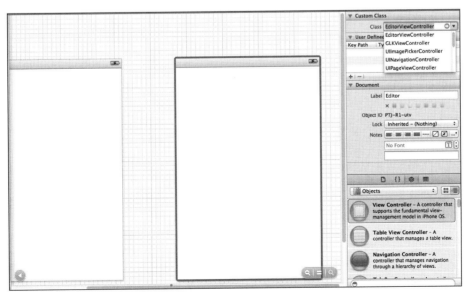

图13-38　将视图控制器关联到EditorViewController

建立上述关联后,在更新后的文档大纲中会显示一个名为View Controller Scene的场景和一个名为Editor View Controller Scene的场景。

步骤 5 重新设置视图控制器标签。首先选择第一个场景中的视图控制器图标,确保打开了Identity Inspector。然后在该检查器的 Identity部分将第一个视图的标签设置为Initial,对第二个场景也重复进行上述操作,将其视图控制器标签设置为Editor。在文档大纲中,场景将显示为Initial Scene和Editor Scene,如图13-39所示。

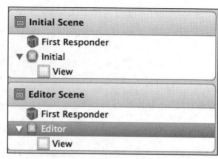

图13-39 设置视图控制器标签

步骤 6 开始规划变量和连接。在初始场景中有一个标签,它包含了当前的电子邮件地址。此时需要创建一个实例变量来指向该标签,并将其命名为emailLabel。该场景还包含一个触发模态切换的按钮,但是无需为此定义任何输出口和操作。

在编辑器场景中包含了一个文本框,系统将通过一个名为emailField的属性来引用它,它还包含了一个按钮,通过调用操作dismissEditor来关闭该模态视图。就本实例而言,一个文本框和一个按钮就是这个项目中需要连接到代码的全部对象。

步骤 7 为了给初始场景和编辑器场景创建界面,打开文件MainStoryboard.storyboard,在编辑器中滚动,以便能够将注意力放在创建初始场景上。使用对象库将两个标签和一个按钮拖放到视图中,将其中一个标签的文本设置为"邮箱地址",并将其放在屏幕顶部中央。在下方放置第二个标签,并将其文本设置为您的电子邮件地址。增大第二个标签,使其边缘和视图的边缘参考下对齐,这样做的目的是显示非常长的电子邮件地址。

步骤 8 将按钮放在两个标签下方,并根据自己的喜好在Attributes Inspector(快捷键Option+Command+4)中设置其文本样式。本实例的初始场景如图13-40所示。

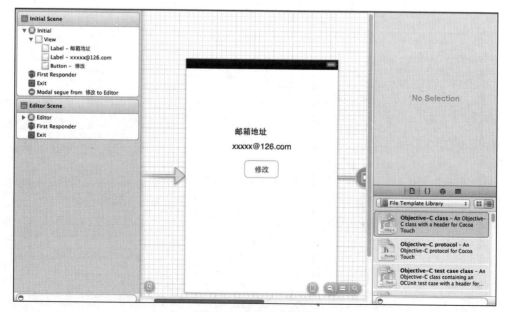

图13-40 创建初始场景

步骤 9　然后来到编辑器场景，该场景与第一个场景很像，但将显示电子邮件地址的标签替换为空文本框（UITextField）。本场景也包含一个按钮，但是其标签不是"修改"，而是"好"。图13-41显示了设计的编辑器场景效果。

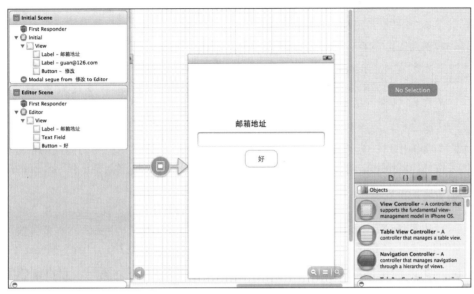

图13-41　创建编辑器场景

步骤 10　开始创建模态切换。为了创建从初始场景到编辑器场景的切换，按住Control键并从Interface Builder编辑器中的Edit按钮拖曳到文档大纲中编辑器场景的视图控制器图标（现在名为Editor），如图13-42所示。

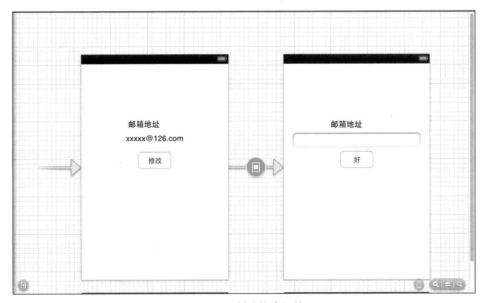

图13-42　创建模态切换

步骤 11　当Xcode要求指定故事板切换类型时选择Modal，这样在文档大纲中的初始场景中将新增一行，其内容为Segue from UIButton to Editor。选择这行并打开Attributes Inspector（快捷键Option+Command+4），以配置该切换。

步骤 12 给切换设置一个标识符，如toEditor，其实对这样简单的项目来说，这完全可以不做。接下来选择过渡样式，例如Partial Curl。如果这是一个iPad项目，还可以设置显示样式。图13-43显示了给这个模态切换指定的设置。

图13-43　配置模态切换

步骤 13 开始创建并连接输出口和操作。现在需要处理的是两个视图控制器，初始场景中的UI对象需要连接到文件ViewController.h中的输出口，而编辑器场景中的UI对象需要连接到文件EditorViewController.h。有时Xcode在助手编辑器模式下会有点混乱，如果没有看到应该看到的东西，请单击另一个文件，再单击原来的文件。

步骤 14 添加输出口。先选择初始场景中包含电子邮件地址的标签，并切换到助手编辑器。按住Control键，并从该标签拖曳到文件ViewController.h中编译指令@interface下方。在Xcode提示时，新建一个名为emailLabel的输出口。

步骤 15 移到编辑器场景，并选择其中的文本框（UITextField）。助手编辑器会更新，在右边显示文件EditorViewController.h。按住Control键，并从该文本框拖曳到文件EditorViewController.h中编译指令@interface下方，并将该输出口命名为emailField。

步骤 16 开始添加操作。这个项目只需要 dismissEditor这一个操作，它由编辑器场景中的Done按钮触发。为创建该操作，按住Control键，并从Done按钮拖曳到文件EditorViewController.h中属性定义的下方。在Xcode提示时，新增一个名为dismissEditor的操作。

至此为止，整个界面就设计好了。

步骤 17 开始实现应用程序逻辑。

当显示编辑器场景时，应用程序应从源视图控制器的属性emailLabel获取内容，并将其放在编辑器场景的emailField文本框中。单击"好"按钮时，应用程序应采取相反的措施：使用emailField文本框的内容更新emailLabel。可以在EditorViewController类中进行这两种修改；在这个类中，可以通过属性presentingViewController访问初始场景的视图控制器。

在执行这些修改工作之前，必须确保类EditorViewController知道类ViewController的属性。所以应该在EditorViewController.h中导入接口文件ViewController.h。在文件EditorViewController.h中，在现有的#import语句后面添加如下代码行：

```
#import"ViewController.h"
```

现在可以编写余下的代码了。要在编辑器场景加载时设置emailField的值，可以实现EditorViewController类的方法viewDidLoad，此方法的实现代码如下所示。

```
- (void)viewDidLoad
{
    self.emailField.text=
((ViewController *)self.presentingViewController).emailLabel.text;
    [super viewDidLoad];
}
```

在默认情况下，此方法会被注释掉，因此请务必删除它周围的"/*"和"*/"。通过上述代码，会将编辑器场景中emailField文本框的text属性设置为初始视图控制器的emailLabel的text

属性。要想访问初始场景的视图控制器，可以使用当前视图的属性presentingViewController，但是必须将其强制转换为ViewController对象，否则它将找不到ViewController类暴露的属性emailLabel。接下来需要实现方法dismissEditor，使其执行相反的操作并关闭模态视图，所以将方法存根dismissEditor的代码修改为如下所示的格式。

```
- (IBAction)dismissEditor:(id)sender {
    ((ViewController *)self.presentingViewController).emailLabel.text=
self.emailField.text;
    [self dismissViewControllerAnimated:YES completion:nil];
}
```

在上述代码中，第2～3行代码的作用与上一段代码中设置文本框内容的代码相反。而第4行调用了方法dismissViewControllerAnimated:completion关闭模态视图，并返回到初始场景。

步骤 18 开始生成应用程序。

在本测试实例中，包含了两个按钮和一个文本框，执行后可以在场景间切换并在场景间交换数据，初始执行效果如图13-44所示。单击"修改"按钮后来到第二个场景，在此可以输入新的邮箱，如图13-45所示。

图13-44 初始效果

图13-45 第二个场景

13.5 iPad弹出框

弹出框是iPad中的一个独有的UI元素。能够在现有视图上显示内容，并通过一个小箭头指向一个屏幕对象（如按钮）以提供上下文。弹出框在iPad应用程序中无处不在，例如在Mail和Safari中都用到过。通过使用弹出框，可在不离开当前屏幕的情况下向用户显示新信息，还可在用户使用完毕后隐藏这些信息。虽然几乎没有与弹出框对应的桌面元素，但弹出框大致类似于工具面板、检查器面板和配置对话框。也就是说，它们在iPad屏幕上提供了与内容交互的用户界面，但不永久性占据UI空间。与前面介绍的模态场景一样，弹出框的内容也由一个视图和一个视图控制器决定，不同之处在于，弹出框还需要另一个控制器对象——弹出框控制器（UIPopoverController），该控制器指定弹出框的大小及其箭头指向何方。用户使用完弹出框后，只要触摸弹出框外面就可自动关闭它。然而，与模态场景一样，也可以在Interface Builder编辑器中直接配置弹出框，而无需编写任何代码。

13.5.1 创建弹出框

弹出框的创建步骤与创建模态场景的方法完全相同。除了显示方式外，弹出框与其他视图完全相同。首先在项目的故事板中新增一个场景，再创建并指定提供支持的视图控制器类。这个类将为弹出框提供内容，因此被称为弹出框的"内容视图控制器"。在初始故事板场景中，创建一个用于触发弹出框的UI元素，区别在于不是在该UI元素和要在弹出框中显示的场景之间添加模态切换，而是创建弹出切换。

13.5.2 创建弹出切换

要想创建弹出切换，需要先按住Control键，并从用于显示弹出框的UI元素拖曳到为弹出框提供内容的视图控制器。在Xcode要求指定故事板切换的类型时，选择popover，如图13-46所示。

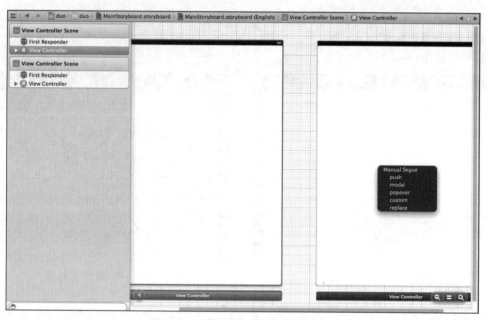

图13-46　将切换类型设置为popover

此时可发现要在弹出框中显示的场景发生了细微的变化：Interface Builder编辑器将该场景顶部的状态栏删除了，视图显示为一个普通的矩形。这是因为弹出框显示在另一个视图上面，所以状态栏没有意义。

1．设置弹出框大小

通常与视图控制器相关联的视图的大小被锁定，与iOS设备（这里是iPad）屏幕相同。然而当显示弹出框时，其场景必须更小些。

对于弹出框来说，Apple允许的最大宽度为600点，而允许的最大高度与iPad屏幕相同，但是建议宽度不超过320点。要设置弹出框的大小，需要选择给弹出框提供内容的场景中的视图，再打开Size Inspector（快捷键Option+Command+5），然后在Width和Height文本框中输入弹出框的大小，如图13-47所示。

当设置视图的大小后，Interface Builder编辑器中场景的可视化表示将相应的变化，这使得创建内容视图容易得多。

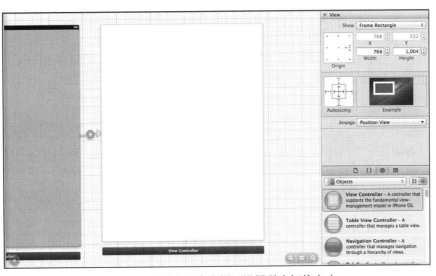

图13-47 通过配置内容视图设置弹出框的大小

2. 配置箭头方向以及要忽略的对象

设置弹出框的大小后,可以配置切换的几个属性。选择启动场景中的弹出切换,再打开Attributes Inspector(快捷键Option+Command+4),如图13-48所示。

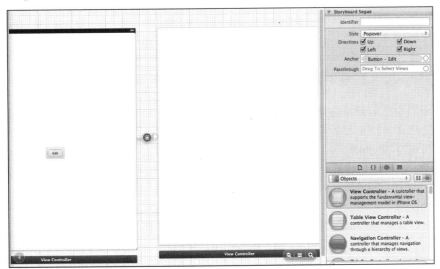

图13-48 通过编辑切换的属性配置弹出框的行为

在Storyboard Segue部分,首先为该弹出切换指定标识符。通过指定标识符,能够以编程方式启动该弹出切换。然后指定弹出框箭头可指向的方向,这个方向决定了iOS将把弹出框显示在屏幕的什么地方。弹出框显示后,通过触摸弹出框外面的方式可以让它消失。如果想要在触摸某些UI元素时弹出框不消失,只需从文本框Passthrough拖曳到这些对象。

在默认情况下,弹出框的锚在按住Control键并从UI元素拖曳到视图控制器时被设置。锚为弹出框的箭头将指向的对象。与前面介绍的模态切换一样,可创建不锚定的通用弹出切换。为此,可按住Control键,从始发视图控制器拖曳到弹出框内容视图控制器,并在提示时选择弹出切换。

13.5.3 手工显示弹出框

在有些iOS应用程序中，经常有条件地显示弹出框效果。在Interface Builder中，可以更容易地给静态UI元素定义弹出切换效果，但是如果需要以编程方式显示弹出框，可采取与显示模态场景类似的方式，即使用方法performSegueWithIdentifier:sender来实现：

```
[self performSegueWithIdentifier:@"myPopoverSegue" sender:myObject];
```

此处只要有一个标识符为myPopoverSegue的弹出框就可以显示它，但是不要认为箭头将指向对象myObject。在早期的iOS 5测试版中是这样，但在最终的发布版中不是这样。开发人员仍然可以用编程的方式启动弹出切换，但是前提是必须在Interface Builder中将其关联到一个界面元素。

13.5.4 响应用户关闭弹出框

不同于模态视图及其切换，在交换信息时，弹出框并不是最容易处理的部分。在默认情况下，当关闭弹出框时，父视图控制器也无法获悉这一点。要在弹出框关闭时获悉这一点，并获取其内容，需要遵守UIPopoverControllerDelegate协议。该协议提供了方法popoverControllerDidDismissPopover，可以通过实现它来响应弹出框关闭。在这个方法中，还可获取弹出框的内容视图控制器，并访问其任何属性。

实现UIPopoverControllerDelegate协议的方法与弹出框相关协议的方式几乎相同。首先，必须将一个类声明为遵守该协议。在小型项目中，这很可能是显示弹出框的类ViewController，因此需要编辑文件ViewContoller.h，将其@interface行修改为如下所示的格式：

```
@interface ViewController:UIViewController <UIPopoverControllerDelegate>
```

接下来需要更新控制弹出框的UIPopoverController，将其delegate属性设置为遵守该协议的类。在处理提醒视图时需要创建提醒视图实例，并设置其delegate属性。要设置弹出框的委托，必须实现方法prepareForSegue:sender，以访问隐藏的UIPopoverController，这是由Xcode和Interface Builder自动创建的。prepareForSegue:sender方法在切换即将发生时会自动被调用，通过传递给这个方法的参数segue，可以访问切换涉及的源视图控制器和目标视图控制器。当切换为弹出切换时，也可以使用该参数来获取幕后的UIPopoverController实例。例如在下面的代码中提供了一种可能的解决方案，可以将其加入到文件ViewController.m中。

```
1: - (void)prepareForSegue:(UIStoryboardSegue ')segue sender:(id)sender
{
2:    if ([segue.identifier isEqualToString:@"toEditorPopover"])
3:   ((UIStoryboardPopoverSegue *) segue) .popoverController.delegate=self;
4:   }
5: }
```

在上述代码中，在第2行首先检查发生的切换是弹出切换，因为已经将该切换的标示符设置为toEditsegueVer。如果是，便知道处理的是弹出框。因为任何切换发生时都将调用这个方法，因此必须根据切换执行正确的代码。如果所有切换都是弹出切换，则第2行便是可选的。在第3行将segue转换为UIStoryboardSegue子类UIStoryboardPopoVerSegue的对象，它用于表示弹出切换。然后便可以通过popoverController获取UIPopoverController实例，并将其delegate属性设置为当前类（self）。这样当弹出框关闭时会调用ViewController.m中的方法popoverController
DidDismissPopover，剩下的工作就是实现这个方法。

方法popoverControllerDidDismissPopover可以接收一个参数，通过此参数帮助显示弹出
框的UIPopoverController。通过这个对象，可以访问属性contentViewController，可以获取
弹出框的内容视图控制器，进而通过它来访问任何属性。假设弹出框的内容视图控制器是
EditorViewController类的实例，而这个类有一个名为email的字符串属性，并且要在弹出框关闭
时访问该属性。下面是popoverControllerDidDismissPopover的一种可能实现代码。

```
- (void)popoverControllerDidDismissPopover:
                    (UIPopoverController *)popoverController {
    NSString *newEmail;
    newEmail=((EditorViewController *)
            popoverController.contentViewController).emailField.text;
    self.emailLabel.text=newEmail;
}
```

上述代码的实现流程如下所示：

步骤 1 声明字符串变量emailFromPopover，用于存储弹出框的内容视图控制器
（EditorViewController）的email属性。

步骤 2 通过属性contentViewController获取弹出框的内容视图控制器，并将其强制转换为
EditorViewController类型，然后将属性email赋给字符串变量emailFromPopover。

由此可见，虽然处理弹出框的方法非常简单，但是没有模态切换那么简单。很多开发人员
都选择在弹出框内容视图控制器中添加一个属性，并让它指向源视图控制器。

13.5.5 以编程方式创建并显示弹出框

这与手工创建模态切换类似，但还需要一个UIPopoverController以管理弹出框的显示。要
在不定义切换的情况下创建弹出框，必须按照以编程方式创建模态场景切换的方法那样做：首
先创建一个场景和相应的视图控制器，后者将为弹出框提供内容，请务必给场景的视图控制器
指定标识符。

接下来必须分配并初始化内容视图和视图控制器，这与手工创建模态切换相同，首先创建
一个指向项目文件MainStoryboard.storyboard的对象：

```
UIStaryboard *mainStoryboard=[UIStoryboard
storyboardWithName:@"MainStoryboard" bundle:nil];
```

通过这个故事板对象，调用方法instantiateViewControllerWithIdentifier实例化一
个试图控制器，它将用做弹出框内容视图控制器。假设创建了UIViewController子类
EditorViewController，并将其视图控制器标识符设置成了myEditor，则可使用如下代码新建了
一个EditorViewController实例：

```
EditorViewController *editorVC=[mainStoryboard
instantiateViewControllerWithIdentifier:@ "myEditor"]
```

然后就可以将EditorViewController实例editorVC作为弹出框的内容显示出来了，为此必须
声明、初始化并配置一个UIPopoverController。

1. 创建并配置UIPopoverController

要创建一个新的UIPopoverController，首先将其声明为显示弹出框类的属性。例如可以在文件ViewController.h中添加如下代码：

```
@property (strong, nonatomic) UIPopoverController *editorPopoverController
```

然后在文件ViewController.m中添加相应的@synthesize编译指令：

```
@synthesize editorPopoverController;
```

并在ViewController.m的方法viewDidUnload中执行清理工作，将该属性设置为nil：

```
[self setEditorPopoverController:nil];
```

编写上述代码行后，便可以创建并配置弹出框控制器。为了分配并初始化弹出框控制器，可以使用UIPopoverController的方法initWithContentViewController，这能够告诉弹出框要使用哪个内容视图。假如想使用本节开头创建的视图控制器对象editorVC来初始化弹出框控制器，可以使用如下代码来实现。

```
self.editorPopoverController=[[UIPopoverController alloc]
initWithContentViewController:editorVC];
```

然后使用UIPopoverController的属性popoverContentSize设置弹出框的宽度和高度。其实此属性是一个CGSize结构，该结构包含宽度和高度。为了创建合适的CGSize结构，可以使用函数CGSizeMake()设置弹出框的大小，例如下面的代码设置了弹出框的宽为300点、高为400点。

```
self.popoverController.popoverContentSize=CGSizeMake (300,400);
```

在显示弹出框之前，需要设置弹出框控制器的委托，让弹出框控制器自动调用协议UIPopoverControllerDelegate定义的方法popoverControllerDidDismissPopover。

```
self.editorPopoverController.delegate=self;
```

2. 显示弹出框

要使用配置的弹出框控制器显示弹出框，还必须先明确弹出框将指向哪个对象。添加到视图中的任何对象都是UIView的子类，而UIView类有一个frame属性。通过配置弹出框，使其指向对象的frame属性指定的矩形，条件是有指向该对象的引用。假如要在操作中显示弹出框，则可以使用如下代码获取触发该操作的对象的框架：

```
((UIView *)sender).frame
```

传入的参数sender（创建操作时将自动添加该参数）包含一个引用，它指向触发操作的对象。由于此处并不关心这个对象的具体类型，因此将其强制转换为UIView，并访问其frame属性。

确定弹出框将指向的箭头后，需要设置箭头可指向的方向，为此可以使用如下常量。

- UIPopoverArrowDirectionAny：箭头可指向任何方向，这给iOS在确定如何显示弹出框提供了最大的灵活性。
- UIPopoverArrowDirectionUp：箭头只能指向上方，这意味着弹出框必须位于对象下方。
- UIPopoverArrowDirectionDown：箭头只能指向下方，这意味着弹出框必须位于对象上方。

- UIPopoverArrowDirectionLeft：箭头只能指向左方，这意味着弹出框必须位于对象右边。
- UIPopoverArrowDirectionRight：箭头只能指向右方，这意味着弹出框必须位于对象左边。

要显示弹出框，可以使用UIPopoverController的方法presentPopoverFromRect:inView:permittedArrowDirections:animated实现，例如如下所示的代码。

```
[self.editorPopoverController presentPopoverFromRect:( (UIView*)
sender).frame
    inView:self.view permittedArrowDirections:UIPopoverArrowDirectionAny
animated:YES
```

需要输入的内容很多，但其功能是显而易见的。它显示弹出框，让其指向变量sender指向的对象的框架，而箭头可指向任何方向。唯一一个还没有讨论的参数是inView，它指向显示弹出框的视图。由于此处假定从ViewController类中显示该弹出框，因此将其设置为self.view。

13.5.6 实战演练——使用弹出框更新内容

接下来通过一个实例来说明使用弹出框的方法，本实例以本章前面的实例ModalEditor为基础，功能与ModalEditor相同，但不是在模态视图中显示编辑器，而在弹出框中显示它。当用户关闭弹出框时，初始视图的内容将更新，而不再需要"好"按钮。

实例13-5	在网页中实现触摸处理
源码路径	光盘:\daima\13\PopoverEditor

步骤 1 新建一个单视图iOS项目，并将其命名为PopoverEditor。这个项目将使用弹出框，因此目标平台必须是iPad，而不能是iPhone，如图13-49所示。

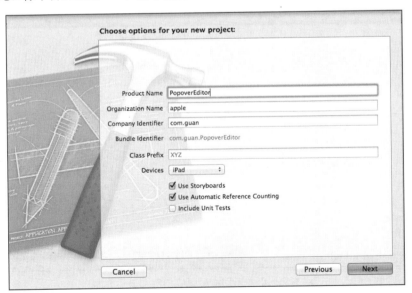

图13-49 新建项目

新建项目后，添加一个EditorViewController类，然后再添加一个新场景，并将其关联到EditorViewController类。设置视图控制器的标签，使得文档大纲中显示的场景名为Initial Scene和Editor Scene。

步骤 ② 规划变量和连接。本实例需要如下两个输出口：
- 一个连接到初始场景中的标签（UILabel），名为emailLabel。
- 一个连接到编辑器场景中的文本框（UITextField），名为emailField。

上述两个输出口最大的不同点是编辑器场景不需要使用Done按钮和方法dismissEditor来关闭弹出框，用户只需触摸弹出框外面就可以关闭弹出框并让修改生效。

步骤 ③ 设计界面。像项目ModalEditor中那样创建初始场景；但设计编辑器场景时，不要添加"好"按钮，并将文本框和配套标签放在编辑器视图的左上角。因为该视图将显示在弹出框中，所以在定义弹出切换后其尺寸会变化很大。

步骤 ④ 创建弹出切换。按住Control键，从初始视图中的Edit按钮拖曳到Interface Builder中编辑器视图的可视化表示，也可拖曳到文档大纲中编辑器场景的视图控制器图标（名为Editor）。当Xcode要求指定故事板切换类型时，选择Popover。在文档大纲中，初始场景中将新增一行，设置其内容为Segue from UIButton to Editor。选择这行并打开Attributes Inspector（快捷键Option+Command+4），以配置该切换。

步骤 ⑤ 给该切换指定一个标识符，例如toEditor，然后指定弹出框箭头可指向的方向。在此只选择了复选框Up，这表示弹出框只能出现在打开它的按钮下方。保留其他设置为默认值，图13-50显示了本实例中给这个弹出切换所做的配置。

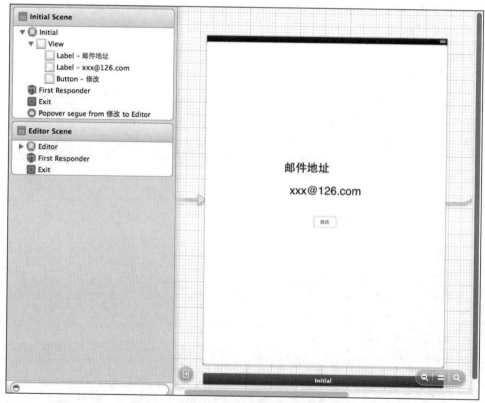

图13-50 给弹出切换配置标识符和箭头方向

步骤 ⑥ 设置弹出框视图的大小。创建弹出切换后，对于给弹出框提供内容的视图，Xcode将自动解除对其宽度和高度的锁定。选择编辑器场景中的视图对象，并打开Size Inspector，将宽度设置为大约320点，高度设置为大约100点，如图13-51所示。调整编辑器视图（它现在很小）的内容使其完全居中。

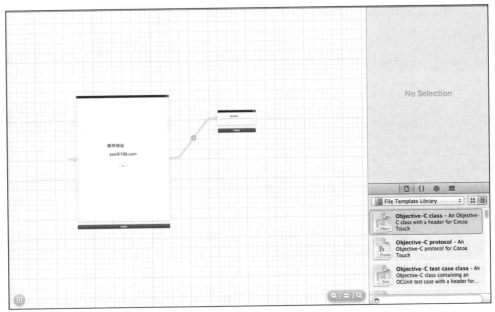

图13-51 设置弹出框内容视图的大小

步骤 7 创建并连接输出口。将包含电子邮件地址的标签连接到文件ViewController.h，并将输出口命名为emailLabel；将编辑器场景中的文本框连接到文件EditorViewController.h，并将输出口命名为emailField。至此，就创建好了弹出框界面和连接。

步骤 8 实现应用程序逻辑。切换到标准编辑器，在文件ViewController.h中的#import语句下方添加如下代码行。

```
#import"EditorViewController.h"
```

因为要使用初始场景的emailLabel的文本填充编辑器的emailField，所以在方法prepareForSegue:sender中访问UIPopoverController的属性icontentViewController，它包含一个EditorViewController实例。

在文件ViewController.m中，通过如下代码实现此方法。

```
- (void)prepareForSegue:(UIStoryboardSegue *)segue sender:(id)sender {
    UIStoryboardPopoverSegue *popoverSegue;
    popoverSegue=(UIStoryboardPopoverSegue *)segue;
    UIPopoverController *popoverController;
    popoverController=popoverSegue.popoverController;
    popoverController.delegate=self;

    EditorViewController *editorVC;
    editorVC=
(EditorViewController *)popoverController.contentViewController;
    editorVC.emailField.text=self.emailLabel.text;
}
```

步骤 9 响应弹出框关闭。如果遵守了UIPopoverControllerDelegate协议，在用户关闭弹出框时，就可以在方法popoverControllerDidDismissPopover中获取弹出框内容视图控制器（EditorViewController）的实例。为此，首先需要编辑ViewController.h中的

@interface代码，在其中包含如下协议：

```
@interface ViewController:UIViewController <UIPopoverControllerDelegate>
```

接下来需要实现方法popoverControllerDidDismissPopover，实现代码如下所示。

```
- (void)popoverControllerDidDismissPopover:
                    (UIPopoverController *)popoverController {
    NSString *newEmail;
    newEmail=((EditorViewController *)
            popoverController.contentViewController).emailField.text;
    self.emailLabel.text=newEmail;
}
```

通过上述代码声明了一个名为newEmail的字符串变量，通过popoverController的属性contentViewController访问emailField，并将其text属性赋给该变量。通过参数将弹出框控制器提供给这个方法，然后将初始场景中标签emailLabel的文本设置为字符串变量newEmail的值。

到此为止，整个实例介绍完毕，执行后的效果如图13-52所示。

图13-52　执行效果

在开发过程中需要牢记：虽然以可视化方式创建的切换很棒，能够应对很多不同的情形，但这并非总是最佳的方式。与使用Interface Builder创建切换相比，以编程方式在视图之间切换以及显示弹出框提供了更大的灵活性。如果发现使用Interface Builder很难完成某项任务，应考虑使用代码来完成。

13.6 分割视图控制器

本节将要讲解的分割视图控制器只能用于iPad，它不但是一种可以在应用程序中添加的功能，还是一种可用来创建完整应用程序的结构。通过分割视图控制器，能够在一个iPad屏幕中显示两个不同的场景。在横向模式下，屏幕左边的三分之一为主视图控制器的场景，而右边包含详细视图控制器场景。在纵向模式下，详细视图控制器管理的场景将占据整个屏幕。在这两个区域可以根据需要使用任何类型的视图和控件，例如选项卡栏控制器和导航控制器等。

13.6.1 分割视图控制器基础

在大多数使用分割视图控制器的应用程序中，它都将表、弹出框和视图组合在一起。

在横向模式下，左边显示一个表，让用户能够做出选择；用户选择表中的元素后，详细视图将显示该元素的详细信息。如果iPad被旋转到纵向模式，表将消失，而详细视图将填满整个屏幕；要进行导航，用户可触摸一个工具栏按钮，这将显示一个包含表的弹出框。这可以让用户轻松地在大量信息中导航，并在需要时将重点放在特定元素上。

分割视图控制器是iPad专用的全屏控制器，它使用一小部分屏幕来显示导航信息，然后使用剩下的大部分屏幕来显示相关的详细信息。导航信息由一个视图控制器来管理，详细信息由另一个视图控制器来管理。在创建分割视图控制器后，应当给它的viewControllers属性添加这两个（不能多也不能少）视图控制器。分割视图控制器本身只负责协调二者的关系以及处理设备旋转事件（如弹出控制器一样，最好不要手动处理设备旋转事件）。

分割视图控制器有如下3个代理方法。

- splitViewController:willHideViewController:withBarButtonItem:forPopoverController：用于通知代理一个视图控制器即将被隐藏。这通常发生在设备由landscape（横向）旋转到portrait（纵向）方向时。
- splitViewController:willShowViewController:invalidatingBarButtonItem：用于通知代理一个视图控制器即将被呈现。这通常发生在设备由portrait旋转到landscape方向时。
- splitViewController:popoverController:willPresentViewController：用于通知代理一个弹出控制器即将被显示。这发生在portrait模式下，单击屏幕上方的按钮弹出导航信息时。

无论是Apple提供的iPad应用程序还是第三方开发的iPad应用程序，都广泛地使用了这种应用程序结构。例如，应用程序Mail（电子邮件）使用分割视图显示邮件列表和选定邮件的内容。在如Dropbox等流行的文件管理应用程序中，也在左边显示文件列表，并在详细视图中显示选定文件的内容。

1. 分割视图控制器

要在项目中添加分割视图控制器，可以将其从对象库拖曳到故事板中。在故事板中，它必须是初始视图，不能从其他任何视图切换到它。添加后，会包含多个与主视图控制器和详细视图控制器相关联的默认视图，如图13-53所示。

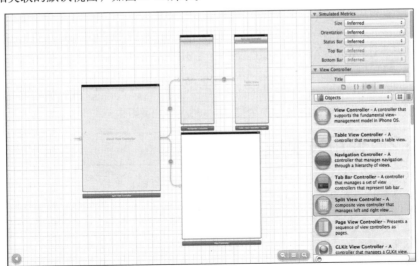

图13-53　添加分割视图控制器

可以将这些默认视图删除，添加新场景，再在分割视图控制器和"主/详细"场景之间重新建立关系。为此，可按住Control键，并从分割视图控制器对象拖曳到主场景或详细场景，在Xcode提示时选择Relationship→masterViewController或Relationship→detailViewController命令。

在Interface Builder编辑器中，分割视图控制器默认以纵向模式显示。这让它看起来好像只包含一个场景（详细信息场景）。要切换到横向模式，以便同时看到主视图和详细信息视图，首先选择分割视图控制器对象，再打开Attributes Inspector（快捷键Option+Command+4），并从Orientation下拉列表中选择Landscape。这仅改变分割视图控制器在编辑器中的显示方式，而不会对应用程序的功能有任何影响。在设置好分割视图控制器后，就可以像通常那样创建应用程序了，但是会有如下两个彼此独立的部分：

- 主场景。
- 详细场景。

为了在它们之间实现信息共享，每部分的视图控制器都可以通过管理它的分割视图控制器来访问另一部分。例如主视图控制器可以通过如下代码获取详细视图控制器。

```
[self.splitViewController.viewControllers lastObject]
```

而详细视图控制器可使用如下代码获取主视图控制器：

```
[self.splitViewController.viewControllers objectAtIndex:0]
```

属性splitViewController包含了一个名为viewControllers的数组。通过使用NSArray的方法lastObject，可以获取该数组的最后一个元素（详细信息视图）。通过调用方法objectAtIndex，并将索引0传递给它，可以获取该数组的第一个元素（主视图）。这样两个视图控制器就可以交换信息了。

2. 模板Master-Detail Application

开发人员可以根据自己的喜好使用分割视图控制器，Apple为开发人员提供了模板Master-Detail Application，可以很容易地完成这格工作。其实，Apple在有关分割视图控制器的文档中也推荐使用该模板，而不是从空白开始。该模板自动提供了所有功能，并且无需处理弹出框，无需设置视图控制器，也无需在用户旋转iPad后重新排列视图。我们只需给表和详细视图提供内容即可，这些分别是在模板的MasterViewController类（表视图控制器）和DetailViewController类中实现的。更重要的是，使用模板Master-Detail Application可轻松地创建通用应用程序，在iPhone和iPad上都能运行。在iPhone上，这种应用程序将MasterViewController管理的场景显示为一个可滚动的表，并在用户触摸单元格时使用导航控制器显示DetailViewController管理的场景。同一个应用程序可在iPhone和iPad上运行，因此在本章中大家将首次涉足通用应用程序开发，但在此之前先创建一个表视图应用程序。

模板Master-Detail Application提供了一个主应用程序的起点，它提供了一个配置有导航控制器的用户界面、显示的项目清单和一个能在iPad上拆分的视图。

▶ 13.6.2 使用表视图

在本节的演示实例中将创建一个表视图，它包含两个分区，这两个分区的标题分别为"红"和"蓝"，且分别包含常见的红色和绿色花朵的名称。除标题外，每个单元格还包含一幅花朵图像和一个展开箭头。用户触摸单元格时，将出现一个提醒视图，指出选定花朵的名称和颜色。

实例13-6	使用表视图
源码路径	光盘:\daima\13\Table

1. 创建项目

步骤 1 打开Xcode，使用iOS模板Single View Application新建一个项目，并将其命名为Table。把标准ViewController类用做表视图控制器，因为它在实现方面提供了极大的灵活性。

步骤 2 添加图像资源。在创建的表视图中将显示每种花朵的图像。为了添加花朵图像，将本实例用到的素材图片保存在文件夹Images中，如图13-54所示。

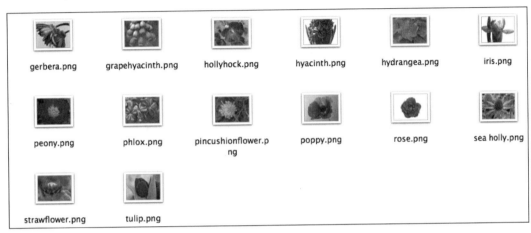

图13-54　素材图片

将文件夹Images拖曳到项目代码编组中，并在Xcode提示时选择复制文件并创建编组。

步骤 3 规划变量和连接。在这个项目中需要两个数组redFlowers和blueFlowers。顾名思义，它们分别包含一系列要在表视图中显示的红色花朵和蓝色花朵。每种花朵的图像文件名与花朵名相同，只需在这些数组中的花朵名后面加上.png后就可以访问相应的花朵图像。在此只需要建立两个连接，即将UITableView的输出口delegate和dataSource连接到ViewController。

步骤 4 添加表示分区的常量。为了以更抽象的方式来引用分区，特意在文件ViewController.m中添加了几个常量。在文件ViewController.m的#import代码行下方添加如下代码行。

```
#define kSectionCount 2
#define kRedSection 0
#define kBlueSection 1
```

其中第一个常量kSectionCount指的是表视图将包含多少个分区，而其他两个常量（kRedSection和kBlueSection）将用于引用表视图中的分区。

2. 设计界面

打开文件MainStoryboard.storyboard，并拖曳一个表视图（UITableView）实例到场景中。调整表视图的大小，使其覆盖整个场景。然后选择表视图并打开Attributes Inspector（快捷键Option+Command+4），将表视图样式设置为Grouped，如图13-55所示。

接下来在编辑器中单击单元格以选择它，也可在文档大纲中展开表视图对象，再选择单元格对象。然后在Attributes Inspector中先将单元格标识符设置为flowerCell，如果不这样做，应用程序则无法正常运行。

接下来将样式设置为Basic，并使用Image下拉列表选择前面添加的一个图像资源。使用

Accessory下拉列表在单元格中添加Detail Disclosure（详细信息展开箭头）。这样单元格已准备就绪，完成后的UI界面效果如图13-56所示。

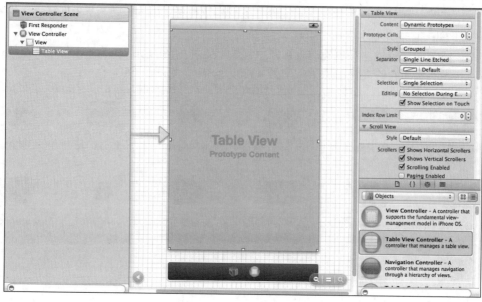

图13-55　设置表视图的属性

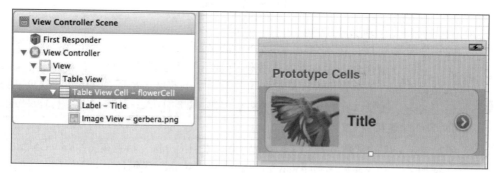

图13-56　设计好的原型单元格

3. 连接输出口delegate和dataSource

要让表视图显示信息并在用户触摸时做出反应，它必须知道在哪里能够找到委托和数据源协议的方法，这些工作将在类ViewController中实现。首先选择场景中的表视图对象，再打开Connections Inspector（快捷键Option+Command+6）。在Connections Inspector中，从输出口delegate拖曳到文档大纲中的ViewController对象，对输出口dataSource执行同样的操作。现在的Connections Inspector如图13-57所示。

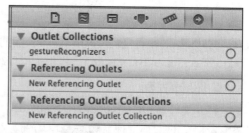

图13-57　将输出口delegate和dataSource连接到视图控制器

4. 实现应用程序逻辑

本实例需要实现两个协议，以便填充表视图（UITableViewDataSource）以及在用户选择单元格时做出响应（UITableViewDelegate）。

（1）填充花朵数组

在此需要两个数组来填充表视图：一个包含红色花朵，另一个包含蓝色花朵。因为在整个类中都将访问这些数组，因此必须将它们声明为实例变量/属性。打开文件ViewController.h，在@interface代码行下方声明属性redFlowers和blueFlowers。

```
@property (nonatomic, strong) NSArray *redFlowers;
@property (nonatomic, strong) NSArray *blueFlowers;
```

然后打开文件ViewController.m，在@implementation代码行下方添加配套的编译指令。

```
@synthesize:
@synthesize redFlowers;
@synthesize blueFlowers;
```

在文件ViewController.m的方法viewDidUnload中，执行清理工作，将这两个属性设置为nil。

```
[self setRedFlowers:nil];
[self setBlueFlowers:nil];
```

为了使用花朵名填充这些数组，在文件ViewController.m的方法viewDidLoad中，分配并初始化它们，具体代码如下所示。

```
- (void)viewDidLoad
{
    self.redFlowers = [[NSArray alloc]
                        initWithObjects:@"aa",@"bb",@"cc",
                        @"dd",nil];
    self.blueFlowers = [[NSArray alloc]
                        initWithObjects:@"ee",@"ff",
                        @"gg",@"hh",@"ii",nil];
    
    [super viewDidLoad];
//Do any additional setup after loading the view, typically from a nib.
}
```

这样，为实现表视图数据源协议所需的数据都准备就绪了：指定表视图布局的常量以及提供信息的花朵数组。

（2）实现表视图数据源协议

为了给表视图提供信息，总共需要实现4个数据源协议方法：

- numberOfSectionsInTableView
- tableView:numberOfRowsInSection
- tableView:titleForHeaderInSection
- tableView:cellForRowAtIndexPath

下面依次实现这些方法，但首先需要将类ViewController声明为遵守协议UITableViewDataSource。为此，打开文件ViewController.h，将@interface代码行修改为下面的代码。

```
@interface ViewController:UIViewController <UITableViewDataSource>
```

接下来分别实现上述方法。其中numberOfSectionsInTableView方法用于返回表视图将包含的分区数，因为已经将其存储在kSectionCount中，所以只需返回该常量就大功告成了。此方法的具体代码如下所示。

```
- (NSInteger)numberOfSectionsInTableView:(UITableView *)tableView
{
    return kSectionCount;
}
```

方法tableView:numberOfRowsInSection用于返回分区包含的行数，即红色分区的红色花朵数和蓝色分区的蓝色花朵数。可以将参数section与表示红色分区和蓝色分区的常量进行比较，并使用NSString的方法count返回相应数组包含的元素数。此方法的具体代码如下所示。

```
- (NSInteger)tableView:(UITableView *)tableView
    numberOfRowsInSection:(NSInteger)section
{
    switch (section) {
        case kRedSection:
            return [self.redFlowers count];
        case kBlueSection:
            return [self.blueFlowers count];
        default:
            return 0;
    }
}
```

在上述代码中，switch语句用于检查传入的参数section，如果此参数与常量kRedSection匹配，则返回数组redFlowers包含的元素数；如果与常量kBlueSection匹配，则返回数组BlueFlowers包含的元素数。其中的default分支应该不会执行，因此返回0，表示不会有任何问题。

而tableView:titleForHeaderInSection更简单，它必须将传入参数section与表示红色分区和蓝色分区的常量进行比较，但只需返回表示分区标题的字符串（红或蓝）。即在项目中添加如下所示的代码。

```
- (NSString *)tableView:(UITableView *)tableView
titleForHeaderInSection:(NSInteger)section {
    switch (section) {
        case kRedSection:
            return @"红";
        case kBlueSection:
            return @"蓝";
        default:
            return @"Unknown";
    }
}
```

再看最后一个数据源协议方法，此方法提供了单元格对象供表视图显示。在这个方法中，必须根据前面在Interface Builder中配置的标识符flowerCell创建一个新的单元格，再根据传入的参数indexPath，使用相应的数据填充该单元格的属性imageView和textLable。在文件ViewController.m中通过如下代码创建这个方法。

```objc
- (UITableViewCell *)tableView:(UITableView *)tableView
        cellForRowAtIndexPath:(NSIndexPath *)indexPath
{
    UITableViewCell *cell = 
            [tableView dequeueReusableCellWithIdentifier:@"flowerCell"];
    switch (indexPath.section) {
        case kRedSection:
            cell.textLabel.text=
                        [self.redFlowers objectAtIndex:indexPath.row];
            break;
        case kBlueSection:
            cell.textLabel.text=
                        [self.blueFlowers objectAtIndex:indexPath.row];
            break;
        default:
            cell.textLabel.text=@"Unknown";
    }
    UIImage *flowerImage;
    flowerImage=[UIImage imageNamed:
            [NSString stringWithFormat:@"%@%@",
                cell.textLabel.text,@".png"]];
    cell.imageView.image=flowerImage;
    return cell;
}
```

(3) 实现表视图委托协议

表视图委托协议用于处理用户与表视图的交互。要在用户选择了单元格时检测到交互，必须实现委托协议方法tableView:didSelectRowAtIndexPath。这个方法在用户选择单元格时自动被调用，且传递给它的参数IndexPath包含属性section和row，这些属性指出了用户触摸的是哪个单元格。

在编写这个方法前，需要再次修改文件ViewController.h中的代码行@interface，指出这个类要遵守协议UITableViewDelegate：

```objc
@interface ViewController  :UIViewController
<UITableViewDataSource, UITableViewDelegate>
```

本实例将使用UIAlertView显示一条消息，将这个委托协议方法加入到文件ViewController.m中，具体代码如下所示。

```objc
- (void)tableView:(UITableView *)tableView
        didSelectRowAtIndexPath:(NSIndexPath *)indexPath {
    
    UIAlertView *showSelection;
    NSString *flowerMessage;
    
    switch (indexPath.section) {
        case kRedSection:
            flowerMessage=[[NSString alloc]
                initWithFormat:
                    @"你选择了红色 - %@",
```

```
            [self.redFlowers objectAtIndex: indexPath.row]];
        break;
    case kBlueSection:
        flowerMessage=[[NSString alloc]
            initWithFormat:
            @"你选择了蓝色 - %@",
            [self.blueFlowers objectAtIndex: indexPath.row]];
        break;
    default:
        flowerMessage=[[NSString alloc]
            initWithFormat:
            @"我不知道选什么!?"];
        break;
}

showSelection = [[UIAlertView alloc]
        initWithTitle: @"已经选择了"
        message:flowerMessage
        delegate: nil
        cancelButtonTitle: @"Ok"
        otherButtonTitles: nil];
[showSelection show];
}
```

在上述代码中，第4~5行声明了变量flowerMessage和showSelection，它们分别是要向用户显示的消息字符串以及显示消息的UIAlertView实例。第7~25行使用switch语句和indexPath.section判断选择的单元格属于哪个花朵数组，并使用indexPath.row确定是数组中的哪个元素。然后分配并初始化一个字符串flowerMessage，其中包含选定花朵的信息。第27~33行创建并显示一个提醒视图（showSelection），其中包含消息字符串（flowerMessage）。

到此为止，整个实例介绍完毕。执行后能够在划分成分区的花朵列表中上下滚动。表中的每个单元格都显示一幅图像、一个标题和一个展开箭头（表示触摸它将发生某种事情）。选择一个单元格，将显示一个提醒视图，指出触摸的是哪个分区以及选择的是哪一项，如图13-58所示。

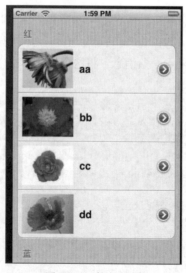

图13-58　执行效果

第14章
图形、图像、图层和动画

前面已经向大家详细讲解了iOS中的常用控件。在本章的内容中,将详细讲解iOS应用中的图形、图像、图层和动画的基本知识,为后面知识的学习打下基础。

14.1 图形处理

在本节的内容中，将首先讲解在iOS中处理图形的基本知识。首先讲解iOS的绘图机制，然后通过具体实例讲解绘图机制的使用方法，为后面知识的学习打下基础。

14.1.1 iOS的绘图机制

iOS的视图可以通过drawRect自己绘图，每个View的图层（CALayer）就像一个视图的投影。其实也可以用它定制一个视图，例如半透明圆角背景的视图。在iOS应用中，可以使用如下两种绘图方式。

1. 采用iOS的核心图形库

iOS的核心图形库是Core Graphics，缩写为CG。主要是通过核心图形库和UIKit进行封装，其更加贴近我们经常操作的视图（UIView）或者窗体（UIWindow）。如drawRect，我们只负责在drawRect里进行绘图即可，没有必要去关注界面的刷新频率，至于什么时候调用drawRect都有iOS的视图绘制来管理。

2. 采用OpenGL ES

OpenGL ES经常用在游戏中对界面进行高频刷新和自由控制，通俗地理解就是其更加接近直接对屏幕的操控。在很多游戏编程中，可能不需要一层一层的框框，而是直接在界面上绘制，并且通过多个内存缓存绘制来让画面更加流畅。由此可见，OpenGL ES完全可以作为视图机制的底层图形引擎。

在iOS的众多绘图功能中，OpenGL和Direct X是经常能看到的，所以不再赘述了。现在主要侧重前者，并且侧重如何通过绘图机制来定制视图。先来看看最熟悉的Windows自带画图器（我觉得它就是对原始画图工具的最直接体现），如图14-1所示。

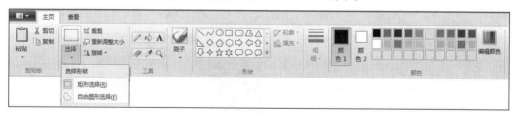

图14-1 Windows自带的画图器

如果用绘图器来绘制线条、形状、文字、选择颜色，前提是需要先拥有一个面板。在iOS绘图中，面板是一个画图板（Graphics Contexts）。所有画板需要先规定，以确定具体的坐标体。在 iOS的2D绘图应用中，采用了日常生活中比较熟知的直角坐标系，即原点在左下方，右上为正轴。而在视图（UIView）中布局的坐标系则是圆点在左上，右下为正轴。

Windows画图板里面至少能看到一个画图板，在iOS绘图中其实也有一个虚拟的画图板（Graphics Contexts），所有的绘图操作都在这个画图板里面操作。在视图（UIView）的drawRect中操作时，其实视图引擎已经准备好了画板，甚至当前线条的粗细和当前绘制的颜色等都给传递过来。我们只需要"接"到这个画板，然后拿起各种绘图工具绘图就可以了。

下面通过一个简单代码来演示在iOS中具体的绘图过程。

-(void)drawRect:(CGRect)rect{

```
        CGContextRef ref=UIGraphicsGetCurrentContext();
//拿到当前被准备好的画板。在这个画板上画就是在当前视图上画
        CGContextBeginPath(ref);
//这里提到一个很重要的概念叫路径（path），其实就是告诉画板环境，要开始画了，你记下。
        CGContextMoveToPoint(ref, 0, 0);//画线就是两点确定一条直线了。
        CGContextAddLineToPoint(ref, 300,300);
        CGFloat redColor[4]={1.0,0,0,1.0};
        CGContextSetStrokeColor(ref, redColor);//设置当前那个画笔的颜色。
        CGContextStrokePath(ref);//告诉画板，对移动的路径用画笔画一下。
}
```

在上述代码中，通过注释详细说明了每一个步骤。在iOS应用中，绘制图形的最基本步骤如下所示。

步骤 1 创建当前绘图面板。

步骤 2 绘制声明。

步骤 3 具体绘制。

步骤 4 提交绘制作品。

在Core Graphics框架中，常用的绘图方法如下所示。

- drawAsPatternInRect：在矩形中绘制图像，不缩放，但是在必要时平铺。
- drawAtPoint：利用CGPoint作为左上角，绘制完整的不缩放的图像。
- drawAtPoint:blendMode:alpha：drawAtPoint的一种更复杂的形式。
- drawInRect：在CGRect中绘制完整的图像，适当地缩放。
- drawInRect:blendMode:alpha：drawInRect的一种更复杂的形式。

14.1.2 实战演练——在屏幕中绘制一个三角形

在本实例的功能是，在屏幕中绘制一个三角形。当触摸屏幕中的3点后，会在这3点绘制一个三角形。在具体实现时，定义三角形的3个CGpoint点对象firstPoint、secondPoint和thirdPoint，然后使用drawRect方法将这3个点连接起来。

实例14-1	在屏幕中绘制一个三角形
源码路径	光盘:\daima\14\ThreePointTest

步骤 1 编写文件ViewController.h，此文件的功能是布局视图界面中的元素。本实例比较简单，只用到了UIViewController。具体代码如下所示。

```
#import <UIKit/UIKit.h>
@interface ViewController : UIViewController
@end
```

步骤 2 文件文件ViewController.m是文件ViewController.h的实现，具体代码如下所示。

```
#import "ViewController.h"
#import "TestView.h"
@implementation ViewController
- (void)didReceiveMemoryWarning
{
    [super didReceiveMemoryWarning];
    // 释放任何没有使用的缓存的数据，图像
```

```objc
}
#pragma mark - View lifecycle
- (void)viewDidLoad
{
    [super viewDidLoad];
    // 加载试图
    TestView *view = [[TestView alloc]initWithFrame:self.view.frame];
    self.view = view;
    [view release];
}
- (void)viewDidUnload
{
    [super viewDidUnload];
}
- (void)viewWillAppear:(BOOL)animated
{
    [super viewWillAppear:animated];
}
- (void)viewDidAppear:(BOOL)animated
{
    [super viewDidAppear:animated];
}
- (void)viewWillDisappear:(BOOL)animated
{
    [super viewWillDisappear:animated];
}
- (void)viewDidDisappear:(BOOL)animated
{
    [super viewDidDisappear:animated];
}
- (BOOL)shouldAutorotateToInterfaceOrientation:(UIInterfaceOrientation)interfaceOrientation
{
    // 返回支持的方向
    return (interfaceOrientation != UIInterfaceOrientationPortraitUpsideDown);
}
@end
```

步骤 3 编写头文件 TestView.h，此文件定义了三角形的3个CGPoint点对象firstPoint、secondPoint和thirdPoint。具体代码如下所示。

```objc
#import <UIKit/UIKit.h>
@interface TestView : UIView
{
    CGPoint firstPoint;
    CGPoint secondPoint;
    CGPoint thirdPoint;
    NSMutableArray *pointArray;
}
@end
```

步骤 4 文件文件TestView.m是文件TestView.h的实现,具体代码如下所示。

```objc
#import "TestView.h"
@implementation TestView
- (id)initWithFrame:(CGRect)frame
{
    self = [super initWithFrame:frame];
    if (self) {
        //初始化代码
        self.backgroundColor = [UIColor whiteColor];
        pointArray = [[NSMutableArray alloc]initWithCapacity:3];
        UILabel *label = [[UILabel alloc]initWithFrame:CGRectMake(0, 0, 320, 40)];
        label.text = @"任意点击屏幕内的三点以确定一个三角形";
        [self addSubview:label];
        [label release];
    }
    return self;
}
//如果执行了自定义绘制,则只覆盖drawrect:。
//一个空的实现产生不利的影响会表现在动画。
- (void)drawRect:(CGRect)rect
{
    //绘制代码
    CGContextRef context = UIGraphicsGetCurrentContext();
    CGContextSetRGBStrokeColor(context, 0.5, 0.5, 0.5, 1.0);
    //绘制更加明显的线条
    CGContextSetLineWidth(context, 2.0);
    //画一条连接起来的线条
    CGPoint addLines[] =
    {
        firstPoint,secondPoint,thirdPoint,firstPoint,
    };
    CGContextAddLines(context, addLines, sizeof(addLines)/sizeof(addLines[0]));
    CGContextStrokePath(context);
}
- (void)touchesBegan:(NSSet *)touches withEvent:(UIEvent *)event
{
}
- (void)touchesMoved:(NSSet *)touches withEvent:(UIEvent *)event
{
}
- (void)touchesEnded:(NSSet *)touches withEvent:(UIEvent *)event
{
    UITouch * touch = [touches anyObject];
    CGPoint point = [touch locationInView:self];
    [pointArray addObject:[NSValue valueWithCGPoint:point]];
    if (pointArray.count > 3) {
        [pointArray removeObjectAtIndex:0];
    }
```

```
        if (pointArray.count==3) {
            firstPoint = [[pointArray objectAtIndex:0]CGPointValue];
            secondPoint = [[pointArray objectAtIndex:1]CGPointValue];
            thirdPoint = [[pointArray objectAtIndex:2]CGPointValue];
        }
        NSLog(@"%@",[NSString stringWithFormat:@"1:%f/%f\n2:%f/%f\
n3:%f/%f",firstPoint.x,firstPoint.y,secondPoint.x,secondPoint.y,thirdPoint.
x,thirdPoint.y]);
        [self setNeedsDisplay];
    }
    -(void)dealloc{
        [pointArray release];
        [super dealloc];
    }
    @end
```

执行后的效果如图14-2所示。

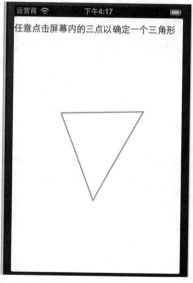

图14-2　执行效果

14.2　图像处理

在iOS应用中，可以使用UIImageView来处理图像，前面已经讲解了使用UIImageView处理图像的基本知识。其实除了UIImageVie外，还可以使用Core Graphics实现对图像的绘制处理。

14.2.1　实战演练——实现颜色选择器/调色板功能

在本实例的功能是，使用颜色选择器在屏幕中实现颜色选择器/调色板功能。在本实例中没有用到任何图片素材，在颜色选择器上面可以根据饱和度（Saturation）和亮度（Brightness）来选择某个色系，类似于Photoshop上的颜色选择器。

实例14-2	在屏幕中实现颜色选择器/调色板功能
源码路径	光盘:\daima\14\ColorPicker

本实例的具体实现流程如下所示。

步骤 1 编写文件 ILColorPickerDualExampleController.m，此文件的功能是实现一个随机颜色效果，具体代码如下所示。

```
#import "ILColorPickerDualExampleController.h"
@implementation ILColorPickerDualExampleController
#pragma mark - View lifecycle
- (void)viewDidLoad
{
    [super viewDidLoad];
    //建立一个随机颜色
    UIColor *c=[UIColor colorWithRed:(arc4random()%100)/100.0f
                               green:(arc4random()%100)/100.0f
                                blue:(arc4random()%100)/100.0f
                               alpha:1.0];
    colorChip.backgroundColor=c;
    colorPicker.color=c;
    huePicker.color=c;
}
#pragma mark - ILSaturationBrightnessPickerDelegate implementation

-(void)colorPicked:(UIColor *)newColor forPicker:
(ILSaturationBrightnessPickerView *)picker
{
    colorChip.backgroundColor=newColor;
}
@end
```

步骤 2 编写文件 UIColor+GetHSB.m，此文件通过CGColorSpaceModel设置了颜色模式值，具体代码如下所示。

```
#import "UIColor+GetHSB.h"
@implementation UIColor(GetHSB)
-(HSBType)HSB
{
    HSBType hsb;
    hsb.hue=0;
    hsb.saturation=0;
    hsb.brightness=0;
    CGColorSpaceModel model=CGColorSpaceGetModel(CGColorGetColorSpace(
[self CGColor]));
    if ((model==kCGColorSpaceModelMonochrome) || (model==
kCGColorSpaceModelRGB))
    {
        const CGFloat *c = CGColorGetComponents([self CGColor]);
        float x = fminf(c[0], c[1]);
        x = fminf(x, c[2]);
        float b = fmaxf(c[0], c[1]);
```

```
            b = fmaxf(b, c[2]);
        if (b == x)
        {
            hsb.hue=0;
            hsb.saturation=0;
            hsb.brightness=b;
        }
        else
        {
            float f =
(c[0] == x) ? c[1] - c[2] : ((c[1] == x) ? c[2] - c[0] : c[0] - c[1]);
            int i = (c[0] == x) ? 3 : ((c[1] == x) ? 5 : 1);
            
            hsb.hue=((i - f /(b - x))/6);
            hsb.saturation=(b - x)/b;
            hsb.brightness=b;
        }
    }
return hsb;
}
```

执行后的效果如图14-3所示。

图14-3　执行效果

▶ 14.2.2　实战演练——实现滑动颜色选择器/调色板功能

在本实例的功能是，在屏幕中实现滑动颜色选择器/调色板功能。同时在选择颜色时，还有放大镜查看功能，可以清楚地看到选择了哪个颜色。除此之外，本实例还可以调整调色板颜色的亮度。

实例14-3	在屏幕中实现滑动颜色选择器/调色板功能
源码路径	光盘:\daima\14\RSColorPicker

实例文件 RSBrightnessSlider.m 的具体代码如下所示。

```objc
#import "RSBrightnessSlider.h"
#import "RSColorPickerView.h"
#import "ANImageBitmapRep.h"
/**
 * 为背景创建默认的绘制位图.
 */
CGContextRef RSBitmapContextCreateDefault(CGSize size){
    size_t width = size.width;
    size_t height = size.height;
    size_t bytesPerRow = width * 4;            // 每行的字节argb
    bytesPerRow += (16 - bytesPerRow%16)%16; //确保是16的倍数
    CGColorSpaceRef colorSpace = CGColorSpaceCreateDeviceRGB();
    CGContextRef ctx = CGBitmapContextCreate(NULL,           //自动配置
                   width,                    //宽度
       height,                               //高度
         8,                                  //每个的尺寸
       bytesPerRow,                          //每行的字节大小
       colorSpace,                           //CGColorSpaceRef空间
       kCGImageAlphaPremultipliedFirst );//CGBitmapInfo对象bitmapInfo
    CGColorSpaceRelease(colorSpace);
    return ctx;
}
/**
 *返回有滑块的、沙漏状的图像,看上去有点像:
 *
 *   6 _____ 5
 *      \   /
 *    7 \  / 4
 *     ->||<--- cWidth (Center Width)
 *         ||
 *    8 /  \ 3
 *      /   \
 *   1 ------ 2
 */
UIImage* RSHourGlassThumbImage(CGSize size, CGFloat cWidth){
    //设置大小
    CGFloat width = size.width;
    CGFloat height = size.height;
    //设置背景
    CGContextRef ctx = RSBitmapContextCreateDefault(size);
    //设置颜色
    CGContextSetFillColorWithColor(ctx, [UIColor blackColor].CGColor);
    CGContextSetStrokeColorWithColor(ctx, [UIColor whiteColor].CGColor);
    //绘制滑块,看上面的图的点的个数
    CGFloat yDist83 = sqrtf(3)/2*width;
    CGFloat yDist74 = height - yDist83;
    CGPoint addLines[] = {
        CGPointMake(0, -1),                              //Point 1
        CGPointMake(width, -1),                          //Point 2
```

```
            CGPointMake(width/2+cWidth/2, yDist83),           //Point 3
            CGPointMake(width/2+cWidth/2, yDist74),           //Point 4
            CGPointMake(width, height+1),                     //Point 5
            CGPointMake(0, height+1),                         //Point 6
            CGPointMake(width/2-cWidth/2, yDist74),           //Point 7
            CGPointMake(width/2-cWidth/2, yDist83)            //Point 8
    };
    //填充路径
    CGContextAddLines(ctx, addLines, sizeof(addLines)/sizeof(addLines[0]));
    CGContextFillPath(ctx);
    //笔画路径
    CGContextAddLines(ctx, addLines, sizeof(addLines)/sizeof(addLines[0]));
    CGContextClosePath(ctx);
    CGContextStrokePath(ctx);
    CGImageRef cgImage = CGBitmapContextCreateImage(ctx);
    CGContextRelease(ctx);
    UIImage* image = [UIImage imageWithCGImage:cgImage];
    CGImageRelease(cgImage);
    return image;
}
/**
 * 返回的图像是下图：
 *
 * +-----+
 * | +-+ | ----------------------
 * | | | |                       |
 * ->| |<--- loopSize.width     loopSize.height
 * | | | |                       |
 * | +-+ | ----------------------
 * +-----+
 */
UIImage* RSArrowLoopThumbImage(CGSize size, CGSize loopSize){
    //设置矩形
    CGRect outsideRect = CGRectMake(0, 0, size.width, size.height);
    CGRect insideRect;
    insideRect.size = loopSize;
    insideRect.origin.x = (size.width - loopSize.width)/2;
    insideRect.origin.y = (size.height - loopSize.height)/2;
    //设置背景
    CGContextRef ctx = RSBitmapContextCreateDefault(size);
    //设置颜色
    CGContextSetFillColorWithColor(ctx, [UIColor blackColor].CGColor);
    CGContextSetStrokeColorWithColor(ctx, [UIColor whiteColor].CGColor);
    CGMutablePathRef loopPath = CGPathCreateMutable();
    CGPathAddRect(loopPath, nil, outsideRect);
    CGPathAddRect(loopPath, nil, insideRect);
    //填充路径
    CGContextAddPath(ctx, loopPath);
```

```objc
        CGContextEOFillPath(ctx);
        //笔画路径
        CGContextAddRect(ctx, insideRect);
        CGContextStrokePath(ctx);
        CGImageRef cgImage = CGBitmapContextCreateImage(ctx);
        CGPathRelease(loopPath);
        CGContextRelease(ctx);

        UIImage* image = [UIImage imageWithCGImage:cgImage];
        CGImageRelease(cgImage);
          return image;
    }
    @implementation RSBrightnessSlider
    -(id)initWithFrame:(CGRect)frame {
        self = [super initWithFrame:frame];
        if (self) {
            self.minimumValue = 0.0;
            self.maximumValue = 1.0;
            self.continuous = YES;
            self.enabled = YES;
            self.userInteractionEnabled = YES;
            [self addTarget:self action:@selector(myValueChanged:)
    forControlEvents:UIControlEventValueChanged];
        }
        return self;
    }
    -(void)setUseCustomSlider:(BOOL)use {
        if (use) {
            [self setupImages];
        }
    }
    -(void)myValueChanged:(id)notif {
        [colorPicker setBrightness:self.value];
    }
    -(void)setupImages {
        ANImageBitmapRep *myRep = [[ANImageBitmapRep alloc]
    initWithSize:BMPointMake(self.frame.size.width, self.frame.size.height)];
        for (int x = 0; x < myRep.bitmapSize.x; x++) {
            CGFloat percGray = (CGFloat)x / (CGFloat)myRep.bitmapSize.x;
            for (int y = 0; y < myRep.bitmapSize.y; y++) {
                [myRep setPixel:BMPixelMake(percGray, percGray, percGray,
    1.0) atPoint:BMPointMake(x, y)];
            }
        }
        [self setMinimumTrackImage:[myRep image] forState:
    UIControlStateNormal];
        [self setMaximumTrackImage:[myRep image] forState:
    UIControlStateNormal];

        [myRep release];
    }
```

```
-(void)setColorPicker:(RSColorPickerView*)cp {
    colorPicker = cp;
    if (!colorPicker) { return; }
    self.value = [colorPicker brightness];
}
@end
```

执行后的效果如图14-4所示。

图14-4　执行效果

14.3　图层

在iOS应用中，UIView实际上是将自身绘制到图层，然后图层在屏幕上显示出来。在本节的内容中，将详细讲解图层的基本知识，为后面知识的学习打下基础。

14.3.1　图层基础

iOS系统不会频繁地重画视图，而是将绘图缓存起来，这个缓存版本的绘图在需要时就被使用。缓存版本的绘图实际上就是图层，在如下3种情况下，图层会使视图看起来更加强大。

1. 图层有影响绘图效果的属性

由于图层是视图绘画的接收者和呈现者，可以通过访问图层属性来修改视图的屏幕显示。换言之，通过访问图层，可以让视图实现仅仅通过UIView方法无法实现的效果。

2. 图层可以在一个单独的视图中被组合起来

视图的图层可以包含其他图层。由于图层是用来绘图的，在屏幕上显示，这使得UIView的绘图能够有多个不同板块。通过把一个绘图的组成元素看成对象，将使绘图更简单。

3. 图层是动画的基本部分

动画能够给界面增添明晰感、着重感，以及简单的酷感。图层被赋有动感（CALayer里面的CA代表Core Animation）。例如在应用程序界面上添加一个指南针时，可以将箭头放在它自己的图层上；指南针上的其他部分也分别是图层，即圆圈是一个图层，每个基点字母是一个图层。用代码很容易组合绘图，各版块可以重定位以及各自动起来，因此很容易使箭头转动而不移动圆圈。

14.3.2 实战演练——在屏幕中实现3个重叠的矩形

在接下来的实例中，通过视图层次结构画了3个重叠的矩形。

实例14-4	在屏幕中实现3个重叠的矩形
源码路径	光盘:\daima\14\ tuceng1

步骤 1 视图文件 AppDelegate.h 的实现代码如下所示。

```
#import <UIKit/UIKit.h>
@interface AppDelegate : UIResponder <UIApplicationDelegate>
@property (strong, nonatomic) UIWindow *window;
@end
```

步骤 2 实现文件 AppDelegate.m 的主要实现代码如下所示。

```
#import "AppDelegate.h"
#import <QuartzCore/QuartzCore.h>
@implementation AppDelegate
@synthesize window = _window;
- (BOOL)application:(UIApplication *)
application didFinishLaunchingWithOptions:(NSDictionary *)launchOptions
{
    self.window =
[[UIWindow alloc] initWithFrame:[[UIScreen mainScreen] bounds]];
    // Override point for customization after application launch.
    self.window.backgroundColor = [UIColor whiteColor];

    CALayer* lay1 = [[CALayer alloc] init];
    lay1.frame = CGRectMake(113, 111, 132, 194);
     lay1.backgroundColor = [[UIColor colorWithRed:1 green:.4 blue:1 alpha:1] CGColor];
    [self.window.layer addSublayer:lay1];
    CALayer* lay2 = [[CALayer alloc] init];
     lay2.backgroundColor = [[UIColor colorWithRed:.5 green:1 blue:0 alpha:1] CGColor];
    lay2.frame = CGRectMake(41, 56, 132, 194);
    [lay1 addSublayer:lay2];
    CALayer* lay3 = [[CALayer alloc] init];
     lay3.backgroundColor = [[UIColor colorWithRed:1 green:0 blue:0 alpha:1] CGColor];
    lay3.frame = CGRectMake(43, 197, 160, 230);
    [self.window.layer addSublayer:lay3];

    [self.window makeKeyAndVisible];
    return YES;
}
```

运行程序，结果如图14-5所示。

图14-5　执行效果

14.3.3　实战演练——实现图层的变换

在绘制屏幕的过程中，可以通过变换来修改图层，因为一个视图可以有变化，而视图是通过图层在屏幕上绘图的。二维图的变换可以通过 setAffineTransform和affineTransform方法实现。而3D变换的旋转则比较复杂，除了角度之外还必须提供三坐标的矢量，因为整个旋转工作是围绕该矢量发生的。下面的实例演示了变换过程，因为在默认情况下的图层是被看成两面的，所以当它被倒转来显示它的"背面"时，该绘图是图层内容的倒转版本。如果图层的doubleSided属性是NO，那么当它颠倒过来显示"背面"时图层会消失不见，它的"背面"是空的。

实例14-5	在屏幕中实现图层的变换
源码路径	光盘:\daima\14\compass

步骤 1　文件CompassView.h实现指南针视图，具体代码如下所示。

```
#import <UIKit/UIKit.h>
@interface CompassView : UIView{

}

@property(nonatomic, strong)CompassView *view;
@end
```

实现文件CompassView.m的代码如下所示。

```
#import "CompassView.h"
#import "CompassLayer.h"
@implementation CompassView
@synthesize view;

+ (Class) layerClass {
    return [CompassLayer class];
```

```
}
@end
```

步骤 2 文件CompassLayer.h实现指南针图层,具体代码如下所示。

```
#import <UIKit/UIKit.h>
#import <QuartzCore/QuartzCore.h>
@interface CompassLayer : CALayer{

}
@property(nonatomic, weak)CALayer *theArrow;
@end
```

实现文件CompassLayer.m的代码如下所示。

```
#import "CompassLayer.h"
ation CompassLayer
@synthesize theArrow;

- (void) setup {
    NSLog(@"setup");

    [CATransaction setDisableActions:YES];
    //梯度
    CAGradientLayer* g = [[CAGradientLayer alloc] init];
    g.frame = self.bounds;
    g.colors = [NSArray arrayWithObjects:
                (id)[[UIColor blackColor] CGColor],
                [[UIColor redColor] CGColor],
                nil];
    g.locations = [NSArray arrayWithObjects:
                   [NSNumber numberWithFloat: 0.0],
                   [NSNumber numberWithFloat: 1.0],
                   nil];
    [self addSublayer:g];
    //圆
    CAShapeLayer* circle = [[CAShapeLayer alloc] init];
    circle.lineWidth = 2.0;
    circle.fillColor =
      [[UIColor colorWithRed:0.9 green:0.95 blue:0.93 alpha:0.9]
CGColor];
    circle.strokeColor = [[UIColor grayColor] CGColor];
    CGMutablePathRef p = CGPathCreateMutable();
    CGPathAddEllipseInRect(p, NULL, CGRectInset(self.bounds, 3, 3));
    circle.path = p;
    [self addSublayer:circle];
    circle.bounds = self.bounds;
    circle.position = CGPointMake(CGRectGetMidX(self.bounds),
                                  CGRectGetMidY(self.bounds));
    //四个基本点,指南针的东、南、西、北
    NSArray* pts =
 [NSArray arrayWithObjects: @"N", @"E", @"S", @"W", nil];
```

```objc
        for (int i = 0; i < 4; i++) {
            CATextLayer* t = [[CATextLayer alloc] init];
            t.string = [pts objectAtIndex: i];
            t.bounds = CGRectMake(0,0,40,30);
            t.position = CGPointMake(CGRectGetMidX(circle.bounds),
                                    CGRectGetMidY(circle.bounds));
            CGFloat vert =
    (CGRectGetMidY(circle.bounds) - 5) / CGRectGetHeight(t.bounds);
            t.anchorPoint = CGPointMake(0.5, vert);
            t.alignmentMode = kCAAlignmentCenter;
            t.foregroundColor = [[UIColor blackColor] CGColor];
            [t setAffineTransform:CGAffineTransformMakeRotation(i*M_PI/2.0)];
            [circle addSublayer:t];

        }

        //箭头
        CALayer* arrow = [[CALayer alloc] init];
        arrow.bounds = CGRectMake(0, 0, 40, 100);
        arrow.position = CGPointMake(CGRectGetMidX(self.bounds),
                                    CGRectGetMidY(self.bounds));
        arrow.anchorPoint = CGPointMake(0.5, 0.8);
        arrow.delegate = self;
        [arrow setAffineTransform:CGAffineTransformMakeRotation(M_PI/5.0)];
        [self addSublayer:arrow];
        [arrow setNeedsDisplay];
        [self performSelector:@selector(mask:) withObject:arrow afterDelay:0.4];

        self.theArrow = arrow;

}

- (void) resizeArrowLayer: (CALayer*) arrow {
    NSLog(@"resize arrow");
    arrow.needsDisplayOnBoundsChange = NO;
    arrow.contentsCenter = CGRectMake(0.0, 0.4, 1.0, 0.6);
    arrow.contentsGravity = kCAGravityResizeAspect;
    arrow.bounds = CGRectInset(arrow.bounds, -20, -20);
}

- (void) mask: (CALayer*) arrow {
    CAShapeLayer* mask = [[CAShapeLayer alloc] init];
    mask.frame = arrow.bounds;
    CGMutablePathRef p2 = CGPathCreateMutable();
      CGPathAddEllipseInRect(p2, NULL, CGRectInset(mask.bounds, 10,
10));
    mask.strokeColor =
  [[UIColor colorWithWhite:0.0 alpha:0.5] CGColor];
    mask.lineWidth = 20;
    mask.path = p2;
    arrow.mask = mask;
```

```
        CGPathRelease(p2);
}

void drawStripes (void *info, CGContextRef con) {
    //4 x 4 单元格
    CGContextSetFillColorWithColor(con, [[UIColor redColor] CGColor]);
    CGContextFillRect(con, CGRectMake(0,0,4,4));
    CGContextSetFillColorWithColor(con, [[UIColor blueColor] CGColor]);
    CGContextFillRect(con, CGRectMake(0,0,4,2));
}

- (void) drawLayer:(CALayer *)layer inContext:(CGContextRef)con {

    NSLog(@"drawLayer:inContext: for arrow");

    //裁剪区域三角孔背景
    CGContextMoveToPoint(con, 10, 100);
    CGContextAddLineToPoint(con, 20, 90);
    CGContextAddLineToPoint(con, 30, 100);
    CGContextClosePath(con);
    CGContextAddRect(con, CGRectMake(0,0,40,100));
    CGContextEOClip(con);
    //画一个黑色（默认）垂直线，箭头轴
    CGContextMoveToPoint(con, 20, 100);
    CGContextAddLineToPoint(con, 20, 19);
    CGContextSetLineWidth(con, 20);
    CGContextStrokePath(con);
    //画一个三角形图案，箭头的指向
    CGColorSpaceRef sp = CGColorSpaceCreatePattern(NULL);
    CGContextSetFillColorSpace (con, sp);
    CGColorSpaceRelease (sp);
    CGPatternCallbacks callback = {
        0, &drawStripes, NULL
    };
    CGAffineTransform tr = CGAffineTransformIdentity;
    CGPatternRef patt = CGPatternCreate(NULL,
                                        CGRectMake(0,0,4,4),
                                        tr,
                                        4, 4,
                    kCGPatternTilingConstantSpacingMinimalDistortion,
                                        true,
                                        &callback);
    CGFloat alph = 1.0;
    CGContextSetFillPattern(con, patt, &alph);
    CGPatternRelease(patt);
    CGContextMoveToPoint(con, 0, 25);
    CGContextAddLineToPoint(con, 20, 0);
    CGContextAddLineToPoint(con, 40, 25);
    CGContextFillPath(con);

}
```

```
- (void) layoutSublayers {
    static BOOL didSetup = NO;
    if (!didSetup) {
        didSetup = YES;
        [self setup];
    }
}
@end
```

执行后的效果如图14-6所示。

图14-6　执行效果

14.4　实现动画效果

在现实应用中，动画是随着时间的推移而在界面上改变显示效果的过程。例如视图的背景颜色从红逐步变为绿，而视图的不透明属性可以从不透明逐步变成透明。一个动画涉及很多内容，包括定时、屏幕刷新和线程化等操作。在本节的内容中，将详细讲解在iOS中实现动画效果的基本知识。

14.4.1　UIImageView动画

在iOS系统中，不需要自己完成一个动画，而只需描述动画的各个步骤，让系统执行这些步骤，从而获得动画的效果。可以使用UIImageView来实现动画效果。UIImageView的animationImages属性或highlightedAnimationImages属性是一个UIImage数组，这个数组代表一帧帧动画。当发送startAnimating消息时，图像就被轮流显示；animationDuration属性确定帧的速率（间隔时间），animationRepeatCount属性（默认为0，表示一直重复，直到收到stopAnimating消息）指定重复的次数。

在UIImageView中，和动画相关的方法和属性如下所示。

- animationDuration 属性：指定多长时间运行一次动画循环。
- animationImages 属性：识别图像的NSArray，以加载到UIImageView中。

- animationRepeatCount 属性：指定运行多少次动画循环。
- image 属性：识别单个图像，以加载到UIImageView中。
- startAnimating 方法：开启动画。
- stopAnimating 方法：停止动画。

14.4.2 视图动画UIView

通过使用UIView视图的动画功能，可以在更新或切换视图时放缓节奏、产生流畅的动画效果，进而改善用户体验。UIView可以产生动画效果的变化包括：

- 位置变化：在屏幕上移动视图。
- 大小变化：改变视图框架（Frame）和边界。
- 拉伸变化：改变视图内容的延展区域。
- 改变透明度：改变视图的Alpha值。
- 改变状态：隐藏或显示状态。
- 改变视图层次顺序：哪个视图前哪个视图后。
- 旋转：即任何应用到视图上的仿射变换（Transform）。

1. UIView中的动画属性和方法

（1）areAnimationsEnabled

返回一个布尔值表示动画是否结束。

格式：+（BOOL）areAnimationsEnabled

返回值：如果动画结束，返回YES，否则NO。

（2）beginAnimations:context

表示开始一个动画块。

格式：+ (void)beginAnimationsNSString *)animationID contextvoid *)context

参数：

- animationID：是动画块内部应用程序标识，用来传递动画代理消息。这个选择器使用setAnimationWillStartSelector方法和setAnimationDidStopSelector进行设置。
- context：附加的应用程序信息，用来传递给动画代理消息，这个选择器使用setAnimationWillStartSelector和setAnimationDidStopSelector方法。

这个属性值改变是因为设置了一些需要在动画块中产生动画的属性。动画块可以被嵌套，如果没有在动画块中调用，那么setAnimation类方法将什么都不做。使用beginAnimations:context可以开始一个动画块，可以用类方法commitAnimations结束一个动画块。

（3）+ (void)commitAnimations

如果当前的动画块是最外层的动画块，当应用程序返回到循环运行时开始执行动画块。动画在一个独立的线程中，所有应用程序不会中断。使用这个方法，多个动画可以被实现。当另外一个动画在播放的时候，可以查看setAnimationBeginsFromCurrentState来了解如何开始一个动画。

（4）layerClass

用来创建这一个本类的layer实例对象。

格式：+ (Class)layerClass

返回值：一个用来创建视图类Layer的重写子类来指定一个自定义类，用来显示。当在创建视图layer时候调用。默认的值是CALayer类对象。

（5）setAnimationBeginsFromCurrentState

用于设置动画从当前状态开始播放。

格式：+ (void)setAnimationBeginsFromCurrentStateBOOL)fromCurrentState

参数：fromCurrentState默认值是YES，表示动画需要从当前状态开始播放。也就是说，如果设置为YES，那么动画在运行过程中，当前视图的位置将会作为新的动画的开始状态。如果设置为NO，当前动画结束前，新动画将使用视图最后状态的位置作为开始状态。如果动画没有运行或者没有在动画块外调用，这个方法将不会做任何事情。使用类方法beginAnimations:context设置动画开始，使用类方法commitAnimations来结束动画块。

（6）setAnimationCurve

用于设置动画块中的动画属性变化的曲线。

格式：+ (void)setAnimationCurveUIViewAnimationCurve)curve

动画曲线是动画运行过程中相对的速度。如果在动画块外调用这个方法将会无效。使用beginAnimations:context类方法开始动画块，用commitAnimations结束动画块。默认动画曲线的值是UIViewAnimationCurveEaseInOut。

（7）setAnimationDelay

用于在动画块中设置动画的延迟属性（以秒为单位）。

格式：+ (void)setAnimationDelayNSTimeInterval)delay

这个方法在动画块外调用无效。使用beginAnimations:context类方法开始一个动画块，用commitAnimations类方法结束动画块。默认的动画延迟是0.0秒。

（8）setAnimationDelegate

用于设置动画消息的代理。

格式：+ (void)setAnimationDelegateid)delegate

参数delegate可以用setAnimationWillStartSelector和setAnimationDidStopSelector方法来设置接收代理消息的对象。

这个方法在动画块外没有任何效果。使用beginAnimations:context类方法开始一个动画块，用commitAnimations类方法结束一个动画块。默认值是nil。

（9）setAnimationDidStopSelector

当动画停止的时候用于设置消息给动画代理。

格式：+ (void)setAnimationDidStopSelectorSEL)selector

参数selector表示当动画结束的时候发送给动画代理，默认值是NULL。这个选择者须有下面方法的签名：

```
animationFinishedNSString *)animationID finishedBOOL)
finished contextvoid *)context
```

- animationID：一个应用程序提供的标识符，是传给beginAnimations:context相同的参数。这个参数可以为空。
- finishedBOOL：如果动画在停止前完成，返回YES；否则就是NO。
- context：一个可选的应用程序内容提供者，是beginAnimations:context方法相同的参数。可以为空。

这个方法在动画块外没有任何效果。默认值是NULL。

（10）setAnimationDuration

用于设置动画块中的动画持续时间（单位为秒）。

格式：+ (void)setAnimationDuration:(NSTimeInterval)duration
参数duration：一段动画持续的时间。
这个方法在动画块外没有效果。默认值是0.2。

（11）setAnimationRepeatAutoreverses

用于设置动画块中的动画效果是否自动重复播放。
格式：+ (void)setAnimationRepeatAutoreverses:(BOOL)repeatAutoreverses
参数repeatAutoreverses的值如果为YES动画自动重复，为NO则不重复。
自动重复是当动画向前播放结束后再重头开始播放。使用setAnimationRepeatCount类方法可以指定动画自动重播的时间。如果重复数为0或者在动画块外，将没有任何效果。默认值是NO。

（12）setAnimationRepeatCount

用于设置动画在动画模块中的重复次数。
格式：+ (void)setAnimationRepeatCount:(float)repeatCount
参数repeatCount表示动画重复的次数，这个值可以是分数。
这个属性在动画块外没有任何作用。默认动画不循环。

（13）setAnimationsEnabled

用于设置是否激活动画。
格式：+ (void)setAnimationsEnabled:(BOOL)enabled
参数enabled如果是YES则激活动画，否则就是NO。
当动画参数没有被激活，动画属性的改变将被忽略。默认动画是被激活的。

（14）setAnimationStartDate

用于设置在动画块内部动画属性改变的开始时间。
格式：+ (void)setAnimationStartDate:(NSDate *)startTime
参数startTime表示一个开始动画的时间。
默认的开始时间值由CFAbsoluteTimeGetCurrent方法来返回。

（15）setAnimationTransition:forView:cache

用于在动画块中为视图设置过渡。
格式：+ (void)setAnimationTransition:
(UIViewAnimationTransition)transition forView:(UIView *)view cache:(BOOL)cache
参数如下。
- transition：把一个过渡效果应用到视图中，可能的值定义在UIViewAnimationTransition中。
- view：需要过渡的视图对象。
- cache：如果是YES，那么在开始和结束图片视图渲染一次并在动画中创建帧；否则，视图将会在每一帧都渲染。

如果想要在转变过程中改变视图的外貌，如文件从一个视图到另一个视图，可以使用一个UIView子类的容器视图，然后开始一个动画块，在容器视图中设置转换，在容器视图中移除子视图，在容器视图中添加子视图，结束动画块。

（16）setAnimationWillStartSelector

功能是当动画开始时发送一条消息到动画代理。
格式：+ (void)setAnimationWillStartSelector:(SEL)selector
参数selector会在动画开始前向动画代理发送消息。默认值是NULL。这个selector必须是和beginAnimations:context方法相同的参数，可以是nil。

2. 创建UIView动画的方式

（1）使用UIView类的UIViewAnimation扩展

UIView动画是成块运行的，当发出beginAnimations:context请求时，标志着动画块的开始。而commitAnimations请求标志着动画块的结束。这两个请求函数的具体说明如下所示：

```
//开始准备动画
+ (void)beginAnimations:(NSString *)animationID context:(void *)context;
//运行动画
+ (void)commitAnimations;
```

（2）block方式

block方式使用UIView类的UIViewAnimationWithBlocks扩展实现，要用到的函数有：

```
+ (void)animateWithDuration:(NSTimeInterval)duration delay:(NSTimeInterval)delay options:(UIViewAnimationOptions)options animations:(void (^)(void))animations completion:(void (^)(BOOL finished))completion __OSX_AVAILABLE_STARTING(__MAC_NA,__IPHONE_4_0);
//间隔,延迟,动画参数(好像没用?),界面更改块,结束块

+ (void)animateWithDuration:(NSTimeInterval)duration animations:(void (^)(void))animations completion:(void (^)(BOOL finished))completion __OSX_AVAILABLE_STARTING(__MAC_NA,__IPHONE_4_0);
//delay = 0.0, options = 0

+ (void)animateWithDuration:(NSTimeInterval)duration animations:(void (^)(void))animations __OSX_AVAILABLE_STARTING(__MAC_NA,__IPHONE_4_0);
//delay = 0.0, options = 0, completion = NULL

+ (void)transitionWithView:(UIView *)view duration:(NSTimeInterval)duration options:(UIViewAnimationOptions)options animations:(void (^)(void))animations completion:(void (^)(BOOL finished))completion __OSX_AVAILABLE_STARTING(__MAC_NA,__IPHONE_4_0);

+ (void)transitionFromView:(UIView *)fromView toView:(UIView *)toView duration:(NSTimeInterval)duration options:(UIViewAnimationOptions)options completion:(void (^)(BOOL finished))completion __OSX_AVAILABLE_STARTING(__MAC_NA,__IPHONE_4_0);
//toView added to fromView.superview, fromView removed from its
//superview界面替换,这里的options参数有效
```

（3）core方式

此方式使用CATransition类实现。iPhone还支持Core Animation作为其QuartzCore架构的一部分，CA API为iPhone应用程序提供了高度灵活的动画解决方案。但是CATransition只针对图层，不针对视图。图层是Core Animation与每个UIView产生联系的工作层面。使用Core Animation时，应该将CATransition应用到视图的默认图层而不是视图本身。

使用CATransition类实现动画，只需要建立一个Core Animation对象，设置它的参数，然后把这个带参数的过渡添加到图层即可。在使用时，要引入QuartzCore.framework：

```
#import <QuartzCore/QuartzCore.h>
```

CATransition动画使用了类型type和子类型subtype两个概念：type属性指定了过渡的种类（淡化、推挤、揭开、覆盖），subtype设置了过渡的方向（从上、下、左、右）。另外，CATransition私有的动画类型有立方体、吸收、翻转、波纹、翻页、反翻页、镜头开、镜头关。

14.4.3 Core Animation详解

Core Animation即核心动画，开发人员可以为应用创建动态用户界面，而无需使用低级别的图形API，例如使用OpenGL来获取高效的动画性能。Core Animation负责所有的滚动、旋转、缩小和放大以及所有的iOS动画效果。其中UIKit类通常都有animated参数部分，它可以确定是否使用动画。另外，Core Animation还与Quartz紧密结合在一起，每个UIView都关联到一个CALayer对象，CALayer是Core Animation中的图层。

Core Animation在创建动画时会修改CALayer属性，然后让这些属性流畅地变化。学习Core Animation，需要具备如下相关知识。

- 图层：是动画发生的地方，CALayer总是与UIView关联，通过layer属性访问。
- 隐式动画：这是一种最简单的动画，不用设置定时器，不用考虑线程或者重画。
- 显式动画：是一种使用CABasicAnimation创建的动画，通过CABasicAnimation，可以更明确地定义属性如何改变动画。
- 关键帧动画：是一种更复杂的显式动画类型，这里可以定义动画的起点和终点，还可以定义某些帧之间的动画。

使用核心动画的好处如下所示。

- 简单易用的高性能混合编程模型。
- 类似视图，可以通过使用图层来创建复杂的接口。可通过CALayer来使用更复杂的动画。
- 轻量级的数据结构，它可以同时显示并让上百个图层产生动画效果，即控制多个CALayer来显示动画效果。
- 一套简单的动画接口，可以让动画运行在独立的线程里，并可独立于主线程之外。
- 一旦动画配置完成并启动，核心动画完全控制并独立完成相应的动画帧。
- 提高应用性能。应用程序只当发生改变的时候才重绘内容。再小的应用程序也需要改变和提供布局服务层。核心动画还消除了在动画的帧速率上运行的应用程序代码。
- 灵活的布局管理模型。包括允许图层相对同级图层的关系来设置相应属性的位置和大小。可以使用CALayer来更灵活地进行布局。

Core Animation提供了许多或具体或抽象的动画类，如图14-7所示。

Core Animation中常用类的具体说明如下所示。

- CATransition：提供了作用于整个层的转换效果。还可以通过自定义的Core Image Filter扩展转换效果。
- CAAnimationGroup：可以打包多个动画对象并让它们同时执行。
- CAPropertyAnimation：支持基于属性关键路径的动画。
- CABasicAnimation：对属性做简单的插值。
- CAKeyframeAnimation：对关键帧动画提供支持。指定需要动画属性的关键路径，一个表示每一个阶段对应的值的数组，还有一个关键帧时间和时间函数的数组。动画运行时，依次设置每一个值的指定插值。

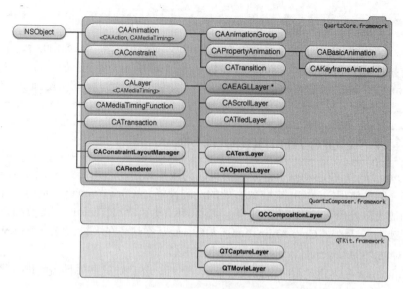

图14-7　Core Animation的类

1. 图层的类

（1）层类（Layer Classes）

Layer Classes是Core Animation的基础。Layer Classes提供了一个抽象的概念，这个概念对于那些使用NSview和UIview的开发者来说是很熟悉的。基础层是由类CAlayer提供的，此类是所有Core Animation层的父类。

同一个视图类的实例一样，一个CAlayer实例也有一个单独的SuperLayer和上面所有的子层SubLayers，它创建了一个有层次结构的层，称为Layer Tree。Layers的绘制就像Views一样是从后向前绘制的，绘制的时候要指定其相对的SuperLayer集合形状，同时还需要创建一个局部的坐标系。Layers可以做一些更复杂的操作，如Rotate（旋转）、Skew（倾斜）、Scale（放缩）和Project The Layer Content（层的投影）。

图层的内容可以提供如下所示的功能。

- 直接设置层的content属性到一个Core Graphics图，或者通过delegation来设置。
- 提供一个代理直接绘制到Core Graphics Image Context（核心图形的上下文）。
- 设置任意数量的层共有的可视风格属性，如backgroundColor（背景色）、opacity（透明度）和masking（遮罩）。Max OS X应用通过使用Core Image Filters来实现这种可视化的属性。
- 子类化CAlayer，同时在更多的封装方式中完成上面的任意技术。

（2）3个重要的子类

- CAScrollLayer：是CALayer的一个子类，用来显示layer的某一部分，一个CAScrollLayer对象的滚动区域是由其子层的布局来定义的。CAScrollLayer没有提供键盘或者鼠标事件，也没有提供明显的滚动条。
- CATextLayer：是一个很方便就可以从string和attributed string创建layer的content类。
- CATiledLayer：允许在增量阶段显示大和复杂的图像，它会将图形进行分块显示，来减少加载时间。

（3）Mac OS X额外的类

CAOpenGLLayer提供了一个OpenGL渲染环境，必须继承这个类来使用OpenGL提供的内容。内容可以是静态的，也可以随着时间的推移更新。QCCompositionLayer（由Quartz框架提供）可以显示Quartz合成的内容动画。由QTMovieLayer and QTCaptureLayer（QTKit 框架提供）播放QuickTime 影片和视频直播。

（4）iOS 独特的CALayerCAEAGLLayer

提供了一个OpenGLES渲染环境。CALayer 的类引入了"键-值"编码兼容的容器类概念，也就是说一个类可以使用"键-值"编码的方法存储任意值，而无需创建一个子类。CALayer 还扩展了 NSKeyValueCoding 的非正式协议，加入默认键值和额外的结构类型的自动对象包装（CGPoint、CGSize、CGRect、CGAffineTransform和CATransform3D）的支持，并提供许多对这些结构的关键路径领域的访问。CALayer也管理动画和与其相关的layer的actions。layers接收一些从Layer Tree中触发的insert和remove消息，修改被创建的layer的属性，或者指明开发者的需求。这些actions通常都会导致动画的产生。

2. 动画和计时类（Animation and Timing Classes）

图层的很多可视化属性是可以实现隐式动画的。通过简单的改变图层的动画显示的属性，可以让图层现有属性从当前值动画渐变到新的属性值。

（1）隐式动画

层的许多可视属性的改变可以产生隐式的动画效果，因为这些属性都默认地与一个动画相关联。通过简单地设置可视的属性值，层会由当前值到被设置的值产生渐变的动画效果。比如，设置层的hidden属性为真，将触发一个逐渐消失的动画效果。

（2）显式动画

可以设置动画的属性产生显式的动画效果，通过创建一个动画类和指定所需要的动画效果即可。显式的动画并不改变层的属性。所有的核心动画类都由抽象类CAAnimation继承而来。CAAnimation采用CAMediaTiming协议。CAMediaTiming规定了动画的持续时间、速度及重复次数。CAAnimation也采用了CAAction协议，该协议规定了响应由层触发的动作时开始一个动画的标准方式。

核心动画的动画类使用基本的动画和关键帧动画把图层的内容与选取的属性以动画形式显示出来。

- CAAnimation：实现了 CAMediaTiming 协议，提供了动画的持续时间、速度和重复计数。另外，CAAnimation 也实现了 CAAction 协议。该协议为图层触发一个动画动作提供了标准化响应。动画类同时定义了一个使用贝塞尔曲线来描述动画改变的时间函数。例如一个匀速时间函数（Linear timing function）在动画的整个生命周期里面一直保持速度不变，而渐缓时间函数（Ease-out timing function）则在动画接近其生命周期的时候减慢速度。核心动画额外提供了一系列抽象的和细化的动画类，例如CATransition 提供了一个图层变化的过渡效果，它能影响图层的整个内容。动画进行的时候，可淡入淡出（Fade）、推（Push）、显露（Reveal）图层的内容，这些过渡效果可以扩展到定制的Core Image滤镜。CAAnimationGroup允许一系列动画效果组合在一起并行显示动画。
- CABasicAnimation：简单地为图层的属性提供修改。很多图层的属性修改默认会执行这个动画类，比如大小、透明度和颜色等属性
- CAKeyframeAnimation：支持关键帧动画，可以指定图层属性的关键路径动画，包括动画的每个阶段的价值，以及关键帧时间和计时功能的一系列值。在动画运行时，每个值被特定的插入值替代，核心动画和 Cocoa Animation 同时使用这些动画类。

3. 布局管理器类

Application Kit 的视图类相对于 SuperLayer 提供了经典的 Struts and Springs 定位模型。图层类兼容这个模型。同时 Mac OS X 上面的核心动画提供了一套更加灵活的布局管理机制，它允许开发者自己修改布局管理器。核心动画的 CAConstraint 类是一个布局管理器，它可以指定子图层类限制于指定的约束集合。每个约束（CAConstraint 类的实例封装）描述层的几何属性（左、右、顶部或底部的边缘或水平或垂直中心）的关系，其关系到其同级之一的几何属性层或 SuperLayer。

4. 事务管理类

图层的动画属性的每一个修改必然是事务的一个部分，CATransaction 是核心动画里面负责协调多个动画原子更新显示操作。事务支持嵌套使用。

▶ 14.4.4 实战演练——实现"烟花"效果

本实例实现了"烟花烟花满天飞"效果，预先设置了如图14-8所示的素材图片。

Default.png　　fire01.png　　fire02.png　　fire03.png　　fire04.png　　fire05.png

图14-8　素材图片

在本实例中设置了两个视图界面，实现了主视图MainView.xib和说明视图FlipsideView.xib之间的灵活切换。为了实现动画效果，引入了关键帧动画框架QuartzCore.framework。

实例14-6	在屏幕中实现烟花动画效果
源码路径	光盘:\daima\14\hua

步骤 1 编写文件FlipsideViewController.h，此文件的功能是实现主页视图的按钮，具体代码如下所示。

```
#import <UIKit/UIKit.h>
@protocol FlipsideViewControllerDelegate;
@interface FlipsideViewController : UIViewController {
    id <FlipsideViewControllerDelegate> delegate;
}
@property (nonatomic, assign) id <FlipsideViewControllerDelegate> delegate;
- (IBAction)done:(id)sender;
@end

@protocol FlipsideViewControllerDelegate
- (void)flipsideViewControllerDidFinish:(FlipsideViewController *)controller;
@end
```

步骤 2 编写文件FlipsideViewController.m，此文件的功能是说明视图FlipsideView.xib定义功能方法，具体代码如下所示。

```
#import "FlipsideViewController.h"
```

```
@implementation FlipsideViewController
@synthesize delegate;
- (void)viewDidLoad {
    [super viewDidLoad];
    self.view.backgroundColor = [UIColor viewFlipsideBackgroundColor];
}
- (IBAction)done:(id)sender {
    [self.delegate flipsideViewControllerDidFinish:self];
}
- (void)didReceiveMemoryWarning {
    [super didReceiveMemoryWarning];
}
- (void)viewDidUnload {
}
- (void)dealloc {
    [super dealloc];
}
@end
```

步骤 3 编写主视图的头文件MainViewController.h，通过此文件构建了一个"烟花烟花满天飞"的动画界面，具体代码如下所示。

```
#import "FlipsideViewController.h"
#import <QuartzCore/QuartzCore.h>
@interface MainViewController :
UIViewController <FlipsideViewControllerDelegate> {
}
- (IBAction)showInfo:(id)sender;
@end
```

步骤 4 文件MainViewController.m是文件MainViewController.h的实现，具体代码如下所示。

```
#import "MainViewController.h"
@implementation MainViewController
- (void)viewDidLoad {
    [super viewDidLoad];
    UIImageView* FireView =
[[UIImageView alloc] initWithFrame:self.view.frame];
    FireView.animationImages = [NSArray arrayWithObjects
            [UIImage imageNamed:@"fire01.png"],
            [UIImage imageNamed:@"fire02.png"],
            [UIImage imageNamed:@"fire03.png"],
            [UIImage imageNamed:@"fire04.png"],
            [UIImage imageNamed:@"fire05.png"],
nil];
    FireView.animationDuration = 1.75;
    FireView.animationRepeatCount = 0;
    [FireView startAnimating];
    [self.view addSubview:FireView];
    [FireView release];
}
```

```
- (void)flipsideViewControllerDidFinish:(FlipsideViewController *)
controller {
    [self dismissModalViewControllerAnimated:YES];
}
- (IBAction)showInfo:(id)sender {
    FlipsideViewController *controller = 
[[FlipsideViewController alloc] initWithNibName:@"FlipsideView" bundle:nil];
    controller.delegate = self;
    controller.modalTransitionStyle = 
UIModalTransitionStyleFlipHorizontal;
    [self presentModalViewController:controller animated:YES];
    [controller release];
}
- (void)didReceiveMemoryWarning {
    [super didReceiveMemoryWarning];
}
- (void)viewDidUnload {
}
- (void)dealloc {
    [super dealloc];
}
@end
```

执行后的效果如图14-9所示。

图14-9　执行效果

14.5　访问声音服务

在当前的设备中，声音几乎在每个计算机系统中都扮演了重要角色，而不管其平台和用途如何。它们告知用户发生了错误或完成了操作。而在移动设备中，震动的应用比较常见。当设备能够震动时,即使用户不能看到或听到,设备也能够与用户交流。对iPhone来说,震动意味着即使它在口袋里或附近的桌子上,应用程序也可将事件告知用户。

14.5.1 声音服务基础

为了支持声音播放和震动功能,iOS系统中的系统声音服务(System Sound Services)为我们提供了一个接口,用于播放不超过30秒的声音。虽然它支持的文件格式有限,目前只支持CAF、AIF和使用PCM或IMA/ADPCM数据的WAV文件,并且这些函数没有提供操作声音和控制音量的功能,但是为开发人员提供了很大的方便。

在iOS系统中,System Sound Services 支持如下3种不同的通知。
- 声音:立刻播放一个简单的声音文件。如果手机被设置为静音,用户什么也听不到。
- 提醒:也播放一个声音文件,但如果手机被设置为静音和震动,将通过震动提醒用户。
- 震动:震动手机,而不考虑其他设置。

要在项目中使用系统声音服务,必须添加框架AudioToolbox以及要播放的声音文件。另外还需要在实现声音服务的类中导入该框架的接口文件:

```
#import <AudioToolbox/AudioToolbox.h>
```

不同于本书讨论的其他大部分开发功能,系统声音服务并非通过类实现的,相反,将使用传统的C语言函数调用来触发播放操作。

要想播放音频,需要使用的两个函数是AudioServicesCreateSystemSoundID和AudioServicesPlaySystemSound。还需要声明一个类型为SystemSoundID的变量,它表示要使用的声音文件。为对如何结合使用这些功能有大致认识,请看如下所示的代码。

```
-(IBAction)doSound:(id)sender {SystemSoundID soundID;
//声明这个系统变量是为了后来的引用做准备
    NSString *soundFile =
[[NSBundle mainBundle]    pathForResource: @"soundeffect" ofType:@"wav"]
//调用NSBbundle的类方法mainBundle以返回一个NSBundle对象,
//该对象对应于当前应用程序可执行二进制文件所属的目录
 AudioServicesCreateSystemSoundID((CFURLRef)
[NSURL fileURLWithPath:soundFile], &soundID);
//一个指向文件位置的CFURLRef对象和一个指向我们要设置的SystemSoundID变量的指针
    AudioServicesPlaySystemSound(soundID);
}
```

这些代码看起来与一直使用的Objective-C代码有些不同,下面介绍其中的组成部分。
- 第1行声明了变量soundID,我们将使用它来引用声音文件(这里没有将它声明为指针,声明指针时需要加上*)。
- 第2行声明了字符串变量soundFile,并将其其设置为声音文件soundeffect.wav的路径。为此首先使用NSBundle的类方法mainBundle返回一个NSBundle对象,该对象对应于当前应用程序的可执行二进制文件所属的目录。然后使用NSBundle对象的pathForResource:ofType方法通过文件名和扩展名指定具体的文件。
- 在确定声音文件的路径后,必须使用函数AudioServicesCreateSystemSoundID创建一个代表该文件的SystemSoundID,供实际播放声音的函数使用。这个函数接受两个参数:一个指向文件位置的CFURLRef对象和一个指向要设置的SystemSoulldID变量的指针。为了设置第一个参数,需要使用NSURL的类方法fileURLWithPath根据声音文件的路径创建一个NSUIU对象,并使用"__brige CFURLRef"将这个NSURL也对象转换为函数要求的 CFURLRef 类型，其中"__brige"是必不可少的，因为要将一个C语言结构转换为Objective-C对象。设置第二个参数，只需使用&soulldID即可。

&<variable>能够返回一个指向该变量的引用（指针）。在使用Objective-C类时很少需要这样做，因为几乎任何东西都已经是指针.

在正确设置soundID后，接下来的工作就是播放它了。为此只需将变量soundID传递给函数AudioServicesPlaySystemSound即可。

14.5.2 实战演练——播放声音文件

实例14-7	播放声音文件
源码路径	光盘:\daima\14\MediaPlayer1

步骤 1 打开Xcode，新建一个名为MediaPlayer的Single View Application项目，如图14-10所示。

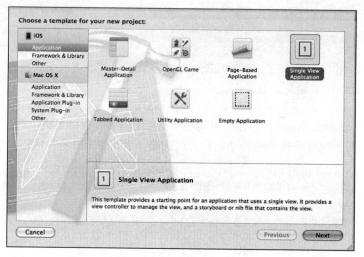

图14-10 新建Xcode项目

步骤 2 设置新建项目的名称，然后设置设备为iPhone，如图14-11所示。

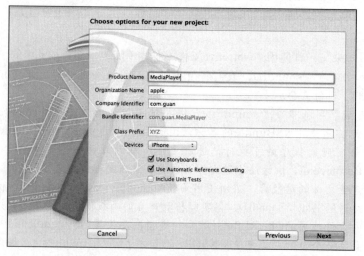

图14-11 设置设备

步骤 3　设置一个UI界面，在里面插入了两个按钮，效果如图14-12所示。

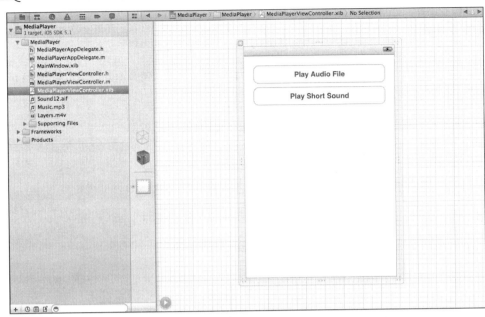

图14-12　UI界面

步骤 4　准备两个声音素材文件Music.mp3和Sound12.aif，如图14-13所示。

图14-13　素材音频文件

步骤 5　声音文件必须放到设备的本地文件夹下面。通过方法AudioServicesCreateSystemSoundID注册这个声音文件，AudioServicesCreateSystemSoundID需要声音文件的URL的CFURLRef对象。看下面的注册代码：

```
#import <AudioToolbox/AudioToolbox.h>
@interface MediaPlayerViewController : UIViewController{
IBOutlet UIButton *audioButton;
SystemSoundID shortSound;}- (id)init{
self = [super initWithNibName:@"MediaPlayerViewController" bundle:nil];
if (self) {
// Get the full path of Sound12.aif
NSString *soundPath = [[NSBundle mainBundle] pathForResource:@"Sound12"
                                                      ofType:@"aif"];

//If this file is actually in the bundle...
 if (soundPath) {
 //Create a file URL with this path
```

```
    NSURL *soundURL = [NSURL fileURLWithPath:soundPath];
   //Register sound file located at that URL as a system sound
    OSStatus err = AudioServicesCreateSystemSoundID((CFURLRef)soundURL,
                                        &shortSound);
        if (err != kAudioServicesNoError)
          NSLog(@"Could not load %@, error code: %d", soundURL, err);
      }
    }
  return self;
  }
```

这样就可以使用下面代码播放声音了:

```
- (IBAction)playShortSound:(id)sender{
    AudioServicesPlaySystemSound(shortSound);
}
```

步骤 6 使用下面代码可以添加一个震动的效果:

```
- (IBAction)playShortSound:(id)sender{
AudioServicesPlaySystemSound(shortSound);
AudioServicesPlaySystemSound(kSystemSoundID_Vibrate);}
AVFoundation framework
```

步骤 7 对于压缩的Audio文件或者超过30秒的音频文件, 可以使用AVAudioPlayer类。这个类定义在AVFoundation framework中。下面使用这个类播放一个mp3的音频文件。首先要引入AVFoundation framework, 然后在MediaPlayerViewController.h中添加下面代码:

```
#import <AVFoundation/AVFoundation.h>
 @interface MediaPlayerViewController : UIViewController
<AVAudioPlayerDelegate>{
    IBOutlet UIButton *audioButton;
    SystemSoundID shortSound;
    AVAudioPlayer *audioPlayer;
```

步骤 8 AVAudioPlayer类也需要知道音频文件的路径, 使用下面代码创建一个AVAudioPlayer实例。

```
  - (id)init{
     self = [super initWithNibName:@"MediaPlayerViewController"
bundle:nil];
     if (self) {
            NSString *musicPath =
[[NSBundle mainBundle] pathForResource:@"Music"
       ofType:@"mp3"];
     if (musicPath) {
            NSURL *musicURL = [NSURL fileURLWithPath:musicPath];
            audioPlayer =
[[AVAudioPlayer alloc] initWithContentsOfURL:musicURL
                 error:nil];
            [audioPlayer setDelegate:self];
```

```
        }
    NSString *soundPath = 
[[NSBundle mainBundle] pathForResource:@"Sound12"ofType:@"aif"];
```

步骤 9 可以在一个Button的点击事件中开始播放这个mp3文件,例如下面的代码:

```
- (IBAction)playAudioFile:(id)sender{
    if ([audioPlayer isPlaying]) {
        // Stop playing audio and change text of button
        [audioPlayer stop];
        [sender setTitle:@"Play Audio File"
            forState:UIControlStateNormal];
    } else {
    // Start playing audio and change text of button so
    // user can tap to stop playback
    [audioPlayer play];
    [sender setTitle:@"Stop Audio File"
    forState:UIControlStateNormal];
    }
}
```

运行程序,就可以播放音乐了。

步骤 10 这个类对应的AVAudioPlayerDelegate有两个委托方法。一个是 audioPlayerDidFinish Playing:successfully,当音频播放完成之后触发。当播放完成之后,可以将播放按钮的文本重新回设置成Play Audio File。

```
- (void)audioPlayerDidFinishPlaying:(AVAudioPlayer *)player
                    successfully:(BOOL)flag
        {
        [audioButton setTitle:@"Play Audio File"
                    forState:UIControlStateNormal];
        }
```

另一个是audioPlayerEndInterruption当程序被应用从外部打断之后,重新回到应用程序的时候触发。在这里当回到此应用程序的时候,继续播放音乐。

```
-  (void)audioPlayerEndInterruption:(AVAudioPlayer *)player{
[audioPlayer play];}
    MediaPlayer framework
```

这样执行后即可播放指定的音频,效果如图14-14所示。

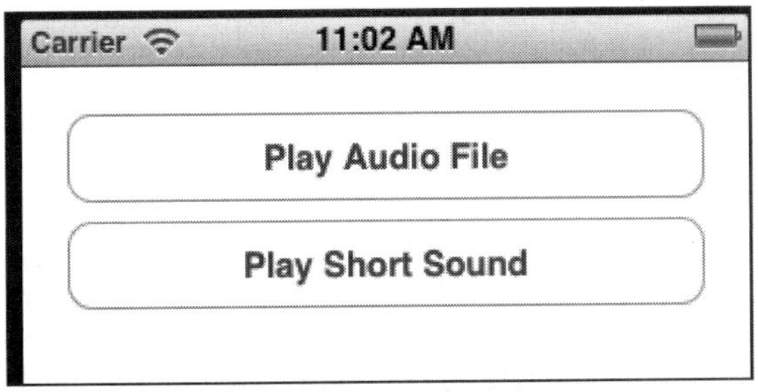

图14-14 执行效果

除此之外，iOS SDK中还可以使用MPMoviePlayerController来播放电影文件。但是在iOS设备上播放电影文件有严格的格式要求，只能播放下面两个格式的电影文件。
- H.264 (Baseline Profile Level 3.0)。
- MPEG-4 Part 2 video (Simple Profile)。

在现实应用中，可以先使用iTunes将文件转换成上面两个格式。MPMoviePlayerController还可以播放互联网上的视频文件。在此建议先将视频文件下载到本地，然后再进行播放。如果不这样做，iOS可能会拒绝播放很大的视频文件。

类MPMoviePlayerController在文件MediaPlayer framework中定义，在应用程序中需要先添加这个引用，然后修改文件MediaPlayerViewController.h。

```
#import <MediaPlayer/MediaPlayer.h>
@interface MediaPlayerViewController : UIViewController
<AVAudioPlayerDelegate>
{
    MPMoviePlayerController *moviePlayer;
}
```

下面使用这个类来播放一个.m4v格式的视频文件，此处只需要一个URL路径即可。

```
- (id)init{
 self =
[super initWithNibName:@"MediaPlayerViewController" bundle:nil];
    if (self) {           NSString *moviePath = [[NSBundle mainBundle]
    pathForResource:@"Layers"
    ofType:@"m4v"
];
    if (moviePath) {
      NSURL *movieURL = [NSURL fileURLWithPath:moviePath];
      moviePlayer = [[MPMoviePlayerController alloc]
      initWithContentURL:movieURL];
}
```

MPMoviePlayerController由一个视图来展示播放器控件，在viewDidLoad方法中可以将这个播放器展示出来。

```
- (void)viewDidLoad{
[[self view] addSubview:[moviePlayer view]];
    float halfHeight = [[self view] bounds].size.height / 2.0;
    float width = [[self view] bounds].size.width;
      [[moviePlayer view] setFrame:CGRectMake(0, halfHeight, width, halfHeight)];
  }
```

类MPMoviePlayerViewController用于全屏播放视频文件，其用法和MPMoviePlayerController一样。

```
MPMoviePlayerViewController *playerViewController =
    [[MPMoviePlayerViewController alloc] initWithContentURL:movieURL];
[viewController presentMoviePlayerViewControllerAnimated:
playerViewController];
```

当听音乐的时候，可以使用iPhone做其他的事情，这个时候需要播放器在后台也能运行，此时只需要在应用程序中做个简单的设置就行了。

> **步骤 1** 在Info property list中加一个 Required background modes节点,它是一个数组,将第一项设置成设置App plays audio。
>
> **步骤 2** 在播放mp3的代码中加入下面代码:

```
if (musicPath) {
NSURL *musicURL = [NSURL fileURLWithPath:musicPath];
[[AVAudioSession sharedInstance]
         setCategory:AVAudioSessionCategoryPlayback error:nil];
audioPlayer =
[[AVAudioPlayer alloc] initWithContentsOfURL:musicURL error:nil];
    [audioPlayer setDelegate:self];
```

此时运行后可以看到播放视频的效果,如图14-15所示。

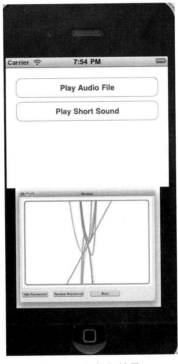

图14-15　执行效果

14.6 提醒和震动

　　提醒音和系统声音之间的差别在于,如果手机处于静音状态,提醒音将自动触发震动。提醒音的设置和用法与系统声音相同,如果要播放提醒音,只需使用函数AudioServicesPlayAlertSound即可实现,而不是使用AudioServicesPlaySystemSound。实现震动的方法更加容易,只要在支持震动的设备(当前为iPhone)中调用AudioServicesPlaySystemSound,并将常量kSystemSoundID_Vibrate传递给它,例如下面的代码。

```
AudioServicesPlaySystemSound(kSystemSoundID_Vibrate);
```

如果要震动不支持震动的设备（如iPad），则不会成功。这些实现震动代码将留在应用程序中，而不会有任何害处，且不管目标设备是什么。

14.6.1 播放提醒音

iOS SDK中提供了很多方便的方法来播放多媒体。接下来将利用这些SDK做一个实例，来讲述如何使用它们来播放音频文件。本实例使用了AudioToolbox Framework框架，通过此框架可以将比较短的声音注册到System Sound服务上。被注册到System Sound服务上的声音称之为System Sounds。它必须满足下面4个条件。

- 播放的时间不能超过30秒。
- 数据必须是PCM或者IMA4流格式。
- 必须被打包成下面3个格式之一：
  - Core Audio Format (.caf)
  - Waveform audio (.wav)
  - Audio Interchange File (.aiff)
- 声音文件必须放到设备的本地文件夹下面，并通过AudioServicesCreateSystemSoundID方法注册这个声音文件。

14.6.2 实战演练——实现iOS的提醒功能

本节的演示实例将实现一个沙箱效果，在里面可以实现提醒视图、多个按钮的提醒视图、文本框的提醒视图、操作表和声音提示与震动提示效果。本实例只包含一些按钮和一个输出区域：其中按钮用于触发操作，以便演示各种提醒用户的方法；而输出区域用于指出用户的响应。生成提醒视图、操作表、声音和震动的工作都是通过代码完成的，因此越早完成项目框架的设置，就能越早实现逻辑。

实例14-8	实现iOS的提醒功能
源码路径	光盘:\daima\14\lianhe

1. 创建项目

步骤 1 打开Xcode，新建一个名为lianhe的Single View Application项目，如图14-16所示。

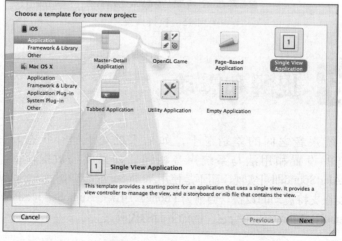

图14-16 新建Xcode项目

步骤 2 设置新建项目的工程名，然后设置设备为iPhone，如图14-17所示。

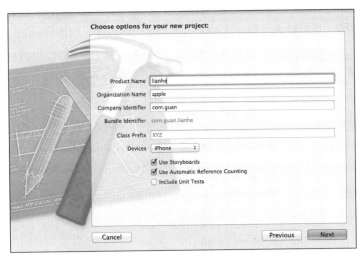

图14-17　设置设备

步骤 3 在Sounds文件夹中准备两个声音素材文件alertsound.wav和soundeffect.wav，如图14-18所示。

图14-18　素材音频文件

步骤 4 本实例需要多个项目默认没有的资源，其中最重要的是使用系统声音服务播放的声音以及播放这些声音所需的框架。在Xcode中打开了项目lianhe的情况下，切换到Finder并找到本章项目文件夹中的Sounds文件夹。将该文件夹拖放到Xcode项目文件夹，并在Xcode提示时指定复制文件并创建编组。该文件夹将出现在项目编组中，如图14-19所示。

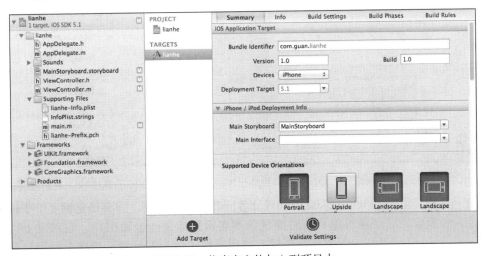

图14-19　将声音文件加入到项目中

步骤 5 要想使用任何声音播放函数，都必须将框架AudioToolbox加入到项目中。所以选择项目lianhe的顶级编组，并在编辑器区域选择选项卡Summary。在选项卡Summary中向下滚动，找到Linked Frameworks and Libraries部分，如图14-20所示。

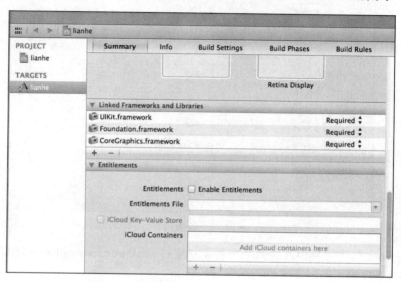

图14-20　找到Linked Frameworks and Libraries

步骤 6 再单击列表下方的"+"按钮，在出现的列表中选择AudioToolbox.framework，再单击Add按钮，如图14-21所示。

在添加该框架后，建议将其拖放到项目的Frameworks编组，因为这样可以让整个项目显得更加整洁确有序，如图14-22所示。

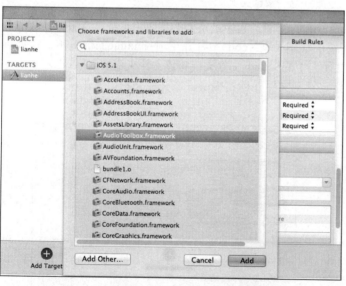

图14-21　将框架AudioToolbox加入到项目中

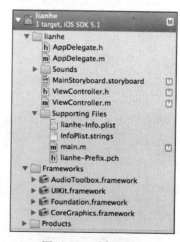

图14-22　重新分组

步骤 7 在给应用程序GettingAttention设计界面和编写代码前，需要确定需要哪些输出口和操作，以便能够进行各种测试。本实例只需要一个输出口，它对应于一个标签（UILabel），而该标签提供有关用户做了什么的反馈。把这个输出口命名为usaOutput。

除了输出口外，总共还需要7个操作，它们都是由用户界面中的各个按钮触发的，这些操作分别是doAlert、doMultiButtonAlert、doAlertInput、doActionSheet、doSound、doAlertSound和doVibration。

2. 设计界面

在Interface Builder中打开文件MainStoryboard.storyboard，然后在空视图中添加7个按钮和一个文本标签。首先添加一个按钮，方法是选择菜单命令View→Utilitise→Show Object Library打开对象库，将一个按钮（IUButton）拖曳到视图中。再通过拖曳添加6个按钮，也可复制并粘贴第一个按钮。然后修改按钮的标题，使其对应于将使用的通知类型。具体地说，按从上到下的顺序将按钮的标题分别设置为：提醒我，有按钮的，有输入框的，操作表，播放声音，播放提醒声音，震动。

从对象库中拖曳一个标签（UILabel）到视图底部，删除其中的默认文本，并将文本设置为居中。现在界面应类似于图14-23。

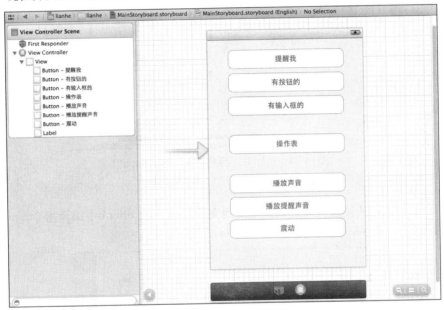

图14-23　创建的UI界面

3. 创建并连接输出口和操作

设计好UI界面后，接下来要在界面对象和代码之间建立连接。需要建立的用户输出标签（UILabel）是userOutput，需要创建的操作如下。

- 提醒我（UIButton）：doAlert。
- 有按钮的（UIButton）：doMultiButtonAlert。
- 有输入框的（UIButton）：doAlertInput。
- 操作表（UIButton）：doActionSheet。
- 播放声音（UIButton）：doSound。
- 播放提醒声音（UIButton）：doAlertSound。
- 震动（UIButton）：doVibration。

在选择了文件MainStoryboard.storyboard的情况下，单击Assistant Editor按钮，再隐藏项目导航器和文档大纲（选择菜单命令Editor→Hide Document Outline），以腾出更多的空间，方便建立连接。文件ViewController.h应显示在界面的右边。

（1）添加输出口

按住Control键，从唯一一个标签拖曳到文件ViewController.h中编译指令@interface下方。在 Xcode提示时，选择新建一个名为userOutput的输出口，如图14-24所示。

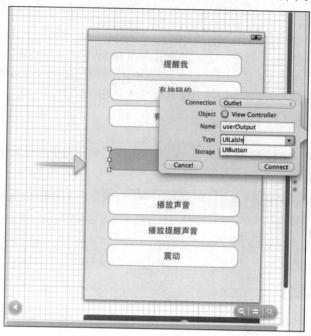

图14-24　将标签连接到输出口userOutput

（2）添加操作

按住Control键，从按钮"提醒我"拖曳到文件ViewController.h中编译指令@property下方，并连接到一个名为doAlert的新操作，如图14-25所示。

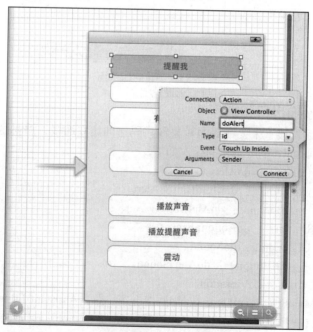

图14-25　将每个按钮都连接到相应的操作

对其他6个按钮重复进行上述相同的操作：将"有按钮的"连接到doMultiButtonAlert，将"有输入框的"连接到doAlertInput，将"操作表"连接到doActionSheet，将"播放声音"连接到doSound，将"播放提醒声音"连接到doAlertSound，将"震动"连接到doVibration。

4. 实现提醒视图

切换到标准编辑器显示项目导航器（快捷键Command+1），再打开文件ViewController.m，首先实现一个简单的提醒视图。在文件ViewController.m中，按照如下代码实现方法doAlert。

```
- (IBAction)doAlert:(id)sender {
    UIAlertView *alertDialog;
    alertDialog = [[UIAlertView alloc]
                   initWithTitle: @"Alert Button Selected"
                   message:@"I need your attention NOW!"
                   delegate: nil
                   cancelButtonTitle: @"Ok"
                   otherButtonTitles: nil];
    [alertDialog show];
}
```

上述代码的具体实现流程是：首先声明并实例化了一个UIAlertView实例，再将其存储到变量alertDialog中。初始化这个提醒视图时，设置了标题（Alert Button Selected）、消息（I need your attention NOW!）和取消按钮Ok。在此没有添加其他的按钮，没有指定委托，因此不会响应该提醒视图。在初始化alertDialog后，将它显示到屏幕上。

现在可以运行该项目并测试第一个按钮"提醒我"了，执行效果如图14-26所示。

提醒视图对象并非只能使用一次。如果要重复使用提醒，可在视图加载时创建一个提醒实例，并在需要时显示它，但别忘了在不再需要时将其释放。

图14-26　一条消息和一个用于关闭它的按钮

（1）创建包含多个按钮的提醒视图

只有一个按钮的提醒视图很容易实现，因为不需要实现额外的逻辑。用户轻按按钮后，提醒视图将关闭，而程序将恢复到正常执行。然而，如果添加了额外的按钮，应用程序必须能够确定用户按下了哪个按钮，并采取相应的措施。

除了创建的只包含一个按钮的提醒视图外，还有其他两种配置，它们之间的差别在于提醒视图显示的按钮数。创建包含多个按钮提醒视图的方法非常简单，只需利用初始化方法的otherButtonTitles参数即可实现，不将其设置为nil，而是提供一个以nil结尾的字符串列表，这些字符串将用作新增按钮的标题。当只有两个按钮时，取消按钮总是位于左边。当有更多按钮时，取消按钮将位于最下面。

在前面创建方法存根doMultiButtonAlert中，复制前面编写的doAlert方法，并将其修改为如下所示的代码。

```
- (IBAction)doMultiButtonAlert:(id)sender {
```

```
        UIAlertView *alertDialog;
        alertDialog = [[UIAlertView alloc]
                    initWithTitle: @"Alert Button Selected"
                    message:@"I need your attention NOW!"
                    delegate: self
                    cancelButtonTitle: @"Ok"
                    otherButtonTitles: @"Maybe Later", @"Never", nil];
        [alertDialog show];
    }
```

在上述代码中，使用参数otherButtonTitles在提醒视图中添加了按钮Maybe Later和Never。单击按钮"有按钮的"，将显示如图14-27所示的提醒视图。

（2）响应用户单击提醒视图中的按钮

要想响应提醒视图，处理响应的类必须实现AlertViewDelegate协议。在此让应用程序的视图控制类承担这种角色，但在大型项目中可能会让一个独立的类承担这种角色。

为了确定用户按下了多按钮提醒视图中的哪个按钮，ViewController遵守协议UIAlertViewDelegate并实现方法alertView:clickedButtonAtIndex。

图14-27　包含3个按钮的提醒

```
@interfaCe ViewCOntrOller  :UIViewController <UIAlertViewDelegate>
```

接下来，更新doMultiButtonAlert中初始化提醒视图的代码，将委托指定为实现了协议UIAlertViewDelegate的对象。由于它就是创建提醒视图的对象（视图控制器），因此可以使用self来指定。

```
    alertDialog= [[UIAlertView alloc]
        initWithTitle: @"Alert Button Selected"
        message:@"I need your attention NOW!"
        delegate:   self
        cancelButtonTitle: @"Ok"
        otherButtonTitles:  @"Maybe Later", @"Never",  nil];
```

接下来需要编写方法alertView:clickedButtonAtIndex，它将用户按下的按钮的索引数作为参数，以采取相应的措施。也可以利用UIAlertView的实例方法buttonTitleAtIndex获取按钮的标题，而不使用数字索引值。

在文件ViewController.m中添加如下所示的代码，这样当用户按下按钮时会显示一条消息。这是一个全新的方法，在文件ViewController.m中没有包含其存根。

```
    - (void)alertView:(UIAlertView *)alertView
    clickedButtonAtIndex:(NSInteger)buttonIndex {
        NSString *buttonTitle=[alertView buttonTitleAtIndex:buttonIndex];
        if ([buttonTitle isEqualToString:@"Maybe Later"]) {
            self.userOutput.text=@"Clicked'Maybe Later'";
```

```
        } else if ([buttonTitle isEqualToString:@"Never"]) {
            self.userOutput.text=@"Clicked 'Never'";
        } else {
            self.userOutput.text=@"Clicked 'Ok'";
        }
}
```

在上述代码中，首先将buttonTitle设置为被按下的按钮的标题。然后将buttonTitle同创建提醒视图时初始化的按钮的名称进行比较，如果找到匹配的名称，则相应地更新视图中的标签userOutput。

（3）在提醒对话框中添加文本框

虽然可以在提醒视图中使用按钮来获取用户输入，但是有些应用程序在提醒框中包含文本框。例如，App Store提醒输入iTune密码，然后才可下载新的应用程序。要想在提醒视图中添加文本框，可以将提醒视图的属性alertViewStyle设置为UIAlertViewSecureTextInput或UIAlertViewStylePlainTextInput，这将会添加一个密码文本框或一个普通文本框。第3种选择是将该属性设置为UIAlertViewStyleLoginAndPasswordInput，这将在提醒视图中包含一个普通文本框和一个密码文本框。

下面以方法doAlert为基础来实现doAlertInput，让提醒视图提示用户输入电子邮件地址，显示一个普通文本框和一个Ok按钮，并将ViewController作为委托。下面的演示代码显示了该方法的具体实现。

```
- (IBAction)doAlertInput:(id)sender {
    UIAlertView *alertDialog;
    alertDialog = [[UIAlertView alloc]
                    initWithTitle: @"Email Address"
                    message:@"Please enter your email address:"
                    delegate: self
                    cancelButtonTitle: @"Ok"
                    otherButtonTitles: nil];
    alertDialog.alertViewStyle=UIAlertViewStylePlainTextInput;
    [alertDialog show];
}
```

此处只需设置属性alertViewStyle就可以在提醒视图中包含文本框。运行该应用程序，并触摸按钮"有输入框的"，就会看到如图14-28所示的提醒视图。

（4）访问提醒视图的文本框

要想访问用户通过提醒视图提供的输入，可以使用方法alerNiew:clickedButtonAtIndex实现。前面已经在doMultiButtonAlert中使用过这个方法来处理提醒视图，此时应该知道调用的是哪种提醒，并做出相应的反应。鉴于在方法alertView:clickedButtonAtIndex中可以访问提醒视图本身，因此可检查提醒视图的标题，如果它与包含文本框的提醒视图的标题Email

图14-28　提醒视图包含一个输入框

Address相同，则将userOutput设置为用户在文本框中输入的文本。此功能很容易实现，只需对传递给alertView:clickedButtonAtIndex的提醒视图对象的title属性进行简单的字符串比较即可。修改方法alertView:clickedButtonAtIndex，在最后添加如下所示的代码。

```
if ([alertView.title
        isEqualToString: @"Email Address"]) {
    self.userOutput.text=[[alertView textFieldAtIndex:0] text];
}
```

这样对传入的alertView对象的title属性与字符串Email Address进行比较。如果它们相同，就可知道该方法是由包含文本框的提醒视图触发的。使用方法textFieldAtIndex获取文本框。由于只有一个文本框，因此使用了索引0。然后，向该文本框对象发送消息text，以获取用户在该文本框中输入的字符串。最后，将标签userOutput的text属性设置为该字符串。

完成上述修改后运行该应用程序。现在，用户关闭包含文本框的提醒视图时，该委托方法将被调用，从而将userOutput标签设置为用户输入的文本。

5. 实现操作表

实现多种类型的提醒视图后，再实现操作表将毫无困难。实际上，在设置和处理方面，操作表比提醒视图更简单，因为操作表只做一件事情：显示一系列按钮。为了创建第一个操作表，将实现在文件ViewController.m中创建的方法存根doActionSheet。该方法将在用户单击"操作表"按钮时触发。它显示标题Available Actions、名为Cancel的取消按钮以及名为Destroy的破坏性按钮，还有其他两个按钮，分别名为Negotiate和Compromise，并且使用ViewController作为委托。

将下面的演示代码加入到方法doActionSheet中。

```
- (IBAction)doActionSheet:(id)sender {
    UIActionSheet *actionSheet;
    actionSheet=[[UIActionSheet alloc] initWithTitle:@"Available Actions"
                                    delegate:self
                           cancelButtonTitle:@"Cancel"
                      destructiveButtonTitle:@"Destroy"
                           otherButtonTitles:@"Negotiate",@"Compromise",nil];
    actionSheet.actionSheetStyle=UIActionSheetStyleBlackTranslucent;
    [actionSheet showFromRect:[(UIButton *)sender frame]
                       inView:self.view animated:YES];
    //[actionSheet showInView:self.view];
}
```

在上述代码中，首先声明并实例化了一个名为actionSheet的UIActionSheet实例，这与创建提醒视图类似，次初始化方法几乎完成了所有的设置工作。在此，将第8行将操作表的样式设置为UIActionSheetStyleBlackTranslucent，最后在当前视图控制器的视图self.view中显示操作表。

运行该应用程序并触摸"操作表"按钮，结果如图14-29所示。

为了让应用程序能够检测并响应用户单击操作表按钮，ViewController类必须遵守UIAction SheetDelegate协议，并实现方法actionSheet:clickedButtonAtIndex。

在接口文件ViewController.h中按照下面的样式修改@interface行，这样做的目的是让这个类遵守必要的协议。

```
@interface ViewController:UIViewController <UIAlertViewDelegate,
UIActionSheetDelegate>
```

图14-29 操作表

可以看到ViewController类现在遵守了两种协议：UIAlertViewDelegate和UIActionSheetDelegate。类可根据需要遵守任意数量的协议。

为了捕获单击事件，需要实现方法actionSheet:clickedButtonAtIndex，这个方法将用户单击的操作表按钮的索引作为参数。在文件ViewController.m中添加如下所示的代码。

```
- (void)actionSheet:(UIActionSheet *)actionSheet
clickedButtonAtIndex:(NSInteger)buttonIndex {
    NSString *buttonTitle=[actionSheet buttonTitleAtIndex:buttonIndex];
    if ([buttonTitle isEqualToString:@"Destroy"]) {
        self.userOutput.text=@"Clicked'Destroy'";
    } else if ([buttonTitle isEqualToString:@"Negotiate"]) {
        self.userOutput.text=@"Clicked'Negotiate'";
    } else if ([buttonTitle isEqualToString:@"Compromise"]) {
        self.userOutput.text=@"Clicked'Compromise'";
    } else {
        self.userOutput.text=@"Clicked'Cancel'";
    }
}
```

在上述代码中，使用buttonTitleAtIndex根据提供的索引获取用户单击的按钮的标题，其他的代码与前面处理提醒视图时相同：第4～12行根据用户单击的按钮更新输出消息，以指出用户单击了哪个按钮。

6. 实现提醒音和震动

要想在项目中使用系统声音服务，需要使用框架AudioToolbox和要播放的声音素材。在前面的步骤中，已经将这些资源加入到项目中，但应用程序还不知道如何访问声音函数。为让应用程序知道该框架，需要在接口文件ViewController.h中导入该框架的接口文件。为此，在现有的编译指令#import下方添加如下代码行：

```
#import <AudioToolbox/AudioToolbox.h>
```

（1）播放系统声音

首先要实现的是用于播放系统声音的方法doSound。其中系统声音比较短，如果设备处于静音状态，它们不会导致震动。前面设置项目时添加了文件夹Sounds，其中包含文件soundeffect.wav，下面将使用它来实现系统声音播放。

在实现文件lliewController.m中，方法doSound的实现代码如下所示。

```
- (IBAction)doSound:(id)sender {
    SystemSoundID soundID;
    NSString *soundFile = [[NSBundle mainBundle]
pathForResource:@"soundeffect" ofType:@"wav"];
    AudioServicesCreateSystemSoundID((__bridge CFURLRef)
                     [NSURL fileURLWithPath:soundFile]
                                         , &soundID);
    AudioServicesPlaySystemSound(soundID);
}
```

上述代码的实现流程如下所示。
- 声明变量soundID，它将指向声音文件。
- 声明字符串 soundFile，并将其设置为声音文件soundeffect.wav的路径。
- 使用函数AudioServicesCreateSystemSouIldID创建一个SystemSoundID（表示文件soundeffect.wav），供实际播放声音的函数使用。
- 使用函数AudioServicesPlaySystemSound播放声音。

运行并测试该应用程序，单击"播放声音"按钮将播放文件soundeffect.wav。

（2）播放提醒音并震动

提醒音和系统声音之间的差别在于，如果手机处于静音状态，提醒音将自动触发震动。提醒音的设置和用法与系统声音相同，要实现 ViewController.m 中的方法存根 doAlert Sound，只需复制方法 doSound 的代码，再替换为声音文件 alertsound.wav，并使用函数 AudioServicesPlayAlertSound 实现，而不是 AudioServicesPlaySystemSound 函数。

```
AudioServicesPlayAlertSound (soundID);
```

当实现这个方法后，运行并测试该应用程序。单击"播放提醒声音"按钮将播放指定的声音。如果iPhone处于静音状态，则用户按下该按钮将导致手机震动。

（3）震动

我们能够以播放声音和提醒音的系统声音服务实现震动效果。这里需要使用常量kSystemSoundID_Vibrate，当在调用AudioServicesPlaySystemSound时使用这个常量来代替SystemSoundID，此时设备将会震动。实现方法doVibration的具体代码如下所示。

```
- (IBAction)doVibration:(id)sender {
    AudioServicesPlaySystemSound(kSystemSoundID_Vibrate);
}
```

到此为止，已经实现7种引起用户注意的方式，我们可以在任何应用程序中使用这些技术，以确保用户知道发生的变化并在需要时做出响应。

第15章
定位处理

随着当代科学技术的发展，移动导航和定位处理技术已经成为人们生活中的一部分，大大地方便了人们的生活。利用iOS设备中的GPS功能，可以精确地获取位置数据和指南针信息。本章将分别讲解iOS位置检测硬件、如何读取并显示位置信息和使用指南针确定方向的知识，介绍使用Core Location和磁性指南针的基本流程，为后面知识的学习打下基础。

15.1 Core Location框架

Core Location是iOS SDK中一个提供设备位置的框架，通过这个框架可以实现定位处理。在本节的内容中，将简要介绍Core Location框架的基本知识。

15.1.1 Core Location基础

根据设备的当前状态（在服务区、在大楼内等），可以使用如下3种技术定位。

- 使用GPS定位系统，可以精确地定位当前所在的地理位置，但由于GPS接收机需要对准天空才能工作，因此在室内环境基本无用。
- 找到自己所在位置的有效方法是使用手机基站，当手机开机时会与周围的基站保持联系，如果知道这些基站的身份，就可以使用各种数据库（包含基站的身份和它们的确切地理位置）计算出手机的物理位置。基站不需要卫星，和GPS不同，它对室内环境一样管用。但它没有GPS那样精确，它的精度取决于基站的密度，在基站密集型区域的准确度最高。
- 依赖WiFi，当使用这种方法时，将设备连接到WiFi网络，通过检查服务提供商的数据确定位置，它既不依赖卫星，也不依赖基站，因此这个方法对于可以连接到WiFi网络的区域有效，但它的精确度也是3个方法中最差的。

在这些技术中，GPS最为精准，如果有GPS硬件，Core Location将优先使用它。如果设备没有GPS硬件（如WiFi iPad）或使用GPS获取当前位置时失败，Core Location将退而求其次，选择使用蜂窝或WiFi。

15.1.2 使用流程

接下来将开始详细讲解使用Core Location框架的基本流程。

步骤1 实例化一个CLLocationManager，同时设置委托及精确度等。

```
CCLocationManager *manager = [[CLLocationManager alloc] init];
//初始化定位器
[manager setDelegate: self];//设置代理
[manager setDesiredAccuracy: kCLLocationAccuracyBest];//设置精确度
```

其中desiredAccuracy属性表示精确度，有表15-1所示的5种值。

表15-1 desiredAccuracy属性

desiredAccuracy属性	描述
kCLLocationAccuracyBest	精确度最佳
kCLLocationAccuracyNearestTenMeters	精确度10m以内
kCLLocationAccuracyHundredMeters	精确度100m以内
kCLLocationAccuracyKilometer	精确度1000m以内
kCLLocationAccuracyThreeKilometers	精确度3000m以内

精确度越高，用点就越多，开发人员可以根据实际情况而定。例如在下面的代码中，设置隔25m才更新一次定位信息。

```
manager.distanceFilter = 250;//表示在地图上每隔250m才更新一次定位信息
[manager startUpdateLocation];
//用于启动定位器,如果不用的时候就必须调用stopUpdateLocation以关闭定位功能
```

步骤 2 在CCLocation对象中包含着定点的相关信息数据。其属性主要包括coordinate、altitude、horizontalAccuracy、verticalAccuracy、timestamp等,具体如下所示。

- coordinate 用来存储地理位置的latitude和longitude,分别表示纬度和经度,都是float类型。例如可以这样:

```
float latitude = location.coordinat.latitude;
```

- location是CCLocation的实例,是一个double类型,在core Location框架中用来储存CLLocationCoordinate2D实例coordinate的latitude 和longitude。例如下面的演示代码。

```
typedef double CLLocationDegrees;
typedef struct
  {CLLocationDegrees latitude;
  CLLocationDegrees longitude}   CLLocationCoordinate2D;
```

- altitude表示位置的海拔高度,但这个值是极不准确的。
- horizontalAccuracy表示水平准确度,它是以coordinate为圆心的半径,返回的值越小,证明准确度越好;如果是负数,则表示core location定位失败。
- verticalAccuracy表示垂直准确度,它的返回值与altitude相关,所以不准确。
- timestamp:返回的是定位时的时间,NSDate类型。

步骤 3 CLLocationMangerDelegate协议。只需实现两个方法就可以了,例如下面的代码。

```
- (void)locationManager:(CLLocationManager *)manager
didUpdateToLocation:(CLLocation *)newLocation
   fromLocation:(CLLocation *)oldLocation ;
- (void)locationManager:(CLLocationManager *)manager
   didFailWithError:(NSError *)error;
```

第一个方法在定位的时候被回访调用,第二个方法在定位出错时被调用。

步骤 4 开始实现定位。假设新建一个View-based Application模板的项目,名称为coreLocation。其中Controller.h文件的代码如下所示:

```
#import <UIKit/UIKit.h>
#import <CoreLocation/CoreLocation.h>
@interface CoreLocationViewController : UIViewController
<CLLocationManagerDelegate>{
 CLLocationManager *locManager;
}
@property (nonatomic, retain) CLLocationManager *locManager;
@end
```

Controller.m文件的代码如下所示。

```
#import "CoreLocationViewController.h"
@implementation CoreLocationViewController
@synthesize locManager;
//Implement viewDidLoad to do additional setup after loading the view,
//typically from a nib.
```

```objc
- (void)viewDidLoad {
locManager = [[CLLocationManager alloc] init];
locManager.delegate = self;
locManager.desiredAccuracy = kCLLocationAccuracyBest;
[locManager startUpdatingLocation];
    [super viewDidLoad];
}
- (void)didReceiveMemoryWarning {
//Releases the view if it doesn't have a superview.
    [super didReceiveMemoryWarning];

// Release any cached data, images, etc that aren't in use.
}
- (void)viewDidUnload {
//Release any retained subviews of the main view.
//e.g. self.myOutlet = nil;
}
- (void)dealloc {
[locManager stopUpdatingLocation];
[locManager release];
[textView release];
    [super dealloc];
}
#pragma mark -
#pragma mark CoreLocation Delegate Methods

- (void)locationManager:(CLLocationManager *)manager
didUpdateToLocation:(CLLocation *)newLocation
    fromLocation:(CLLocation *)oldLocation {
CLLocationCoordinate2D locat = [newLocation coordinate];
float lattitude = locat.latitude;
float longitude = locat.longitude;
float horizon = newLocation.horizontalAccuracy;
float vertical = newLocation.verticalAccuracy;
NSString *strShow = [[NSString alloc] initWithFormat:
@"currentpos: 经度=%f 维度=%f 水平准确度=%f 垂直准确度=%f ",
lattitude, longitude, horizon, vertical];
UIAlertView *show =
[[UIAlertView alloc] initWithTitle: @"coreLoacation"
        message:strShow delegate:nil cancelButtonTitle:@"i got it"
        otherButtonTitles:nil];
[show show];
[show release];
}
- (void)locationManager:(CLLocationManager *)manager
    didFailWithError:(NSError *)error{

NSString *errorMessage;
if ([error code] == kCLErrorDenied){
            errorMessage = @"你的访问被拒绝";}
if ([error code] == kCLErrorLocationUnknown) {
```

```
                errorMessage = @"无法定位到你的位置!";}
UIAlertView *alert = [[UIAlertView alloc]
        initWithTitle:nil  message:errorMessage
    delegate:self  cancelButtonTitle:@"确定"  otherButtonTitles:nil];
[alert show];
[alert release];
}
@end
```

通过上述流程，这样就实现了简单的定位处理。

15.2 获取位置

Core Location的大多数功能都是由位置管理器提供的，后者是CLLocationManager类的一个实例。使用位置管理器，可以指定位置更新的频率和精度以及何时开始和停止接收这些更新。要想使用位置管理器，必须首先将框架Core Location加入到项目中，再导入如下接口文件。

```
#import<CoreLocation/CoreLocation.h>
```

接下来需要分配并初始化一个位置管理器实例、指定将接收位置更新的委托并启动更新，代码如下所示：

```
CLLocationManager *locManager= [[CLLocationManager alloc]  init ];
locManager.delegate=self;
[locManager startUpdatingLocation];
```

应用程序接收完更新（通常一个更新就够了）后，使用位置管理器的stopUpdatingLocation方法停止接收更新。

15.2.1 位置管理器委托

位置管理器委托协议定义了用于接收位置更新的方法。对于被指定为委托以接收位置更新的类，必须遵守协议CLLocationManagerDelegate。该委托有如下两个与位置相关的方法：

- locationManager:didUpdateToLocation:fromLocation。
- locationManager:didFailWithError。

方法locationManager:didUpdateToLocation:fromLocation的参数为位置管理器对象和两个CLLocation对象，其中一个表示新位置，另一个表示以前的位置。CLLocation实例有一个coordinate属性，该属性是一个包含longitude和latitude的结构，而longitude和latitude的类型为CLLocationDegrees。CLLocationDegrees是类型为double类型浮点数。不同的地理位置，定位方法的精度也不同，而同一种方法的精度随计算时可用的点数（卫星、蜂窝基站和WiFi热点）而异。CLLocation通过属性horizontalAccuracy指出了测量精度。

位置精度通过一个圆表示，实际位置可能位于这个圆内的任何地方。这个圆是由属性coordinate和horizontalAccuracy表示的，其中前者表示圆心，而后者表示半径。属性horizontalAccuracy的值越大，它定义的圆就越大，因此位置精度越低。如果属性horizontalAccuracy的值为负，则表明coordinate的值无效，应忽略它。

除经度和纬度外，CLLocation还以米为单位提供了海拔高度（altitude属性）。该属性是一个CLLocationDistance实例，而CLLocationDistance也是double型浮点数。正数表示在海平面之上，而负数表示在海平面之下。还有另一种精度verticalAccuracy，它表示海拔高度的精度。verticalAccuracy为正表示海拔高度的误差为相应的米数；为负表示altitude的值无效。

例如下面的演示代码，演示了位置管理器委托方法locationManager:didUpdateToLocation:fromLocation的一种实现，它能够显示经度、纬度和海拔高度。

```
1: - (void)locationManager:(CLLocationManager *)manager
2:didUpdateToLocation: (CLLocation *)newLocation
3:fromLocation: (CLLocation *)oldLocation{
4:
5:NSString *coordinateDesc=@"Not Available";
6:NSString taltitudeDesc=@"Not Available";
7:
8:if (newLocation.horizontalAccuracy>=0){
9:coordinateDesc=[NSString stringWithFormat:@"%f,%f+/,%f meters",
10:    newLocation.coordinate.latitude,
11:    newLocation.coordinate.longitude,
12:    newLocation.horizontalAccuracy];
13:    }
14:
15:    if (newLocation.verticalAccuracy>=0){
16:    altitudeDesc=[NSString stringWithFormat:@"%f+/-%f meters",
17:    newLocation.altitude, newLocation.verticalAccuracyl;
18:    }
19:
20:    NSLog(@"Latitude/Longitude:%@ Altitude:%@",coordinateDesc,
21:    altitudeDesc);
22:    }
```

在上述演示代码中，需要注意的重要语句是对测量精度的访问（第8行和第15行），还有对经度、纬度和海拔的访问（第10行、第11行和第17行），这些都是属性。第20行的函数NSLog提供了一种输出信息（通常是调试信息）的方式，而无需设计视图。上述代码的执行结果类似于：

```
Latitude/Longitude: 35.904392, -79.055735 +1- 76.356886 meters
Altitude:      -
28.000000 +1- 113.175757 meters
```

另外，CLLocation还有一个speed属性，该属性是通过比较当前位置和前一个位置，并比较它们之间的时间差异和距离计算得到的。鉴于Core Location更新的频率，speed属性的值不是非常精确，除非移动速度变化很小。

15.2.2 处理定位错误

应用程序开始跟踪用户的位置时，会在屏幕上显示一条警告消息，如果用户禁用定位服务，iOS不会禁止应用程序运行，但位置管理器将生成错误。

当发生错误时，将调用位置管理器委托方法locationManager:didFailWithError，让用户知道设备无法返回位置更新。该方法的参数指出了失败的原因。如果用户禁止应用程序定位，error参数将为kCLErrorDenied。如果Core Location经过努力后无法确定位置，error参数将为kCLErrorLocationUnknown。如果没有可供获取位置的源，error参数将为kCLErrorNetwork。

通常，Core Location将在发生错误后继续尝试确定位置，但如果是用户禁止定位，它就不会这样做。在这种情况下，需要使用方法stopUpdatingLocation停止位置管理器，并将相应的实例变量设置为nil，以释放位置管理器占用的内存。例如下面的代码是locationManager:didFailWithError的一种简单实现。

```
1:  - (void)locationManager:(CLLocationManager  *)manager
2: didFailWithError: (NSError  ')error{
3:
4:    if (error.code==kCLErrorLocationUnknown){
5:        NSLog(@"Currently unable to retrieve location.");
6:    } else if (error.code==kCLErrorNetwork){
7:        NSLog(@"Network used to retrieve location is unavailable.");
8:    } else if (error.code==kCLErrorDenied){
9:        NSLog(@"Permission to retrieve location is denied.");
10:       Lmanager stopUpdatingLocation];
11:   }
12: }
```

与前面处理位置管理器更新的实现一样，错误处理程序也只使用了方法通过参数接收的对象的属性。上述第4、6和8行将传入的NSError对象的code属性同可能的错误条件进行比较，并采取相应的措施。

15.2.3 位置精度和更新过滤器

在iOS应用中，可以根据应用程序的需要来指定位置精度。例如那些只需确定用户在哪个国家的应用程序，没有必要要求Core Location的精度为10米，而是要求提供大概的位置，这样获得答案的速度会更快。要指定精度，可以在启动位置更新前设置位置管理器的desiredAccuracy。可以使用枚举类型CLLocationAccuracy来指定该属性的值。在iOS应用中，有如下5个表示不同精度的常量。

- kCLLocationAccuracyBest
- kCLLocationAccuracyNearestTenMeters
- kCLLocationNearestHundredMeters
- kCLLocationKilometer
- kCLLocationAccuracyThreeKilometers

启动更新位置管理器后，更新将不断传递给位置管理器委托，一直到更新停止。虽然无法直接控制更新的频率，但是可以使用位置管理器的属性distanceFilter进行间接控制。在启动更新前，设置属性distanceFilter，它指定设备（水平或垂直）移动多少米后才将另一个更新发送给委托。例如在下面的代码中，使用适合跟踪长途跋涉者的设置启动位置管理器。

```
CLLocationManager *locManager=[[CLLocationManager alloc]  init];
locManager.delegate=self;
locManager.desiredAccuracy=kCLLocationAccuracyHundredMeters;
locManager.distanceFilter=200;
 [locManager startUpdatingLocation];
```

每种对设备进行定位的方法（GPS、蜂窝和WiFi）都可能非常耗电。应用程序要求对设备进行定位的精度越高、属性distanceFilter的值越小，应用程序的耗电量就越大。为延长电池的续航时间，请求的位置更新精度和频率务必不要超过应用程序的需求，还应在可能的情况下停止位置管理器更新。

15.2.4 获取航向

在iOS应用中，通过位置管理器中的headingAvailable属性，可以指出设备是否装备了磁性指南针。如果该属性的值为YES，便可以使用Core Location来获取航向信息。接收航向更新与接收位置更新极其相似，要开始接收航向更新，可以指定位置管理器委托，设置属性headingFilter以指定要以什么样的频率（以航向变化的度数度量）接收更新，并对位置管理器调用方法startUpdatingHeading，例如下面的代码：

```
locManager.delegate=self;
locManager.headingFilter=10
  [locManager startUpdatingHeading];
```

其实并没有准确的北方，地理学意义的北方是固定的，即北极；而磁北与北极相差数百英里且每天都在移动。磁性指南针总是指向磁北，但对于有些电子指南针（如iPhone和iPad中的指南针），可通过编程使其指向地理学意义的北方。通常，当我们同时使用地图和指南针时，地理学意义的北方更有用。请务必理解地理学意义的北方和磁北之间的差别，并知道应在应用程序中使用哪个。如果使用相对于地理学意义的北方的航向（属性trueHeading），需同时向位置管理器请求位置更新和航向更新，否则trueHeading将不正确。

位置管理器委托协议定义了用于接收航向更新的方法，在该协议中有如下两个与航向相关的方法。

- locationManager:didUpdateHeading：其参数是一个CLHeading对象。
- locationManager:ShouldDisplayHeadingCalibration：通过一组属性来提供航向读数magneticHeading和trueHeading，这些值的单位为度，类型为CLLocationDirection，即双精度浮点数。具体说明如下所示。
    - 如果航向为0.0，则前进方向为北。
    - 如果航向为90.0，则前进方向为东。
    - 如果航向为180.0，则前进方向为南。
    - 如果航向为270.0，则前进方向为西。

另外，CLHeading对象还包含属性headingAccuracy（精度）、timestamp（读数的测量时间）和description（描述）。例如下面的演示代码是方法locationManager:didUpdateHeading的一个实现示例。

```
 1: - (void)locationManager:(CLLocationManager *)manager
 2:didUpdateHeading: (CLHeading *)newHeading{
 3:
 4:NSString *headingDesc=@"Not Available";
 5:
 6:if (newHeading.headingAccuracy>=0)   {
 7:CLLocationDirection trueHeading=newHeading.trueHeading,
 8:CLLocationDirection magneticHeading=newHeading.magneticHeading,
 9:
10:    headingDesc=[NSString stringWithFormat:
11:    @"%f degrees (true),%f degrees (magnetic)",
12:    trueHeading,magneticHeading];
13:
14:    NSLog (headingDesc);
15:    }
16:  }
```

这与处理位置更新的实现很像。第6行通过检查确保数据是有效的，然后从传入的CLHeading对象的属性trueHeading和magneticHeading获取真正的航向和磁性航向。生成的输出类似于：

```
180.9564392 degrees (true), 182.684822 degrees (magnetic)
```

另一个委托方法locationManager:ShouldDisplayHeadingCalibration只包含一行代码，返回YES或NO，以指定位置管理器是否向用户显示校准提示。该提示让用户远离所有干扰，并将设备旋转360°。指南针总是自我校准，因此这种提示仅在指南针读数剧烈波动时才有帮助。如果校准提示会令用户讨厌或分散用户的注意力（如用户正在输入数据或玩游戏时），应将该方法实现为返回NO。

iOS模拟器将报告航向数据可用，并且只提供一次航向更新。

15.3 地图功能

iOS的Google Maps向用户提供了一个地图应用程序，它响应速度快，使用起来很方便。通过使用Map Kit，应用程序也能提供这样的用户体验。在本节的内容中，将简要介绍在iOS中使用地图的基本知识。

15.3.1 Map Kit基础

通过使用Map Kit，可以将地图嵌入到视图中，并提供显示该地图所需的所有图块（图像）。它在需要时能处理滚动、缩放和图块加载。Map Kit还能执行反向地理编码，即根据坐标获取位置信息（国家、州、城市、地址）。

Map Kit图块（map tile）来自Google Maps/Google Earth API，虽然我们不能直接调用该API，但Map Kit能进行这些调用，因此使用Map Kit的地图数据时，应用程序必须遵守Google Maps/Google Earth API服务条款。

开发人员无需编写任何代码就可使用Map Kit，只需将Map Kit框架加入到项目中，并使用Interface Builder将一个MKMapView实例加入到视图中。添加地图视图后，便可以在Attributes Inspector中设置多个属性，以进一步定制它。

可以在地图、卫星和混合模式中选择，可以指定让用户的当前位置在地图上居中，还可以控制用户是否可与地图交互，例如通过轻扫和张合来滚动和缩放地图。如果要以编程方式控制地图对象（MKMapView），可以使用各种方法，例如移动地图和调整其大小。但必须先导入框架Map Kit的接口文件：

```
#import <MapKit/MapKit-h>
```

当需要操纵地图时，在大多数情况下都需要添加框架Core Location并导入其接口文件：

```
#import<CoreLocation/CoreLocation.h>
```

为了管理地图的视图，需要定义一个地图区域，再调用方法setRegion:animated。区域（Region）是一个MKCoordinateRegion结构（而不是对象），它包含成员center和span。其中center是一个CLLocationCoordinate2D结构，这种结构来自框架Core Location，包含成员latitude和longitude；而span指定从中心出发向东西南北延伸多少度。一个纬度相当于69英里；在赤道上，一个经度也相当于69英里。通过将区域的跨度（Span）设置为较小的值，如0.2，可将地图的覆盖范围缩小到绕中点几英里。例如，如果要定义一个区域，其中心的经度和纬度都为60.0，并且每个方向的跨越范围为0.2度，可编写如下代码：

```
MKCoordinateRegion mapRegion;
mapRegion.center.latitude=60.0;
mapRegion.center.longitude=60.0;
mapRegion.span.latitudeDelta=0.2;
mapRegion.span.longitudeDelta=0.2;
```

要在名为map的地图对象中显示该区域，可以使用如下代码实现。

```
[map setRegion:mapRegion animated:YES];
```

另一种常见的地图操作是添加标注，通过标注能够在地图上突出重要的点。

15.3.2 为地图添加标注

在应用程序中可以给地图添加标注，就像Google Maps一样。要想使用标注功能，通常需要实现一个MKAnnotationView子类，它描述了标注的外观以及应显示的信息。对于加入到地图中的每个标注，都需要一个描述其位置的地点标识对象（MKPlaceMark）。为了理解如何结合使用这些对象，看一个简单的示例：为了在地图视图map中添加标注，必须分配并初始化一个MKPlacemark对象。为初始化这种对象，需要一个地址和一个CLLocationCoordinate2D结构。该结构包含了经度和纬度，指定了要将地点标识放在什么地方。在初始化地点标识后，使用MKMapView的方法addAnnotation将其加入地图视图中，例如通过下面的代码添加了一段简单的标注。

```
1: CLLocationCoordinate2D myCoordinate;
2: myCoordinate.latitude=28.0;
3: myCoordinate.longitude=28.0;
4:
5: MKPlacemark *myMarker;
6: myMarker=  [[MKPlacemark alloc]
7:initWithCoordinate:myCoordinate
8:addressDictionary:fullAddress];
9:  [map addAnnotation:myMarker];
```

在上述代码中，第1~3行声明并初始化了一个CLLocationCoordinate2D结构myCoordinate，它包含的经度和纬度都是28.0。第5~8行声明和分配了一个MKPlacemark对象myMarker，并使用myCoordinate和fullAddress初始化它。fullAddress要么是从地址簿条目中获取的，要么是根据Address属性的定义手工创建的。这里假定从地址簿条目中获取了它。第9行将标注加入到地图中。

要想删除地图视图中的标注，只需将addAnnotation替换为removeAnnotation即可，而参数完全相同，无需修改。当添加标注时，iOS会自动完成其他工作。Apple提供了一个

MKAnnotationView子类MKPinAnnotationView。当对地图视图对象调用addAnnotation时，iOS会自动创建一个MKPinAnnotationView实例。要想进一步定制图钉，还必须实现地图视图的委托方法mapView:viewForAnnotation。

例如在下面的代码中，方法mapView:viewForAnnotation 分配并配置了一个自定义的MKPinAnnotationView实例。

```
 1: - (MKAnnotationView *)mapView: (MKMapView *)mapView
 2:viewForAnnotation:(id <MKAnnotation>annotation{
 3:
 4:MKPinAnnotationView *pinDrop=[[MKPinAnnotationView alloc]
 5:initWithAnnotation:annotation reuseIdentifier:@"myspot"];
 6:pinDrop.animatesDrop=YES;
 7:pinDrop.canShowCallout=YES;
 8:pinDrop.pinColor=MKPinAnnotationColorPurple;
 9:    return pinDrop;
10:    }
```

在上述代码中，第4行声明和分配一个MKPinAnnotationView实例，并使用iOS传递给方法mapView:viewForAnnotation的参数annotation和一个重用标识符字符串初始化它。这个重用标识符是一个独特的字符串，能够在其他地方重用标注视图。就这里而言，可以使用任何字符串。第6～8行通过3个属性对新的图钉标注视图pinDrop进行了配置。animatesDrop是一个布尔属性，当其值为TRUE时，图钉将以动画方式出现在地图上；通过将属性canShowCallout设置为YES，当用户触摸图钉时将在注解中显示额外信息；最后，通过pinColor设置图钉图标的颜色。正确配置新的图钉标注视图后，在第9行将其返回给地图视图。

如果在应用程序中使用上述方法，它将创建一个带注解的紫色图钉效果，该图钉以动画方式加入到地图中。其实可以在应用程序中创建全新的标注视图，它们不一定非得是图钉。在此使用了Apple提供的MKPinAnnotationView，并对其属性做了调整，这样显示的图钉将与根本没有实现这个方法时稍微不同。

从iOS 6开始，Apple产品不再使用Google地图产品，而是使用自己的地图系统。

15.4 实战演练——创建一个支持定位的应用程序

本实例的功能是：得到当前位置距离Apple总部的距离。在创建该应用程序时，将分两步进行：首先使用Core Location指出当前位置离Apple总部有多少英里；然后使用设备指南针显示一个箭头，在用户偏离轨道时指明正确方向。在具体实现时，先创建一个位置管理器实例，并使用其方法计算当前位置离Apple总部有多远。在计算距离期间，将显示一条消息，让用户耐心等待。如果用户位于Apple总部，我们将表示祝贺，否则以英里为单击显示离Apple总部有多远。

实例15-1	创建一个支持定位的应用程序
源码路径	光盘:\daima\15\juli

▶ 15.4.1 创建项目

在Xcode中，使用模板Single View Application新建一个项目，并将其命名为juli，如图15-1所示。

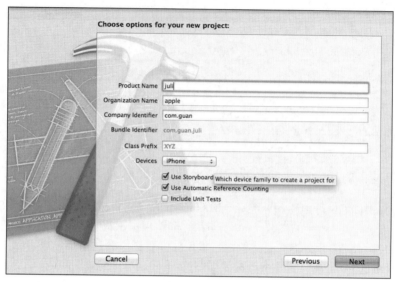

图15-1　创建项目

1. 添加Core Location框架

因为在默认情况下并没有连接Core Location框架，所以需要添加它。选择项目Cupertino的顶级编组，并确保编辑器中当前显示的是Summary选项卡。接下来在该选项卡中向下滚动到Linked Libraries and Frameworks部分，单击列表下方的"+"按钮，在出现的列表中选择CoreLocation.framework，再单击Add按钮，如图15-2所示。

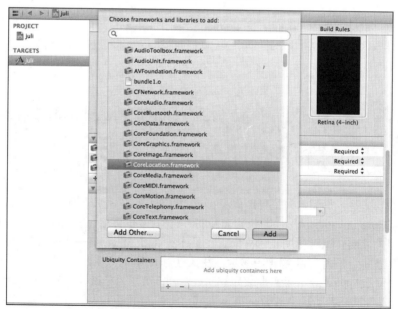

图15-2　添加CoreLocation.framework

2. 添加背景图像资源

将素材文件夹Image（它包含apple.png）拖曳到项目导航器中的项目代码编组中，在Xcode提示时选择复制文件并创建编组，如图15-3所示。

3. 规划变量和连接

ViewController将充当位置管理器委托，它接收位置更新，并更新用户界面以指出当前位置。在这个视图控制器中，需要一个实例变量/属性（但不需要相应的输出口），它指向位置管理器实例。我们将把这个属性命名为locMan。

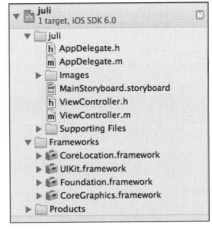

图15-3　项目组

在本实例的界面中，需要一个标签（distanceLabel）和两个子视图（distanceView与waitView）。其中标签将显示到Apple总部的距离；子视图包含标签distanceLabel，仅当获取了当前位置并计算出距离后才显示；而子视图waitView将在iOS设备获取航向时显示。

4. 添加表示Apple总部位置的常量

要计算到Apple总部的距离，显然需要知道Apple总部的位置，以便将其与用户的当前位置进行比较。根据http://gpsvisualizer.com/geocode提供的信息，Apple总部的纬度为37.3229978，经度为-122.0321823。在实现文件ViewController.m中的#import代码行后面，添加两个表示这些值的常量kCupertinoLatitude和kCupertinoLongitude：

```
#define kCupertinoLatitude 37.3229978
#define kCupertinoLongitude -122.0321823
```

15.4.2　设计视图

将一个图像视图（UIImageView）拖曳到视图中，使其居中并覆盖整个视图，它将用做应用程序的背景图像。在选择了该图像视图的情况下，按快捷键Option+Command+4打开Attributes Inspector，并从Image下拉列表中选择apple.png。然后将一个视图（UIView）拖曳到图像视图底部。这个视图将充当主要的信息显示器，因此应将其高度设置为能显示大概两行文本。将Alpha设置为0.75，并选中Hidden复选框。然后将一个标签（UILabel）拖曳到信息视图中，调整标签使其与全部4条边缘参考线对齐，并将其文本设置为"距离有多远"。使用Attributes Inspector将文本颜色改为白色，让文本居中，并根据需要调整字号。UI视图如图15-4所示。

再添加一个半透明的视图，其属性与前一个视图相同，但不隐藏且高度大约为1英寸。拖曳这个视图，使其在背景中垂直居中：在设备定位时，这个视图将显示让用户耐心等待的消息。在这个视图中添加一个标签，将其文本设置为"检查距离"。调整该标签的大小，使其占据该视图的右边大约2/3。然后从对象库拖曳一个活动指示器（UIActivityIndicatorView）到第二个视图中，并使其与标签左边缘对齐。指示器显示一个纺锤图标，它与标签"检查距离"同时显示。使用Attributes Inspector选中属性Animated的复选框，让纺锤旋转。最终的视图应如图15-5所示。

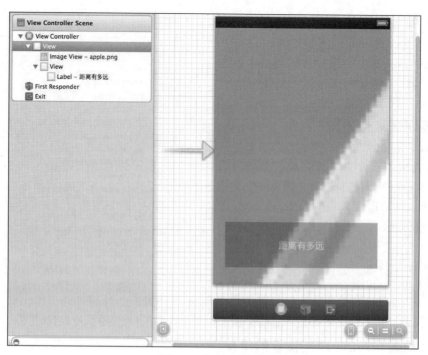

图15-4 初始UI视图

图15-5 最终UI视图

15.4.3 创建并连接输出口

在本实例中,只需根据位置管理器提供的信息更新UI,也就是说不需要连接操作。但需要连接添加的两个视图，还需连接用于显示离Apple总部有多远的标签。切换到助手编辑器模式，按住Control键，从标签"距离有多远"拖曳到ViewController.h中代码行@interface下方。在Xcode提示时，新建一个名为distanceLabel的输出口。然后对两个视图做同样的处理，将包含活动指示器的视图连接到输出口waitView，将包含距离的视图连接到输出口distanceView。

15.4.4 实现应用程序逻辑

根据设计的界面可知，应用程序将在启动时显示一条消息和转盘，让用户知道应用程序正在等待Core Location提供初始位置读数，且在加载视图后立即在视图控制器的viewDidLoad方法中请求这种读数。位置管理器委托获得读数后，立即计算到Apple总部的距离、更新标签、隐藏活动指示器视图并显示距离视图。

1. 准备位置管理器

首先，在文件ViewController.h中导入框架Core Location的头文件，然后在代码行@interface中添加协议CLLocationManagerDelegate。这能够创建位置管理器实例以及实现委托方法，但还需要一个指向位置管理器的实例变量/属性（locMan）。

完成上述修改后，文件ViewController.h的代码如下所示。

```
#import <UIKit/UIKit.h>
#import <CoreLocation/CoreLocation.h>
@interface ViewController : UIViewController <CLLocationManagerDelegate>

@property (strong, nonatomic) CLLocationManager *locMan;
@property (strong, nonatomic) IBOutlet UILabel *distanceLabel;
@property (strong, nonatomic) IBOutlet UIView *waitView;
@property (strong, nonatomic) IBOutlet UIView *distanceView;
@end
```

当声明属性locMan后，还需修改文件ViewController.h，在其中添加配套的编译指令@synthesize。

```
@synthesize locMan;
```

并在方法viewDidUnload中将该实例变量设置为nil。

```
[self setLocMan: nil];
```

现在该实现位置管理器并编写距离计算代码了。

2. 创建位置管理器实例

在文件ViewController.m的方法viewDidLoad中，实例化一个位置管理器，将视图控制器指定为委托，将属性desiredAccuracy和distanceFilter分别设置为kCLLocationAccuracyThreeKilometers和1609米（1英里）。使用方法startUpdatingLocation启动更新，具体实现代码如下所示。

```
- (void)viewDidLoad
{
    locMan = [[CLLocationManager alloc] init];
    locMan.delegate = self;
    locMan.desiredAccuracy = kCLLocationAccuracyThreeKilometers;
    locMan.distanceFilter = 1609; // a mile
    [locMan startUpdatingLocation];
```

```
    [super viewDidLoad];
    // Do any additional setup after loading the view, typically from a nib.
}
```

3. 实现位置管理器委托

在文件ViewController.m中,方法locationManager:didFailWithError的实现代码如下所示。

```
- (void)locationManager:(CLLocationManager *)manager
      didFailWithError:(NSError *)error {

    if (error.code == kCLErrorDenied) {
        // Turn off the location manager updates
        [self.locMan stopUpdatingLocation];
        [self setLocMan:nil];
    }
    self.waitView.hidden = YES;
    self.distanceView.hidden = NO;
}
```

在上述错误处理程序中,只考虑了位置管理器不能提供数据的情形。第4行检查错误编码,判断是否是用户禁止访问。如果是,则停止位置管理器(第6行)并将其设置为nil(第7行)。第9行隐藏waitView视图,而第10行显示视图distanceView(它包含默认文本距离有多远)。

方法locationManager:didUpdateToLocation:fromLocation能够计算离Apple总部有多远,这需要使用CLLocation的另一个功能。在此无需编写根据经度和纬度计算距离的代码,因为可以使用distanceFromLocation计算两个CLLocation之间的距离。在locationManager:didUpdateLocation:fromLocation的实现中,将创建一个表示Apple总部的CLLocation实例,并将其与从Core Location获得的CLLocation实例进行比较,以获得以米为单位表示的距离,然后将米转换为英里。如果距离超过3英里,则显示它,并使用NSNumberFormatter在超过1000英里的距离中添加逗号;如果小于3英里,则停止位置更新,并输出祝贺用户信息"欢迎你成为我们的一员"。方法locationManager:didUpdateLocation:fromLocation的完整实现代码如下所示。

```
- (void)locationManager:(CLLocationManager *)manager
    didUpdateToLocation:(CLLocation *)newLocation
           fromLocation:(CLLocation *)oldLocation {

    if (newLocation.horizontalAccuracy >= 0) {
        CLLocation *Cupertino = [[CLLocation alloc]
                                 initWithLatitude:kCupertinoLatitude
                                 longitude:kCupertinoLongitude];
        CLLocationDistance delta = [Cupertino
                                    distanceFromLocation:newLocation];
        long miles = (delta * 0.000621371) + 0.5; // meters to rounded miles
        if (miles < 3) {
            // Stop updating the location
            [self.locMan stopUpdatingLocation];
            // Congratulate the user
            self.distanceLabel.text = @"欢迎你\n成为我们的一员!";
```

```
        } else {
            NSNumberFormatter *commaDelimited = [[NSNumberFormatter alloc]
                                                    init];
            [commaDelimited setNumberStyle:NSNumberFormatterDecimalStyle];
            self.distanceLabel.text = [NSString stringWithFormat:
                                        @"%@ 英里\n到Apple",
                            [commaDelimited stringFromNumber:
                                [NSNumber numberWithLong:miles]]];
        }
        self.waitView.hidden = YES;
        self.distanceView.hidden = NO;
    }
}
```

15.4.5 生成应用程序

单击Run按钮并查看结果。确定当前位置后,应用程序将显示离加州Apple总部有多远,执行效果如图15-6所示。

图15-6 执行效果

我们可以在应用程序运行时设置模拟的位置。为此,启动应用程序,再选择菜单命令View→Debug Area→Show Debug Area(或在Xcode工具栏的View部分,单击中间的按钮)。在调试区域顶部可看到标准的iOS"位置"图标,单击它并选择众多的预置位置之一即可。

另一种方法是,在iOS模拟器中选择菜单命令Debug→Location,能够轻松指定经度和纬度,以便进行测试。请注意,要让应用程序使用当前位置,则必须设置位置;否则当单击OK按钮时,它将指出无法获取位置。如果出现这种错,可在Xcode中停止执行应用程序,将应用程序从iOS模拟器中卸载,然后再次运行它,这样它将再次提示输入位置信息。

第16章

和互联网接轨

　　随着科学技术的发展，互联网技术已经成为了人们生活中的一部分，大大地方便了人们的生活。iOS系统与时俱进，也能够实现和互联网相关的功能。在本章的内容中，将详细讲解在iOS系统中实现互联网应用的基本知识，为后面知识的学习打下基础。

16.1 UIWebView控件

在iOS应用中，可以使用UIWebView控件在屏幕中显示指定的网页。在本节的内容中，将简要介UIWebView控件的基本知识。

在iOS应用中，当使用UIWebView控件在屏幕中显示指定的网页后，可以设置一些连接来控制访问页，例如"返回上一页"、"进入下一页"等。此类功能是通过如下方法实现的。

- reload：重新读入页面。
- stopLoading：读入停止。
- goBack：返回前一画面。
- goForward：进入下一画面。

通过使用UIWebView控件，还可以在网页中加载显示PDF、Word和图片等格式的文件。UIWebView在加载网页时，通常用到如下3个加载方法。

- -(void)loadRequest:(NSURLRequest *)request：直接加载URL。
- -(void)loadHTMLString:(NSString *)string baseURL:(NSURL *)baseURL：主要用于加载用字符串拼接成的HTML代码。
- -(void)loadData:(NSData *)data MIMEType:(NSString *)MIMEType textEncodingName:(NSString *)textEncodingName baseURL:(NSURL *)baseURL：主要应用于加载本地页面或者外部传来的NSData。

其中baseURL是指基准的URL，是一个绝对的地址，程序要用到的其他资源就可以根据这个基准地址进行查找，而不用再次定位到绝对地址。

UIWebView控件中的常用函数如下所示。

- - (void)webViewDidStartLoad:(UIWebView *)webView：在网页开始加载的时候调用。
- - (void)webViewDidFinishLoad:(UIWebView *)webView：在网页加载完成的时候调用。
- -(BOOL)webView:(UIWebView *)webView shouldStartLoadWithRequest:(NSURLRequest *)request navigationType:(UIWebViewNavigationType)navigationType：当程序以UIWebView加载方式进行加载的时候就会调用到此函数，然后执行webViewDidStartLoad函数，所以可以在此函数中进行一些请求解析，URL地址分析的工作。
- - (void)webView:(UIWebView *)webView didFailLoadWithError:(NSError *)error：是一个可选的函数，如果页面加载失败可以根据不同的错误类型反馈给用户不同的信息。

16.2 实战演练——显示指定的网页

在iOS应用中，可以使用UIWebView控件在屏幕中显示指定的网页。在本实例中，首先在工具条中追加活动指示器，然后使用requestWithURL设置要显示的网页http://www.apple.com。为了实现良好的体验，特意在载入页面时使用了状态监视功能。在具体实现时，使用UIActivityIndicatorView向用户展示处理中的图标。

实例16-1	在屏幕中显示指定的网页
源码路径	光盘:\daima\16\TextViewAndWebViewSample

实例文件UIKitPrjWebViewSimple.m的具体代码如下所示。

```objc
#import "UIKitPrjWebViewSimple.h"
@implementation UIKitPrjWebViewSimple
- (void)dealloc {
  [activityIndicator_ release];
  if ( webView_.loading ) [webView_ stopLoading];
  webView_.delegate = nil; //< Apple文档中推荐，release前需要如此编写
  [webView_ release];
  [super dealloc];
}
- (void)viewDidLoad {
  [super viewDidLoad];
  self.title = @"明确显示通信状态";
  // UIWebView的设置
  webView_ = [[UIWebView alloc] init];
  webView_.delegate = self;
  webView_.frame = self.view.bounds;
  webView_.autoresizingMask =
    UIViewAutoresizingFlexibleWidth | UIViewAutoresizingFlexibleHeight;
  webView_.scalesPageToFit = YES;
  [self.view addSubview:webView_];
  // 在工具条中追加活动指示器
  activityIndicator_ = [[UIActivityIndicatorView alloc] init];
  activityIndicator_.frame = CGRectMake( 0, 0, 20, 20 );
  UIBarButtonItem* indicator =
      [[[UIBarButtonItem alloc] initWithCustomView:activityIndicator_]
autorelease];
  UIBarButtonItem* adjustment =
      [[[UIBarButtonItem alloc] initWithBarButtonSystemItem:
  UIBarButtonSystemItemFlexibleSpace
                                                    target:nil
                                                    action:nil] autorelease];
  NSArray* buttons =
    [NSArray arrayWithObjects:adjustment, indicator, adjustment, nil];
  [self setToolbarItems:buttons animated:YES];
}

- (void)viewDidAppear:(BOOL)animated {
  [super viewDidAppear:animated];
  //Web页面显示
    NSURLRequest* request =
      [NSURLRequest requestWithURL:[NSURL URLWithString:@"http://www.apple.com"]];
  [webView_ loadRequest:request];
}
- (void)webViewDidStartLoad:(UIWebView*)webView {
  [activityIndicator_ startAnimating];
}
- (void)webViewDidFinishLoad:(UIWebView*)webView {
  [activityIndicator_ stopAnimating];
```

```
}
- (void)webView:(UIWebView*)webView didFailLoadWithError:(NSError*)
error {
    [activityIndicator_ stopAnimating];
}
@end
```

执行后的效果如图16-1所示。

图16-1　执行效果

16.3　实战演练——控制屏幕中的网页

在iOS应用中，当使用UIWebView控件在屏幕中显示指定的网页后，可以设置一些连接来控制访问页，例如"返回上一页"、"进入下一页"等。此类功能是通过如下方法实现的。

- reload：重新读入页面。
- stopLoading：读入停止。
- goBack：返回前一画面。
- goForward：进入下一画面。

在本实例的屏幕中，添加了"返回"和"向前"两个按钮，并且设置了"重载"和"停止"图标，共同实现了网页控制功能。

实例16-2	控制屏幕中的网页
源码路径	光盘:\daima\16\TextViewAndWebViewSample

实例文件 UIKitPrjWebView.m 的具体代码如下所示。

```objc
#import "UIKitPrjWebView.h"
@implementation UIKitPrjWebView
- (void)dealloc {
    if ( webView_.loading ) [webView_ stopLoading];
    webView_.delegate = nil;
    [webView_ release];
    [reloadButton_ release];
    [stopButton_ release];
    [backButton_ release];
    [forwardButton_ release];
    [super dealloc];
}
- (void)viewDidLoad {
    [super viewDidLoad];
    self.title = @"UIWebView演示";
    // UIWebView的设置
    webView_ = [[UIWebView alloc] init];
    webView_.delegate = self;
    webView_.frame = self.view.bounds;
    webView_.autoresizingMask =
        UIViewAutoresizingFlexibleWidth | UIViewAutoresizingFlexibleHeight;
    webView_.scalesPageToFit = YES;
    [self.view addSubview:webView_];
    // 工具条中追加按钮
    reloadButton_ =
        [[UIBarButtonItem alloc] initWithBarButtonSystemItem:
    UIBarButtonSystemItemRefresh
                                                target:self
                                                action:@selector(reloadDidPush)];
    stopButton_ =
        [[UIBarButtonItem alloc] initWithBarButtonSystemItem:
    UIBarButtonSystemItemStop
                                                target:self
                                                action:@selector(stopDidPush)];
    backButton_ =
        [[UIBarButtonItem alloc] initWithTitle:@"返回"
                                         style:UIBarButtonItemStyleBordered
                                        target:self
                                        action:@selector(backDidPush)];
    forwardButton_ =
        [[UIBarButtonItem alloc] initWithTitle:@"向前"
                                         style:UIBarButtonItemStyleBordered
                                        target:self
                                        action:@selector(forwardDidPush)];
    NSArray* buttons =
        [NSArray arrayWithObjects:backButton_, forwardButton_,
    reloadButton_, stopButton_, nil];
    [self setToolbarItems:buttons animated:YES];
}
- (void)reloadDidPush {
    [webView_ reload]; //< 重新读入页面
```

```objc
}
- (void)stopDidPush {
    if ( webView_.loading ) {
        [webView_ stopLoading]; //< 读入停止
    }
}
- (void)backDidPush {
    if ( webView_.canGoBack ) {
        [webView_ goBack]; //< 返回前一画面
    }
}
- (void)forwardDidPush {
    if ( webView_.canGoForward ) {
        [webView_ goForward]; //< 进入下一画面
    }
}
- (void)updateControlEnabled {
    // 统一更新活动指示已经按钮状态
    [UIApplication sharedApplication].networkActivityIndicatorVisible =
                                                    webView_.loading;
    stopButton_.enabled = webView_.loading;
    backButton_.enabled = webView_.canGoBack;
    forwardButton_.enabled = webView_.canGoForward;
}
- (void)viewDidAppear:(BOOL)animated {
    // 画面显示结束后读入Web页面画面
    [super viewDidAppear:animated];
    NSURLRequest* request =
        [NSURLRequest requestWithURL:[NSURL URLWithString:@"http://www.apple.com/"]];
    [webView_ loadRequest:request];
    [self updateControlEnabled];
}
- (void)viewWillDisappear:(BOOL)animated {
    // 画面关闭时状态条的活动指示器设置成OFF
    [super viewWillDisappear:animated];
    [UIApplication sharedApplication].networkActivityIndicatorVisible = NO;
}
- (void)webViewDidStartLoad:(UIWebView*)webView {
    [self updateControlEnabled];
}
- (void)webViewDidFinishLoad:(UIWebView*)webView {
    [self updateControlEnabled];
}
- (void)webView:(UIWebView*)webView didFailLoadWithError:(NSError*)error {
    [self updateControlEnabled];
}
@end
```

执行效果如图16-2所示。

图16-2 执行效果

16.4 实战演练——加载显示PDF、Word和JPEG图片

在iOS应用中,当使用UIWebView控件在屏幕中显示指定的网页后,可以在网页中加载显示PDF、Word和图片等格式的文件。在本实例的屏幕中,通过使用loadData:MIMEType:textEncodingName:baseURL方法,分别显示了指定的JPEG图片、PDF文件和Word文件。

实例16-3	在网页中加载显示PDF、Word和JPEG图片
源码路径	光盘:\daima\16\TextViewAndWebViewSample

实例文件 UIKitPrjWebViewLoadData.m 的具体代码如下所示。

```
#import "UIKitPrjWebViewLoadData.h"
@implementation UIKitPrjWebViewLoadData
- (void)dealloc {
  [activityIndicator_ release];
  if ( webView_.loading ) [webView_ stopLoading];
  webView_.delegate = nil;
  [webView_ release];
  [super dealloc];
}

- (void)viewDidLoad {
  [super viewDidLoad];
  self.title = @"loadData";
  // UIWebView的设置
```

```objc
    webView_ = [[UIWebView alloc] init];
    webView_.delegate = self;
    webView_.frame = self.view.bounds;
    webView_.autoresizingMask =
     UIViewAutoresizingFlexibleWidth | UIViewAutoresizingFlexibleHeight;
    [self.view addSubview:webView_];
    // 工具条的设置
    activityIndicator_ = [[UIActivityIndicatorView alloc] init];
    activityIndicator_.frame = CGRectMake( 0, 0, 20, 20 );
    UIBarButtonItem* indicator =
        [[[UIBarButtonItem alloc] initWithCustomView:activityIndicator_] autorelease];
    UIBarButtonItem* adjustment = [[[UIBarButtonItem alloc]
       initWithBarButtonSystemItem:UIBarButtonSystemItemFlexibleSpace
                                         target:nil
                                         action:nil] autorelease];
    NSArray* buttons = [NSArray arrayWithObjects:adjustment, indicator,
                        adjustment, nil];
    [self setToolbarItems:buttons animated:YES];
}
- (void)viewDidAppear:(BOOL)animated {
    [super viewDidAppear:animated];
    /*NSString* path;
     if ( path = [[NSBundle mainBundle] pathForResource:@"sample" ofType:@"pdf"] ) {
        NSData* data = [NSData dataWithContentsOfFile:path];
         [webView_ loadData:data MIMEType:@"application/pdf" textEncodingName:nil baseURL:nil];
     } else {
        NSLog( @"file not found." );
     }
     if ( path = [[NSBundle mainBundle] pathForResource:@"dog" ofType:@"jpg"] ) {
         NSData* data = [NSData dataWithContentsOfFile:path];
        [webView_ loadData:data MIMEType:@"image/jpeg" textEncodingName:nil baseURL:nil];
     } else {
        NSLog( @"file not found." );
     }
    */
    NSString* path = [[NSBundle mainBundle] pathForResource:@"sample.doc" ofType:nil];
    NSURL* url = [NSURL fileURLWithPath:path];
    NSURLRequest* request = [NSURLRequest requestWithURL:url];
    [webView_ loadRequest:request];
}
- (void)updateControlEnabled {
    if ( webView_.loading ) {
      [activityIndicator_ startAnimating];
    } else {
      [activityIndicator_ stopAnimating];
```

```
    }
}
- (void)webViewDidStartLoad:(UIWebView*)webView {
    NSLog( @"webViewDidStartLoad" );
    [self updateControlEnabled];
}
- (void)webViewDidFinishLoad:(UIWebView*)webView {
    NSLog( @"webViewDidFinishLoad" );
    [self updateControlEnabled];
}
- (void)webView:(UIWebView*)webView didFailLoadWithError:(NSError*)error {
    NSLog( @"didFailLoadWithError:%d", error.code );
    NSLog( @"%@", error.localizedDescription );
    [self updateControlEnabled];
}
@end
```

执行后的效果如图16-3所示。

图16-3 执行效果

16.5 实战演练——在网页中加载HTML代码

在iOS应用中，当使用UIWebView控件在屏幕中显示指定的网页后，还可以在网页中加载显示HTML代码。在本实例的屏幕中，通过使用UIWebView的loadHTMLString:baseURL方法加载显示了如下HTML代码：

```
"<b>【手机号码】</b><br />"
"000-0000-0000<hr />"
"<b>【主页】</b><br />"
"http://www.apple.com/"
```

实例16-4	在网页中加载HTML代码
源码路径	光盘:\daima\16\TextViewAndWebViewSample

实例文件UIKitPrjLoadHTMLString.m的具体代码如下所示。

```
#import "UIKitPrjLoadHTMLString.h"
@implementation UIKitPrjLoadHTMLString
- (void)dealloc {
  [webView_ release];
  [super dealloc];
}
- (void)viewDidLoad {
  [super viewDidLoad];
  self.title = @"loadHTMLString";
  // UIWebView的设置
  webView_ = [[UIWebView alloc] init];
  webView_.frame = self.view.bounds;
  webView_.autoresizingMask =
   UIViewAutoresizingFlexibleWidth | UIViewAutoresizingFlexibleHeight;
  webView_.dataDetectorTypes = UIDataDetectorTypeAll;
  [self.view addSubview:webView_];
}
- (void)viewDidAppear:(BOOL)animated {
  [super viewDidAppear:animated];
  NSString* html = @"<b>【手机号码】</b><br />"
                   "000-0000-0000<hr />"
                   "<b>【主页】</b><br />"
                   "http://www.apple.com/";
  [webView_ loadHTMLString:html baseURL:nil];
}
@end
```

执行后的效果如图16-4所示。

图16-4　执行效果

16.6 实战演练——在网页中实现触摸处理

在iOS应用中，当使用UIWebView控件在屏幕中显示指定的网页后，还可以通过触摸的方式浏览指定的网页。在具体实现时，是通过 webView:shouldStartLoadWithRequest:navigationType 方法实现的。NavigationType包括如下所示的可选参数值：

- UIWebViewNavigationTypeLinkClicked：连接被触摸时请求这个连接。
- UIWebViewNavigationTypeFormSubmitted：form被提交时请求这个form中的内容。
- UIWebViewNavigationTypeBackForward：当通过goBack或goForward进行页面转移时移动目标URL。
- UIWebViewNavigationTypeReload：当页面重新导入时导入这个URL。
- UIWebViewNavigationTypeOther：使用loadRequest方法读取内容。

在本实例中，预先准备了4个HTML文件，然后在iPhone设备中通过触摸的方式浏览这4个文件。

实例16-5	在网页中实现触摸处理
源码路径	光盘:\daima\16\TextViewAndWebViewSample

步骤 1 文件top.htm的具体代码如下所示。

```html
<html>
  <head>
    <title>首页</title>
    <meta charset="utf-8">
    <meta name="viewport" content="width=device-width" />
  </head>
  <body>
    <h1>三个颜色</h1>
    <hr />
    <h2>准备选择哪一件衣服？</h2>
    <ol>
      <li /><a href="page1.htm">红色衣服</a>
      <li /><a href="page2.htm">银色衣服</a>
      <li /><a href="page3.htm">黑色衣服</a>
    </ol>
  </body>
</html>
```

步骤 2 文件page1.html的具体代码如下所示。

```html
<html>
  <head>
    <title>PAGE 1</title>
    <meta charset="utf-8">
    <meta name="viewport" content="width=device-width" />
  </head>
  <body>
    <h1>红色衣服</h1>
```

```html
      <hr />
      <h2>没有任何东东。</h2>
      <ol>
        <li /><a href="top.htm">返回</a>
      </ol>
    </body>
</html>
```

步骤 3 文件page2.html 的具体代码如下所示。

```html
<html>
  <head>
    <title>PAGE 2</title>
  </head>
  <body>
    <h1>银色衣服</h1>
    <hr />
    <h2>两件衣服</h2>
    <ol>
      <li /><a href="page1.htm">红色衣服</a>
      <li /><a href="page3.htm">黑色衣服</a>
      <li /><a href="top.htm">返回</a>
    </ol>
  </body>
</html>
```

步骤 4 文件page3.html 的具体代码如下所示。

```html
<html>
  <head>
    <title>HTML的标题</title>
  </head>
  <body>
    <h1>黑色衣服</h1>
    <hr />
    <h2>有一个黑色的围巾！</h2>
    <ol>
      <li /><a href="top.htm">返回</a>
    </ol>
    <form action="document.title">
      <input type="submit"  value="执行JavaScript" />
    </form>
  </body>
</html>
```

步骤 5 实例文件 UIKitPrjHTMLViewer.m的具体代码如下所示。

```objc
#import "UIKitPrjHTMLViewer.h"
#pragma mark ----- Private Methods Definition -----
@interface UIKitPrjHTMLViewer ()
- (void)loadHTMLFile:(NSString*)path;
@end
```

```objc
#pragma mark ----- Start Implementation For Methods -----
@implementation UIKitPrjHTMLViewer
- (void)dealloc {
  [activityIndicator_ release];
  if ( webView_.loading ) [webView_ stopLoading];
  webView_.delegate = nil;
  [webView_ release];
  [super dealloc];
}
- (void)viewDidLoad {
  [super viewDidLoad];
  self.title = @"HTMLViewer";
  // UIWebView的设置
  webView_ = [[UIWebView alloc] init];
  webView_.delegate = self;
  webView_.frame = self.view.bounds;
  webView_.autoresizingMask =
   UIViewAutoresizingFlexibleWidth | UIViewAutoresizingFlexibleHeight;
  [self.view addSubview:webView_];
  //工具条的设置
  activityIndicator_ = [[UIActivityIndicatorView alloc] init];
  activityIndicator_.frame = CGRectMake( 0, 0, 20, 20 );
  UIBarButtonItem* indicator =
      [[[UIBarButtonItem alloc] initWithCustomView:activityIndicator_] autorelease];
  UIBarButtonItem* adjustment =
      [[[UIBarButtonItem alloc] initWithBarButtonSystemItem:UIBarButtonSystemItemFlexibleSpace
                                                     target:nil
                                                     action:nil] autorelease];
  NSArray* buttons = [NSArray arrayWithObjects:adjustment, indicator, adjustment, nil];
  [self setToolbarItems:buttons animated:YES];
}
//读入指定HTML文件的私有方法
- (void)loadHTMLFile:(NSString*)path {
  NSArray* components = [path pathComponents];
  NSString* resourceName = [components lastObject];
  NSString* absolutePath;
  if ( absolutePath == [[NSBundle mainBundle] pathForResource:resourceName ofType:nil] ) {
    NSData* data = [NSData dataWithContentsOfFile:absolutePath];
    [webView_ loadData:data MIMEType:@"text/html" textEncodingName:@"utf-8" baseURL:nil];
  } else {
    NSLog( @"%@ not found.", resourceName );
  }
}
- (void)updateControlEnabled {
  if ( webView_.loading ) {
    [activityIndicator_ startAnimating];
```

```objc
    } else {
      [activityIndicator_ stopAnimating];
    }
  }
  - (BOOL)webView:(UIWebView*)webView
    shouldStartLoadWithRequest:(NSURLRequest*)request navigationType:
  (UIWebViewNavigationType)navigationType
  {
    //触摸连接后，进入href属性为URL的下一画面
    if ( UIWebViewNavigationTypeLinkClicked == navigationType ) {
      NSString* url = [[request URL] path];
      [self loadHTMLFile:url];
      return FALSE;
    } else if ( UIWebViewNavigationTypeFormSubmitted == navigationType )
{
      NSString* url = [[request URL] path];
      NSArray* components = [url pathComponents];
      NSString* resultString =
  [webView stringByEvaluatingJavaScriptFromString:[components lastObject]];
      UIAlertView* alert = [[[UIAlertView alloc] init] autorelease];
      alert.message = resultString;
      [alert addButtonWithTitle:@"OK"];
      [alert show];
      return FALSE;
    }
    return TRUE;
  }
  //画面显示后，首先显示top.htm
  - (void)viewDidAppear:(BOOL)animated {
    [super viewDidAppear:animated];
    [self loadHTMLFile:@"top.htm"];
  }

  - (void)webViewDidStartLoad:(UIWebView*)webView {
    NSLog( @"webViewDidStartLoad" );
    [self updateControlEnabled];
  }

  - (void)webViewDidFinishLoad:(UIWebView*)webView {
    NSLog( @"webViewDidFinishLoad" );
    [self updateControlEnabled];
  }

  - (void)webView:(UIWebView*)webView didFailLoadWithError:(NSError*)
error {
    NSLog( @"didFailLoadWithError:%d", error.code );
    NSLog( @"%@", error.localizedDescription );
    [self updateControlEnabled];
  }

  @end
```

执行效果如图16-5所示。

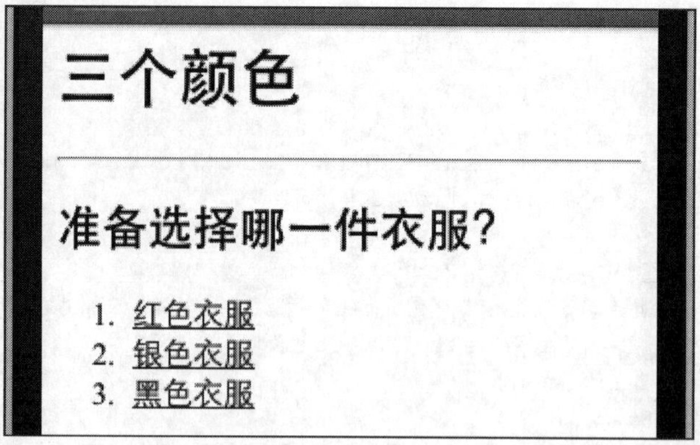

三个颜色

准备选择哪一件衣服?

1. 红色衣服
2. 银色衣服
3. 黑色衣服

图16-5　执行效果

第 17 章
多点触摸和手势识别

　　iOS系统在推出之时，最吸引用户的便是多点触摸功能，通过对屏幕的触摸实现了良好的用户体验。通过使用多点触摸屏技术，让用户能够使用大量的自然手势来完成原本只能通过菜单、按钮和文本来完成的操作。另外，iOS系统还提供了高级手势识别功能，我们可以在应用程序中轻松实现它们。在本章的内容中，将详细讲解iOS多点触摸和手势识别的基本知识，为后面知识的学习打下基础。

17.1 多点触摸和手势识别基础

iPad和iPhone无键盘的设计为屏幕争取到更多的显示空间，用户不再是隔着键盘发出指令。在触摸屏上的典型操作有：轻按（Tap）某个图标来启动一个应用程序，向上或向下（也可以左右）拖移来滚动屏幕，将手指合拢或张开（Pinch）来进行放大和缩小，等等。在邮件应用中，如果决定删除收件箱中的某个邮件，那么只需轻扫（Swipe)）要删除的邮件的标题，邮件应用程序会弹出一个删除按钮，然后轻击这个删除按钮，就删除了邮件。UIView能够响应多种触摸操作。例如，UIScrollView就能响应手指合拢或张开来进行放大和缩小。在程序代码上，可以监听某一个具体的触摸操作，并作出响应。

为了简化编程工作，对于在应用程序可能实现的所有常见手势，需要创建一个UIGestureRecognizer类的对象，或者是它的子类的对象。Apple创建了如下所示的"手势识别器"类。

- 轻按（UITapGestureRecognizer）：用一个或多个手指在屏幕上轻按。
- 按住（UILongPressGestureRecognizer）：用一个或多个手指在屏幕上按住。
- 长时间按住（UILongPressGestureRecognizer）：用一个或多个手指在屏幕上按住指定时间。
- 张合（UIPinchGestureRecognizer）：张合手指以缩放对象。
- 旋转（UIRotationGestureRecognizer）：沿圆形滑动两个手指。
- 轻扫（UISwipeGestureRecognizer）：用一个或多个手指沿特定方向轻扫。
- 平移（UIPanGestureRecognizer）：触摸并拖曳。
- 摇动：摇动iOS设备。

在以前的iOS版本中，开发人员必须读取并识别低级触摸事件，以判断是否发生了张合：屏幕上是否有两个触摸点？它们是否相互接近？在iOS 4和更晚的版本中，可指定要使用的识别器类型，并将其加入到视图（UIView）中，然后就能自动收到触发的多点触摸事件。甚至可获悉手势的值，如张合手势的速度和缩放比例（Scale）。

上述的每个类都能准确地检测到某一个动作。在创建了上述的对象之后，可以使用addGestureRecognizer方法把它传递给视图。当用户在这个视图上进行相应操作时，上述对象中的某一个方法就被调用。本章将阐述如何编写代码来响应上述触摸操作。

17.2 触摸处理

触摸就是用户把手指放到屏幕上。系统和硬件一起工作，知道手指什么时候触碰屏幕以及在屏幕中的触碰位置。UIView是UIResponder的子类，触摸发生在UIView上。用户看到的和触摸到的是视图（用户也许能看到图层，但图层不是一个UIResponder，它不参与触摸）。触摸是一个UITouch对象，该对象被放在一个UIEvent中，然后系统将UIEvent发送到应用程序上，最后应用程序将UIEvent传递给一个适当的UIView。但通常不需要关心UIEvent和UITouch。大多数系统视图会处理这些低级别的触摸，并且通知高级别的代码。例如，当UIButton发送一个动作消息报告一个Touch Up Inside事件，它已经汇总了一系列复杂的触摸动作（"用户将手指放到按钮上，也许还移来移去，最后手指抬起来了"）。UITableView报告用户选择了一个表单元；当滚动UIScrollView时，它报告滚动事件。还有，有些界面视图只是自己响应触摸动作，而不通知你的代码。例如，当拖动UIWebView时，它仅滚动而已。

然而，知道怎样直接响应触摸是有用的，这样你可以实现你自己的可触摸视图，并且充分理解Cocoa的视图在做些什么。

17.2.1 触摸事件和视图

假设一个屏幕上没有被触摸，用户用一个或更多手指接触屏幕，从这一刻开始到屏幕上没有手指触摸为止，所有触摸以及手指移动一起组成Apple所谓的多点触控序列。在一个多点触控序列期间，系统向应用程序报告每个手指的改变，所以应用程序知道用户在做什么。每个报告就是一个UIEvent。事实上，在一个多点触控序列上的报告是相同的UIEvent实例。每一次手指发生改变时，系统就发布这个报告。每一个UIEvent包含一个或更多个UITouch对象，每个UITouch对象对应一个手指。一旦某个UITouch实例表示一个触摸屏幕的手指，那么，在一个多点触控序列上，这个UITouch实例就被一直用来表示该手指（直到该手指离开屏幕）。

在一个多点触控序列期间，系统只有在手指触摸形态改变时才需要报告。对于一个给定的UITouch对象（即一个具体的手指），只有4件事情会发生，它们被称为触摸阶段，一般通过一个UITouch实例的phase（阶段）属性来描述。

- UITouchPhaseBegan：手指首次触摸屏幕，该UITouch实例刚刚被构造。这通常是第一阶段，并且只有一次。
- UITouchPhaseMoved：手指在屏幕上移动。
- UITouchPhaseStationary：手指停留在屏幕上不动。报告这个的原因是一旦一个UITouch实例被创建，它必须在每一次UIEvent中出现。因此，如果由于其他某事发生（如另一个手指触摸屏幕）而发出UIEvent，必须报告该手指在干什么，即使它没有做任何事情。
- UITouchPhaseEnded：手指离开屏幕。和UITouchPhaseBegan一样，该阶段只有一次。该UITouch实例将被销毁，并且不再出现在多点触控序列的UIEvent中。

当UITouch首次出现时（UITouchPhaseBegan），应用程序定位与此相关的UIView。该视图被设置为触摸的View（视图）属性值。从那一刻起，该UITouch一直与该视图关联，一个UIEvent就被发送到UITouch的所有视图上。

1. 接收触摸

作为一个UIResponder的UIView，它继承与4个UITouch阶段对应的4种方法（各个阶段都需要UIEvent）。通过调用这4种方法中的一个或多个方法，一个UIEvent被发送给一个视图。

- touchesBegan:withEvent：一个手指触摸屏幕，创建一个UITouch。
- touchesMoved:withEvent：手指移动了。
- touchesEnded:withEvent：手指已经离开了屏幕。
- touchesCancelled:withEvent：取消一个触摸操作。

上述方法包括如下所示的参数。

- 相关的触摸：这些是事件的触摸，它们存放在一个NSSet中。如果知道这个集合中只有一个触摸，或者在集合中的任何一个触摸，可以用anyObject来获得这个触摸。
- 事件：这是一个UIEvent实例，它把所有触摸放在一个NSSet中，可以通过allTouches消息来获得它们。这意味着所有事件的触摸，包括但并不局限于在第一个参数中的那些触摸。它们可能是在不同阶段的触摸，或者用于其他视图的触摸。可以调用touchesForView或touchesForWindow来获得一个指定视图或窗口所对应的触摸的集合。

UITouch种还有如下所示的有用的方法和属性。
- locationInView和previousLocationInView：在一个给定视图的坐标系上，该触摸的当前的或之前的位置。视图通常是self或者self.superview，如果是nil，则得到相对于窗口的位置。仅当是UITouchPhaseMoved阶段时，才会需要之前的位置。
- timestamp：最近触摸的时间。当它被创建（UITouchPhaseBegan）时，有一个创建时间，当每次移动（UITouchPhaseMoved）时，也有一个时间。
- tapCount：连续多个轻击的次数。如果在相同位置上连续两次轻击，那么，第二个被描述为第一个的重复，它们是不同的触摸对象，但第二个将被分配一个tapCount，比前一个大1。默认值为1。因此，如果一个触摸的tapCount是3，那么这是在相同位置上的第三次轻击（连续轻击三次）。
- View：与该触摸相关联的视图。

还有一些UIEvent属性。
- Type：主要是UIEventTypeTouches。
- Timestamp：事件发生的时间。

2. 多点触摸

实现iOS多点触摸的代码如下：

```
-(void)touchesBegan:(NSSet *)touches withEvent:(UIEvent *)event{
    NSUInteger numTouches = [touches count];
}
```

上述方法传递一个NSSet实例与一个UIEvent实例，可以通过获取touches参数中的对象来确定当前有多少根手指触摸，touches中的每个对象都是一个UITouch事件，表示一个手指正在触摸屏幕。倘若该触摸是一系列轻击的一部分，则还可以通过询问任何UITouch对象来查询相关的属性。

同鼠标操作一样，iOS也可以有单击、双击甚至更多类似的操作，这样，在这个有限大小的屏幕上，可以完成更多的功能。

3. iOS的触摸事件处理

iPhone/iPad无键盘的设计是为屏幕争取更多的显示空间，大屏幕在观看图片、文字、视频等方面为用户带来了更好的用户体验。而触摸屏幕是iOS设备接收用户输入的主要方式，包括单击、双击、拨动以及多点触摸等，这些操作都会产生触摸事件。

在Cocoa中，代表触摸对象的类是UITouch。当用户触摸屏幕后，就会产生相应的事件，所有相关的UITouch对象都被包装在事件中，被程序交由特定的对象来处理。UITouch对象直接包括触摸的详细信息。

在UITouch类中，包含如下5个属性。
- window：触摸产生时所处的窗口。由于窗口可能发生变化，当前所在的窗口不一定是最开始的窗口。
- view：触摸产生时所处的视图。由于视图可能发生变化，当前视图也不一定时最初的视图。
- tapCount：轻击（Tap）操作和鼠标的单击操作类似，tapCount表示短时间内轻击屏幕的次数。因此可以根据tapCount判断单击、双击或更多的轻击。
- timestamp：时间戳记录了触摸事件产生或变化时的时间。单位是秒。
- phase：触摸事件在屏幕上有一个周期，即触摸开始、触摸点移动、触摸结束，还有中途取消。而通过phase可以查看当前触摸事件在一个周期中所处的状态。phase是UITouchPhase类型，这是一个枚举型，包含如下如下5种状态值。

- UITouchPhaseBegan：触摸开始。
- UITouchPhaseMoved：接触点移动。
- UITouchPhaseStationary：接触点无移动。
- UITouchPhaseEnded：触摸结束。
- UITouchPhaseCancelled：触摸取消。

在UITouch类中包含如下所示的成员函数。

- (CGPoint)locationInView:(UIView *)view：函数返回一个CGPoint类型的值，表示触摸在view这个视图上的位置，这里返回的位置是针对view的坐标系的。若调用时传入的view参数为空，返回的是触摸点在整个窗口的位置。
- (CGPoint)previousLocationInView:(UIView *)view：该方法记录了前一个坐标值，函数返回也是一个CGPoint类型的值，表示触摸在view这个视图上的位置，这里返回的位置是针对view的坐标系的。若调用时传入的view参数为空，返回的是触摸点在整个窗口的位置。

当手指接触到屏幕，不管是单点触摸还是多点触摸，事件都会开始，直到用户所有的手指都离开屏幕。期间所有的UITouch对象都被包含在UIEvent事件对象中，由程序发送给处理者。事件记录了这个周期中所有触摸对象状态的变化。

只要屏幕被触摸，系统就会报若干个触摸的信息封装到UIEvent对象中发送给程序，由管理程序UIApplication对象将事件分发。一般来说，事件将被发送给主窗口，然后传给第一响应者对象（FirstResponder）处理。

关于响应者的概念，接下来通过以下几点进行详细说明。

（1）响应者对象（Response object）

响应者对象可以响应事件并对事件作出处理。在iOS中，存在UIResponder类，它定义了响应者对象的所有方法。UIApplication、UIView等类都继承了UIResponder类，UIWindow和UIKit中的控件因为继承了UIView，所以也间接继承了UIResponder类，这些类的实例都可以当作响应者。

（2）第一响应者（First responder）

当前接收触摸的响应者对象被称为第一响应者，即表示当前该对象正在与用户交互，它是响应者链的开端。

（3）响应者链（Responder chain）

响应者链表示一系列的响应者对象。事件被交由第一响应者对象处理，如果第一响应者不处理，事件被沿着响应者链向上传递，交给下一个响应者（Next Responder）。一般来说，第一响应者是个视图对象或者其子类对象，当其被触摸后事件被交由它处理，如果它不处理，事件就会被传递给它的视图控制器对象（如果存在），然后是它的父视图（Superview）对象（如果存在），依此类推，直到顶层视图。接下来会沿着顶层视图（Topview）到窗口（UIWindow对象）再到程序（UIApplication对象）。如果整个过程都没有响应这个事件，该事件就被丢弃。一般情况下，在响应者链中只要由对象处理事件，事件就停止传递。但有时候可以在视图的响应方法中根据一些条件判断来决定是否需要继续传递事件。

（4）管理事件分发

视图对触摸事件是否需要做出回应可以通过设置视图的userInteractionEnabled属性决定。

默认状态为YES，如果设置为NO，可以阻止视图接收和分发触摸事件。除此之外，当视图被隐藏（setHidden:YES）或者透明（alpha值为0），也不会接收事件。不过这个属性只对视图有效，如果想要整个程序都不响应事件，可以调用UIApplication的beginIgnoringInteractionEvents方法来完全停止事件接收和发布；通过endIgnoringInteractionEvents方法可以恢复让程序接收和发布事件。

如果要让视图接收多点触摸，需要设置它的multipleTouchEnabled属性为YES。默认状态下这个属性值为NO，即视图默认不接收多点触摸。

下面处理用户的触摸事件。首先触摸的对象是视图，而视图类UIView继承了UIRespnder类，但是要对事件做出处理，还需要重写UIResponder类中定义的事件处理函数。根据不同的触摸状态，程序会调用相应的处理函数，这主要包括如下几个函数。

- -(void)touchesBegan:(NSSet *)touches withEvent:(UIEvent *)event。
- -(void)touchesMoved:(NSSet *)touches withEvent:(UIEvent *)event。
- -(void)touchesEnded:(NSSet *)touches withEvent:(UIEvent *)event。
- -(void)touchesCancelled:(NSSet *)touches withEvent:(UIEvent *)event。

当手指接触屏幕时，就会调用touchesBegan:withEvent方法；当手指在屏幕上移动时，就会调用touchesMoved:withEvent方法；当手指离开屏幕时，就会调用touchesEnded:withEvent方法；当触摸被取消（比如触摸过程中被来电打断），就会调用touchesCancelled:withEvent方法。而这几个方法被调用时，正好对应了UITouch类中phase属性的4个枚举值。

对于上面的4个事件方法，在开发过程中并不要求全部实现，可以根据需要重写特定的方法。这4个方法，都有两个相同的参数：NSSet类型的touches和UIEvent类型的event。其中touches表示触摸产生的所有UITouch对象，而event表示特定的事件。因为UIEvent包含了整个触摸过程中所有的触摸对象，因此可以调用allTouches方法获取该事件内所有的触摸对象，也可以调用touchesForView或者touchesForWindows取出特定视图或者窗口上的触摸对象。在这几个事件中，都可以获得触摸对象，然后根据其位置、状态和时间属性做逻辑处理。

若检测tapCount，可以在touchesBegan中，也可以在touchesEnded中，不过一般后者更准确，因为touchesEnded可以保证所有的手指都已经离开屏幕，这样就不会把轻击动作和按下拖动等动作混淆。

轻击操作很容易引起歧义，比如当用户点了一次之后，并不知道用户是想单击还是只是双击的一部分，或者点了两次之后并不知道用户是想双击还是继续点击。为了解决这个问题，一般可以使用"延迟调用"函数。

4. 触摸和响应链

一个UIView是一个响应器，并且参与到响应链中。如果一个触摸被发送给UIView（它是命中测试视图），并且该视图没有实现相关的触摸方法，那么，沿着响应链寻找那个实现了触摸方法的响应器（对象）。如果该对象被找到了，则触摸被发送给该对象。这里有一个问题：如果touchesBegan:withEvent在一个超视图上而不是子视图上实现，那么在子视图上的触摸将导致超视图的touchesBegan:withEvent被调用。它的第一个参数包含一个触摸，该触摸的view属性值是那个子视图。但是，大多数UIView触摸方法都假定第一个参数的view属性值是self；如果touchesBegan:withEvent同时在超视图和子视图上实现，那么在子视图上调用super时，相同的参数会传递给超视图的touchesBegan:withEvent，则超视图的touchesBegan:withEvent第一个参数包含一个触摸。

上述问题的解决方法如下：

- 如果整个响应链都是自己的UIView子类或UIViewController子类，那么在一个类中实现所有的触摸方法，并且不要调用super。
- 如果创建了一个系统的UIView的子类，并且还重载它的触摸处理，那么不必重载每个触摸事件，但需要调用super（触发系统的触摸处理）。
- 不要直接调用一个触摸方法（除了调用super）。

17.2.2 实战演练——触摸屏幕中的按钮

在iOS应用中，最常见的的触摸操作是通过UIButton按钮实现的，这也是最简单的一种方式。iOS中包含如下所示的操作手势。

- 点击（Tap）：点击作为最常用手势，用于按下或选择一个控件或条目（类似于普通的鼠标点击）。
- 拖动（Drag）：拖动用于实现一些页面的滚动，以及对控件的移动功能。
- 滑动（Flick）：滑动用于实现页面的快速滚动和翻页的功能。
- 横扫（Swipe）：横扫手势用于激活列表项的快捷操作菜单。
- 双击（Double tap）：双击可放大并居中显示图片，或恢复原大小（如果当前已经放大）。同时，双击能够激活针对文字的编辑菜单。
- 放大（Pinch open）：放大手势可以打开订阅源或打开文章的详情。在照片查看的时候，放大手势也可实现放大图片的功能。
- 缩小（Pinch close）：缩小手势可以实现与放大手势相反且对应的功能的功能，如关闭订阅源退出到首页，关闭文章退出至索引页。在照片查看的时候，缩小手势也可实现缩小图片的功能。
- 长按（Touch&Hold）：如果针对文字长按，将出现放大镜辅助功能。松开后，则出现编辑菜单。针对图片长按，将出现编辑菜单。
- 摇晃（Shake）：摇晃手势，将出现撤销与重做菜单，主要是针对用户文本输入的。

在本实例中，在屏幕中央设置了一个"触摸我！"按钮，当触摸此按钮时会调用buttonDidPush:(id)sender方法，在屏幕中显示一个提示框效果。

实例17-1	触摸屏幕中的按钮
源码路径	光盘:\daima\17\TouchSample

实例文件UIKitPrjButton.m的具体实现代码如下所示。

```
#import "UIKitPrjButton.h"
@implementation UIKitPrjButton
- (void)viewDidLoad {
  [super viewDidLoad];
  self.title = @"UIButton";
  self.view.backgroundColor = [UIColor whiteColor];
  //创建按钮
 UIButton* button = [UIButton buttonWithType:UIButtonTypeRoundedRect];
  //设置按钮标题
  [button setTitle:@"触摸我!" forState:UIControlStateNormal];
  //根据标题长度自动决定按钮尺寸
  [button sizeToFit];
  //将按钮布置在中心位置
  button.center = self.view.center;
```

```
    //画面变化时按钮位置自动调整
    button.autoresizingMask = UIViewAutoresizingFlexibleWidth |
                    UIViewAutoresizingFlexibleHeight |
                    UIViewAutoresizingFlexibleLeftMargin |
                    UIViewAutoresizingFlexibleRightMargin |
                    UIViewAutoresizingFlexibleTopMargin |
                    UIViewAutoresizingFlexibleBottomMargin;

    //设置按钮被触摸时响应方法
    [button addTarget:self
               action:@selector(buttonDidPush:)
     forControlEvents:UIControlEventTouchUpInside];
    //将按钮追加到画面view中
    [self.view addSubview:button];
}
//按钮被触碰时调用的方法
- (void)buttonDidPush:(id)sender {
    if ( [sender isKindOfClass:[UIButton class]] ) {
      UIButton* button = sender;
      UIAlertView* alert = [[[UIAlertView alloc] initWithTitle:nil
                          message:button.currentTitle
                                       delegate:nil
                              cancelButtonTitle:nil
                     otherButtonTitles:@"OK", nil] autorelease];
      [alert show];
    }
}
@end
```

执行后首先显示一个"触摸我！"按钮，触摸此按钮后会弹出一个对话框，如图17-1所示。

图17-1 执行效果

17.2.3 实战演练——同时滑动屏幕中的两个滑块

在iOS应用中,除了UIButton按钮外,最常见的的触摸操作是通过UISlider滑块控件实现的。在本实例中预先设置了两个滑块,当使用触摸方式滑动一个滑块时,另一个滑块会以同样的进度进行同步滑动。在实例文件UIKitPrjSlider.m中定义了两个滑块的最小值和最大值,并且指定了滑块变化时调用方法sliderDidChange,通过此方法设置两个滑块的值保持同步。

实例17-2	同时滑动两个滑块
源码路径	光盘:\daima\17\TouchSample

文件UIKitPrjSlider.m的具体实现代码如下所示。

```
#import "UIKitPrjSlider.h"
@implementation UIKitPrjSlider
//对象释放方法
- (void)dealloc {
  [sliderCopy_ release];
  [super dealloc];
}
- (void)viewDidLoad {
  [super viewDidLoad];
  self.title = @"UISlider滑块";
  self.view.backgroundColor = [UIColor whiteColor];
  //创建滑块控件
  UISlider* slider = [[[UISlider alloc] init] autorelease];
  slider.frame = CGRectMake( 0, 0, 200, 50 );
  slider.minimumValue = 0.0; //< 设置滑块最小值
  slider.maximumValue = 1.0; //< 设置滑块最大值
  slider.center = self.view.center;
  //指定滑块变化时被调用的方法
  [slider addTarget:self
            action:@selector(sliderDidChange:)
   forControlEvents:UIControlEventValueChanged];
  //拷贝滑块
  sliderCopy_ = [[UISlider alloc] init];
  sliderCopy_.frame = slider.frame;
  sliderCopy_.minimumValue = slider.minimumValue;
  sliderCopy_.maximumValue = slider.maximumValue;
  CGPoint point = slider.center;
  point.y += 50;
  sliderCopy_.center = point;
  //在画面中追加两个滑块
  [self.view addSubview:slider];
  [self.view addSubview:sliderCopy_];
}
  //滑块变化时调用
- (void)sliderDidChange:(id)sender {
  if ( [sender isKindOfClass:[UISlider class]] ) {
    UISlider* slider = sender;
    //将sliderCopy_的值保持与slider相同
    sliderCopy_.value = slider.value;
```

        }
    }
    @end

执行后的效果如图17-2所示。

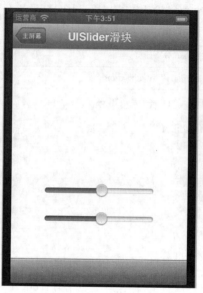

图17-2 执行效果

17.3 手势处理

不管单击、双击、轻扫还是更复杂的操作，都是在操作触摸屏。iPad/iPhone屏幕还可以同时检测出多个触摸，并跟踪这些触摸，如通过两个手指的捏合控制图片的放大和缩小。所有这些功能都拉近了用户与界面的距离，这也使我们之前的习惯随之改变。

17.3.1 手势处理基础

手势（Gesture）是指从用一个或多个手指开始触摸屏幕，直到手指离开屏幕为止所发生的全部事件。无论触摸多长时间，只要仍在屏幕上，就仍然处于某个手势中。触摸是指手指放到屏幕上。手势中的触摸数量等于同时位于屏幕上的手指数量（一般情况下，2~3个手指已经够用）。轻击是指用一个手指触摸屏幕，然后立即离开屏幕（不是来回移动）。系统跟踪轻击的数量，从而获得用户轻击的次数。在调整图片大小时，可以进行放大或缩小（将手指合拢或张开来进行放大和缩小）。

在Cocoa中，代表触摸对象的类是UITouch。当用户触摸屏幕，则产生相应的事件。在处理触摸事件时，还需要关注触摸产生时所在的窗口和视图。UITouch类中包含有LocationInView、previousLocationInView等方法。

- LocationInView：返回一个CGPoint类型的值，表示触摸（手指）在视图上的位置。
- previousLocationInView：和上面方法一样，但除了当前坐标，还能记录前一个坐标值。
- CGRect：一个结构，它包含了一个矩形的位置（CGPoint）和尺寸（CGSize）。

- CGPoint：一个结构，它包含了一个点的二维坐标（CGFloatX，CGFloatY）。
- CGSize：包含长和宽（width、height）。
- CGFloat：所有浮点值的基本类型。

1. 手势识别器类

一个手势识别器是UIGestureRecognizer的子类。UIView针对手势识别器有addGestureRecognizer与removeGestureRecognizer方法和一个gestureRecognizers属性。

IUIGestureRecognizer不是一个响应器（UIResponder），因此它不参与响应链。当一个新触摸发送给一个视图时，它同样被发送到视图的手势识别器和超视图的手势识别器，直到视图层次结构中的根视图。UITouch的gestureRecognizers列出了当前负责处理该触摸的手势识别器，UIEvent的touchesForGestureRecognizer列出了当前被特定的手势识别器处理的所有触摸。当触摸事件发生了，其中一个手势识别器确认了这是自己的手势时，它发出一条（如用户轻击视图）或多条消息（如用户拖动视图），其区别是一个离散手势的还是连续的手势。手势识别器发送什么消息，对什么对象发送，这是通过手势识别器上的一个"目标-操作"调度表来设置的。一个手势识别器在这一点上非常类似一个UIControl，不同的是一个控制可能报告几种不同的控制事件，然而每个手势识别器只报告一种手势类型，不同手势由不同的手势识别器报告。

UIGestureRecognizer是一个抽象类，定义了所有手势的基本行为，有如下6个子类处理具体的手势。

- UITapGestureRecognizer：任意手指任意次数的点击。
    - numberOfTapsRequired：点击次数。
    - numberOfTouchesRequired：手指个数。
- UIPinchGestureRecognizer：两个手指捏合动作。
    - scale：手指捏合，大于1表示两个手指之间的距离变大，小于1表示两个手指之间的距离变小。
    - velocity：手指捏合动作的速率（加速度）。
- UIPanGestureRecognizer：摇动或者拖曳。
    - minimumNumberOfTouches：最少手指个数。
    - maximumNumberOfTouches：最多手指个数。
- UISwipeGestureRecognizer：手指在屏幕上滑动操作手势。
    - numberOfTouchesRequired：滑动手指的个数
    - direction：手指滑动的方向，取值有Up、Down、Left和Right。
- UIRotationGestureRecognizer：手指在屏幕上旋转操作。
    - rotation：旋转方向，小于0为逆时针旋转手势，大于0为顺时针手势。
    - velocity：旋转速率。
- UILongPressGestureRecognizer：长按手势。
    - numberOfTapsRequired：需要长按时的点击次数。
    - numberOfTouchesRequired：需要长按的手指的个数。
    - minimumPressDuration：需要长按的时间，最小为0.5s。
    - allowableMovement：手指按住允许移动的距离。

2. 多手势识别器

当多手势识别器参与时，如果一个视图被触摸，那么，不仅仅是它自身的手势识别器参与进来，同时在视图层次结构中，所有更高位置的视图的手势识别器也将参与进来。可以把一个视图想象成被一群手势识别器围绕：它自带的以及它的超视图的等。在现实中，一个触摸的确有一群手势识别器。那就是为什么UITouch有一个gestureRecognizers属性，而该属性名为复数形式。

一旦一个手势识别器成功识别了它的手势，任何其他的关联该触摸的手势识别器被强制设置为Failed状态。识别这个手势的第一个手势识别器从那时起便拥有了手势和那些触摸，系统通过这个方式来消除冲突。例如，可以同时给单击设置UITapGestureRecognizer，给视图视图设置UIPanGestureRecognizer。如果也将UITapGestureRecognizer添加给一个双击手势，这将发生什么？双击不能阻止单击发生。所以对于双击来说，单击动作和双击动作都被调用，这不是我们所希望的，但也没必要使用前面所讲的延时操作。可以构建一个手势识别器与另一个手势识别器的依赖关系，告诉第一个手势识别器暂停判断，一直到第二个已经确定这是否是它的手势。这通过向第一个手势识别器发送requireGestureRecognizerToFail消息来实现。该消息不是"强迫该识别器识别失败"；它表示"在第二个识别器失败之前你不能成功"。

3. 给手势识别器添加子类

为了创建一个手势识别器的子类，需要做如下所示的两个工作。

- 在实现文件的开始，导入<UIKit/UIGestureRecognizerSubclass.h>。该文件包含一个UIGestureRecognizer的category，从而能够设置手势识别器的状态。这个文件还包含其他可能需要重载的方法的声明。
- 重载触摸方法（就好像手势识别器是一个UIResponder）。调用super来执行父类的方法，用手势识别器设置它的状态。

例如要给UIPanGestureRecognizer创建一个子类，从而水平或垂直移动一个视图。可以创建两个UIPanGestureRecognizer的子类：一个只允许水平移动，另一个只允许垂直移动，它们是互斥的。以水平方向移动为例，可以只维护一个实例变量，该实例变量用来记录用户的初始移动是否是水平的；再重载touchesBegan:withEvent来设置实例变量为第一个触摸的位置；然后重载touchesMoved:withEvent方法。

4. 手势识别器委托

一个手势识别器可以有一个委托，该委托可以执行如下两种任务。

（1）阻止一个手势识别器的操作

在手势识别器发出Possible状态之前，gestureRecognizerShouldBegin被发送给委托；返回NO可强制手势识别器转变为Failed状态。在一个触摸被发送给手势识别器的touchesBegan方法之前，gestureRecognizer:shouldReceiveTouch被发送给委托；返回NO可阻止该触摸被发送给手势识别器。

（2）调解同时手势识别

当一个手势识别器正要宣告它识别出了它的手势时，如果该宣告将强制另一个手势识别器失败，那么系统会发送gestureRecognizer:shouldRecognizeSimultaneouslyWithGestureRecognizer给手势识别器的委托，并且也发送给被强制设为失败的手势识别器的委托。返回YES就可以阻止失败，从而允许两个手势识别器同时操作。例如，一个视图能够同时响应两手指的按压以及两手指拖动，一个是放大或者缩小，另一个是改变视图的中心（从而拖动视图）。

5. 手势识别器和视图

当一个触摸首次出现并且被发送给手势识别器，它同样被发送给它的命中测试视图，触摸方法同时被调用。如果一个视图的所有手势识别器不能识别出它们的手势，那么，视图的触摸处理就继续。然而，如果手势识别器识别出它的手势，视图就接到touchesCancelled:withEvent消息，视图也不再接收后续的触摸。如果一个手势识别器不处理一个触摸（如使用ignoreTouch:forEvent方法），那么，当手势识别器识别出了它的手势后，touchesCancelled:withEvent也不会发送给它的视图。

在默认情况下，手势识别器会推迟发送一个触摸给视图。UIGestureRecognizer的delaysTouchesEnded属性的默认值为YES，这就意味着：当一个触摸到达UITouchPhaseEnded，并且该手势识别器的touchesEnded:withEvent被调用，如果触摸的状态还是Possible（即手势识别器允许触摸发送给视图），那么，手势识别器不立即发送触摸给视图，而是等到它识别了手势之后。如果它识别了该手势，视图就接到touchesCancelled:withEvent；如果它不能识别，则调用视图的touchesEnded:withEvent方法。例如，当第一个轻击结束后，手势识别器无法声明失败或成功，因此它必须推迟发送该触摸给视图（手势识别器获得更高优先权来处理触摸）。如果有第二个轻击，手势识别器应该成功识别双击手势并且发送touchesCancelled:withEvent给视图（如果视图已经被发送touchesEnded:withEvent消息，则系统就不能发送touchesCancelled:withEvent给视图）。

当触摸延迟了一会儿后被交付给视图，交付的是原始事件和初始时间戳。由于延时，这个时间戳也许和现在的时间不同了。所以苹果建议使用初始时间戳，而不是当前时钟的时间。

6. 识别

如果多个手势识别器来识别一个触摸，那么，谁获得这个触摸呢？这里有一个挑选的算法：一个处在视图层次结构中的偏底层的手势识别器（更靠近命中测试视图）比较高层的手势识别器先获得，并且一个新加到视图上的手势识别器比老的手势识别器更优先。

也可以修改上面的挑选算法，如通过手势识别器的requireGestureRecognizerToFail方法指定：只有当其他手势识别器失败了，该手势识别器才被允许识别触摸。另外，让gestureRecognizerShouldBegin委托方法返回NO，可将成功识别变为失败识别。

还有一些其他途径，如允许同时识别（一个手势识别器成功了，但有些手势识别器并没有被强制变为失败）。canPreventGestureRecognizer或canBePreventedByGestureRecognizer方法就可以实现类似功能。gestureRecognizer:shouldRecognizeSimultaneouslyWithGestureRecognizer委托方法返回YES，可允许手势识别器在不强迫其他识别器失败的情况下还能成功。

7. 添加手势识别器

要想在视图中添加手势识别器，可以采用如下方式。

- 使用代码。
- 使用Interface Builder编辑器以可视化方式添加。

虽然使用编辑器添加手势识别器更容易，但仍需了解幕后发生的情况。可以设置在检测到手势后的具体动作，例如可以对手势做出简单的响应、使用提供给方法的参数获取有关手势发生位置的详细信息等。在大多数情况下，这些设置工作几乎都可以在Xcode Interface Builder中完成。从Xcode 4.2起，可以通过单击的方式来添加并配置手势识别器，图17-3中列出了和触摸有关的控件。

图17-3　可以使用Interface Builder添加手势识别器

8. 使用复杂的触摸和手势UIXXGestureRecognizer

在Apple中有各种手势识别器的Class，在本节后面的内容中，将通过具体实例演示了手势识别器的具体用法，这个实例分别演示了轻按、轻扫、张合、旋转、摇动等收拾的效果。每个手势都将有一个标签的反馈：包括3个UIView，分别响应轻按、轻扫、张合；一个UIImageView响应张合。

▶ 17.3.2 实战演练——实现一个手势识别器

在本节的演示实例中，将实现5种手势识别器（轻按、轻扫、张合、旋转和摇动）以及这些手势的反馈。每种手势都会更新标签，指出有关该手势的信息。当用户执行张合、旋转和摇动手势时，将缩放、旋转或重置一个图像视图。为了给手势输入提供空间，这个应用程序显示的屏幕中包含4个嵌套的视图（UIView），在故事板场景中，直接给每个嵌套视图指定了一个手势识别器。当在视图中执行操作时，将调用视图控制器中相应的方法，在标签中显示有关手势的信息；另外，根据执行的手势，还可能更新屏幕上的一个图像视图（UIImageView）。

实例17-3	实现一个手势识别器
源码路径	光盘:\daima\17\shoushi

1. 创建项目

启动Xcode，使用模板Single View Application新建一个名为shoushi的应用程序，如图17-4所示。

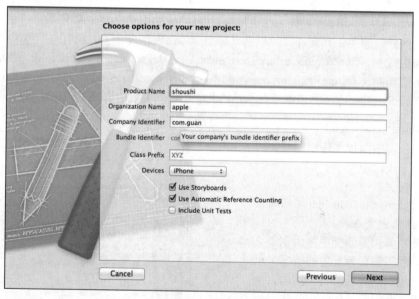

图17-4　新建项目

本项目需要很多输出口和操作，并且还需要通过Interface Builder直接在对象之间建立连接。

（1）添加图像资源

这个应用程序的界面包含一幅可旋转或缩放的图像，这旨在根据用户的手势提供视觉反馈。在本项目文件夹中，子文件夹Images包含一幅名为flower.png的图像。将文件夹Images拖放到项目的代码编组中，并在必要时复制资源并创建编组。

（2）规划变量和连接

对于要检测的每个触摸手势，都需要提供让其能够得以发生的视图。通常，这可使用主视图，但出于演示目的，我们将在主视图中添加4个UIView，每个UIView都与一个手势识别器相关联。但这些UIView都不需要输出口，因为在Interface Builder编辑器中直接将它们连接到手势识别器。

需要两个输出接口属性outputLabel和imageView，它们分别连接到一个UILabel和一个UIImageView。其中标签用于向用户提供文本反馈，而图像视图在用户执行张合和旋转手势时提供视觉反馈。

当这4个视图中检测到手势时，应用程序需要调用一个操作方法，以便与标签和图像交互。我们把手势识别器UI连接到方法foundTap、foundSwipe、foundPinch、foundRotation。

（3）添加表示默认图像大小的常量

当手势识别器对UI中的图像视图调整大小或旋转后，我们希望能够恢复到默认大小和位置。为此，需要在代码中记录默认大小和位置。这里将UIImageView的大小和位置存储在4个常量中，而这些常量的值是这样确定的：将图像视图放到所需的位置，然后从Interface Builder Size Inspector读取其框架值。

对于iPhone版本，可以在文件ViewController.m的代码行#import后面输入如下代码。

```
#define kOriginWidth 125.0
#define kOriginHeight 115.0
#define kOriginX 100.0
#define kOriginY 330.0
```

如果创建的是iPad应用程序，应该按照下面的代码定义这些常量。

```
#define kOriginWidth 265.0
#define kOriginHeight 250.0
#define kOriginX 250.0
#define kOriginY 750.0
```

使用这些常量可以快速记录UIImageView的位置和大小，但这并非唯一的解决方案。也可以在应用程序启动时读取并存储图像视图的frame属性，并在以后恢复它们。当然，这里的目的是帮助我们理解工作原理，而不是过于考虑解决方案是否巧妙。

2. 设计界面

打开文件MainStoryboard.storyboard，首先拖曳4个UIView实例到主视图中。将第一个视图调整为小型矩形，并位于屏幕的左上角，它将捕获轻按手势；将第二个视图放在第一个视图右边，它用于检测轻扫手势；将其他两个视图放在前两个视图下方，且与这两个视图等宽，它们分别用于检测张合手势和旋转手势。使用Attributes Inspector（快捷键Option+Command+4）将每个视图的背景设置为不同的颜色。

然后在每个视图中添加一个标签，这些标签的文本分别为"Tap我"、"Swipe我"、"Pinch我"和"Rotate我"。再拖放一个UILabel实例到主视图中，让其位于屏幕顶端并居中；使用Attributes Inspector将其设置为居中对齐。这个标签将用于向用户提供反馈，先将其默认文本设置为"动起来"。最后，在屏幕底部中央添加一个UIImageView。使用Attributes Inspector（快捷键Option+Command+4）和Size Inspector（快捷键Option+Command+5）将图像设置为flower.png，并设置其大小和位置：X为100.0、Y为330.0、W为125.0、H为115.0（对于iPhone应用程序）或X为250.0、Y为750.0、W为265.0、H为250.0（对于iPad应用程序），如

图17-5所示。这些值与前面定义的常量值一致。

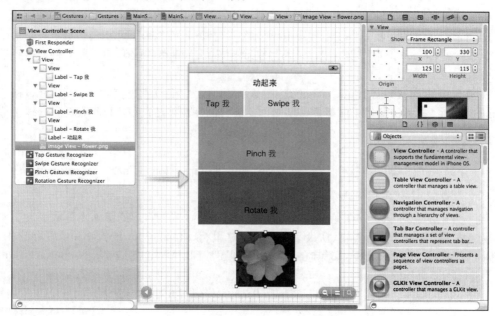

图17-5　UIImageView的大小和位置设置

3. 给视图添加手势识别器

（1）轻按手势识别器

首先在项目中添加一个UITapGestureRecognizer实例，在对象库中找到轻按手势识别器，将其拖放到包含标签"Tap我"的UIView实例中，如图17-6所示。识别器将作为一个对象出现在文档大纲底部，而无论将其放在哪里。

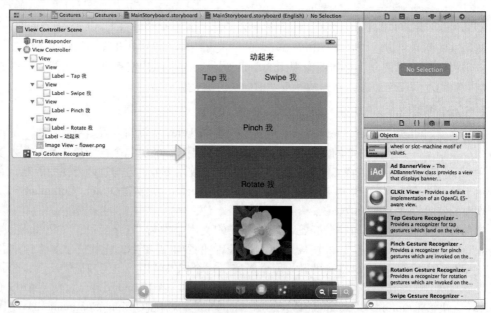

图17-6　将识别器拖放到将使用它的视图上

通过轻按的方式将手势识别器拖放到视图中，这样就创建了一个手势识别器对象，并将其关联到该视图。接下来需要配置该识别器，让其知道要检测哪种手势。轻按手势识别器有如下两个属性。

- Taps：需要轻按对象多少次才能识别出轻按手势。
- Touches：需要有多少个手指在屏幕上才能识别出轻按手势。

在本实例中，将轻按手势定义为用一个手指轻按屏幕一次，因此指定一次轻按和一个触点。选择轻按手势识别器，再打开Attributes Inspector（快捷键Option+Command+4），如图17-7所示。

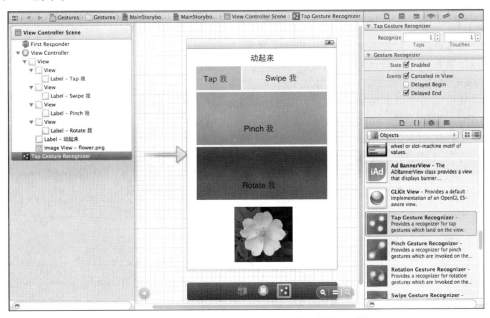

图17-7　使用Attributes Inspector配置手势识别器

将文本框Taps和Touches都设置为1，这样就在项目中添加了第一个手势识别器，并对其进行了配置。

（2）轻扫手势识别器

实现轻扫手势识别器的方式几乎与轻按手势识别器完全相同。区别是不用指定轻按次数，而是指定轻扫的方向（上、下、左、右），还需指定多少个手指触摸屏幕（触点数），这样才能视为轻扫手势。同样，在对象库中找到轻扫手势识别器（UISwipeGestureRecognizer），并将其拖放到包含标签"Swipe 我"的视图上。接下来，选择该识别器，并打开Attributes Inspector以便配置它，如图17-8所示。这里对轻扫手势识别器进行配置，使其监控用一个手指向右轻扫的手势。

（3）张合手势识别器

在对象库中找到张合手势识别器（UIPinGestureRecognizer），并将其拖放到包含标签"Pinch我"的视图上。

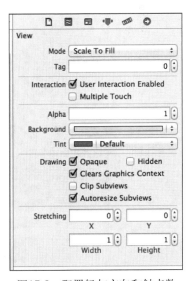

图17-8　配置轻扫方向和触点数

（4）旋转手势识别器

旋转手势指的是两个手指沿圆圈移动。与张合手势识别器一样，旋转手势识别器也无需做任何配置，只需诠释结果——旋转的角度（单位为弧度）和速度。在对象库中找到旋转手势识别器（UIRotationGestureRecognizer），并将其拖放到包含标签"Rotate我"的视图上。这样就在故事板中添加了最后一个对象。

4. 创建并连接输出口和操作

为了在主视图控制器中响应手势并访问反馈对象，需要创建前面确定的输出口和操作。需要的输出口如下所示。

- 图像视图（UIImageView）：imageView。
- 提供反馈的标签（UILabel）：outputLabel。

需要的操作如下所示。

- 响应轻按手势：foundTap。
- 响应轻扫手势：foundSwipe。
- 响应张合手势：foundPinch。
- 响应旋转手势：foundRotation。

为了建立连接准备好工作区，打开文件MainStoryboard.storyboard并切换到助手编辑器模式。由于将从场景中的手势识别器开始拖曳，请确保要么文档大纲可见（菜单命令Editor→Show Document Outline），要么能够在视图下方的对象栏中区分不同的识别器。

（1）添加输出口

按住Control键，并从标签"动起来"拖曳到文件ViewController.h中代码行@interface下方，此时Xcode输出如图17-9所示的提示，在Name文本框输入outputLabel，Type文本框输入UILabel。对图像视图重复上述操作，并将输出口命名为imageView。

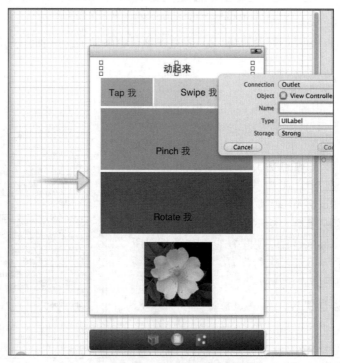

图17-9　将标签和图像视图连接到输出口

（2）添加操作

在此只需按住Control键，并从文档大纲中的手势识别器拖曳到文件ViewController.h，并拖曳到前面定义的属性下方。在Xcode提示时，将连接类型指定为UILabel，并将名称指定为foundTap，如图17-10所示。

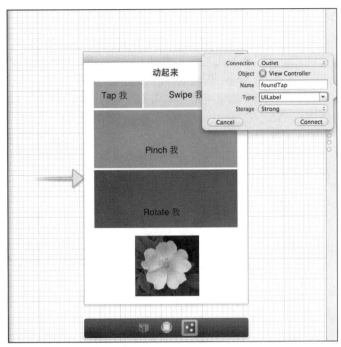

图17-10　将手势识别器连接到操作

对于其他每个手势识别器重复上述操作，将轻扫手势识别器连接到foundSwipe，将张合手势识别器连接到foundPinch，将旋转手势识别器连接到foundRotation。为了检查建立的连接，选择识别器之一（这里是轻按手势识别器），并查看Connections Inspector（快捷键Option+Command+6），将看到Sent Actions部分指定了操作，而Referencing Outlet Collection部分引用了使用识别器的视图。

5. 实现应用程序逻辑

首先实现轻按手势识别器。其他识别器的实现方式极其类似，唯一不同的是摇动手势，所以将它留在。切换到标准编辑器模式，并打开视图控制器实现文件ViewController.m。

（1）响应轻按手势识别器

要响应轻按手势识别器，只需实现方法foundTap。修改这个方法的存根，使其实现代码如下所示。

```
- (IBAction)foundTap:(id)sender {
    self.outputLabel.text=@"Tapped";
}
```

这个方法不需要处理输入，除指出自己被执行外，它什么也不做。将标签outputLabel的属性text设置为Tapped就足够了。

（2）响应轻扫手势识别器

要想响应轻扫手势识别器，方式与响应轻按手势识别器相同：更新输出标签，指出检测到了轻扫手势。为此按如下代码实现方法foundSwipe。

```
- (IBAction)foundSwipe:(id)sender {
    self.outputLabel.text=@"Swiped";
}
```

（3）响应张合手势识别器

轻按和轻扫都是简单手势，它们只存在发不发生的问题；而张合手势和旋转手势更加复杂一些，它们返回更多的值，以能够更好地控制用户界面。例如，张合手势包含属性velocity（张合手势发生的速度）和scale（与手指间距离变化呈正比的小数）。例如，如果手指间距离缩小了50%，则缩放比例将为0.5。如果手指间距离为原来的两倍，则缩放比例为2。

接下来使用方法foundPinch重置UIImageView的旋转角度以免受旋转手势的影响，使用张合手势识别器返回的缩放比例和速度值创建一个反馈字符串，并缩放图像视图，以便立即向用户提供可视化反馈。方法foundPinch的实现代码如下所示。

```
- (IBAction)foundPinch:(id)sender {
    UIPinchGestureRecognizer *recognizer;
    NSString *feedback;
    double scale;

    recognizer=(UIPinchGestureRecognizer *)sender;
    scale=recognizer.scale;
    self.imageView.transform = CGAffineTransformMakeRotation(0.0);
    feedback=[[NSString alloc]
              initWithFormat:@"Pinched, Scale:%1.2f, Velocity:%1.2f",
              recognizer.scale,recognizer.velocity];
    self.outputLabel.text=feedback;
    self.imageView.frame=CGRectMake(kOriginX,
                                    kOriginY,
                                    kOriginWidth*scale,
                                    kOriginHeight*scale);
}
```

如果现在生成并运行该应用程序，即能够在pinchView视图中使用张合手势缩放图像，甚至可以将图像放大到超越屏幕边界，如图17-11所示。

（4）响应旋转手势识别器

与张合手势一样，旋转手势也返回一些有用的信息，其中最著名的是速度和旋转角度，可以使用它们来调整屏幕对象的视觉效果。返回的旋转角度是一个弧度值，表示用户沿着顺时针或逆时针方向旋转了多少弧度。在文件ViewController.m中，foundRotation方法的实现代码如下所示。

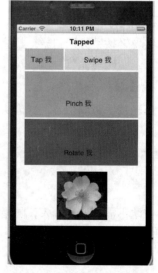

图17-11　使用张合手势缩放图像

```
- (IBAction)foundRotation:(id)sender {
    UIRotationGestureRecognizer *recognizer;
    NSString *feedback;
    double rotation;
    
    recognizer=(UIRotationGestureRecognizer *)sender;
    rotation=recognizer.rotation;
    feedback=[[NSString alloc]
              initWithFormat:@"Rotated, Radians:%1.2f, Velocity:%1.2f",
              recognizer.rotation,recognizer.velocity];
    self.outputLabel.text=feedback;
    self.imageView.transform = CGAffineTransformMakeRotation(rotation);
}
```

(5)实现摇动识别器

摇动的处理方式与其他手势稍有不同，必须拦截一个类型为UIEventTypeMotion的UIEvent。为此，视图或视图控制器必须是响应者链中的第一响应者，还必须实现方法motionEnded:withEvent。

- 成为第一响应者

要让视图控制器成为第一响应者，必须通过方法canBecomeFirstResponder允许它成为第一响应者，这个方法除了返回YES外什么都不做；然后在视图控制器加载视图时要求它成为第一响应者。首先，在实现文件ViewController.m中添加方法canBecomeFirstResponder，具体代码如下所示。

```
- (BOOL)canBecomeFirstResponder{
    return YES;
}
```

通过上述代码，可以让视图控制器能够成为第一响应者。

接下来需要在视图控制器加载其视图后立即发送消息becomeFirstResponder，让视图控制器成为第一响应者。为此可以修改文件ViewController.m中的方法viewDidAppear，具体代码如下所示。

```
- (void)viewDidAppear:(BOOL)animated
{
    [self becomeFirstResponder];
    [super viewDidAppear:animated];
}
```

至此，视图控制器为成为第一响应者并接收摇动事件做好了准备，下面只需要实现motionEnded:withEvent以捕获并响应摇动手势即可。

- 响应摇动手势

为了响应摇动手势，motionEnded:withEvent方法的实现代码如下所示。

```
- (void)motionEnded:(UIEventSubtype)motion withEvent:(UIEvent *)event
{
    if (motion==UIEventSubtypeMotionShake) {
        self.outputLabel.text=@"Shaking things up!";
        self.imageView.transform = CGAffineTransformMakeRotation(0.0);
```

```
        self.imageView.frame=CGRectMake(kOriginX,
                                        kOriginY,
                                        kOriginWidth,
                                        kOriginHeight);
    }
}
```

此时就可以运行该应用程序并使用本章实现的所有手势了。尝试使用张合手势缩放图像；摇动设备将图像恢复到原始大小；缩放和旋转图像，轻按、轻扫都可以实现。执行后的效果如图17-12所示。

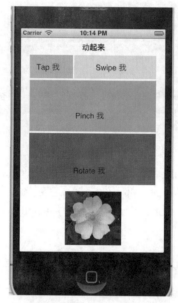

图17-12　执行效果

第 18 章
地址簿、邮件和 Twitter

在前面详细讲解了iOS设备的硬件和软件的各个部分进行交互的知识。如访问音乐库和使用加速计、陀螺仪等,在Apple中可以通过iOS让开发人员能够访问上述功能。除本书前面介绍过的功能外,开发的iOS应用程序还可利用其他内置功能。本章将详细讲解在iOS系统中使用地址簿、邮件和Twitter的知识和具体用法。

18.1 地址簿

在iOS系统中，地址簿（Address Book）是一个共享的联系人信息数据库，任何iOS应用程序都可使用。通过提供共享的常用联系人信息，而不是让每个应用程序管理独立的联系人列表，可改善用户体验。在拥有共享的地址簿后，无需在不同的应用程序中添加联系人多次，在一个应用程序中更新联系人信息后，其他所有应用程序就立刻能够使用它们。iOS通过两个框架提供了全面的地址簿数据库访问功能，分别是Address Book和Address Book UI。在本节的内容中，将详细讲解地址簿的基本知识和具体用法。

18.1.1 框架Address Book UI

Address Book UI框架是一组用户界面类，封装了Address Book框架，并向用户提供了使用联系人信息的标准方式，如图18-1所示。

通过使用Address Book UI框架的界面，可以让用户在地址簿中浏览、搜索和选择联系人，显示并编辑选定联系人的信息，以及创建新的联系人。在iPhone中，地址簿以模态视图的方式显示在现有视图上面；而在iPad中，也可以选择这样做，还可以编写代码让地址簿显示在弹出框中。

在使用框架Address Book UI之前，需要先将其加入到项目中，并导入其接口文件。

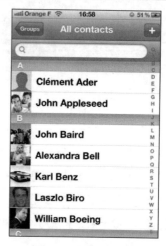

图18-1　访问地址簿

```
#import <AddressBookUI/AddressBookUI.h>
```

要显示让用户能够从地址簿中选择联系人的UI，必须声明、分配并初始化一个ABPeoplePickerNavigationController实例。这个类提供一个显示地址簿UI的视图控制器，让用户能够选择联系人。还必须设置委托，以指定对返回的联系人进行处理的对象。最后，在应用程序的主视图控制器中，使用presentModalViewController:animated显示联系人选择器，演示代码如下所示。

```
ABPeoplePickerNavigationController *picker;
picker=[[ABPeoplePickerNavigationController alloc] init];
picker.peoplePickerDelegate=self;
[self presentModalViewController:picker animated:YES];
```

显示联系人选择器后，就只需等待用户做出选择了。联系人选择器负责显示UI以及用户与地址簿的交互。用户做出选择后，必须通过地址簿联系人选择器导航控制器委托进行处理。

在此将其简称为联系人选择器委托，它定义了多个（准确地说是3个）方法，这些方法决定了用户选择地址簿中的联系人时，将如何做出响应。实现这些方法的类（如应用程序的视图控制器类）必须遵守协议ABPeoplePickerNavigationControllerDelegate。

需要实现的第一个委托方法是peoplePickerNavigationControllerDidCancel。用户在联系人选择器中取消选择时将调用这个方法，所以在这个方法中，只需使用方法dismissModalViewControllerAnimated

关闭联系人选择器即可,例如下面的代码关闭了联系人选择器。

```
-(void) peoplePickerNavigationControllerDidCancel:
    (ABPeoplePickerNavigationController *)peoplePicker{
    [self dismissModalViewControllerAnimated:YES];
}
```

为了在用户触摸联系人时做出响应,需要实现委托方法peoplePickerNavigationController: shouldContinueAfterSelectingPerson,这个方法有如下两个用途。

- 接收一个指向用户触摸的地址簿联系人的引用,可使用框架Address Book对该联系人进行处理。
- 如果想让用户向下挖掘,进而选择该联系人的属性,可返回YES;如果只想让用户选择联系人,可以返回NO。

如若在应用程序中采取第二种方式,下面的演示代码关闭了联系人选择器。

```
1: - (BOOL)peoplePickerNavigationContraller:
2: (ABPeoplePickerNavigationController *)peoplePicker
3: shouldContinueAfterSelectingPerson: (ABRecordRef) person{
4:
5:    //work with the"person"  address book record here
6:
7:    [self dismissModalViewControllerAnimated:YES];
8:    return NO;
9: }
```

这样当用户触摸联系人选择器中的联系人时会调用这个方法。在这个方法中,可以通过地址簿记录引用person访问选定联系人的所有信息,并对联系人进行处理。在这个方法的最后,必须关闭联系人选择器这一模态视图(第7行)并返回NO,这表明我们不想让用户在地址簿中进一步挖掘。

除此之外,必须实现的最后一个委托协议方法是peoplePickerNavigationController: shouldContinueAfterSelectingPerson:property:identifier。如果允许用户进一步挖掘联系人的信息,将调用这个方法。它返回用户触摸的联系人的属性,还必须返回YES或NO,以决定是否允许用户进一步挖掘属性。但是如果方法peoplePickerNavigationController: shouldContinueAfterSelectingPerson返回NO,就不会调用这个方法。虽然如此,还是必须实现这个方法,例如下面的代码处理了用户进一步挖掘属性。

```
- ( BOOL) peoplePickerNavigationController:
  (ABPeoplePickerNavigationController *)peoplePicker
  shouldContinueAfterSelectingPerson: (ABRecordRef) person
  property: (ABPropertyID) property
  identifier: (ABMultiValueIdentifier) identifier{
  //We won't get to this delegate method
  return NO;
}
```

这就是与框架Address Book UI交互的基本骨架,但没有提供对返回的数据进行处理的代码。要对返回的数据进行处理,必须使用框架Address Book。

▶ 18.1.2 框架Address Book

通过使用Address Book框架,应用程序可以访问地址簿,从而检索和更新联系人信息以及创建新的联系人。例如，要处理联系人选择器返回的数据，就需要这个框架。Address Book是一个基于Core Foundation的老式框架，这意味着该框架的API和数据结构都是使用C语言而不是Objective-C编写的。要想使用这个框架，需要将其加入到项目中，并导入其接口文件。

```
#import <AddressBook/AddressBook.h>
```

框架Address Book中C语言函数语法很容易理解，例如要实现方法peoplePickerNavigationController:shouldContinueAfterSelectingPerson，通过该方法接收的参数person(ABRecordRef)可以访问相应联系人的信息，方法是调用函数ABRecordCopy(<ABRecordRef,<requested property>)。

要想获取联系人的名字，可以编写类似于如下所示的代码。

```
firstName=(_bridge NSString *)ABRecordCopyValue(person,
kABPersonFirstNameProperty);
```

要想访问可能包含多个值的属性（其类型为ABMultiValueRef），可使用函数ABMultiValueGetCount。例如，要确定联系人有多少个电子邮件地址，可编写如下代码实现。

```
ABMultiValueRef emailAddresses;
emailAddresses=ABRecordCopyValue(person, kABPersonEmailProperty);
int  countOfAddresses=ABMultiValueGetCount (emailAddresses);
```

接下来，要获取联系人的第一个电子邮件地址，可使用函数ABMultiValueCopyValueAtIndex (<ABMultiValueRef>,<index>)实现。

```
firstEmail= (_bridge NSString *)ABMultiValueCopyValueAtIndex
(emailAddresses,0);
```

18.2 电子邮件

本书前面讲解了如何显示iOS提供的一个模态视图，让用户能够使用Apple的图像选择器界面中选择照片的方法。显示系统提供的模态视图控制器是iOS常用的一种方式，Message UI框架也使用这种方式来提供用于发送电子邮件的界面。

在使用框架Message UI之前，首先必须先将其加入到项目中，并在要使用该框架的类（可能是视图控制器）中导入其接口文件：

```
#import <MessageUI/MessageUI.h>
```

要想显示邮件书写窗口，必须分配并初始化一个MFMailComposeViewController对象，它负责显示电子邮件。然后需要创建一个用作收件人的电子邮件地址数组，并使用方法setToRecipients给邮件书写视图控制器配置收件人。最后需要指定一个委托，它负责在用户发送邮件后做出响应；还需要使用presentModalViewController显示邮件书写视图。例如下面的代码是这些功能的一种简单实现。

```
1: MFMailComposeViewController *mailComposer;
```

```
 2: NSArray *emailAddresses;
 3:
 4: mailComposer=[[MFMailComposeViewController alloc]init];
 5: emailAddresses=[[ NSArray   alloc]initWithObjects:@"me@myemail.com",nil];
 6:
 7: mailComposer.mailComposeDelegate=self;
 8: [mailComposer setToRecipients:emailAddresses];
 9: [self presentModalViewController:mailComposer animated:YES];
```

在上述代码中，第1行和第2行分别声明了邮件书写视图控制器和电子邮件地址数组。第4行分配并初始化邮件书写视图控制器。第5行使用一个地址 me@myemail.com 来始化邮件地址数组。第7行设置邮件书写视图控制器的委托，委托负责执行用户发送或取消邮件后需要完成的任务。第8行给邮件书写视图控制器指定收件人，而第9行显示邮件书写窗口。

与联系人选择器一样，要使用电子邮件书写视图控制器，也必须遵守一个协议：MFMailComposeViewControllerDelegate。该协议定义了一个清理方法 mailComposeController: didFinishWithResult:error，它将在用户使用完邮件书写窗口后被调用。在大多数情况下，在这个方法中都只需关闭邮件书写视图控制器的模态视图即可，例如下面的代码在用户使用完邮件书写视图控制器后做出响应。

```
- ( void) mailComposeController: (MFMailComposeViewController *)controller
 didFinishWithResult: (MFMailComposeResult) result
 error: (NSError*) error{
  [self dismissModalViewControllerAnimated:YES];
}
```

如果要获悉邮件书写视图关闭的原因，可以查看result（其类型为MFMailComposeResult）的值。其取值为下述常量。

- MFMailComposeResultCancelled。
- MFMailComposeResultSaved。
- MFMailComposeResultSent。
- MFMailComposeResultFailed。

18.3 使用Twitter发送推特信息

使用Twitter发送推特信息的流程与准备电子邮件的流程很像。要想使用Twitter，必须包含框架Twitter，创建一个推特信息书写视图控制器，再以模态方式显示它。图18-2显示了推特信息书写对话框。

但是不同于邮件书写视图，显示推特信息书写视图后，无需做任何清理工作，只需显示这个视图即可。下面来看看实现这项功能的代码。

首先，在项目中加入框架Twitter后，必须导入其接口文件：

```
#import <Twitter/Twitter.h>
```

接着必须声明、分配并初始化一个TWTweetComposeViewController，以提供用户界面。在发送推特信息之前，必须使用TWTweetComposeViewController类的方法canSendTweet确保用户配置了活动的Twitter账户。然后便可以使用方法setInitialText设置推特信息的默认内容，最后再显示视图。例如下面的代码演示了准备发送推特信息的实现。

```
TWTweetComposeViewController *tweetComposer;
tweetComposer=[[TWTweetComposeViewController alloc] init];
if([TWTweetComposeViewController canSendTweet])  {
[tweetComposer setInitialText:@"Hello World."];
[self presentModalViewController:tweetComposer animated:YES];
}
```

在显示这个模态视图后就大功告成了。用户可修改推特信息的内容、将图像作为附件、取消或发送推特信息。这只是一个简单的示例，在现实中还有很多其他方法用于与多个Twitter账户相关的功能、位置等。如果要在用户使用完推特信息书写窗口时获悉这一点，可以添加一个回调函数。

图18-2　在iOS中使用Twitter

18.4 实战演练——联合使用地址簿、电子邮件、Twitter和地图

在本节的演示实例中，将让用户从地址簿中选择一位好友。用户选择好友后，应用程序将从地址簿中检索有关这位好友的信息，并将其显示在屏幕上，这包括姓名、照片和电子邮件地址。并且用户还可以在一个交互式地图中显示朋友居住的城市，以及给朋友发送电子邮件或推特信息，这些都将在一个应用程序屏幕中完成。本实例涉及的领域很多，但无需输入大量代码。操作时，首先创建界面，然后添加地址簿、地图、电子邮件和Twitter功能。实现其中每项功能时，都必须添加框架，并在视图控制器接口文件中添加相应的#import编译指令。也就是说，如果程序不能正常运行，需确认没有遗漏添加框架和导入头文件的步骤。

实例18-1	联合使用地址簿、电子邮件、Twitter和地图
源码路径	光盘:\daima\18\lianhe

18.4.1 创建项目

启动Xcode，使用模板Single View Application新建一个名为lianhe的项目。本实例需要添加多个框架，并且还需建立几个一开始就知道的连接。

选择项目lianhe的顶级编组，并确保选择了默认目标lianhe。单击编辑器中的标签Summary，在该选项卡中向下滚动到Linked Frameworks and Libraries部分。单击列表下方的"+"按钮，从出现的列表中选择AddressBook.framework，再单击Add按钮。重复上述操作，分别添加如下框架。

- AddressBookUl.frameworkMapKitframework。
- CoreLocation.fiamework。
- MessageUI.framework。
- Twitter.framework。

添加框架后，将它们拖放到编组Frameworks中，这样可以让项目显得更加整洁有序。最后的项目代码编组如图18-3所示。

在本实例中，将让用户从地址簿中选择一个联系人，并显示该联系人的姓名、电子邮件地址和照片。对于姓名和电子邮件地址，将通过两个名为name和email的标签（UILabel）显示；而对于照片，将通过一个名为photo的UIImageView显示。最后，需要显示一个地图（MKMapView），并通过输出口map引用它；还需要一个类型为MKPlacemark的属性/实例变量zipAnnotation，它表示地图上的一个点，但在这里显示特殊的标。

图18-3 项目代码编组

本应用程序还将实现如下所示的3个操作。

- newBFF：让用户能够从地址簿选择一位朋友。
- sendEmail：让用户能够给朋友发送电子邮件。
- sendTweet：让用户能够在Twitter上发布信息。

18.4.2 设计界面

打开界面文件MainStoryboard.storyboard，给应用程序设计UI，最终的UI视图界面如图18-4所示。

在项目中添加两个标签（UILabel），其中一个较大，用于显示朋友的姓名，另一个显示朋友的电子邮件地址。在本实例设计的UI中，清除了电子邮件地址标签的内容。接下来添加一个UIImageView，用于显示地址簿中朋友的照片；使用Attributes Inspector将缩放方式设置为Aspect Fit。将一个地图视图（MKMapView）拖放到界面中，这个地图视图将显示所处的位置以及朋友居住的城市。最后，添加3个按钮（UIButton），一个用于选择朋友，其标题为"选择一个"；一个用于给朋友发送电子邮件，标题为"发邮件"；最后一个使用Twitter账户发送推特消息，其标题为"发推特"。

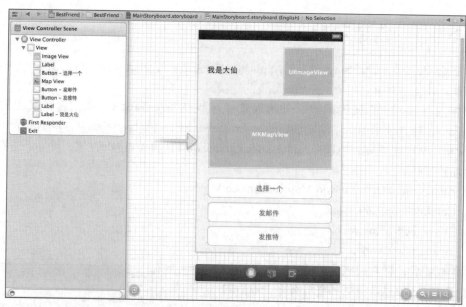

图18-4 最终的UI视图界面

添加地图视图后,选择它并打开Attributes Inspector(快捷键Option+Command+4)。使用Type(类型)下拉列表指定要显示的地图类型(卫星、混合等),再激活所有的交互选项。这将让地图显示用户的当前位置,并让用户能够在地图视图中平移和缩放,就像地图应用程序一样。

18.4.3 创建并连接输出口和操作

在此共需定义4个输出口和3个操作,其中需要定义如下所示的输出口。

- 包含联系人姓名的标签(UILabel):name。
- 包含电子邮件地址的标签(UILabel):email。
- 显示联系人姓名的图像视图(UIImageView):photo。
- 地图视图(MKMapView):map。

需要定义如下所示的3个操作。

- Choose a Buddy按钮(UIButton):newBFF。
- Send Email按钮(UIButton):sendEmail。
- Send Tweet按钮(UIButton):sendTweet。

切换到助手编辑器模式,并打开文件MainStoryboard.storyboard,以便开始建立连接。

1. 添加输出口

按住Control键,从显示选定联系人姓名的标签拖曳到ViewController.h中代码行@interface下方。在Xcode提示时,将输出口命名为name。对电子邮件地址标签重复上述操作,将输出口命名为email。最后,按住Control键,从地图视图拖曳到ViewController.h,并新建一个名为map的输出口。

2. 添加操作

按住Control键,从"选择一个"按钮拖曳到刚创建的属性下方。在Xcode提示时,新建一个名为newBFF的操作。重复上述操作,将按钮"发邮件"连接到操作sendEmail,将按钮"发推特"连接到sendTweet。在地图视图的实现中,可以包含一个委托方法

（mapView:viewForAnnotation），这用于定制标注。为将地图视图的委托设置为视图控制器，可以编写代码self.map.delegate= self，也可以在Interface Builder中将地图视图的输出口delegate连接到文档大纲中的视图控制器。

选择地图视图并打开Connections Inspector（快捷键Option+Command+6）。从输出口delegate拖曳到文档大纲中的视图控制器。

18.4.4 实现地址簿逻辑

访问地址簿由两部分组成：显示让用户能够选择联系人的视图（ABPeoplePicker Navigation Controller类的实例）以及读取选定联系人的信息。要完成这个功能，需要两个步骤和两个框架。

1. 为使用框架Address Book做准备

要想显示地址簿UI和地址簿数据，必须导入框架Address Book和Address Book UI的头文件，并指出将实现协议ABPeoplePickerNavigationControllerDelegate。

打开文件ViewController.h，在现有编译指令#import后面添加如下代码行。

```
#import <AddressBook/AddressBook.h>
#import <AddressBookUI/AddressBookUI.h>
```

接下来修改代码行@interface，在其中添加<ABPeoplePickerNavigationControllerDelegate>，功能是指出系统要遵守协议ABPeoplePickerNavigationControllerDelegate。

```
@interface ViewController:  UIViewController
<ABPeoplePickerNavigationControllerDelegate>
```

2. 显示地址簿联系人选择器

当用户单击"选择一个"按钮时，应用程序需显示联系人选择器这一模态视图，它向用户提供与应用程序"通讯录"类似的界面。在文件ViewController.m的方法newBFF中，分配并初始化一个联系人选择器，将其委托设置为视图控制器（self）然后再显示它。这个方法的代码如下所示。

```
- (IBAction)newBFF:(id)sender {
    ABPeoplePickerNavigationController *picker;
    picker=[[ABPeoplePickerNavigationController alloc] init];
    picker.peoplePickerDelegate = self;
    [self presentModalViewController:picker animated:YES];
}
```

在上述代码中，第2行将picker声明为一个ABPeoplePickerNavigationController实例，用于显示系统地址簿的GU对象。第3~4行分配该对象，并将其委托设置为ViewController (self)。第5行将联系人选择器作为模态视图显示在现有用户界面上面。

3. 处理取消和挖掘

对本实例来说，只需知道用户选择的朋友，而不希望用户继续选择或编辑联系人属性。故需要将委托方法peoplePickerNavigationContoller:peoplePicker:shouldContinueAfterSelectingPerson实现为返回NO，这是这个应用程序的核心方法。此外，还需让委托方法关闭联系人选择器模态视图，并将控制权交给ViewController。

但是还必须实现联系人选择器委托协议定义的如下两个方法。

- 处理用户取消选择的情形（peoplePickerNavigationControllerDidCancel）。
- 处理用户深入挖掘联系人属性的情形（peoplePickerNavigationController: shouldContinueAfierSelectingPerson:property:identifier）。

在文件ViewController.m中，实现方法peoplePickerNavigationControllerDidCancel，此方法用于处理用户在联系人选择器中取消选择，具体代码如下所示。

```
- (void)peoplePickerNavigationControllerDidCancel:
(ABPeoplePickerNavigationController *)peoplePicker {
    [self dismissModalViewControllerAnimated:YES];
}
```

将方法peoplePickerNavigationController:shouldContinueAfterSelectingPerson:property:identifier 实现为返回NO，此方法用于处理用户在联系人选择器中取消选择，具体代码如下所示。

```
- (BOOL)peoplePickerNavigationController:
(ABPeoplePickerNavigationController *)peoplePicker
    shouldContinueAfterSelectingPerson:(ABRecordRef)person
                    property:(ABPropertyID)property
                    identifier:(ABMultiValueIdentifier)identifier {
    //We won't get to this delegate method

    return NO;
}
```

4. 选择、访问和显示联系人信息

如果用户没有取消选择，将调用委托方peoplePickerNavigationController:peoplePicker: shouldContinueAfterSelectingPerson，并通过一个ABRecordRef将选定联系人传递给该方法。ABRecordRef是在前面导入的Address Book框架中定义的。就本实例来说，将分别读取联系人的名字、照片、电子邮件地址和邮政编码共4项信息，在读取照片前需要检查联系人是否有照片。在此需要注意，返回的联系人名字和照片并非Cocoa对象（即NSString和UIImage），而是Core Foundation中的C语言数据，因此需要使用Address Book框架中的函数ABRecordCopyValue和UIImage的方法imageWithData进行转换。

对于电子邮件地址和邮政编码，必须处理可能返回多个值的情形。就这些数据而言，也将使用ABRecordCopyValue获取指向数据集的引用，再使用函数ABMultiValueGetCount来核实联系人至少有一个电子邮件地址（或邮政编码），然后使用方法ABMultiValueCopyValueAtIndex复制第一个电子邮件地址或邮政编码。

在文件ViewController.m中添加一个委托方法peoplePickerNavigationController: shouldContinueAfterSelectingPerson，此方法能够在用户选择了联系人时做出响应，具体代码如下所示。

```
- (BOOL)peoplePickerNavigationController:
(ABPeoplePickerNavigationController *)peoplePicker
    shouldContinueAfterSelectingPerson:(ABRecordRef)person {

    // Retrieve the friend's name from the address book person record
    NSString *friendName;
    NSString *friendEmail;
    NSString *friendZip;
```

```
        friendName=(__bridge NSString *)ABRecordCopyValue
                        (person, kABPersonFirstNameProperty);
        self.name.text = friendName;

        ABMultiValueRef friendAddressSet;
        NSDictionary *friendFirstAddress;
        friendAddressSet = ABRecordCopyValue
                        (person, kABPersonAddressProperty);

        if (ABMultiValueGetCount(friendAddressSet)>0) {
            friendFirstAddress = (__bridge NSDictionary *)
                ABMultiValueCopyValueAtIndex(friendAddressSet,0);
            friendZip = [friendFirstAddress objectForKey:@"ZIP"];
            [self centerMap:friendZip showAddress:friendFirstAddress];
        }

        ABMultiValueRef friendEmailAddresses;
        friendEmailAddresses = ABRecordCopyValue
                        (person, kABPersonEmailProperty);

        if (ABMultiValueGetCount(friendEmailAddresses)>0) {
            friendEmail=(__bridge NSString *)
                ABMultiValueCopyValueAtIndex(friendEmailAddresses, 0);
            self.email.text = friendEmail;
        }

        if (ABPersonHasImageData(person)) {
            self.photo.image = [UIImage imageWithData:
                                        (__bridge NSData *)
ABPersonCopyImageData(person)];
        }

        [self dismissModalViewControllerAnimated:YES];
        return NO;
    }
```

18.4.5 实现地图逻辑

前面在项目中添加了两个框架：Core Loaction和Map Kit，其中前者负责定位，而后者用于显示嵌入式Google Map。要访问这些框架提供的函数，还需导入它们的接口文件。

1. 为使用Map Kit和Core Location做准备

在文件ViewController.h中，在现有编译指令#import后面添加如下代码行。

```
#import <MapKit/MapKit.h>
#import <CoreLocation/CoreLocation.h>
```

现在可以使用位置并以编程方式控制地图了，但还需做一项设置工作：将添加到地图中的标注。这里需要创建一个实例变量/属性，以便能够在应用程序的任何地方访问该标注。所以在文件ViewController.h中，在现有属性声明下方添加一个@property编译指令。

```
@property (strong, nonatamic) MKPlacemark *zipAnnotation;
```

在声明属性zipAnnotation后,还需要在文件ViewController.m中添加配套的编译指令@synthesize。

```
@synthesize zipAnnotation;
```

在方法viewDidUnload中,将该实例变量设置为nil。

```
[self setZipAnnotation:nil];
```

2. 控制地图的显示

通过使用MKMapView,无需编写任何代码就可显示地图和用户的当前位置,所以在本实例程序中,只需获取联系人的邮政编码,确定其对应的经度和纬度,再放大地图并以这个地方为中心。还将在这个地方添加一个图钉,这就是属性zipAnnotation的用途。但是Map Kit和Core Location都没有提供将地址转换为坐标的功能,而Google提供了这样的服务。通过请求http://maps.google.com/maps/geo?output=csv&q=<address>,可获取一个用逗号分隔的列表,其中的第3个和第4个值分别为纬度和经度。发送给Google的地址非常灵活,可以是城市、省、邮政编码或街道;无论提供什么样的信息,Google都将尽力将其转换为坐标。如果提供的是邮政编码,该邮政编码标识的区域将位于地图中央,这正是我们所需要的。在知道位置后,需要指定地图的中心并放大地图。为保持应用程序的整洁,可在方法centerMap:showAddress中实现这些功能。这个方法接收两个参数:字符串参数zipCode(邮政编码)和字典参数fullAddress(从地址簿返回的地址字典)。邮政编码将用于从Google获取经度和纬度,然后调整地图对象以显示该区域;而地址字典将被标注视图用于显示注解。

首先在文件ViewController.h中,在添加的IBAction后面添加该方法的原型:

```
- (void) centerMap: (NSString*) zipCode  showAddress: (NSDictionary*) fullAddress;
```

然后打开实现文件ViewController.m,并添加方法centerMap,通过此方法添加标注,具体代码如下所示。

```
- (void)centerMap:(NSString*)zipCode
      showAddress:(NSDictionary*)fullAddress {
  NSString *queryURL;
  NSString *queryResults;
  NSArray *queryData;
  double latitude;
  double longitude;
  MKCoordinateRegion mapRegion;

  queryURL = [[NSString alloc]
              initWithFormat:
              @"http://maps.google.com/maps/geo?output=csv&q=%@",
              zipCode];

  queryResults = [[NSString alloc]
                  initWithContentsOfURL: [NSURL URLWithString:queryURL]
                  encoding: NSUTF8StringEncoding
                  error: nil];
  queryData = [queryResults componentsSeparatedByString:@","];
```

```
    if([queryData count]==4) {
        latitude=[[queryData objectAtIndex:2] doubleValue];
        longitude=[[queryData objectAtIndex:3] doubleValue];
        //      CLLocationCoordinate2D;
        mapRegion.center.latitude=latitude;
        mapRegion.center.longitude=longitude;
        mapRegion.span.latitudeDelta=0.2;
        mapRegion.span.longitudeDelta=0.2;
        [self.map setRegion:mapRegion animated:YES];

        if (zipAnnotation!=nil) {
            [self.map removeAnnotation: zipAnnotation];
        }
        zipAnnotation = [[MKPlacemark alloc]
                            initWithCoordinate:mapRegion.center
                            addressDictionary:fullAddress];
        [map addAnnotation:zipAnnotation];
    }
}
```

3. 定制图钉标注视图

如果要定制图订标注视图，可以实现地图视图的委托方法mapView:viewForAnnotation，通过此方法定制标注视图，具体代码如下所示。

```
- (MKAnnotationView *)mapView:(MKMapView *)mapView
        viewForAnnotation:(id <MKAnnotation>)annotation {
    MKPinAnnotationView *pinDrop=[[MKPinAnnotationView alloc]
                                initWithAnnotation:annotation
                                reuseIdentifier:@"myspot"];
    pinDrop.animatesDrop=YES;
    pinDrop.canShowCallout=YES;
    pinDrop.pinColor=MKPinAnnotationColorPurple;
    return pinDrop;
}
```

4. 在用户选择联系人后显示地图

为了实现地图功能，需要完成的最后一项工作是将地图与地址簿选择关联起来，以便用户选择有地址的联系人时，显示包含该地址所属区域的地图。

```
[self centerMap:friendZip showAddress:friendFirstAddress];
```

修改方法peoplePickerNavigationController:shouldContinueAfterSelectingPerson，在代码行friendZip=[friendFirstAddress objectForKey:@"ZIP"]后面添加如下代码：

```
friendZip= [friendFirstAddress objectForKey:@"ZIP"];
```

18.4.6 实现电子邮件逻辑

此功能需要使用Message UI框架，用户可以单击"发邮件"按钮向选择的朋友发送电子邮件。此时将使用在地址簿中找到的电子邮件地址填充电子邮件的To（收件人）字段，然后用户可以使用MFMailComposeViewController提供的界面编辑邮件并发送它。

1. 为使用框架Message UI做准备

为了导入框架Message UI的接口文件，在文件ViewController.h中添加如下代码行。

```
#import <MessageUI/MessageUI.h>
```

使用Message UI的类（这里是ViewController）还必须遵守MFMailComposeViewControllerDelegate协议。该协议定义了方法mailComposeController:didFinishWithResult，将在用户发送邮件后被调用。在文件ViewController.h中，在代码行@interface中包含这个协议：

```
@interface ViewController:UIViewController
<ABPeoplePickerNavigationControllerDelegate,
MFMailComposeViewControllerDelegate>
```

2. 显示邮件编写器

要让用户能够编写邮件，需要分配并初始化一个MFMailComposeViewController实例，并使用MFMailComposeViewController的方法setToRecipients配置收件人。这个方法会接收一个数组作为参数，因此需要使用选定朋友的电子邮件地址创建一个只包含一个元素的数组，以便将其传递给这个方法。配置好邮件编写器后，需要使用presentModalViewController:animated显示它。

因为前面将标签email的文本设置成了所需的邮件地址，所以只需使用self.email.text就可以获取朋友的邮件地址。方法sendEmail用于配置并显示邮件编写器，具体代码如下所示。

```
- (IBAction)sendEmail:(id)sender {
    MFMailComposeViewController *mailComposer;
    NSArray *emailAddresses;
    emailAddresses=[[NSArray alloc]initWithObjects: self.email.text,nil];

    mailComposer=[[MFMailComposeViewController alloc] init];
    mailComposer.mailComposeDelegate=self;
    [mailComposer setToRecipients:emailAddresses];
    [self presentModalViewController:mailComposer animated:YES];
}
```

3. 处理发送邮件后的善后工作

当编写并发送邮件后，应该关闭模态化邮件编写窗口。为此，需要实现协议MFMailComposeViewControllerDelegate定义的方法mailComposeController:didFinishWithResult。此方法在文件ViewController.m中实现，具体代码如下所示：

```
- (void)mailComposeController:(MFMailComposeViewController*)controller
        didFinishWithResult:(MFMailComposeResult)result
                  error:(NSError*)error {
    [self dismissModalViewControllerAnimated:YES];
}
```

由此可见，只需一行代码即可关闭这个模态视图。

▶ 18.4.7 实现Twitter逻辑

在本实例中，当用户单击"发推特"按钮时，将显示推特信息编写器，其中包含默认文本"我厉害"。

1. 为使用框架Twitter做准备

在本实例的开头添加了框架Twitter，此处需要导入其接口文件。在文件ViewController.h的#import语句列表末尾添加如下代码行，以导入这个接口文件。

```
#import <Twitter/Twitter.h>
```

使用基本的Twitter功能时，不需要实现任何委托方法和协议，因此只需添加这行代码就可以开始发送推特信息。

2. 显示推特信息编写器

要显示推特信息编写器，必须完成4项任务。首先，声明、分配并初始化一个TWTweetComposeViewController实例；然后使用TWTweetComposeViewController类的方法canSendTweet核实能否使用Twitter；接着调用TWTweetComposeViewController类的方法setInitialText设置推特信息的默认内容；最后使用presentModalViewController:animated显示推特信息编写器。

打开文件ViewController.m，并实现最后一个方法sendTweet，具体代码如下所示：

```
- (IBAction)sendTweet:(id)sender {
    TWTweetComposeViewController *tweetComposer;
    tweetComposer=[[TWTweetComposeViewController alloc] init];
    if ([TWTweetComposeViewController canSendTweet]) {
        [tweetComposer setInitialText:@"我厉害"];
        [self presentModalViewController:tweetComposer animated:YES];
    }
}
```

在上述代码中，第2~3行声明并初始化一个TWTweetComposeViewController实例tweetComposer。第4行检查能否使用Twitter，如果可以，第5行将推特信息的默认内容设置为"我厉害"，而第6行显示tweetComposer。

18.4.8　生成应用程序

单击Run按钮测试该应用程序，本实例项目提供了地图、电子邮件、Twitter和地址簿功能，执行效果如图18-5所示。

图18-5　执行效果

第 19 章
读写应用程序数据

无论是在计算机还是移动设备中，大多数重要的应用程序都允许用户根据其需求和愿望来定制操作。可以删除某个应用程序中的某些内容，也可以对喜欢的应用程序根据需要对其进行定制。在本章的内容中，将详细介绍iOS应用程序使用首选项（首选项是Apple使用的术语，和用户默认设置、用户首选项或选项是同一个意思）进行定制的方法，并介绍应用程序如何在iOS设备中存储数据。

19.1 iOS应用程序和数据存储

在iOS系统中，对数据做持久性存储一般有5种方式，分别是文件写入、对象归档、SQLite数据库、CoreData、NSUserDefaults。

iPhone和iPad设备上包含闪存（Flash Memory），它的功能和一个硬盘功能等价，当设备断电后数据还能被保存下来。应用程序可以将文件保存到闪存上，并能从闪存中读取它们。但应用程序不能访问整个闪存，只有闪存上的一部分专门给应用程序使用，这就是应用程序的沙箱（Sandbox）。每个应用程序只能看到自己的Sandbox，这就防止对其他应用程序的文件进行读取活动。应用程序也能看见一些系统拥有的高级别目录，但不能对它们进行写操作。

可以在Sandbox中创建目录（文件夹）。此外，Sandbox包含一些标准目录。例如可以访问Documents目录，可以在Documents目录下存放文件，也可以在Application Support目录下存放文件。在配置应用程序后，用户可通过iTunes看见和修改应用程序Documents的目录。因此，推荐使用Application Support目录。在iOS上，每个应用程序在它自己的sandbox中有其自己私有的Application Support目录，因此，你可以安全地直接将文件放入其中。若目录不存在，可以创建它。

以后如果需要一个文件路径引用（一个NSString），只要调用[suppurl path]就可得到。另外，在Apple的Settings（设置）应用程序中包含应用程序首选项，如图19-1所示。Settings应用程序是iOS内置的，让用户能够定制设备。在Settings应用程序中可定制一切，从硬件和Apple内置应用程序到第三方应用程序。

设置束（Settings Bundle）能够对应用程序首选项进行声明，让Settings应用程序提供用于编辑这些首选项的用户界面。如果让Settings处理应用程序首选项，需要编写的代码将更少，但这并非总是主要的考虑因素。对于设置后就很少修改的首选项，如用于访问Web服务的用户名和密码，非常适合在Settings中配置；而对于用户每次使用应用程序时都可能修改的选项，如游戏的难易等级，则并不适合在Settings中设置。

图19-1　应用程序Settings设置

如果用户不得不反复退出应用程序才能启动Settings以修改首选项，然后重新启动应用程序，要确认将每个首选项放在Settings中还是放在自己的应用程序中，但是将它们同时放在这两者中通常是不好的做法。另外，Settings提供的用于编辑应用程序首选项的用户界面有限。如果首选项要求使用自定义界面组件或自定义有效验证代码，将无法在Settings中设置，而必须在应用程序中设置。

19.2 用户默认设置

Apple将整个首选项系统称为应用程序首选项，用户可通过它定制应用程序。应用程序首选项系统负责如下低级任务：将首选项持久化到设备中；将各个应用程序的首选项彼此分开；通过iTune将应用程序首选项备份到计算机，以免在需要恢复设备时用户丢失其首选项。系统通过一个易于使用的API与应用程序首选项交互,该API主要由单例(Singleton)类NSUserDefaults组成。

类NSUserDefaults的工作原理类似于NSDirectionary,主要差别在于NSUserDefaults是单例类,且在可存储的对象类型方面受到更多的限制。应用程序的所有首选项都以"键-值"对的方式存储在NSUserDefaults单例中。

> 单例是单例模式的一个实例,而模式单例是一种常见的编程方式。在iOS中,单例模式很常见,它用于确保特定类只有一个实例(对象)。单例最常用于表示硬件或操作系统向应用程序提供的服务。

要访问应用程序首选项,首先必须获取指向应用程序NSUserDefaults单例的引用。

```
NSUserDefaults *userDefaults= [NSUserDefaults standardUserDefaults];
```

然后便可以读写默认设置数据库了,方法是指定要写入的数据类型以及以后用于访问该数据的键(任意字符串)。要指定类型,必须使用下面6个函数。

- setBool:forKey
- setFloat:forKey
- setInteger:forKey
- setObject:forKey
- setDouble:forKey
- setURL:forKey

具体使用哪一个函数取决于要存储的数据类型。函数setObject:forKey可以存储NSString、NSDate、NSArray以及其他常见的对象类型。例如使用键age存储一个整数,并使用键name存储一个字符串,可以使用类似于下面的代码实现。

```
[userDefaults setInteger:10 forKey:@"age"];
[userDefaults setObject:@"John"  forKey:@"name"];
```

将数据写入默认设置数据库时,并不一定会立即保存这些数据。如果用户认为已经存储了首选项,而iOS还没有抽出时间完成这项工作,这将会导致问题。为了确保所有数据都写入了用户默认设置,可以使用方法synchronize实现。

```
[userDefaults synchronize];
```

要将这些值读入应用程序,可使用根据键读取并返回相应值或对象的函数,例如:

```
float myAge=[userDefaults integerForKey:@"age"];
NSString *myName=[userDefaults stringForKey:@"name"];
```

不同于set函数,要想读取值,必须使用专门用于字符串、数组等的方法,这能够轻松地将存储的对象赋给特定类型的变量。根据要读取的数据的类型,可选择arrayForKey、boolForKey、dataForKey、dictionaryForKey、floatForKey、integerForKey、objectForKey、doubleForKey或URLForKey。

19.3 设置束

另一种处理应用程序首选项的方法是使用设置束。从开发的角度看,设置束的优点在于:

它们完全是通过Xcode plist编辑器创建的，无需设计UI或编写代码，而只需定义要存储的数据及其键即可。

19.3.1 设置束基础

在默认情况下，应用程序没有设置束。要在项目中添加它们，可选择菜单命令File→New File，再在iOS Resource类别中选择Settings Bundle，如图19-2所示。

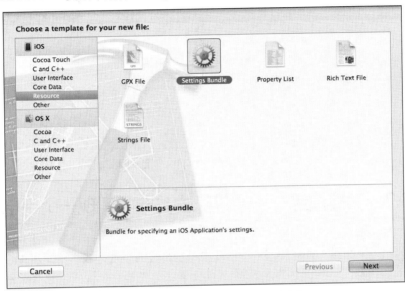

图19-2　手工方式在项目中添加设置束

设置束中的文件Root.plist决定了应用程序首选项如何出现在应用程序Settings中。有7种类型的首选项，如表19-1所示，Settings应用程序可读取并解释它们，以便向用户提供用于设置应用程序首选项的UI。

表19-1　首选项类型

类　　型	键	描　　述
Text Field（文本框）	PSTextFieldSpecifier	可以编辑的文本字符串
Toggle Switch（开关）	PSToggleSwitchSpecifier	开关按钮
Slider（滑块）	PSSliderSpecifier	取值位于特定范围内的滑块
Multivalue（多值）	PSMultiValueSpecifier	下拉列表
Title（标题）	PSTitleValueSpecifier	只读文本字符串
Group（编组）	PSGroupSpecifier	首选项逻辑编组的标题
Child Pane（子窗格）	PSChildPaneSpecifier	子首选项页

要想创建自定义设置束，只需要在文件Root.plist的Preference Items键下添加新行即可。可遵循iOS Reference Library（参考库）中的Settings Application Schema Reference（应用程序设置架构指南）中的简单架构来设置每个首选项的必须属性和一些可选属性，如图19-3所示。

创建好设置束后，就可以通过应用程序Settings修改用户默认设置了。

Key	Type	Value
▼PreferenceSpecifiers	Array	(4 items)
▼Item 0 (Group – 基本信息)	Diction...	(2 items)
Title	String	基本信息
Type	String	PSGroupSpecifier
▼Item 1 (Text Field – 姓名：)	Diction...	(5 items)
Type	String	PSTextFieldSpecifier
Title	String	姓名：
Key	String	username
AutocapitalizationType	String	None
AutocorrectionType	String	No
▼Item 2 (Text Field – 密码：)	Diction...	(6 items)
Type	String	PSTextFieldSpecifier
Title	String	密码：
Key	String	password
AutocapitalizationType	String	None
AutocorrectionType	String	No
IsSecure	Boolean	YES
▼Item 3 (Multi Value – 性别：)	Diction...	(6 items)
Type	String	PSMultiValueSpecifier
Title	String	性别：
Key	String	gender
DefaultValue	String	
▼Titles	Array	(2 items)
Item 0	String	男
Item 1	String	女
▼Values	Array	(2 items)
Item 0	String	男
Item 1	String	女
StringsTable	String	Root

图19-3　在文件Root.plist中定义UI

19.3.2　实战演练——通过隐式首选项实现一个手电筒程序

在本节的演示项目中，将创建一个手电筒应用程序，它包含一个开关，并在这个开关开启时从屏幕上射出一束光线，并可使用一个滑块来控制光线的强度。我们将使用首选项来恢复到用户保存的最后状态。本实例总共需要3个界面元素：首先是一个视图，它从黑色变成白色以发射光线；其次是一个开关手电筒的开关；最后是一个调整亮度的滑块。它们都将连接到输出口，以便能够在代码中访问它们。开关状态和亮度发生变化时，将被存储到用户默认设置中。应用程序重新启动时，会自动恢复存储的值。

实例19-1	通过隐式首选项实现一个手电筒程序
源码路径	光盘:\daima\19\shoudian

1. 创建项目

在Xcode中使用iOS模板Single View Application新建一个项目，并将其命名为shoudian，如图19-4所示。在此只需编写一个方法并修改另一个方法，因此需要做的设置工作很少。

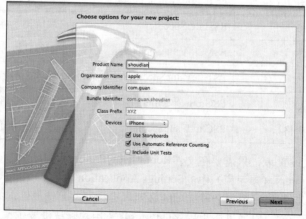

图19-4　创建项目

（1）规划变量和连接

本实例总共需要3个输出口和1个操作。开关将连接到输出口toggleSwitch，视图将连接到输出口lightSource，而滑块将连接到输出口brightnessSlider。当滑块或开关的设置发生变化时，将触发操作方法setLightSourceAlpha。为了控制亮度，可以在黑色背景上放置一个白色视图。为了修改亮度，可以调整视图的Alpha值（透明度）。视图的透明度越低，光线越暗；透明度越高，光线越亮。

（2）添加用作键的常量

要访问用户默认首选项系统，必须给要存储的数据指定键，在存储或获取存储的数据时，都需要用到这些字符串。由于将在多个地方使用它们且它们是静态值，因此很适合定义为常量。在这个项目中，将定义两个常量：kOnOffToggle和kBrightnessLevel，前者是用于存储开关状态的键，而后者是用于存储手电筒亮度的键。

在文件ViewController.m中，在#import行下方添加这些常量。

```
#define kOnOffToggle@"onOff"
#define kBrightnessLevel@"brightness"
```

2. 创建界面

在Interface Builder编辑器中，打开文件MainStoryboard.storyboard，并确保文档大纲和Utility区域可见。选择场景中的空视图，再打开Attributes Inspector（快捷键Option+Command+4）。使用该检查器将视图的背景色设置为黑色（我们希望手电筒的背景为黑色）。然后从对象库菜单命令View→Utilities→Show Object Library中拖曳一个UISwitch到视图左下角，将一个UISlider拖曳到视图右下角，调整滑块的大小，使其占据未被开关占用的所有水平空间。最后添加一个UIView到视图顶部，调整其大小，确保其宽度与视图相同，并占据开关和滑块上方的全部垂直空间。现在视图应类似于如图19-5所示。

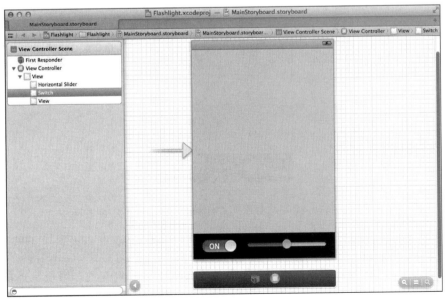

图19-5　应用程序Flashlight的UI

3. 创建并连接输出口和操作

为了编写让Flashlight应用程序正常运行并处理应用程序首选项的代码，需要访问开关、滑块和光源；还需要响应开关和滑块的Value Changed事件，以调整手电筒的亮度。总之需要创建并连接如下所示的输出口。

- 开关（UISwitch）：toggleSwitch。
- 亮度滑块（UISlider）：brightnessSlider。
- 发射光线的视图（UIView）：lightSource。

另外还需添加一个响应开关或滑块（UISwitch或UISlider）的Value Changed事件setLightSourceAlphaValue。切换到助手编辑器模式，并在必要时隐藏项目导航器和Utility区域。

（1）添加输出口

首先按住Control键，并从添加到UI中的视图拖曳到文件ViewController.h中@interface代码行下方。在Xcode提示时，创建一个名为lightSource的输出口。对开关和滑块重复上述操作，将它们分别连接到输出口toggleSwitch和brightnessSlider。除了访问这3个控件外，还需要响应开关状态变化和滑块位置变化。

（2）添加操作

为了创建开关和滑块都使用的操作，按住Control键，并从滑块拖曳到编译指令@property的下方。然后定义一个由事件Value Changed触发的操作setLightSourceAlphaValue，如图19-6所示。

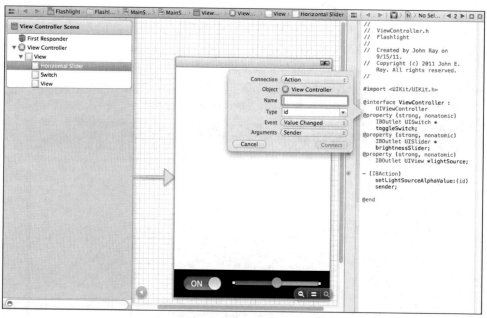

图19-6　将开关和滑块都连接到操作setLightSourceAlphaValue

为了将开关也连接到该操作，打开Connections Inspector（快捷键Option+Command+5），并从开关的Value Changed事件拖曳到新增的IBAction行；也可按住Control键，并从开关拖曳到iAction行，这将自动选择事件Value Changed。通过将开关和滑块都连接到操作setLightSourceAlphaValue，可以确保用户调整滑块或切换开关时将立刻获得反馈。

4．实现应用程序逻辑

当开关手电筒及调整亮度时，应用程序将通过调整视图lightSource的alpha属性来做出响应。视图的alpha属性决定了视图的透明度，其值为0.0时视图完全透明，其值为1.0时视图完全不透明。视图lightSource为白色，且位于黑色背景之上。该视图越透明，透过它显示的黑色就越多，而手电筒就越暗。如果要将手电筒关掉，只需将alpha属性设置为0.0，这样将不会显示视图lightSource的白色背景。

在文件ViewController.m中，修改方法setLightSourceAlphaValue后的代码如下所示。

```
-(IBAction) setLightSourceAlphaValue{
    if (self.toggleSwitch.on){
    self.lightSource.alpha=self.brightnessSlider.value;
    } else{
    self.lightSource.alpha=0.0;
    }
}
```

上述方法能够检查对象toggleSwitch的on属性：如果为on，则将视图lightSource的alpha属性设置为滑块的value属性的值。滑块的value属性返回一个0~100的浮点数，因此这些代码足以让手电筒正常工作。可以运行该应用程序，并查看结果。

（1）存储**Flashlight**首选项

在此把开关状态和亮度存储为隐式首选项，修改方法setLightSourceAlphaValue，在其中添加如下所示的代码行。

```
- (IBAction)setLightSourceAlphaValue:(id)sender {
    NSUserDefaults *userDefaults = [NSUserDefaults standardUserDefaults];
    [userDefaults setBool:self.toggleSwitch.on forKey:kOnOffToggle];
    [userDefaults setFloat:self.brightnessSlider.value
                 forKey:kBrightnessLevel];
    [userDefaults synchronize];

    if (self.toggleSwitch.on) {
        self.lightSource.alpha = self.brightnessSlider.value;
    } else {
        self.lightSource.alpha = 0.0;
    }
}
```

在上述代码的第2行，使用方法standardUserDefaults获取NSUserDefaults单例，第3行以及第4~5行分别使用方法setBool和setFloat存储首选项。第6行调用NSUserDefaults的方法synchronize，这样可以确保立即存储设置。

（2）读取**Flashlight**首选项

此时每当用户修改设置时，该应用程序都将保存两个控件的状态。为了获得所需的行为，还需做相反的操作，即每当应用程序启动时，都读取首选项并使用它们来设置两个控件的状态。为此将使用方法viewDidLoad以及NSUserDefaults的方法floatForkey和boolForKey。编辑viewDidLoad，并使用前面的方式获取NSUserDefaults单例，但这次将使用首选项来设置控件的值。

在文件ViewController.m中，方法viewDidLoad的实现代码如下所示。

```
- (void)viewDidLoad
{
    NSUserDefaults *userDefaults = [NSUserDefaults standardUserDefaults];
```

```
    self.brightnessSlider.value = [userDefaults floatForKey:kBrightnessLevel];
    self.toggleSwitch.on = [userDefaults boolForKey:kOnOffToggle];
    if ([userDefaults boolForKey: kOnOffToggle]) {
        self.lightSource.alpha =
[userDefaults floatForKey: kBrightnessLevel];
    } else {
        self.lightSource.alpha = 0.0;
    }
    [super viewDidLoad];
    // Do any additional setup after loading the view, typically from
 //a nib.
}
```

在上述代码中，第3～5行用于获取NSUserDefaults单例，并使用它来获取首选项，再设置滑块和开关。然后检查开关的状态，如果它是on，则将视图的alpha属性设置为存储的滑块值；否则将alpha属性设置为0（完全透明的），这导致视图看起来完全是黑的。

5. 生成应用程序

运行该应用程序，执行效果如图19-7所示。

如果运行该应用程序，并按主屏幕（Home）按钮，应用程序并不会退出，而在后台挂起。要全面测试应用程序Flashlight，务必使用Xcode中的Stop按钮停止该应用程序，再使用iOS任务管理器（Task Manager）关闭该应用程序，然后重新启动并检查设置是否恢复了。

图19-7　执行效果

19.4　直接访问文件系统

直接访问文件系统是指打开文件并读写其内容。这种方法可用于存储任何数据，例如从Internet下载的文件、应用程序创建的文件等，但并非能存储到任何地方。在开发iOS SDK时，Apple增加了各种限制，旨在保护用户设备免受恶意应用程序的伤害。这些限制被统称为应用程序沙箱（sandbox）。使用iOS SDK创建的任何应用程序都被限制在沙箱内——无法离开沙箱，也无法消除沙箱的限制。其中一些限制指定了应用程序数据将如何存储以及应用程序能够访问哪些数据。系统给每个应用程序都指定了一个位于设备文件系统中的目录，应用程序只能读写该目录中的文件。这意味着应用程序最多只能删除自己的数据，而不能删除其他应用程序的数据。

另外，这些限制也不是非常严格：在很大的程度上，iOS SDK中的API暴露了Apple应用程序（如通讯录、日历、照片库和音乐库）的信息。

在每个iOS SDK版本中，Apple都在不断降低应用程序沙箱的限制，但是有些沙箱限制是通过策略而不是技术实现的。即使在文件系统中找到了位于应用程序沙箱外且可读写其中文件的地方，也并不意味着应该这样做。如果应用程序违反了应用程序沙箱限制，肯定无法进入iTune Store。

19.4.1 应用程序数据的存储位置

在应用程序的目录中，有4个位置是专门为存储应用程序数据而提供的：Library/Preferences、Library/Caches、Documents和tmp。

在iPhone模拟器中运行应用程序时，该应用程序的目录位于Mac目录/Users/<your user>/Library/Applications Support/iPhone Simulator/<Device OS Version>/Applications中。该目录可包含任意数量的应用程序的目录，其中每个目录都根据Xcode的唯一应用程序ID命名（由字符和短划线组成）。要找到当前在iOS模拟器中运行的应用程序的目录，最简单的方法是查找最近修改的应用程序目录。如果使用的是Lion，目录Library默认被隐藏。要访问它，可按住Option键，并选择菜单命令Finder→Go。

通常不直接读写Library/Preferences目录，而是使用NUSuerDefault API。但通常会直接操纵Library/Caches、Documents和tmp目录中的文件，它们之间的差别在于其中存储的文件的寿命。

Documents目录是应用程序数据的主要存储位置，设备与iTunes同步时，该目录将备份到计算机中，因此将这样的数据存储到该目录很重要：它们丢失时用户将很被动。

Library/Caches用于缓存从网络获取的数据或通过大量计算得到的数据。该目录中的数据将在应用程序关闭时得以保留，将数据缓存到该目录是一种改善应用程序性能的重要方法。如果不想存储在设备有限的易失性内存中，但是不需要在应用程序关闭后仍保留的数据，可以将其存储到tmp目录中。tmp目录是Library/Caches的临时版本，可将其视为应用程序的便笺本。

19.4.2 获取文件路径

iOS设备中的每个文件都有路径，这指的是文件在文件系统中的准确位置。要让应用程序能够读写其沙箱中的文件，需要指定该文件的完整路径。Core Foundation提供了一个名为NSSearchPathForDirectoriesInDomains的C语言函数，它返回指向应用程序的目录Documents或Library/Caches的路径。该函数可返回多个目录，因此其调用的结果为一个NSArray对象。使用该函数来获取指向目录Documents或Library/Caches的路径时，它返回的数组将只包含一个NSString；要从数组中提取该NSString，可以使用NSArray的objectAtIndex方法，并将索引指定为0。

NSString提供了一个名为stringByAppendingPathComponent的方法，可用于将两个路径段合并起来。即通过将调用NSSearchPathForDirectoriesInDomains的结果与特定文件名合并起来，获取一条完整的路径，它指向应用程序的Documents或Library/Caches目录中相应的文件。

例如开发一个计算圆周率的前100 000位的iOS应用程序，同时希望应用程序将结果写入到一个缓存文件中以免重新计算。为了获取指向该文件的完整路径，首先需要获取指向目录Library/Caches的路径，再在它后面加上文件名。

```
NSString *cacheDir=
[NSSearchPathForDirectoriesInDomains (NSCachesDirectory,
NSUserDomainMask, YES) objectAtIndex:0];
```

```
NSString *piFile=
[cacheDir stringByAppendingPathComponent:@"American.pi"];
```

要获取指向目录Documents中特定文件的路径，可以使用相同的方法，但是需要将传递给NSSearchPathForDirectoriesInDomains的第一个参数设置为NSDocumentDirectory。

```
NSString *docDir=
[NSSearchPathForDirectoriesInDomains (NSDocumentDirectory,
NSUserDomainMask, YES) objectAtIndex:0];
NSString *scoreFile=
[docDir stringByAppendingPathComponent:@"HighScores.txt"];
```

Core Foundation还提供了另一个名为NSTemporaryDirectory的C语言函数，它返回应用程序的tmp目录的路径。与前面一样，也可使用该函数来获取指向特定文件的路径。

```
NSString *scratchFile=
[NSTemporaryDirectory()stringByAppendingPathComponent:@"Scratch.data"];
```

19.4.3 读写数据

首先检查指定的文件是否存在，如果不存在则需要创建它，否则应显示错误消息。要检查字符串变量myPath表示的文件是否存在，需要使用NSFileManager的方法fileExistsAtPath实现，代码如下。

```
fileExistsAtPath:
if([[NSFileManager defaultManager]fileExistsAtPath:myPath]){
//file exists
}
```

然后使用类NSFileHandle的方法fileHandleForWritingAtPath、fileHandleForReadingAtPath或fileHandleForUpdatingAtPath获取指向该文件的引用，以便读取、写入或更新。例如要创建一个用于写入的文件句柄，可以用下面的代码实现。

```
NSFileHandle *fileHandle=
[NSFileHandle fileHandleForWritingAtPath:myPath];
```

要将数据写入fileHandle指向的文件，可使用NSFileHandle的方法writeData。要将字符串变量stringData的内容写入文件，可使用如下代码。

```
[fileHandle writeData:[stringData dataUsingEncoding:NSUTF8StringEncoding]];
```

通过在写入文件前调用NSString的方法dataUsingEncoding，可确保数据为标准Unicode格式。写入完毕后，必须关闭文件手柄。

```
[fileHandle closeFile];
```

要将文件的内容读取到字符串变量中，必须执行类似的操作，但是使用read方法，而不是write方法。首先，获取要读取的文件的句柄，再使用NSFileHandle的实例方法availableData将全部内容读入一个字符串变量，然后关闭文件句柄。

```
NSFileHandle *fileHandle=
NSString *surveyResults=NSString allocdingAtPath_myPath];
NSString *surVeyResults=[[NSString alloc]
initWithData:[fileHandle availableData]
encoding:NSUTF8StringEncoding];
 [fileHandle closeFile];
```

当需要更新文件内容时，可以使用NSFileHandle的其他方法（如seekToFileOffset或seekToEndOfFile）将句柄移到文件的特定位置。

19.4.4 读取和写入文件

例如新建一个Empty Application应用程序，添加HomeViewController文件。其中文件HomeViewController.h的实现代码如下所示。

```
#import <UIKit/UIKit.h>
@interface HomeViewController : UIViewController
{
}
- (NSString *) documentsPath;//负责获取Documents文件夹的位置
- (NSString *) readFromFile:(NSString *)filepath; //读取文件内容
- (void) writeToFile:(NSString *)text withFileName:(NSString *)filePath;//将内容写到指定的文件
@end
```

文件HomeViewController.m的实现代码如下所示。

```
#import "HomeViewController.h"
@interface HomeViewController ()
@end
@implementation HomeViewController
//负责获取Documents文件夹的位置
- (NSString *) documentsPath{
    NSArray *paths =
NSSearchPathForDirectoriesInDomains(NSDocumentDirectory,NSUserDomainMask,YES);
    NSString *documentsdir = [paths objectAtIndex:0];
    return documentsdir;
}
//读取文件内容
- (NSString *) readFromFile:(NSString *)filepath{
    if ([[NSFileManager defaultManager] fileExistsAtPath:filepath]){
        NSArray *content =
[[NSArray alloc] initWithContentsOfFile:filepath];
        NSString *data =
[[NSString alloc] initWithFormat:@"%@", [content objectAtIndex:0]];
        [content release];
        return data;
    } else {
        return nil;
    }
}
//将内容写到指定的文件
```

```
- (void) writeToFile:(NSString *)text withFileName:(NSString *)filePath{
    NSMutableArray *array = [[NSMutableArray alloc] init];
    [array addObject:text];
    [array writeToFile:filePath atomically:YES];
    [array release];
}
-(NSString *)tempPath{
    return NSTemporaryDirectory();
}
- (void)viewDidLoad
{
    NSString *fileName = [[self documentsPath] stringByAppendingPathComponent:@"content.txt"];
    //NSString *fileName = [[self tempPath] stringByAppendingPathComponent:@"content.txt"];
    [self writeToFile:@"苹果的魅力! " withFileName:fileName];
    NSString *fileContent = [self readFromFile:fileName];
    NSLog(fileContent);
    [super viewDidLoad];
}
@end
```

此时的效果如图19-8所示。

图19-8　效果图

19.4.5　通过plist文件存取文件

在前面的代码中，修改HomeViewController.m的viewDidLoad方法如下。

```
- (void)viewDidLoad
{/*
    NSString *fileName = [[self documentsPath] stringByAppendingPathComponent:@"content.txt"];
    //NSString *fileName = [[self tempPath] stringByAppendingPathComponent:@"content.txt"];
    [self writeToFile:@"苹果的魅力! " withFileName:fileName];
    NSString *fileContent = [self readFromFile:fileName];
    NSLog(fileContent);*/
    NSString *fileName = [[self tempPath]
                          stringByAppendingPathComponent:@"content.txt"];
    [self writeToFile:@"我爱苹果! " withFileName:fileName];
    NSString *fileContent = [self readFromFile:fileName];
    //操作plist文件，首先获取在Documents中的contacts.plist文件全路径，
```

```objc
        //并且把它赋值给plistFileName变量。
        NSString *plistFileName = [[self documentsPath]
                        stringByAppendingPathComponent:@"contacts.plist"];
        if ([[NSFileManager defaultManager] fileExistsAtPath:plistFileName]) {
        //载入字典中
            NSDictionary *dict = [[NSDictionary alloc]
                            initWithContentsOfFile:plistFileName];
        //按照类别显示在调试控制台中
            for (NSString *category in dict) {
                NSLog(category);
                NSLog(@"********************");
                NSArray *contacts = [dict valueForKey:category];
                for (NSString *contact in contacts) {
                    NSLog(contact);
                }
            }
            [dict release];
        } else {
        //如果Documents文件夹中没有contacts.plist文件的话,
        //则从项目文件中载入contacts.plist文件。
            NSString *plistPath = [[NSBundle mainBundle]
                        pathForResource:@"contacts" ofType:@"plist"];
            NSDictionary *dict = [[NSDictionary alloc]
                        initWithContentsOfFile:plistPath];
        //写入Documents文件夹中
            fileName =
[[self documentsPath] stringByAppendingPathComponent:@"contacts.plist"];
            [dict writeToFile:fileName atomically:YES];
            [dict release];
        }
        [super viewDidLoad];
}
```

此时的效果如图19-9所示。

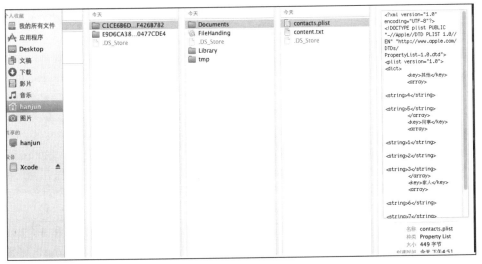

图19-9 效果图

系统有时会用到绑定资源（通常将项目中的资源叫绑定资源，他们都是只读的。如果想在应用程序运行的时候对这些资源进行读写操作，就需要将它们复制到应用程序文件夹中，比如Documents和tmp文件夹）。只需在AppDelegate.m中添加一个方法即可，代码如下所示。

```
//复制绑定资源
- (void) copyBundleFileToDocumentsFolder:(NSString *)fileName
                           withExtension:(NSString *)ext{
    NSArray *paths =
NSSearchPathForDirectoriesInDomains(NSDocumentDirectory, NSUserDomainMask, YES);
    NSString *documentsDirectory = [paths objectAtIndex:0];
    NSString *filePath = [documentsDirectory
  stringByAppendingPathComponent:[NSString stringWithString:fileName]];
    filePath = [filePath stringByAppendingString:@"."];
    filePath = [filePath stringByAppendingString:ext];
    [filePath retain];
    NSFileManager *fileManager = [NSFileManager defaultManager];
    if (![fileManager fileExistsAtPath:filePath]) {
        NSString *pathToFileInBundle = [[NSBundle mainBundle]
                          pathForResource:fileName ofType:ext];
        NSError *error = nil;
        bool success = [fileManager copyItemAtPath:pathToFileInBundle
                                            toPath:filePath
                                             error:&error];
        if (success) {
            NSLog(@"文件已复制");
        } else {
            NSLog([error localizedDescription]);
        }
    }
}
```

上述代码的原理是：首先获取应用程序的Documents文件夹的位置，然后在Documents中搜索通过该方法参数传递进来的文件名，其中包括文件名和扩展名。如果该文件不存在，则通过NSBundle类直接获取该绑定资源并将其复制到Documents文件夹中。

▶ 19.4.6 保存和读取文件

NSString、NSData、NSArray及NSDictionary都提供了writeToFile和initWithContentsOfFile方法来写和读文件内容，除此之外还有writeToURL和initWithContentsOfURL方法。NSArray和NSDictionary实际上是属性列表，并且只有当数组或字典的所有内容是属性列表类型NSString、NSData、NSDate、NSNumber、NSArray和NSDictionary时才能写和读文件。

如果一个对象的类采用NSCoding协议，那么可以使用NSKeyedArchiver和NSKeyedUnarchiver方法将它转变为一个NSData或转换回去。一个NSData可以保存为一个文件（或保存到一个属性列表中）。因此，NSCoding协议提供了一种用来保存一个对象到磁盘的方法。

可以让自定义的类采用NSCoding协议。例如有一个拥有一个firstName属性和一个lastName属性的Person类，声明它采用NSCoding协议。为了让该类实际符合NSCoding，必须实现encodeWithCoder（归档该对象）和intWithCoder（反归档对象）方法。在encodeWithCoder方法中，如果超类采用NSCoding协议，必须首先调用super，然后为每个要保存的实变量调用适当的encode方法。在initWithCoder中，当超类采用NSCoding协议时，就必须调用super（使用initWithCoder方法），然后为每个之前保存的实例变量调用合适的decode方法，最后返回self。

如果NSData对象本身是文件的全部内容，那么不需要使用archivedData WithObject和unarchiveObjectWithData方法，可以完全跳过中间的NSData对象，直接使用archiveRootObject:toFile和unarchiveObjectWithFile方法。

19.4.7 文件共享和文件类型

如果应用程序支持文件共享，那么Documents目录通过iTunes 可以被用户使用。用户可以添加文件到应用程序Documents目录中，并且可以将文件和文件夹从应用程序Documents目录保存到计算机，也可以重命名和删除其中的文件和文件夹。例如，应用程序的目的是显示公共文件（PDFs或JPEGs），iTunes的文件共享界面如图19-10所示。

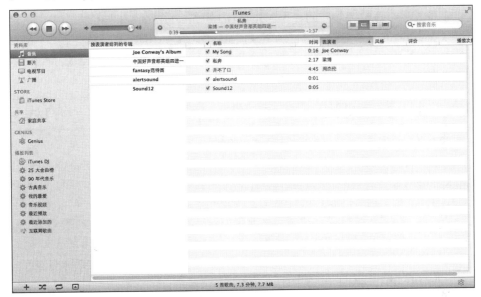

图19-10　iTunes的文件共享界面

为了支持文件共享，设置Info.plist的键Application supports iTunes file sharing属性为YES。一旦Documents目录通过这种方式完全暴露给用户，就不适合使用Documents目录来保存私密文件。此时可以使用Application Support目录。

应用程序可以声明自己能够打开某一类型的文档。当另一个应用程序得到一个这种类型的文档，它可以将该文档传递给此应用程序。例如用户也许在Mail应用程序的一个邮件消息中接收该文档，那么需要一个从Mail到应用程序的一种方式。为了让系统知道应用程序能打开某一种类型的文档，需要在Info.plist中配置CFBundleDocumentTypes。这是一个数组，其中每个元素将是一个字典，该字典使用LSItemContentTypes、CFBundleTypeName、CFBundleTypeIconFiles和LSHandlerRank等key来指明一个文档类型，例如假设声明应用程序能够打开PDF文档。

19.4.8 传递一个文档

假设应用程序已经得到了一个文档，如果想将这个文档传递给任何可以处理该文档的应用程序，这一功能是通过类UIDocumentInteractionController实现的。例如应用程序的Documents目录中有一个PDF文件，假设有一个指向该PDF文档的NSURL，在界面上有一个sender按钮，用户单击该按钮，就可以将该文档传递给其他应用程序，但应用程序不知道具体哪个应用程序能处理这个文档。如果UIDocumentInteractionController不能显示我们要求的界面，则返回的BOOL值是NO。可以通过UIDocumentInteractionController获得文档类型的更多信息。

一个UIDocumentInteractionController也可以显示文档的预览。此时必须给UIDocumentInteractionController一个委托，该委托须实现documentInteractionControllerViewControllerForPreview方法，该方法返回一个现存的视图控制器，该控制器将包含预览的视图控制器。

如果视图控制器返回的是一个UINavigationController，则预览视图控制器将被压入其中。委托方法可以跟踪由UIDocumentInteractionController显示的界面中发生了什么。

预览实际上是由Quick Look框架提供，并且可以完全跳过UIDocumentInteractionController，而只通过一个QLPreviewController显示该预览视图。此时需要连接到QuickLook.framework，并导入<QuickLook/QuickLook.h>。它是一个视图控制器，为了显示该预览，需要模态显示它或将它压入一个导航控制器的栈中（正如UIDocumentInteractionController所做的）。QLPreviewController的一个优点是它可以不只预览一个文档；用户可以在它们中转换（使用在预览界面底部的箭头按钮）。此外，如果一个文档可以在另一个应用程序中被打开，则该界面包含action按钮。

▶ 19.4.9 实战演练——实现一个收集用户信息的程序

在本节的演示实例中，将创建一个调查应用程序。该应用程序收集用户的姓、名和电子邮件地址，然后将其存储到iOS设备文件系统的一个CSV文件中。通过触摸另一个按钮可以检索并显示该文件的内容。本实例的界面非常简单，它包含3个收集数据的文本框和一个存储数据的按钮，还有一个按钮用于读取累积的调查结果，并将其显示在一个可滚动的文本视图中。为了存储信息，首先生成一条路径，它指向当前应用程序的Documents目录中的一个新文件；然后创建一个指向该路径的文件句柄，并以格式化字符串的方式输出调查结果。从文件读取数据的过程与此相似，但是要获取文件句柄，将文件的全部内容读取到一个字符串中，并在只读的文本视图中显示该字符串。

实例19-2	实现一个收集用户信息的程序
源码路径	光盘:\daima\19\shouji

1. 创建项目

打开Xcode，使用iOS的Single View Application模板新建一个项目，命名为shouji。因为本项目需要通过代码与多个UI元素交互，所以需要确定是哪些UI元素以及如何给它们命名，并规划变量和连接，如图19-11所示。

因为本项目是一个调查应用程序，用于收集信息，显然需要数据输入区域。这些数据输入区域是文本框，用于收集姓、名和电子邮件地址，将其分别命名为firstName、lastName和email。为了验证将数据正确地存储到了一个CSV文件中，将读取该文件并将其输出到一个文本视图中，我们将把这个文本视图命名为resultView。

本演示项目总共需要3个操作，其中的两个是显而易见的，而另一个不那么明显：首先需要存储数据，因此添加一个按钮，它触发操作storeResults。其次，需要读取并显示结果，因此还需要一个按钮，它触发操作showResults。还需要第3个操作hideKeyboard，这样用户触摸视图的背景或微型键盘上的"好"按钮时，将隐藏屏幕键盘。

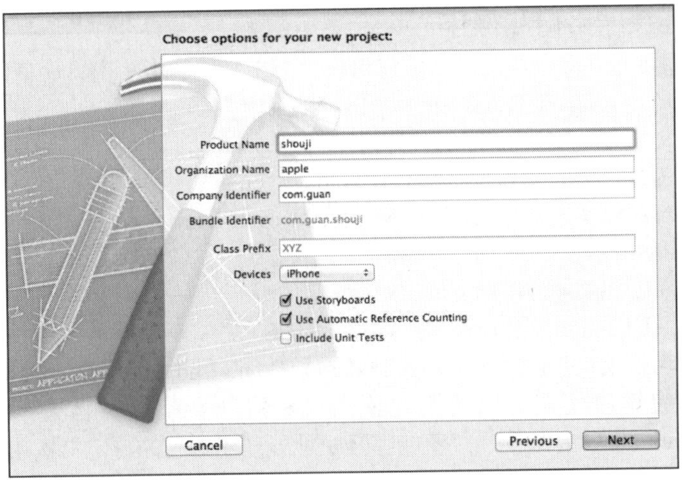

图19-11 新建的项目

2. 设计界面

单击文件MainStoryboard.storyboard切换到设计模式,再打开对象库(菜单命令View→Utilities Show Object Library)。拖曳3个文本框(UITextField)到视图中,并将它们放在视图顶部附近。在这些文本框旁边添加3个标签,并将其文本分别设置为"姓"、"名"、"邮箱"。

依次选择每个文本框,再使用Attributes Inspector(快捷键Option+Command+4)设置合适的Keyboard属性(例如,对于电子邮件文本框,将该属性设置为Email)、Return Key属性(例如"好"按钮)和Capitalization属性,并根据喜好设置其他功能。这样,数据输入表单就完成了。然后拖曳一个文本视图(UITextView)到视图中,将它放在输入文本框下方,用于显示调查结果文件的内容。使用Attributes Inspector将文本视图设置成只读的,因为不能让用户使用它来编辑显示的调查结果。此时在文本视图下方添加两个按钮(UIButton),并将它们的标题分别设置为Store Results和Show Results。这些按钮将触发两个与文件交互的操作。最后,为了在用户轻按背景时隐藏键盘,添加一个覆盖整个视图的按钮(UIButton)。使用Attributes Inspector将按钮类型设置为Custom,这样它将不可见。最后,使用菜单命令Editor→Arrange将这个按钮放到其他UI部分的后面,也可以在文档大纲中将自定义按钮拖曳到对象列表顶部。

最终的应用程序UI界面如图19-12所示。

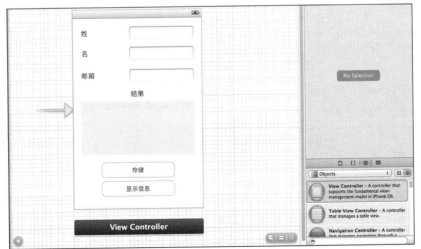

图19-12 应用程序UI

3. 创建并连接输出口和操作

在本实例中需要建立多个连接，以便与用户界面交互。其中输出口如下所示。
- 收集名字的文本框（UITextField）：firstName。
- 收集姓的文本框（UITextField）：lastName。
- 收集电子邮件地址的文本框（UITextField）：email。
- 显示调查结果的文本视图（UITextView）：resultsView。

需要的操作如下所示。
- 触摸按钮（UIButton）存储：storeResults。
- 触摸按钮（UIButton）显示信息：showResultS。
- 触摸背景按钮或从任何文本框那里接收到事件Did End On Exit：hideKeyboard。

切换到助手编辑器模式，以便添加输出口和操作。确保文档大纲可见（菜单命令Editor→Show Document Outline），以便能够轻松地处理不可见的自定义按钮。

（1）添加输出口

按住Control键，从视图中的UI元素拖曳到文件ViewController.h中代码行@interface下方，以添加必要的输出口。将标签First Name旁边的文本框连接到输出口firstName，如图19-13所示。对其他文本框和文本视图重复上述操作，并按前面指定的方式给输出口命名。其他对象不需要输出口。

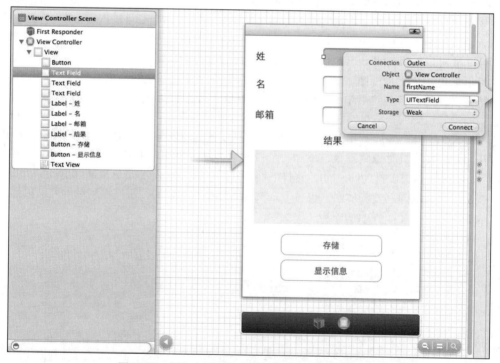

图19-13　将文本框和文本视图连接到相应的输出口

（2）添加操作

输出口准备就绪后，就可开始添加到操作的连接了。按住Control键，从按钮"存储"拖曳到接口文件ViewController.h中属性定义的下方，并创建一个名为storeResults的操作，如图19-14所示。对按钮"显示信息"做同样的处理，新建一个名为showResults的操作。

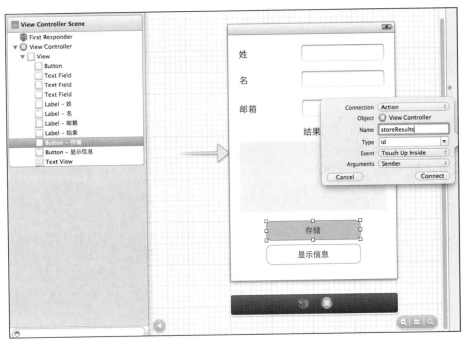

图19-14　将按钮连接到相应的操作

4. 实现应用程序逻辑

首先编写hideKeyboard的代码，然后实现storeResults和showResults。

（1）隐藏键盘

要隐藏键盘，必须使用方法resignFirstResponder让当前对键盘有控制权的对象放弃第一响应者状态。方法hideKeyboard的实现代码如下所示。

```
- (IBAction)hideKeyboard:(id)sender {
    [self.lastName resignFirstResponder];
    [self.firstName resignFirstResponder];
    [self.email resignFirstResponder];
}
```

（2）存储调查结果

为了存储调查结果，需要设置输入数据的格式，建立一条路径（它指向用于存储结果的文件）并在必要时新建一个文件，然后将调查结果存储到该文件末尾，再关闭该文件并清空调查表单。方法storeResults的实现代码如下所示。

```
- (IBAction)storeResults:(id)sender {

    NSString *csvLine=[NSString stringWithFormat:@"%@,%@,%@\n",
                       self.firstName.text,
                       self.lastName.text,
                       self.email.text];

    NSString *docDir = [NSSearchPathForDirectoriesInDomains(
NSDocumentDirectory,
```

```objc
NSUserDomainMask, YES)
                                objectAtIndex: 0];
    NSString *surveyFile = [docDir
                            stringByAppendingPathComponent:
                            @"surveyresults.csv"];

    if  (![[NSFileManager defaultManager] fileExistsAtPath:surveyFile])
{
        [[NSFileManager defaultManager]
          createFileAtPath:surveyFile contents:nil attributes:nil];
    }

    NSFileHandle *fileHandle = [NSFileHandle
                                fileHandleForUpdatingAtPath:surveyFile];
    [fileHandle seekToEndOfFile];
    [fileHandle writeData:[csvLine
                           dataUsingEncoding:NSUTF8StringEncoding]];
    [fileHandle closeFile];

    self.firstName.text=@"";
    self.lastName.text=@"";
    self.email.text=@"";
}
```

（3）显示调查结果

首先需要确保显示结果与存储调查结果完全相同，可建立一条指向文件的路径。然后检查指定的文件是否存在，如果存在便可以读取并显示结果了。如果不存在，则什么都不用做。如果文件存在，则使用类NSFileHandle的方法fileHandleForReadingAtPath创建一个文件句柄，再使用方法availableData读取文件的内容。最后一步是将文本视图的内容设置为读取的数据。方法showResults的实现代码如下所示。

```objc
- (IBAction)showResults:(id)sender {
    NSString *docDir = [NSSearchPathForDirectoriesInDomains(
NSDocumentDirectory,
NSUserDomainMask, YES)
                                objectAtIndex: 0];
    NSString *surveyFile = [docDir
                            stringByAppendingPathComponent:
                            @"surveyresults.csv"];

    if  ([[NSFileManager defaultManager] fileExistsAtPath:surveyFile])
{
        NSFileHandle *fileHandle = [NSFileHandle
                                fileHandleForReadingAtPath:surveyFile];
        NSString *surveyResults=[[NSString alloc]
                            initWithData:[fileHandle availableData]
                            encoding:NSUTF8StringEncoding];
```

```
        [fileHandle closeFile];
        self.resultsView.text=surveyResults;
    }
}
```

在上述代码中，第2~8行创建字符串变量surveyFile，然后第10行使用该变量来检查指定的文件是否存在。如果存在，则打开以便读取它（第11~12行），然后使用方法availableData获取该文件的全部内容，并将其存储到字符串变量surveyResults中。最后，关闭文件（第16行）并使用字符串变量surveyResults的内容更新用户界面中显示结果的文本视图。

到此为止，这个应用程序就创建好了。执行后的初始效果如图19-15所示，输入信息并存储后可以显示收集的信息，如图19-16所示。

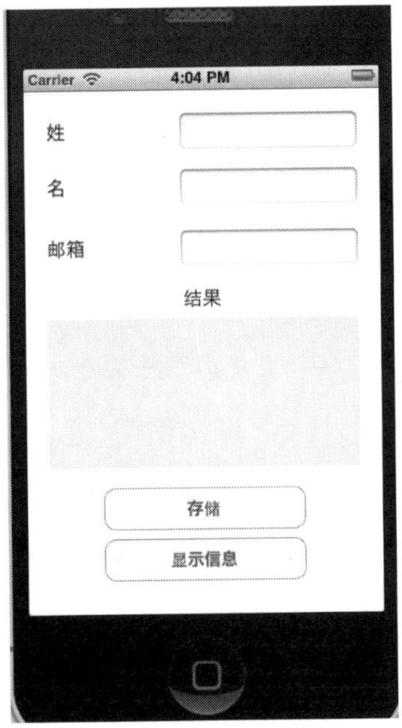

图19-15　初始效果 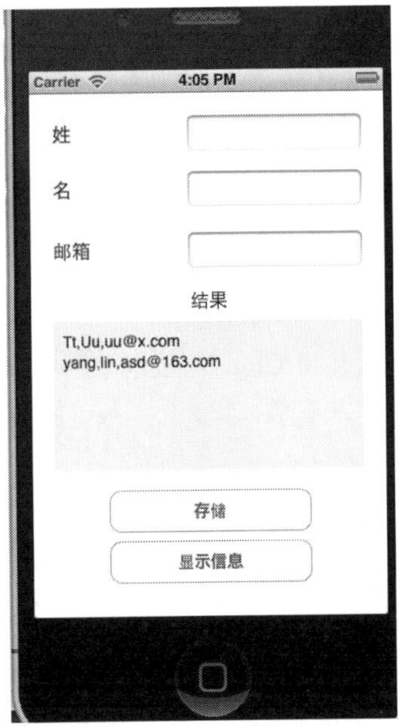　　　　　　图19-16　显示存储收集的信息

19.5　iCloud存储

从iOS 5.0开始，用户可以选择将程序备份到iCloud，这对沙盒内的数据存储有了新的要求。当开启iCloud备份后，程序内容可以备份到云端，用户数据可以在其他设备上使用。这样，开发人员在沙盒中存储数据就有讲究了。

iCloud和iTunes对以下3个文件夹不会备份。

- <Application_Home>/AppName.app。
- <Application_Home>/Library/Caches。
- <Application_Home>/tmp。

下面是iCloud数据存储的几条规则。

- 关键数据存储在<Application_Home>/Documents。所谓关键数据（Critical Data）是指不能有程序生成的或用户生成的文档或其他数据。

- 辅助文件（support files）指程序使用中通过下载获得或者用户可以重新创建的文件，它们的存放取决于ios版本：
  - 从iOS 5.1版本及以后，存储在<Application_Home>/Library/Application Support，并设置NSURLIsExcludedFromBackupKey属性。
  - iOS 5以及之前的系统，存储在<Application_Home>/Library/Caches就可以避免被备份。对于iOS 5.0.1系统，也是存储在同样位置。其中缓存数据存储在<Application_Home>/Library/Caches。缓存数据指的是数据库文件和可以下载的文件，比如杂志、新闻、地图导航类应用需要用到的数据。缓存文件在存储空间不够的情况下会被系统删除。而临时数据存储在<Application_Home>/tmp，临时数据指一段时间内不需要保存的数据，开发人员要注意随时情况此文件夹。

下面再介绍下程序下载更新后系统如何处理沙盒数据。下载更新并安装后，系统会新建一个文件夹安装程序，再把原有程序中的用户数据拷贝到新地址，再删除原有程序。用户数据指的就是以下两个文件夹的内容：

- <Application_Home>/Documents
- <Application_Home>/Library

另外，对于备份来说需要了解下面的2个概念。

- 备份到远端指的是程序内的用户数据备份到iCloud云服务器上，但是用户可以设置关闭对此应用的备份。
- 程序中使用iCloud功能将文件存储到iCloud云服务器，这是由程序功能决定的，而不是由用户左右的。

19.6 使用SQLite3存储和读取数据

SQLite3是嵌入在iOS中的关系型数据库，对于存储大规模的数据很有效。SQLite3使得不必将每个对象都加到内存中。在iOS应用中，和SQLite3存储相关的基本操作如下所示。

1. 打开或者创建数据库

```
sqlite3 *database;
int result = sqlite3_open("/path/databaseFile", &database);
```

如果/path/databaseFile不存在，则创建它，否则打开它。如果result的值是SQLITE_OK，则表明操作成功。在此需要注意，在上述语句中，数据库文件的地址字符串前面没有@字符，它是一个Char字符串。将NSString字符串转成Char字符串的方法是：

```
const char *cString = [NSString UTF8String];
```

2. 关闭数据库

```
sqlite3_close(database);
```

3. 创建一个表格

```
char *errorMsg;
const char *createSQL = "CREATE TABLE IF NOT EXISTS PEOPLE (ID INTEGER
```

```
PRIMARY KEY AUTOINCREMENT, FIELD_DATA TEXT)";
    int result = sqlite3_exec(database, createSQL, NULL, NULL, &errorMsg);
```

执行之后，如果result的值是SQLITE_OK，则表明执行成功；否则，错误信息存储在errorMsg中。sqlite3_exec方法可以执行那些没有返回结果的操作，例如创建、插入、删除等。

4. 查询操作

```
NSString *query = @"SELECT ID, FIELD_DATA FROM FIELDS ORDER BY ROW";
sqlite3_stmt *statement;
int result = sqlite3_prepare_v2(database, [query UTF8String], -1, &statement, nil);
```

如果result的值是SQLITE_OK，则表明准备好statement，接下来执行查询：

```
while (sqlite3_step(statement) == SQLITE_ROW) {
    int rowNum = sqlite3_column_int(statement, 0);
    char *rowData = (char *)sqlite3_column_text(statement, 1);
    NSString *fieldValue = [[NSString alloc] initWithUTF8String:rowData];
    // Do something with the data here
}
sqlite3_finalize(statement);
```

使用过其他数据库的话应该很好理解这段语句，就是依次将每行的数据存在statement中，然后根据每行的字段取出数据。

5. 使用约束变量

实际操作时经常使用叫做约束变量的东西来构造SQL字符串，从而进行插入、查询或者删除等操作。例如，要执行带两个约束变量的插入操作，第一个变量是int类型，第二个是Char字符串：

```
char *sql = "insert into oneTable values (?, ?);";
sqlite3_stmt *stmt;
if (sqlite3_prepare_v2(database, sql, -1, &stmt, nil) == SQLITE_OK) {
    sqlite3_bind_int(stmt, 1, 235);
    sqlite3_bind_text(stmt, 2, "valueString", -1, NULL);
}
if (sqlite3_step(stmt) != SQLITE_DONE)
    NSLog(@"Something is Wrong!");
sqlite3_finalize(stmt);
```

这里的sqlite3_bind_int(stmt, 1, 235)有如下3个参数。
- 第一个是sqlite3_stmt类型的变量，在之前的sqlite3_prepare_v2中使用。
- 第二个是所约束变量的标签index。
- 第三个参数是要加的值。

其中有一些函数多出两个变量，例如：

```
sqlite3_bind_text(stmt, 2, "valueString", -1, NULL);
```

上述代码的第4个参数代表第3个参数中需要传递的长度。对于Char字符串来说，-1表示传递全部字符串。第5个参数是一个回调函数，比如执行后做内存清除工作。

接下来通过一个简单的小例子来说明使用SQLite3实现存储的基本方法。

步骤 1　运行Xcode，新建一个Single View Application，名称为SQLite3 Test，如图19-17所示。

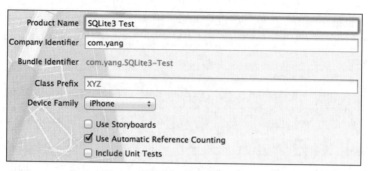

图19-17　新建项目

步骤 2　开始连接SQLite3库，按照下图19-18中数字的顺序找到"+"按钮。单击这个加号，打开窗口，在搜索栏输入sqlite3，如图19-19所示。选择libsqlite3.dylib，单击Add按钮，添加到项目中。

步骤 3　开始界面设计。打开ViewController.xib，使用Interface Builder设计界面，如图19-20所示。设置4个文本框的tag分别是1、2、3、4。

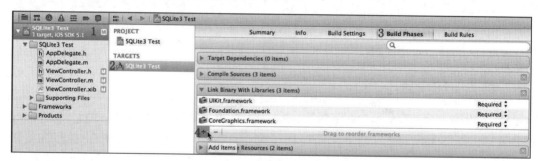

图19-18　单击"+"按钮

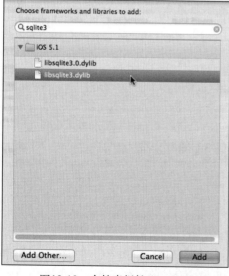

图19-19　在搜索栏输入sqlite3

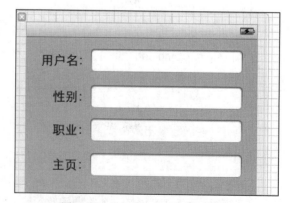

图19-20　Interface Builder设计界面

步骤 4　在ViewController.h中添加属性和方法。

```
@property (copy, nonatomic) NSString *databaseFilePath;
- (void)applicationWillResignActive:(NSNotification *)notification;
```

步骤 5　打开文件ViewController.m，向其中添加代码。首先在开头添加如下代码。

```
#import "sqlite3.h"
#define kDatabaseName @"database.sqlite3"
```

在@implementation之后添加如下所示的代码。

```
@synthesize databaseFilePath;
```

在viewDidLoad方法中添加如下所示的代码。

```
- (void)viewDidLoad
{
    [super viewDidLoad];
    // Do any additional setup after loading the view, typically from a nib.
    //获取数据库文件路径
    NSArray *paths =
NSSearchPathForDirectoriesInDomains(NSDocumentDirectory,NSUserDomainMask,YES);
    NSString *documentsDirectory = [paths objectAtIndex:0];
    self.databaseFilePath =
[documentsDirectory stringByAppendingPathComponent:kDatabaseName];
    //打开或创建数据库
    sqlite3 *database;
    if (sqlite3_open([self.databaseFilePath UTF8String] , &database)
!= SQLITE_OK) {
        sqlite3_close(database);
        NSAssert(0, @"打开数据库失败！");
    }
    //创建数据库表
    NSString *createSQL =
@"CREATE TABLE IF NOT EXISTS FIELDS (TAG INTEGER PRIMARY KEY, FIELD_DATA TEXT);";
    char *errorMsg;
    if (sqlite3_exec(database, [createSQL UTF8String], NULL, NULL,
&errorMsg) != SQLITE_OK) {
        sqlite3_close(database);
        NSAssert(0, @"创建数据库表错误: %s", errorMsg);
    }
    //执行查询
    NSString *query = @"SELECT TAG, FIELD_DATA FROM FIELDS ORDER BY TAG";
    sqlite3_stmt *statement;
    if (sqlite3_prepare_v2(database, [query UTF8String], -1,
&statement, nil) == SQLITE_OK) {
        //依次读取数据库表格FIELDS中每行的内容，并显示在对应的TextField
        while (sqlite3_step(statement) == SQLITE_ROW) {
            //获得数据
            int tag = sqlite3_column_int(statement, 0);
            char *rowData = (char *)sqlite3_column_text(statement, 1);
            //根据tag获得TextField
```

```objc
            UITextField *textField =
    (UITextField *)[self.view viewWithTag:tag];
            //设置文本
            textField.text = [[NSString alloc] initWithUTF8String:rowData];
        }
        sqlite3_finalize(statement);
    }
    //关闭数据库
    sqlite3_close(database);
    //当程序进入后台时执行写入数据库操作
    UIApplication *app = [UIApplication sharedApplication];
    [[NSNotificationCenter defaultCenter]
     addObserver:self
     selector:@selector(applicationWillResignActive:)
     name:UIApplicationWillResignActiveNotification
     object:app];
}
```

接下来在@end之前实现方法 applicationWillResignActive，具体代码如下所示。

```objc
//程序进入后台时的操作，实现将当前显示的数据写入数据库
- (void)applicationWillResignActive:(NSNotification *)notification {
    //打开数据库
    sqlite3 *database;
    if (sqlite3_open([self.databaseFilePath UTF8String], &database)
        != SQLITE_OK) {
        sqlite3_close(database);
        NSAssert(0, @"打开数据库失败！");
    }
    //向表格插入四行数据
    for (int i = 1; i <= 4; i++) {
        //根据tag获得TextField
        UITextField *textField =
    (UITextField *)[self.view viewWithTag:i];
        //使用约束变量插入数据
        char *update =
    "INSERT OR REPLACE INTO FIELDS (TAG, FIELD_DATA) VALUES (?, ?);";
        sqlite3_stmt *stmt;
          if (sqlite3_prepare_v2(database, update, -1, &stmt, nil) ==
    SQLITE_OK) {
            sqlite3_bind_int(stmt, 1, i);
            sqlite3_bind_text(stmt, 2, [textField.text UTF8String],
    -1, NULL);
        }
        char *errorMsg = NULL;
        if (sqlite3_step(stmt) != SQLITE_DONE)
            NSAssert(0, @"更新数据库表FIELDS出错: %s", errorMsg);
        sqlite3_finalize(stmt);
    }
    //关闭数据库
    sqlite3_close(database);
}
```

步骤 6 实现关闭键盘工作,backgroundTap方法的代码如下所示。

```
//关闭键盘
- (IBAction)backgroundTap:(id)sender {
    for (int i = 1; i <= 4; i++) {
        UITextField *textField = (UITextField *)[self.view viewWithTag:i];
        [textField resignFirstResponder];
    }
}
```

步骤 7 运行程序。刚开始运行时显示如图19-21所示,在各个文本框输入内容,如图19-22所示。然后按Home键,这样就执行了写入数据的操作。第一次运行程序时,在SandBox的Documents目录下出现数据库文件database.sqlite3,如图19-23所示。

图19-21　初始效果　　　　　　　图19-22　在文本框输入内容

图19-23　出现数据库文件database.sqlite3

此时退出程序,如果再次运行,则显示的就是上次退出时的值。

第 20 章
开发通用的项目程序

在当前的众多iOS设备中，iPhone、iPod Touch和iPad都取得了无可否认的成功，让Apple产品得到了消费者的认可。但是这些产品的屏幕大小是不一样的，这就给开发人员带来了难题：程序能否在不同屏幕上成功运行呢？在本书前面的内容中，开发都是针对一种平台的，但其实完全可以针对两种平台。在本章将介绍如何创建在iPhone和iPad上都能运行的应用程序，为后面知识的学习打下基础。

20.1 开发通用应用程序

通用应用程序包含在iPhone和iPad上运行所需的资源。虽然iPhone应用程序可以在iPad上运行，但是有时候看起来不那么漂亮。要让应用程序向iPad用户提供独特的体验，需要使用不同的故事板和图像，甚至完全不同的类。在编写代码时，可能需要动态地判断运行应用程序的设备类型。

Xcode中的通用模板类似于针对特定设备的模板，在Xcode中新建项目时，可以从Devices下拉列表中选择Universal（通用）。Apple称其为通用应用程序，如图20-1所示。

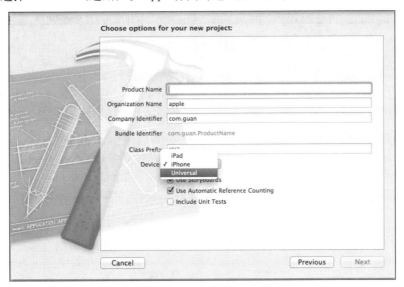

图20-1　通用应用程序

传统程序只有一个MainStoryboard.storyboard文件，而通用程序包含了如下两个针对不同设备的故事板文件，如图20-2所示。

- MainStoryboard_iPhone.storyboard。
- MainStoryboard_iPad.storyboard。

这样当在iPad上执行应用程序时，会执行 MainStoryboard_iPad.storyboard故事板；当在iPhone上执行应用程序时，会执行MainStoryboard_iPhone.storyboard故事板。因为iPhone和iPad是不同的设备，用户要想获得不同的使用体验，即使应用程序的功能不变，在这两种设备上运行时，其外观和工作原理也可能不

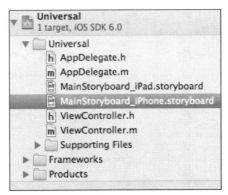

图20-2　通用程序有两个故事板

同。为了支持这两种设备，通用应用程序包含的类、方法和资源等可能翻倍，这取决于具体如何设计它。但是这样的好处也是很大的，应用程序既可在iPhone上运行，又可在iPad上运行，这样目标用户群就更大了。

并非所有开发人员都认为开发通用应用程序是最佳的选择。很多开发人员创建应用程序的HD或XL版本，其售价比iPhone版稍高。如果应用程序在这两种平台上差别很大，可能应采取

这种方式。即便如此，也可只开发一个项目，但生成两个不同的可执行文件，这些文件称为目标文件。本章后面将介绍可用于完成这种任务的Xcode工具。

对于跨iPhone和iPad平台的项目，在如何处理它们方面没有对错之分。作为开发人员，需要根据需要编写的代码、营销计划和目标用户判断什么样的处理方式是合适的。

如果预先知道应用程序需要在任何设备上运行，开始开发时就应将Device Family设置为Universal而不是iPhone或iPad。本章将使用Single View Application模板来创建通用应用程序，但使用其他模板时，方法完全相同。

怎样检测当前设备的类型？

要想检测当前运行应用程序的设备，可使用UIDevice类的方法currentDevice获取指向当前设备的对象，再访问其属性model。属性model是一个描述当前设备的NSString（如iPhone、Pad Simulator等），返回该字符串的代码如下。

[UIdevice currentDevice].model

由此可见，无需执行任何实例化和配置工作，只需检查属性model的内容即可。如果它包含iPhone，则说明当前设备为iPhone；如果是iPod，则说明当前设备为iPod Touch；如果为iPad，则说明当前设备为iPad。

通用项目的设置信息也有一些不同。如果查看通用项目的Summary选项卡，将发现其中包含iPhone和iPad部署信息，其每个部分都可设置相应设备的故事板文件。当启动应用程序时，将根据当前平台打开相应的故事板文件，并实例化初始场景中的每个对象。

▶ 20.1.1 图标文件

在通用项目的Summary选项卡中，可设置iPhone和iPad应用程序图标，如图20-3所示。

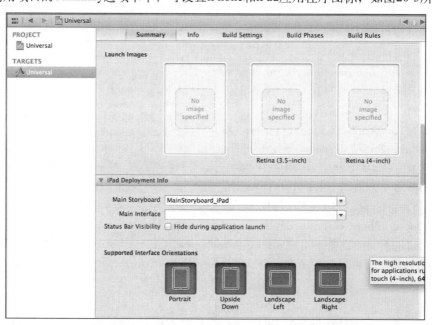

图20-3　在Summary选项卡中设置iPhone和iPad应用程序图标

iPhone应用程序图标为57像素×57像素；对于使用Retina屏幕的iPhone，为114像素×114像素。iPad图标为72像素×72像素。要配置应用程序图标，可将大小合适的图标拖放到相应的图像区域。对于iPhone，启动图像的尺寸应为320像素×480像素（iPhone 4为640像素×960像素）。如果设备只处于横向状态，则启动图像尺寸应为480像素×320像素和960像素×640像素。如果要让状态栏可见，应将垂直尺寸减去20像素。鉴于在任何情况下都不应隐藏iPad状态栏，因此其启动图像的垂直尺寸应减去20像素，即768像素×1024像素（纵向）或1024像素×768像素（横向）。

当将图像拖放到Xcode图像区域（如添加图标）时，该图像文件将被复制到项目文件夹中，并出现在项目导航器中。为保持画面整洁，应将其拖放到项目编组Supporting Files中。

20.1.2 启动图像

启动图像是在应用程序加载时显示的图像。因为iPhone和iPad的屏幕尺寸不同，所以需要使用不同的启动图像。可以像指定图标一样，使用Summary选项卡中的图像区域设置每个平台的启动图像。

完成这些细微的修改后，通用应用程序模板就完成了。接下来需要充分发挥模板Single View Application的通用版本的作用，使用它创建一个应用程序，该应用程序在iPad和iPhone平台上显示不同的视图且只执行一行代码。

20.2 实战演练——使用通用程序模板创建通用应用程序

本节将通过一个具体实例来讲解用通用程序模板创建通用应用程序的过程。本实例将实例化一个视图控制器，根据当前设备加载相应的视图，然后显示一个字符串，它指出了当前设备的类型。

在本实例中使用了Apple通用模板，使用单个视图控制器管理iPhone和iPad视图。这种方法比较简单，但对于iPhone和iPad界面差别很大的大型项目，可能不可行。在实例中创建了两个（除尺寸外）完全相同的视图——每种设备一个，它包含一个内容可修改的标签，这些标签将连接到同一个视图控制器。在这个视图控制器中，将判断当前设备为iPhone还是iPad，并显示相应的消息。

实例20-1	使用通用程序模板创建通用应用程序
源码路径	光盘:\daima\20\first

20.2.1 创建项目

打开Xcode，使用模板Single View Application新建一个项目，将Devices设置为Universal，并将其命名为first。这个应用程序的骨架与以前的完全相同，但给每种设备都提供了一个故事板，如图20-4所示。

本实例只需要一个连接，即到标签（UILabel）的连接，把它命名为deviceType，在加载视图时将使用它动态地指出当前设备的类型。

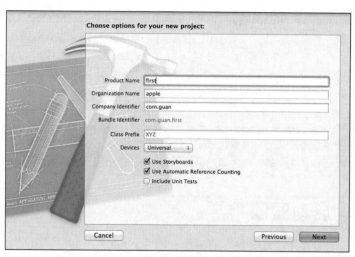

图20-4 创建项目

20.2.2 设计界面

本实例需要处理两个故事板：MainStoryboard_iPad.storyboard和MainStoryboard_iPhone.storyboard。依次打开两个故事板文件，添加一个静态标签，它指出应用程序的类型。也就是说在iPhone视图中，将文本设置为"这是一个iPhone程序"；在iPad视图中，将文本设置为"这是一个iPad程序"。

这样就做好了准备工作，可以在iOS模拟器中运行该应用程序，再使用菜单命令Hardware→Device在iPad和iPhone实现之间切换。作为iPad应用程序运行时，将看到在iPad故事板中创建的视图；当以iPhone应用程序运行时，将看到在iPhone故事板中创建的视图。但是这里显示的是静态文本，需要让一个视图控制器能够控制这两个视图。为此需要修改每个视图，在显示静态文本的标签下方添加一个UILabel，并将其默认文本设置为Device。此时的UI视图界面分别如图20-5和图20-6所示。

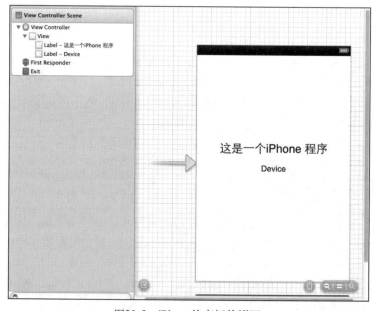

图20-5 iPhone故事板的视图

图20-6　iPad故事板的视图

20.2.3　创建并连接输出口

在创建的视图中包含了一个动态元素,此时需要将其连接到输出口deviceType。两个视图连接到视图控制器中的同一个输出口,它们共享一个输出口。具体做法是首先切换到助手编辑器模式,如果需要更多空间,则要隐藏导航器区域和Utilities区域。在文件ViewController.h显示在右边的情况下按住Control键,并从Device标签拖曳到代码行@interface下方,在Xcode提示时将输出口命名为deviceType。然后为另一个视图创建连接,但由于输出口deviceType已创建好,因此不需要新建输出口。打开第二个故事板,按住Control键,并从Device标签拖曳到ViewController.h中deviceType的编译指令@property上。到此为止,就创建好了两个视图,它们由同一个视图控制器管理。

20.2.4　实现应用程序逻辑

在文件ViewController.m的方法viewDidLoad中设置标签deviceType,难点是如何根据当前的设备类型修改该标签。通过使用UIDevice类,可以同时为两个用户界面提供服务。

检测当前设备模块的功能是获悉并显示当前设备的名称,为此可使用下述代码返回字符串。

```
[UIDevice currentDevice].model
```

要在视图中指出当前设备,需要将标签deviceType的属性text设置为属性model的值,所以需要切换到标准编辑器模式,并按如下代码修改方法viewDidLoad。

```
- (void)viewDidUnload
{
    [self setDeviceType:nil];
    [super viewDidUnload];
    // Release any retained subviews of the main view.
```

```
            // e.g. self.myOutlet = nil;
}
```

此时每个视图都将显示UIDevice提供的属性model的值。通过使用该属性，可以根据当前设备有条件地执行代码，甚至修改应用程序的运行方式——如果在iOS模拟器上执行它。

到此为止，整个实例设计完毕，此时可以在iPhone或iPad上运行该应用程序，并查看结果。执行效果分别如图20-7和图20-8所示。

图20-7　iPad设备上的执行效果

图20-8　iPhone设备上的执行效果

要使用模拟器模拟不同的平台，最简单的方法是使用Xcode工具栏右边的Schemeo下拉列表选择iPad Simulator，将模拟在iPad中运行应用程序；而选择iPhone Simulator，将模拟在iPhone上运行应用程序。不幸的是，通用应用程序的iPhone界面和iPad界面差别很大时，就不适合使用这种方法了。在这种情况下，使用不同的视图控制器来管理每个界面可能更合适。

20.3　实战演练——使用视图控制器

在本节的实例中，将创建一个和上一节实例功能一样的应用程序，但是两者有一个重要的差别：本实例不是原封不动地使用通用应用程序模板，而是添加了一个名为iPadViewController的视图控制器，它专门负责管理iPad视图，并使用默认的ViewController管理iPhone视图。这样整个项目将包含两个视图控制器，能够根据需要实现类似或截然不同的效果而无需检查当前的设备类型，因为应用程序启动时将选择故事板，从而自动实例化用于当前设备的视图控制器。

实例20-2	使用视图控制器
源码路径	光盘:\daima\20\second

20.3.1 创建项目

打开Xcode，使用模板Single Vew Application新建一个应用程序，将应用程序命名为second。接下来需要创建iPad视图控制器类，它将负责所有的iPad用户界面管理工作。

1. 添加iPad视图控制器

该应用程序已经包含了一个视图控制器子类（ViewController），还需要新建UIViewController子类，首先选择菜单命令File→New File，然后在出现的对话框中选择Cocoa Touch Class类别，再选择图标Objective-C class，单击Next按钮，如图20-9所示。

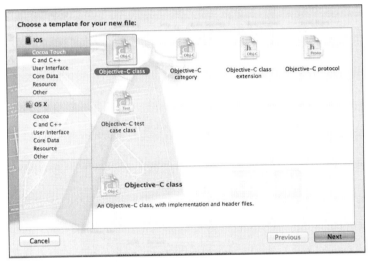

图20-9　新建UIViewController子类

将新类命名为iPadViewController，并选中Targeted for iPad复选框，如图20-10所示。单击Next按钮，在新界面中指定要在什么地方创建类文件。

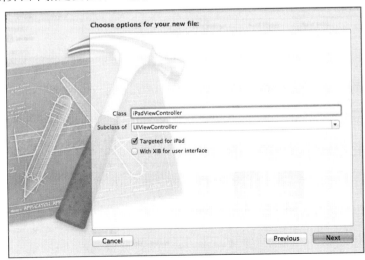

图20-10　将新类命名为iPadViewController

最后指定新视图控制器类文件的存储位置。将其存储到文件ViewController.h和ViewController.m所在的位置，单击Create按钮。此时在项目导航器中会看到类iPadViewController的实现文件和接口文件。为让项目组织有序，将它们拖曳到项目的代码编组中。

2. 将iPadViewController关联到iPad视图

此时在项目中有一个用于iPad的视图控制器类，但是文件MainStoryboard_iPad.storyboard中的初始视图仍由ViewController管理。为了修复这种问题，必须设置iPad故事板中初始场景的视图控制器对象的身份。为此，单击项目导航器中的文件MainStoryboard_iPad.storyboard，选择文档大纲中的视图控制器对象，再打开Identity Inspector（快捷键Option+Command+3）。为将该视图控制器的身份设置为iPadViewController，从检查器顶部的Class下拉列表中选择iPadViewController，如图20-11所示。

图20-11　设置初始视图的视图控制器类

在设置身份后，与通用应用程序相关的工作就完成了。接下来就可以继续开发应用程序，就像它是两个独立的应用程序一样：视图和视图控制器都是分开的。视图和视图控制器是分开的并不意味着不能共享代码，如可创建额外的工具类来实现应用程序逻辑和核心功能，并在iPad和iPhone之间共享它们。

20.3.2　设计界面

本实例也是创建了两个视图，一个在MainStoryboard_iPhone.storyboard中，另一个在MainStoryboard_iPad.storyboard中。每个视图都包含一个指出当前应用程序类型的标签，还包含一个默认文本为Device的标签，该标签的内容将在代码中动态地设置。也可以打开前一个通用应用程序示例中的故事板，将其中的UI元素复制并粘贴到这个项目中。

20.3.3　创建并连接输出口

在此需要为iPad和iPhone视图中的Device标签建立不同的连接。首先，打开MainStoryboard_iPhone.storyboard，按住Control键，并从Device标签拖曳到ViewController.h

中代码行@interface下方，再将输出口命名为deviceType。切换到文件MainStoryboard_iPad.storyboard，核心助手编辑器加载的是文件iPadViewController.h，而不是ViewController.h。像前面那样做，将这个视图的Device标签连接到一个新的输出口，并将其命名为deviceType。

20.3.4 实现应用程序逻辑

在本实例中，需要唯一实现的逻辑是在标签deviceType中显示当前设备的名称。可以像上一节实例中那样做，但是需要同时在文件ViewController.m和PadViewController.m中实现。文件ViewController.m将用于iPhone，而文件iPadViewController.m将用于iPad，因此可在这些类的方法viewDidLoad中添加不同的代码行。对于iPhone，添加如下所示的代码行。

```
self.deviceType.text=@"iPhone";
```

对于iPad，添加如下所示的代码行。

```
self.deviceType.text=@"iPad";
```

当采用这种方法时，可以将iPad和iPhone版本作为独立的应用程序进行开发：在合适时共享代码，但将其他部分分开。在项目中添加新的UIViewController子类（iPadVIewController）时，不要指望其内容与iOS模板中的视图控制器文件相同。就iPadViewController而言，可能需要取消对方法viewDidLoad的注释，因为这个方法默认被禁用。

20.3.5 生成应用程序

到此为止，整个实例介绍完毕，如果此时运行应用程序second，执行效果与上一节应用程序完全相同，分别如图20-12和图20-13所示。

图20-12　iPad设备上的执行效果

图20-13　iPhone设备上的执行效果

综上所述，在现实中有两种创建通用应用程序的方法，每种方法各自有其优点和缺点。当使用共享视图控制器方法时，编码和设置工作更少。如果iPad和iPhone界面类似，这使得维护工作更简单；但如果iPhone和iPad版本的UI差别很大，实现的功能也不同，也许将代码分开是更明智的选择。在现实中具体采用哪一种方法，这完全取决于开发人员自己的喜好。

20.4 实战演练——使用多个目标

在本节将讲解第3种创建通用项目的方法。虽然其结果并非单个通用应用程序，但是可以针对iPhone或iPad平台进行编译。为此，必须在应用程序中包含多个目标（target）。目标定义了应用程序将针对哪种平台（iPhone或iPad）进行编译。在项目的Summary选项卡中，可指定应用程序启动时将加载的故事板。通过在项目中添加新目标，可以配置完全不同的设置，它指向新的故事板文件。而故事板文件可使用项目中现有的视图控制器，也可使用新的视图控制器，就像在本章的前面实例中所做的那样。

要在项目中添加目标，最简单的方法是复制现有的目标。为此在Xcode中打开项目文件，并选择项目的顶级编组。在项目导航器右边，有一个目标列表，通常其中只有一个目标：iPhone或iPad目标。右击该目标并选择Duplicate命令，如图20-14所示，即可进行复制。

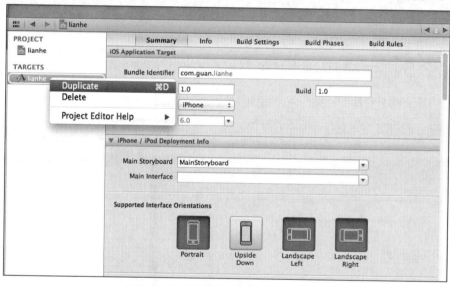

图20-14 右击该目标并选择Duplicate命令

20.4.1 将iPhone目标转换为iPad目标

如果复制的是iPhone项目中的目标，Xcode将询问是否要将其转换为iPad目标，如图20-15所示。

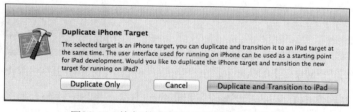

图20-15 询问是否要将其转换为iPad目标

此时只需单击Duplicate and Transition to iPad按钮，就大功告成了。Xcode将为应用程序创建iPad资源，这些资源是与iPhone应用程序资源分开的。项目将包含两个目标：原来的iPhone目标和新建的iPad目标。虽然系统可共享资源和类，但生成应用程序时需要选择目标，因此将针对这两种平台要创建不同的可执行文件。

要在运行、生成应用程序时选择目标，可单击Xcode工具栏中Scheme下拉列表框，这将列出所有的目标；还可通过子菜单选择在设备还是iOS模拟器中运行应用程序。另外需要注意的是，当单击Duplicate and Transition to iPad按钮时，将自动给新目标命名，它包含后缀iPad。但复制注释时，将在现有目标名后面添加copy。要重命名目标，可单击它，就像在Finder中重命名图标那样。

▶ 20.4.2 将iPad目标转换为iPhone目标

如果复制iPad项目中的目标，复制命令将静悄悄地执行，创建另一个完全相同的iPad目标。要获得Duplicate and Transition to iPad带来的效果，还必须做些工作。

首先新建一个用于iPhone的故事板。此时可以选择菜单命令File→New File，再选择类别User Interface和故事板文件，然后单击Next按钮。在下一个对话框中，为新故事板设置Device Family（默认为iPhone），单击Next按钮。最后，在File Creation对话框中，为新故事板指定一个有意义的名称，然后选择原始故事板的存储位置，再单击Create按钮。在项目导航器中，将新故事板拖曳到项目代码编组中。

选择项目的顶级编组，确保在编辑器中显示的是Summary选项卡。在项目导航器右边栏中，单击新建的目标。Summary选项卡将刷新，显示选定目标的配置。从Devices下拉列表选择iPhone，再从Main Storyboard下拉列表中选择刚创建的iPhone故事板文件。此时就可以像开发通用应用程序那样继续开发这个项目中。在需要生成应用程序时，别忘了单击Scheme下拉列表框，并选择合适的目标。

注意　包含多个目标的应用程序并非通用的。目标指定了可执行文件针对的平台。如果有一个用于iPhone的目标和一个用于iPad的目标，要支持这两种平台，必须创建两组可执行文件。

要想更加深入地了解通用应用程序，最佳方式是创建它们。要了解每种设备将如何显示应用程序的界面，可参阅Apple开发文档iPad Human Interface Guidelines和iPhone Human Interface Guidelines。鉴于对于一个平台可接受的东西，另一个平台可能不能接受，因此务必参阅这些文档。例如，在iPad中不能在视图直接显示如UIPickerView和UIActionSheet等iPhone UI类，而需要使用弹出窗口（UIPopoverController），这样才符合Apple指导原则。事实上，这可能是这两种平台的界面开发之间最大的区别之一。将界面转换为iPad版本之前，务必阅读有关UIPopoverController的文档。

20.5 实战演练——创建基于"主–从"视图的应用程序

本实例可以同时在iPad和iPhone上都能运行。本项目将包含两个故事板，一个用于iPhone

（MainStoryboard_iPhone.storyboard），另一个用于iPad（MainStoryboard_iPad.storyboard）。

实例20-3	创建基于"主-从"视图的应用程序
源码路径	光盘:\daima\20\fuhe

20.5.1 创建项目

启动Xcode，使用模板Master-Detail Application新建一个项目，并将其命名为fuhe，在Devices下拉列表中选择Universal，如图20-16所示。

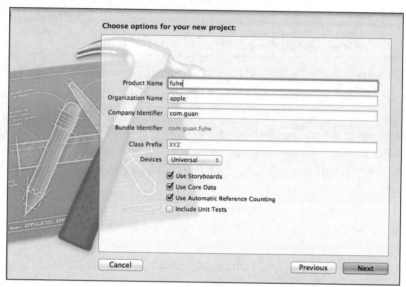

图20-16 创建项目

模板Master-Detail Application用于实现如下所示的工作任务。
- 设置场景。
- 显示表视图的视图控制器。
- 显示详细信息的视图控制器。

1. 添加图像资源

与前一个示例项目一样，这里也想在表视图中显示花朵的图像。将素材文件夹Images拖曳到项目代码编组中，并在Xcode提示时选择复制文件并创建组。

2. 了解分割视图控制器层次结构

新建项目后，查看文件MainStoryboard_iPad.storyboard，会看到如图20-17所示的层次结构。

分割视图控制器连接到两个导航控制器（UINaviagtionController）。主导航控制器连接到一个包含表视图（UITableView）的场景，这是主场景，由MasterViewController类处理。可打开并查看文件Main Storyboard_iPone.storyb oard，它看起来要简单得多。其中有一个导航控制器，它连接到两个场景。第一个是主场景（MasterViewController），第二个是详细信息场景（DetailViewController）。

3. 规划变量和连接

在MasterViewController类中添加两个类型为NSArray的属性：flowerData和flowerSections。其

中第一个属性存储描述每种花朵的字典对象,而第二个属性存储将在表视图中创建的分区的名称。通过使用这种结构,很容易实现表视图数据源方法和委托方法。在文件DetailViewController中添加一个输出口（detailWebView）,它指向将加入到界面中的UIWebView。该UIWebView用于显示有关选定花朵的详细信息,这是需要添加的唯一一个对象。

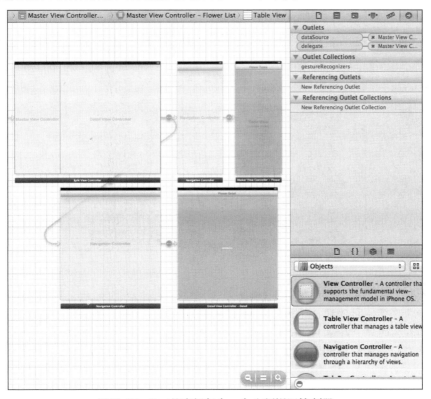

图20-17　iPad故事板包含一个分割视图控制器

▶ 20.5.2　调整iPad界面

1. 修改主场景

首先滚动到iPad故事板的右上角,在此将看到主场景的表视图,其导航栏中的标题为Master。双击该标题,并将其改为Flower Types。

接下来,在主场景层次结构中选择表视图（最好在文档大纲中选择）,并打开Attributes Inspector（快捷键Option+Command+4）。从Content下拉列表中选择Dynamic Protypes;如果愿意,可以将表样式改为Grouped。

现在将注意力转向单元格本身。将单元格标识符设置为flowerCell,将样式设置为Subtitle。这种样式包含标题和详细信息标签,且详细信息标签（子标题）显示在标题下方,我们将在详细信息标签中显示每种花朵的Wikipedia URL。选择添加到项目中的一个图像资源,让其显示在原型单元格预览中,也可以使用Accessory下拉列表指定一种展开箭头。在此选择不显示展开箭头,因为在模板Master-Detail Application的iPad版中,它的位置看起来不太合适。

为了完成主场景的修改,选择子标题标签,并将其字号设置为9（或更小）。再选择单元格本身,并使用手柄增大其高度,使其更有吸引力。图20-18显示了修改好的主场景。

图20-18　主场景

2. 修改详细信息场景

为了修改详细信息场景，从主场景向下滚动后将看到一个很大的白色场景，其中有一个标签，其内容为Detail View Content Goes Here。将该标签的内容改为Choose a Flower，因为这是用户将在该应用程序的iPad版中看到的第一项内容。接下来从对象库拖曳一个Web视图（UIWebView）到场景中，调整其大小，使其覆盖整个视图。整个Web视图用于显示一个描述选定花朵的Webipedia页面。将标签"选择吧，亲"放到Web视图前面，此时可以在文档大纲中将其拖曳到Web视图上方；也可以选择Web视图，再选择菜单命令Editor→ArrangeSend to Back；还可在文档大纲中将标签拖放到视图层次结构顶端。最后修改导航栏标题，修改详细信息场景。双击该标题，并将其修改为Flower Detail。到此为止，iPad版的UI就准备就绪了。

3. 创建并连接输出口

考虑到已经在Interface Builder编辑器中，与其在修改iPhone界面后再回来，还不如现在就将Web视图连接到代码。为此，在Interface Builder编辑器中选择Web视图，再切换到助手编辑器模式，此时将显示文件DetailViewController.h。按住Control键，从Web视图拖曳到现有属性声明下方，并创建一个名为detailWebView的输出口。接下来以类似的方式修改iPhone版界面，所以需要返回到标准编辑器模式，再单击项目导航器中的文件MainStoryboard_iPhone.storyboard。

20.5.3　调整iPhone界面

1. 修改主场景

首先，执行修改iPad主场景时执行的所有步骤：给场景指定新标题；配置表视图，将Content设置为Dynamic Prototypes；再修改原型单元格，使其使用样式Subtitle（并将子标题的字号设置为9点），显示一幅图像并使用标识符flowerCell。在这个设计中，唯一的差别是添加了展开箭头，其他方面都完全相同。

2. 修复受损的切换

修改表视图，若使用动态原型，可能会导致破坏应用程序。不管出于什么原因，做这样的修改都将破坏单元格到详细信息场景的切换。在进行其他修改前，先修复这种问题，方法是按住Control键，并从单元格（不是表）拖曳到详细信息场景，并在Xcode提示时选择Push，这样就一切正常了。如果不修复该切换，应用程序的iPad版本不受影响，但iPhone版将不会显示详细信息视图。

3. 修改详细信息场景

为结束对iPhone版UI的修改，在详细信息场景中添加一个Web视图，调整其大小，使其覆盖整个视图。将标签detail view content goes here放到Web视图后面，因为在iPhone版本中，这个标签永远都看不到，因此没有必要修改其内容，也无需担心其显示。这是因为在模板Master-Detail Application中，引用了该标签，所以不能随便将它删除，因此退而求其次，将其放到Web视图后面。最后，将详细信息场景的导航栏标题改为Flower Detail。图20-19显示了最终的iPhone界面。

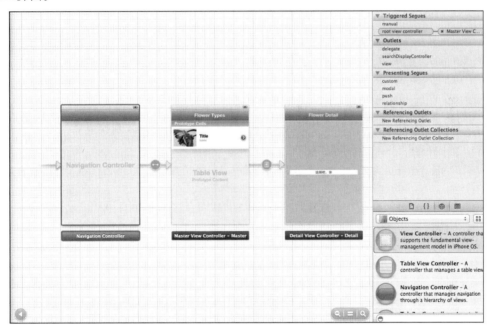

图20-19　最终的iPhone界面

4. 创建并连接输出口

与iPad版一样，需要将详细信息场景webDetailView连接到输出口webDetailView。当在前面为iPad界面建立连接时，已经创建了输出口webDetailView，因此只需将这个Web视图连接到该输出口。为此，在Interface Builder编辑器中选择该Web视图，并切换到助手编辑器模式。按住Control键，并从Web视图拖曳到输出口webDetailView。当鼠标指向输出口时，它将高亮显示，此时松开鼠标即可。至此，界面和连接都准备就绪了。

20.5.4　实现应用程序数据源

在前一个表视图项目中，使用了多个数组和switch语句来区分不同的花朵分区，但是在此需要跟踪花朵分区、名称、图像资源以及将显示的细节URL。

1. 创建应用程序数据源

这个应用程序需要存储的数据较多,无法用简单数组存储。所以这里将使用一个元素为NSDictionary的NSArray来存储每朵花的属性,并使用另一个数组来存储每个分区的名称。因为将使用当前要显示的分区、行作为索引,因此不再需要switch语句。

首先,在文件MasterViewController.h中,声明属性flowerData和flowerSections。为此在现有属性下方添加如下代码行。

```
@property (strong, nonatomic) NSArray  *flowerData;
@property (strong, nonatomic) NSArray *flowerSections;
```

在文件MasterViewController.m中,在编译指令@implementation下方添加配套的编译指令@synthesize。

```
    @synthesize flowerData;
    @synthesize flowerSections;
```

在文件MasterViewController.m的方法viewDidUnload中,添加如下代码行以执行清理工作。

```
[self setFlowerData:nil];
[self setFlowerSections:nil];
```

此外,还添加了两个NSArray:flowerData和flowerSections,它们将分别用于存储花朵信息和分区信息。还需声明方法createFlowerData,它将用于将数据加入到数组中。为此,在文件MasterViewController.h的属性下方添加如下方法原型。

```
-(void)createFlowerData;
```

接下来开始加载数据。在文件MasterViewController.m中,实现方法createFlowerData的代码如下所示。

```
- (void)createFlowerData {

    NSMutableArray *redFlowers;
    NSMutableArray *blueFlowers;

    self.flowerSections=[[NSArray alloc] initWithObjects:
                    @"红花",@"B蓝花",nil];

    redFlowers=[[NSMutableArray alloc] init];
    blueFlowers=[[NSMutableArray alloc] init];

    [redFlowers addObject:[[NSDictionary alloc]
            initWithObjectsAndKeys:@"罂粟目",@"name",
            @"poppy.png",@"picture",
            @"http://zh.wikipedia.org/wiki/罂粟目",@"url",nil]];
    [redFlowers addObject:[[NSDictionary alloc]
            initWithObjectsAndKeys:@"郁金香",@"name",
            @"tulip.png",@"picture",
            @"http://zh.wikipedia.org/wiki/郁金香",@"url",nil]];
    [redFlowers addObject:[[NSDictionary alloc]
```

```objc
            initWithObjectsAndKeys:@"非洲菊",@"name",
            @"gerbera.png",@"picture",
            @"http://zh.wikipedia.org/wiki/非洲菊",@"url",nil]];
[redFlowers addObject:[[NSDictionary alloc]
            initWithObjectsAndKeys:@"芍药属",@"name",
            @"peony.png",@"picture",
            @"http://zh.wikipedia.org/wiki/芍药属",@"url",nil]];
[redFlowers addObject:[[NSDictionary alloc]
            initWithObjectsAndKeys:@"蔷薇属",@"name",
            @"rose.png",@"picture",
            @"http://zh.wikipedia.org/wiki/蔷薇属",@"url",nil]];
[redFlowers addObject:[[NSDictionary alloc]
            initWithObjectsAndKeys:@"Hollyhock",@"name",
            @"hollyhock.png",@"picture",
            @"http://en.wikipedia.org/wiki/Hollyhock",
            @"url",nil]];
[redFlowers addObject:[[NSDictionary alloc]
            initWithObjectsAndKeys:@"Straw Flower",@"name",
            @"strawflower.png",@"picture",
            @"http://en.wikipedia.org/wiki/Strawflower",
            @"url",nil]];

[blueFlowers addObject:[[NSDictionary alloc]
            initWithObjectsAndKeys:@"Hyacinth",@"name",
            @"hyacinth.png",@"picture",
            @"http://en.m.wikipedia.org/wiki/Hyacinth_(flower)",
            @"url",nil]];
[blueFlowers addObject:[[NSDictionary alloc]
            initWithObjectsAndKeys:@"Hydrangea",@"name",
            @"hydrangea.png",@"picture",
            @"http://en.m.wikipedia.org/wiki/Hydrangea",
            @"url",nil]];
[blueFlowers addObject:[[NSDictionary alloc]
            initWithObjectsAndKeys:@"Sea Holly",@"name",
            @"sea holly.png",@"picture",
            @"http://en.wikipedia.org/wiki/Sea_holly",
            @"url",nil]];
[blueFlowers addObject:[[NSDictionary alloc]
            initWithObjectsAndKeys:@"Grape Hyacinth",@"name",
            @"grapehyacinth.png",@"picture",
            @"http://en.wikipedia.org/wiki/Grape_hyacinth",
            @"url",nil]];
[blueFlowers addObject:[[NSDictionary alloc]
            initWithObjectsAndKeys:@"Phlox",@"name",
            @"phlox.png",@"picture",
            @"http://en.wikipedia.org/wiki/Phlox",@"url",nil]];
[blueFlowers addObject:[[NSDictionary alloc]
            initWithObjectsAndKeys:@"Pin Cushion Flower",@"name",
            @"pincushionflower.png",@"picture",
            @"http://en.wikipedia.org/wiki/Scabious",
            @"url",nil]];
```

```
    [blueFlowers addObject:[[NSDictionary alloc]
             initWithObjectsAndKeys:@"Iris",@"name",
             @"iris.png",@"picture",
             @"http://en.wikipedia.org/wiki/Iris_(plant)",
             @"url",nil]];

    self.flowerData=[[NSArray alloc] initWithObjects:
             redFlowers,blueFlowers,nil];
}
```

在上述代码中，首先分配并初始化了数组flowerSections。将分区名加入到数组中，以便能够将分区号作为索引。例如首先添加的是Red Flowers，因此可以使用索引（和分区号）0来访问它；接下来添加了Blue Flower，可以通过索引1访问它。需要分区的标签时，只需使用[flowerSectionsobjectAtIndex:section]即可。

在上述代码中声明了两个NSMutableArrays：redFlowers和blueFlowers，它们分别用于填充每朵花的信息，并使用表示花朵名称（name）、图像文件（picture）和Wikipedia参考资料（URL）的键/值对来初始化它，然后将它插入到其中的一个数组中。在最后的代码中，使用数组redFlowers和blueFlowers创建NSArray flowerData。对应用程序来说，这意味着可以使用[flowerData objectAtIndex:0]和[flowerData objectAtIndex:l]来分别引用红花数组和蓝花数组。

2. 填充数据结构

准备好方法createFlowerData后，便可以在MasterViewController的viewDidLoad方法中调用它了。文件MasterViewController.m中，在这个方法的开头添加如下代码行。

```
[self createFlowerData];
```

▶ 20.5.5 实现主视图控制器

现在可以修改MasterViewController控制的表视图了，其实现方式几乎与常规表视图控制器相同。它也同样需要遵守合适的数据源和委托协议以提供访问和处理数据的接口。

1. 创建表视图数据源协议方法

与前一个示例一样，首先在文件MasterViewController.m中实现3个基本的数据源方法。这些方法(numberOfSectionsInTableView、tableView:numberOfRowsInSection和tableView:titleforHeaderInSection)必须分别返回分区数、每个分区的行数以及分区标题。

要返回分区数，只需计算数组flowerSections包含的元素数即可。

```
return[self.flowerSections count];
```

由于数组flowerData包含两个对应于分区的数组，因此首先访问对应于指定分区的数组，然后返回其包含的元素数。

```
return[[self.flowerData objectAtIndex:sectionJ count];
```

最后通过方法tableView:titleforHeaderInSection给指定分区提供标题，应用程序应使用分区编号作为索引来访问数组flowerSections，并返回该索引指定位置的字符串。

```
return[self.flowerSections  objectAtIndex:section];
```

在文件MasterViewController.m中添加合适的方法，让它们返回这些值。正如看到的，这些方法现在都只有一行代码，这是使用复杂的结构存储数据获得的补偿。

2. 创建单元格

不同于前一个示例项目，这里需要深入挖掘数据结构以取回正确的结果。首先必须声明一个单元格对象，并使用前面给原型单元格指定的标识符flowerCell进行初始化。

```
UITableViewCell kcell=[tableView
            dequeueReusableCellWithIdentifier:@"flowerCell"];
```

要设置单元格的标题、详细信息标签（子标题）和图像，需要使用类似于下面的代码。

```
Cell.textLabel.text=@"Title String";
cell.detailTextLabel.text=@"Detail String";
cell.imageView.image=[UIImage imageNamed:@"MyPicture.png"];
```

这样所有的信息都有了，只需取回即可。

因为flowerData结构的三级层次结构是flowerData (NSArray)——NSArray——NSDictionary，其中第一级是顶层的flowerData数组，它对应于表中的分区；第二级是flowerData包含的另一个数组，它对应于分区中的行；最后，NSDictionary提供了每行的信息。

为了向下挖掘三层以获得各项数据，首先使用indexPath.section返回正确的数组，再使用indexPath.row从该数组中返回正确的字典，最后使用键从字典中返回正确的值。根据同样的逻辑，要将单元格对象的详细信息标签设置为给定分区和行中与键URL对应的值，可以使用如下代码实现。

```
cell.detailTextLabel.text=[[[self.flowerData    objectAtIndex:
indexPath.section]
    objectAtIndex: indexPath.row] objectForKey:@"name"]
```

同样，可以使用如下代码返回并设置图像。

```
cell.imageView.image=[UlImage imageNamed:
[[[self.flowerData  obj ectAtIndex:indexPath.section]
    objectAtIndex: indexPath.row] objectForKey:@"picture"]];
```

最后一步是返回单元格，在文件MasterViewController.m添加这些代码。现在，主视图能够显示一个表，但还需要在用户选择单元格时做出响应：相应地修改详细信息视图。

3. 使用委托协议处理导航事件

为了与DetailViewController通信，将使用其属性detailItem（该属性的类型为id）。因为detailItem可指向任何对象，所以将把它设置为选定花朵的NSDictionary，这就能够在详细视图控制器中直接访问name、URL和其他键。

在文件MasterViewController.m中实现方法tableView:didSelectRowAtIndexPath，例如下面的代码。

```
- (void)tableView:(UITableView *)aTableView didSelectRowAtIndexPath:
(NSIndexPath *)indexPath {
        self.detailViewController.detailItem=[[flowerData
                                objectAtIndex:indexPath.section]
                                objectAtIndex: indexPath.row];
}
```

当用户选择花朵后，detailViewController的属性detailItem将被设置为相应的值。

20.5.6 实现细节视图控制器

当用户选择花朵后，应该让UIWebView实例（detailWebView）加载存储在属性detailItem中的Web地址。为实现这种逻辑，可以使用方法configureView实现。每当详细视图需要更新时，在本实例中都将自动调用这个方法。由于configureView和detailItem都已就绪，因此只需添加一些代码。

1. 显示详细信息视图

由于detailItem存储的是对应于选定花朵的NSDictionary，因此需要使用URL键来获取URL字符串，然后将其转换为NSURL。要完成这项任务，非常简单，代码如下。

```
NSURLrdetailURL;
detailURL=[[NSURL alloc] initWithString:[self.detailItem objectForKey:@ "url"]];
```

这样首先声明了一个名为detailURL的NSURL对象，然后分配地址给它，并使用存储在字典中的URL对其进行初始化。

要在Web视图中加载网页，可以使用loadRequest方法，它将一个NSURLRequest对象作为输入参数。鉴于只有NSURL (detailURL)，因此还需使用NSURLRequest的类方法requestWithURL返回类型合适的对象。为此，只需再添加一行代码：

```
[self.detailWebView loadRequest:[NSURLRequest requestWithURL:detailURL]];
```

前面已经将详细信息场景的导航栏标题改为了Flower Detail，接下来需要将其设置为当前显示的花朵的名称（[detailItem objectForKey:@ "name"]），此时通过使用navigationItem.title，可以将导航栏标题设置为任何值。可使用如下代码来设置详细视图顶部的导航栏标题：

```
self.navigationItem.title= [self.detailItem objectForKey:@ "name"];
```

最后当用户选择花朵后，应隐藏消息"选择吧，亲"。模板中包含一个指向该标签的属性-detailDescriptionLabel，将其hidden属性设置为YES就可隐藏该标签。

```
self.detailDescriptionLabel.hidden=YES;
```

在一个方法中实现这些逻辑，为此在文件DetailViewController.m中方法configureView的实现代码如下所示。

```
- (void)configureView
{
    // Update the user interface for the detail item.

    if (self.detailItem) {
        NSURL *detailURL;
        detailURL=
[[NSURL alloc] initWithString:[self.detailItem objectForKey:@"url"]];
        [self.detailWebView loadRequest:[NSURLRequest requestWithURL:
detailURL]];
        self.navigationItem.title = [self.detailItem objectForKey:
@"name"];
        self.detailDescriptionLabel.hidden=YES;
    }
}
```

2. 设置详细视图中的弹出框按钮

为让这个项目正确，还需做最后一项调整。在纵向模式下，分割视图中有一个按钮，此按钮用于显示包含详细视图的弹出框，其标题默认为Root List，当然可以对其进行修改。

20.5.7 生成应用程序

开始测试应用程序，执行后的效果如图20-20所示。

图20-20　执行效果

选择一种花后的效果如图20-21所示。

图20-21　选择一种花后的效果

第 21 章
公交路线查询系统

本章将通过一个公交线路查询系统的实现过程,详细讲解利用Xcode集成开发环境,在iOS系统中使用Objective-C语言开发大型项目的基本流程。本章首先讲解了开发此项目所需要的基本知识,然后统一规划了整个项目需要的类,最后进行了具体编码。希望读者仔细品味每一段代码,为以后的开发应用工作打好基础。

21.1 系统介绍

在具体编码之前，需要先了解本实例项目的基本功能，了解各个模块的具体结构，为后期的编码工作打好基础。本章的公交路线查询系统项目功能强大，具备如下所示的功能。

1. 线路查询

为了方便用户迅速找到需要的线路，提供了线路查询功能。只需输入某个公交的线路名，就可以快速查询到这条线路。

2. 站站查询

为了满足系统的完整性要求，特意提供了站站查询功能。只需输入起始站和目的站的名称，就可以快速查询到途中的站名。

3. 收藏历史

为了方便用户，特意提供了收藏历史功能，可以将经常用到的信息收藏起来，便于以后查询。主要包括如下3类收藏信息：收藏线路，收藏站点，收藏站站。

4. 地图信息

通过此功能，可以在地图中查看某条公交线路的信息，这样更具有直观性，大大地方便了用户的浏览。本系统可以分为如下3种样式显示地图：Standard，Statellite，Hybird。

5. 系统设置

为了方便用户对本系统的管理，特意提供了本模块供用户对系统进行管理。主要包括如下功能：主题设置，当前城市，数据下载，软件信息。

21.2 系统主界面

本章实例的的源码保存在"光盘:\daima\21\Bus"，默认的系统主界面是线路查询视图，在线路查询视图文件CBus_LineView.xib中，在顶部设置了一个查询表单，在下方列表中显示系统内的公交线路。UI视图文件如图21-1所示。

图21-1 主视图

21.2.1 线路查询视图

线路查询视图的UI界面如图21-1所示，实现文件 CBus_LineViewController.h的代码如下所示。

```objectivec
#import <UIKit/UIKit.h>
@interface CBus_LineViewController : UIViewController <UITableViewDelegate,
UITableViewDataSource,UISearchDisplayDelegate, UISearchBarDelegate>{
    UITableView                    *busLineTableView;
    NSMutableArray                 *filteredListContent;
}
@property(nonatomic, retain) IBOutlet UITableView *busLineTableView;
@property(nonatomic, retain)        NSMutableArray *filteredListContent;
@end
```

文件 CBus_LineViewController.m是文件 CBus_LineViewController.h的实现，功能是载入设置的视图界面，显示一个搜索表单，并在表单下方列表显示30条公交线路信息，可以根据用户输入的搜索关键字来显示搜索结果。文件CBus_LineViewController.m的具体实现代码如下所示。

```objectivec
#import "CBus_LineViewController.h"
#import "CBus_LineDetailViewController.h"
#import "CDataContainer.h"

@implementation CBus_LineViewController

@synthesize busLineTableView,filteredListContent;

// 通过viewdidload的额外设置后加载视图
- (void)viewDidLoad {
    [super viewDidLoad];
    self.filteredListContent = [NSMutableArray arrayWithCapacity:
[[CDataContainer Instance].lineNameArray count]];
}
#pragma mark -
#pragma mark View lifecycle
- (void)viewWillAppear:(BOOL)animated {
    [super viewWillAppear:animated];
    [self.busLineTableView reloadData];
    NSLog(@"-----Nav------%@",self.navigationController.viewControllers);
    NSUserDefaults *userDefault = [NSUserDefaults standardUserDefaults];
    NSInteger styleNum = [userDefault integerForKey:@"styleType"];
    switch (styleNum) {
        case 0:{
[UIApplication sharedApplication].statusBarStyle=UIStatusBarStyleDefault;
self.navigationController.navigationBar.barStyle=UIBarStyleDefault;
self.searchDisplayController.searchBar.barStyle=UIBarStyleDefault;
            break;
```

```objc
            }
            case 1:{
[UIApplication sharedApplication].statusBarStyle=UIStatusBarStyleBlackOpaque;
self.navigationController.navigationBar.barStyle=UIBarStyleBlackOpaque;
self.searchDisplayController.searchBar.barStyle=UIBarStyleBlackOpaque;
            break;
        }
    }
    [self.busLineTableView reloadData];
}

- (void)viewDidAppear:(BOOL)animated {
[super viewDidAppear:animated];
}
#pragma mark -
#pragma mark Table view data source
- (NSString *)tableView:
(UITableView *)tableView titleForHeaderInSection:(NSInteger)section{
    return @"公交线路";
}
-(CGFloat)tableView:(UITableView *)tableView heightForHeaderInSection:
(NSInteger)section{
    return 30;
}
- (NSInteger)numberOfSectionsInTableView:(UITableView *)tableView {
    // Return the number of sections.
    return 1;
}

- (NSInteger)tableView:(UITableView *)tableView numberOfRowsInSection:
(NSInteger)section {
    // 返回行数.
    if(tableView == self.searchDisplayController.searchResultsTableView){
        return [filteredListContent count];
    }
    else {
        return [[CDataContainer Instance].lineNameArray count];
    }
}
// 自定义表格单元的外观
- (UITableViewCell *)tableView:(UITableView *)
tableView cellForRowAtIndexPath:(NSIndexPath *)indexPath {
static NSString *CellIdentifier = @"Cell";
    UITableViewCell *cell =
[tableView dequeueReusableCellWithIdentifier:CellIdentifier];
    if (cell == nil) {
        cell = [[[UITableViewCell alloc] initWithStyle:
UITableViewCellStyleSubtitle reuseIdentifier:CellIdentifier]
```

```objc
autorelease];
        }
        cell.selectionStyle = UITableViewCellSelectionStyleGray;
        // 配置单元…
        
        if (tableView == self.searchDisplayController.searchResultsTableView){
            [[CDataContainer Instance] GetLineStationFromTableSequence:
              [[CDataContainer Instance].lineNameArray indexOfObject:
   [filteredListContent objectAtIndex:indexPath.row]]];
            
            NSString *beginStr =
   [[CDataContainer Instance].stationNameArray objectAtIndex:
            [[CDataContainer Instance] GetBusLineSequenceByIndex:0]-1];
            NSString *endStr =
   [[CDataContainer Instance].stationNameArray objectAtIndex:
          [[CDataContainer Instance] GetBusLineSequenceByIndex:
                [[CDataContainer Instance].sequenceNumArray count]-1]-1];
            NSString *detailStr =
   [[NSString alloc] initWithFormat:@"%@-->%@",beginStr,endStr];
            cell.detailTextLabel.font = [UIFont systemFontOfSize:12];
            cell.detailTextLabel.text = detailStr;
            [detailStr release];
            cell.textLabel.text =
   [filteredListContent objectAtIndex:indexPath.row];
        }
        else{
            [[CDataContainer Instance] GetLineStationFromTableSequence:
   indexPath.row];
            NSString *beginStr =
   [[CDataContainer Instance].stationNameArray objectAtIndex:
            [[CDataContainer Instance] GetBusLineSequenceByIndex:0]-1];
            
            NSString *endStr =
   [[CDataContainer Instance].stationNameArray objectAtIndex:
   GetBusLineSequenceByIndex:[[CDataContainer Instance].
                sequenceNumArray count]-1]-1];
   NSString *detailStr =
       [[NSString alloc] initWithFormat:@"%@-->%@",beginStr,endStr];
            cell.detailTextLabel.font = [UIFont systemFontOfSize:12];
            cell.detailTextLabel.text = detailStr;
            [detailStr release];
            
            cell.textLabel.text =
   [[CDataContainer Instance].lineNameArray objectAtIndex:indexPath.row];
        }
        
    cell.accessoryType = UITableViewCellAccessoryDisclosureIndicator;
    cell.imageView.image = [UIImage imageNamed:@"bus_table_line.png"];
```

```objc
        return cell;
}
#pragma mark -
#pragma mark Table view delegate
- (void)tableView:(UITableView *)tableView didSelectRowAtIndexPath:(NSIndexPath *)indexPath{
    // 创造和推动另一个视图控制器
    CBus_LineDetailViewController *detailViewController = [[CBus_LineDetailViewController alloc] initWithNibName:@"CBus_LineDetailView" bundle:nil];
    // 选定的对象到新视图控制器
    if (tableView == self.searchDisplayController.searchResultsTableView){
        detailViewController.currentLineName = [filteredListContent objectAtIndex:indexPath.row];
        detailViewController.currentLineIndex = [[CDataContainer Instance].lineNameArray indexOfObject:[filteredListContent objectAtIndex:indexPath.row]];
    }
    else{
        detailViewController.currentLineName = [[CDataContainer Instance].lineNameArray objectAtIndex:indexPath.row];
        detailViewController.currentLineIndex = indexPath.row;
    }
    [self.navigationController pushViewController:
                                    detailViewController animated:YES];
    [detailViewController release];
}
#pragma mark -
#pragma mark Content Filtering
- (void)filterContentForSearchText:(NSString*)searchText scope:(NSString*)scope{
    /*
     基于搜索文本和范围更新过滤阵列
     */
    // 清除过滤数组
    [self.filteredListContent removeAllObjects];
    
    /*
     主要的搜索列表类型相匹配的范围（如果选择），其名字比赛要查找的文字；添加项目匹配的滤波阵列
     */
    for (int i = 0;
i < [[CDataContainer Instance].lineNameArray count]; i++){
        NSString * searchInfo =
    [[CDataContainer Instance].lineNameArray objectAtIndex:i];
        NSComparisonResult result = [searchInfo compare:searchText
        options:(NSCaseInsensitiveSearch|NSDiacriticInsensitiveSearch)
            range:NSMakeRange(0, [searchText length])];
        if (result == NSOrderedSame){
```

```objc
            [self.filteredListContent addObject:searchInfo];
        }
    }
}
#pragma mark -
#pragma mark UISearchDisplayController Delegate Methods
- (BOOL)searchDisplayController:(UISearchDisplayController *)controller shouldReloadTableForSearchString:(NSString *)searchString{
    [self filterContentForSearchText:searchString scope:
     [[self.searchDisplayController.searchBar scopeButtonTitles] objectAtIndex:[self.searchDisplayController.searchBar selectedScopeButtonIndex]]];
    //重新加载返回的搜索结果
    return YES;
}
- (BOOL)searchDisplayController:(UISearchDisplayController *)controller shouldReloadTableForSearchScope:(NSInteger)searchOption{
    [self filterContentForSearchText:[self.searchDisplayController.searchBar text] scope:
     [[self.searchDisplayController.searchBar scopeButtonTitles] objectAtIndex:searchOption]];
    
    //Return YES to cause the search result table view to be reloaded.
    return YES;
}
//Override to allow orientations other than the default portrait orientation.
- (BOOL)shouldAutorotateToInterfaceOrientation:(UIInterfaceOrientation)interfaceOrientation{
    //Return YES for supported orientations.
    return (interfaceOrientation == UIInterfaceOrientationPortrait);
}
- (void)didReceiveMemoryWarning {
    //Releases the view if it doesn't have a superview.
    [super didReceiveMemoryWarning];
    self.busLineTableView = nil;
}
- (void)viewDidUnload {
    [super viewDidUnload];
    //Release any retained subviews of the main view.
    //e.g. self.myOutlet = nil;
}
- (void)dealloc {
    [busLineTableView release];
    [filteredListContent release];
    [super dealloc];
}
@end
```

执行效果如图21-2所示。

图21-2 线路查询

21.2.2 线路详情模块

本模块的功能是显示某一条线路的详细信息,在上方显示线路名、票价、首班时间和末班时间,在下方列表显示各个站点。线路详情视图CBus_LineDetailView.xib的UI界面如图21-3所示。

图21-3 线路详情视图

实现文件CBus_LineDetailViewController.h的代码如下所示。

```
#import <UIKit/UIKit.h>
enum ERunType{
    EUpLineType,
    EDownLineType,
    ENoneLineType
};
@interface CBus_LineDetailViewController :
UIViewController <UITableViewDelegate,UITableViewDataSource>{
    UITableView                     *busLineDetailTableView;
    //当前查询的线路的index
    NSInteger                       currentLineIndex;
    NSString                        *currentLineName;
    NSInteger                       runType;
    NSMutableArray                  *upLineArray;
    NSMutableArray                  *downLineArray;

}
@property(nonatomic, retain)    IBOutlet    UITableView
*busLineDetailTableView;
@property(nonatomic, retain)        NSString    *currentLineName;
@property(nonatomic)                NSInteger   currentLineIndex;
-(void)AddLineToFavorite;
@end
```

文件CBus_LineDetailViewController.m是CBus_LineDetailViewController.h的实现，功能是显示某条线路的详细信息，不但列表显示了此线路中的各个站点，而且实现了收藏功能。文件CBus_LineDetailViewController.m的具体实现代码如下所示。

```
#import "CBus_LineDetailViewController.h"
#import "CBus_StationDetailViewController.h"
#import "CBus_LineDetailLineViewController.h"
#import "CDataContainer.h"
@implementation CBus_LineDetailViewController
@synthesize busLineDetailTableView,currentLineName;
@synthesize currentLineIndex;
// 载入界面
- (void)viewDidLoad {
    [super viewDidLoad];
    self.navigationItem.rightBarButtonItem = [[UIBarButtonItem alloc]
initWithBarButtonSystemItem:UIBarButtonSystemItemAdd

    target:self
action:@selector(AddLineToFavorite)];
    [[CDataContainer Instance] GetLineStationFromTableSequence:
currentLineIndex];
}
#pragma mark -
#pragma mark View lifecycle
- (void)viewWillAppear:(BOOL)animated{
```

```objc
    [super viewWillAppear:animated];
    [self.busLineDetailTableView reloadData];
    
    NSUserDefaults *userDefault = [NSUserDefaults standardUserDefaults];
    NSInteger styleNum = [userDefault integerForKey:@"styleType"];
    
    switch (styleNum) {
        case 0:{
            [UIApplication sharedApplication].statusBarStyle =
                                    UIStatusBarStyleDefault;
            self.navigationController.navigationBar.barStyle =
                                    UIBarStyleDefault;
            self.searchDisplayController.searchBar.barStyle =
                                    UIBarStyleDefault;
            break;
        }
        case 1:{
            [UIApplication sharedApplication].statusBarStyle =
                                    UIStatusBarStyleBlackOpaque;
            self.navigationController.navigationBar.barStyle =
                                    UIBarStyleBlackOpaque;
            self.searchDisplayController.searchBar.barStyle =
                                    UIBarStyleBlackOpaque;
            break;
        }
    }
    [[CDataContainer Instance] GetLineStationFromTableSequence:
                                    currentLineIndex];
    [self.busLineDetailTableView reloadData];
    NSLog(@"-----Nav----%@",self.navigationController.viewControllers);
}
- (void)viewDidDisappear:(BOOL)animated {
    [super viewDidDisappear:animated];
}
-(void)AddLineToFavorite
{
    NSLog(@"-------addLineToFavorite---------%@---%d",currentLineName,
currentLineIndex);
    
    for(NSString *lineName in [CDataContainer Instance].
favoriteLineNameArray){
        if ([lineName isEqualToString:currentLineName]) {
            UIAlertView *alert = [[UIAlertView alloc] initWithTitle:@"
收藏"
                                    message:[NSString stringWithFormat:
@"%@ 已收藏",currentLineName]
            delegate:self
  cancelButtonTitle:@"确定"

otherButtonTitles:nil];
            [alert show];
```

```objc
                    [alert release];
                    return;
                }
            }
            [[CDataContainer Instance] InsertFavoriteInfoToDatabase:0
                                    AddName:currentLineName
                                    AddIndex:currentLineIndex
        AddNameEnd:nil
        AddIndexEnd:0];
        UIAlertView *alert = [[UIAlertView alloc] initWithTitle:@"收藏"
            message:[NSString stringWithFormat:@"收藏 %@ 成功",currentLineName]
            delegate:self                          cancelButtonTitle:@"确定"
    otherButtonTitles:nil];
        [alert show];
        [alert release];
}

#pragma mark -
#pragma mark Table view data source
- (NSString *)tableView:
(UITableView *)tableView titleForHeaderInSection:(NSInteger)section{
    return currentLineName;
}
-(CGFloat)tableView:(UITableView *)tableView heightForHeaderInSection:
(NSInteger)section{
    return 30;
}
- (NSInteger)numberOfSectionsInTableView:(UITableView *)tableView {
    // Return the number of sections.
    return 1;
}
- (NSInteger)tableView:(UITableView *)tableView numberOfRowsInSection:
(NSInteger)section{
    // 返回行数.
    return [[CDataContainer Instance].sequenceNumArray count];
}
//自定义表格单元的外观视图
- (UITableViewCell *)tableView:
(UITableView*)tableView cellForRowAtIndexPath:(NSIndexPath*)indexPath{
    static NSString *CellIdentifier = @"Cell";
    UITableViewCell *cell =
[tableView dequeueReusableCellWithIdentifier:CellIdentifier];
    if (cell == nil) {
        cell = [[[UITableViewCell alloc] initWithStyle:
UITableViewCellStyleSubtitle reuseIdentifier:CellIdentifier] autorelease];
    }
    cell.selectionStyle = UITableViewCellSelectionStyleGray;
    cell.accessoryType = UITableViewCellAccessoryDisclosureIndicator;
    // 配置单元
```

```objc
    cell.textLabel.text =
[[CDataContainer Instance].stationNameArray objectAtIndex:
[[CDataContainer Instance] GetBusLineSequenceByIndex:indexPath.row]-1];
    cell.imageView.image = [UIImage imageNamed:@"bus_table_stat.png"];
    return cell;
}
#pragma mark -
#pragma mark Table view delegate
- (void)tableView:(UITableView *)tableView didSelectRowAtIndexPath:
(NSIndexPath *)indexPath {
    // 创建和推动另一个视图控制器
    CBus_LineDetailLineViewController *detailViewController =
[[CBus_LineDetailLineViewController alloc] initWithNibName:@"CBus_
LineDetailLineView" bundle:nil];
    detailViewController.currentStationName =
[[CDataContainer Instance].stationNameArray objectAtIndex:
[[CDataContainer Instance] GetBusLineSequenceByIndex:indexPath.row]-1];
    detailViewController.currentStationIndex =
[[CDataContainer Instance].stationNameArray indexOfObject:
detailViewController.currentStationName]+1;

    [self.navigationController pushViewController:
detailViewController animated:YES];
    [detailViewController release];
}
-(void)tableView:(UITableView *)
tableView accessoryButtonTappedForRowWithIndexPath:(NSIndexPath *)indexPath{
}
// 显示默认线路的肖像图片
- (BOOL)shouldAutorotateToInterfaceOrientation:
(UIInterfaceOrientation)interfaceOrientation {
    // Return YES for supported orientations.
    return (interfaceOrientation == UIInterfaceOrientationPortrait);
}
- (void)didReceiveMemoryWarning {
    //如果没有视图则释放它.
    [super didReceiveMemoryWarning];
    self.busLineDetailTableView = nil;
}
- (void)viewDidUnload {
    [super viewDidUnload];
    // .释放任何保留的主视图
    // e.g. self.myOutlet = nil;
}
- (void)dealloc {
    [busLineDetailTableView release];
    [super dealloc];
}
@end
```

执行效果如图21-4所示。

图21-4　执行效果

21.2.3　线路中某站详情

本模块的功能是显示某一条线路中某个站的详细信息,即显示通过这个站的所有线路。此模块的视图CBus_LineDetailLineView.xib的UI界面如图21-5所示。

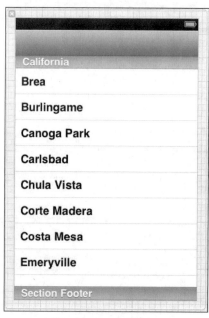

图21-5　UI视图

实现文件 CBus_LineDetailLineViewController.h 的代码如下所示。

```
#import <UIKit/UIKit.h>
@interface CBus_LineDetailLineViewController :
UIViewController <UITableViewDelegate,UITableViewDataSource>{
    UITableView                          *busStationDetailView;
    NSInteger                            currentStationIndex;
    NSString                             *currentStationName;
    NSInteger                            beginStationIndex;
    NSString                             *beginStationName;
    NSInteger                            endStationIndex;
    NSString                             *endStationName;
    BOOL                                 isStatToStat;
    NSMutableArray                       *beginStationLineArray;
    NSMutableArray                       *endStationLineArray;
    NSMutableArray                       *StatToStatLineArray;
}
@property(nonatomic, retain) IBOutlet  UITableView     *busStationDetailView;
@property(nonatomic, retain)           NSString        *currentStationName;
@property(nonatomic)                   NSInteger       currentStationIndex;
@property(nonatomic, retain)           NSString        *beginStationName;
@property(nonatomic)                   NSInteger       beginStationIndex;
@property(nonatomic, retain)           NSString        *endStationName;
@property(nonatomic)                   NSInteger       endStationIndex;
@property(nonatomic)                   BOOL            isStatToStat;
@property(nonatomic, retain)           NSMutableArray  *beginStationLineArray;
@property(nonatomic, retain)           NSMutableArray  *endStationLineArray;
@property(nonatomic, retain)           NSMutableArray  *StatToStatLineArray;
- (BOOL)findTwoStationInOneLine;
- (BOOL)findTwoStationInTwoLine;
@end
```

文件CBus_LineDetailLineViewController.m是文件CBus_LineDetailLineViewController.h的实现，具体代码如下所示。

```
#import "CBus_LineDetailLineViewController.h"
#import "CBus_LineDetailViewController.h"
#import "CDataContainer.h"
@implementation CBus_LineDetailLineViewController
@synthesize busStationDetailView;
@synthesize currentStationName,currentStationIndex;
@synthesize beginStationName,beginStationIndex,endStationName,endStationIndex;
@synthesize isStatToStat;
@synthesize beginStationLineArray, endStationLineArray, StatToStatLineArray;
// 初始化视图
- (void)viewDidLoad{
    [super viewDidLoad];
    self.navigationItem.rightBarButtonItem = [[UIBarButtonItem alloc]
initWithBarButtonSystemItem:UIBarButtonSystemItemAdd
                                          target:self
  action:@selector(AddStationToFavorite)];
```

```objc
        if (isStatToStat){
            NSLog(@"---------isStatToStat------");
            [[CDataContainer Instance] GetStationLineFromTableSequence:
    beginStationIndex];
            beginStationLineArray = [NSMutableArray arrayWithArray:
[CDataContainer Instance].stationLineArray];
            NSLog(@"---------beginStationLineArray-------
%@",beginStationLineArray);
            [[CDataContainer Instance] GetStationLineFromTableSequence:
    endStationIndex];
            endStationLineArray = [NSMutableArray arrayWithArray:
[CDataContainer Instance].stationLineArray];
            NSLog(@"---------endStationLineArray-------%@",
endStationLineArray);
            if ([self findTwoStationInOneLine]){
                return;
            }
            else if([self findTwoStationInTwoLine]){
                return;
            }
        }
        else {
            NSLog(@"---------isStat-------");
            [[CDataContainer Instance] GetStationLineFromTableSequence:
    currentStationIndex];
        }
    }
- (BOOL)findTwoStationInOneLine{
    NSLog(@"-------findTwoStationInOneLine------");
    if (StatToStatLineArray == nil){
        StatToStatLineArray = [[NSMutableArray alloc] init];
    }
    for (NSString *beginStationStr in beginStationLineArray){
        for(NSString *endStationStr in endStationLineArray){
            if ([beginStationStr isEqualToString:endStationStr]){
                [StatToStatLineArray addObject:beginStationStr];
                NSLog(@"-----------StatToStatLineArray--------
%@",StatToStatLineArray);
            }
        }
    }
    
    if (StatToStatLineArray){
        return YES;
    }
    return NO;
}
- (BOOL)findTwoStationInTwoLine{
    return NO;
```

```objc
}

#pragma mark -
#pragma mark View lifecycle

- (void)viewWillAppear:(BOOL)animated {
    [super viewWillAppear:animated];
    [self.busStationDetailView reloadData];
    NSLog(@"-----Nav----%@",self.navigationController.viewControllers);
    NSUserDefaults *userDefault = [NSUserDefaults standardUserDefaults];
    NSInteger styleNum = [userDefault integerForKey:@"styleType"];
    switch (styleNum){
        case 0:{
            [UIApplication sharedApplication].statusBarStyle =
                                        UIStatusBarStyleDefault;
            self.navigationController.navigationBar.barStyle =
                                        UIBarStyleDefault;
            self.searchDisplayController.searchBar.barStyle =
                                        UIBarStyleDefault;
            break;
        }
        case 1:{
            [UIApplication sharedApplication].statusBarStyle =
                                        UIStatusBarStyleBlackOpaque;
            self.navigationController.navigationBar.barStyle =
                                        UIBarStyleBlackOpaque;
            self.searchDisplayController.searchBar.barStyle =
                                        UIBarStyleBlackOpaque;
            break;
        }
    }
}
- (void)viewDidDisappear:(BOOL)animated {
    [super viewDidDisappear:animated];
}

-(void)AddStationToFavorite{
    NSLog(@"-----AddStationToFavorite-----%@----%d",currentStationName,
currentStationIndex);
    for(NSString *lineName in [CDataContainer Instance].
favoriteStationNameArray){
        if ([lineName isEqualToString:currentStationName]){
    UIAlertView *alert = [[UIAlertView alloc] initWithTitle:@"收藏"
            message:[NSString stringWithFormat:@"%@ 已收藏",
currentStationName]
            delegate:self
            cancelButtonTitle:@"确定"
            otherButtonTitles:nil];
            [alert show];
```

```objc
                [alert release];
                return;
            }
        }
        [[CDataContainer Instance] InsertFavoriteInfoToDatabase:1
AddName:currentStationName AddIndex:currentStationIndex AddNameEnd:nil
AddIndexEnd:0];
        UIAlertView *alert = [[UIAlertView alloc] initWithTitle:@"收藏"
                                        message:[NSString stringWithFormat:
@"收藏 %@ 成功",currentStationName]
            delegate:self
                                            cancelButtonTitle:@"确定"
            otherButtonTitles:nil];
        [alert show];
        [alert release];
    }
#pragma mark -
#pragma mark Table view data source
- (NSString *)tableView:
(UITableView *)tableView titleForHeaderInSection:(NSInteger)section{
    if (isStatToStat){
        return [[NSString alloc] initWithFormat:@"%@——>%@",
beginStationName,endStationName];
    }
    else{
        return currentStationName;
    }
    return nil;
}
- (CGFloat)tableView:(UITableView *)tableView heightForHeaderInSection:
(NSInteger)section{
    return 30;
}
- (NSInteger)numberOfSectionsInTableView:(UITableView *)tableView {
    // Return the number of sections.
    return 1;
}

- (NSInteger)tableView:(UITableView *)tableView numberOfRowsInSection:
(NSInteger)section{
    // Return the number of rows in the section.
    if (isStatToStat){
        return [StatToStatLineArray count];
    }
    else{
        return [[CDataContainer Instance].stationLineArray count];
    }
    return 0;
```

```objectivec
}
- (UITableViewCell *)tableView:(UITableView *)
tableView cellForRowAtIndexPath:(NSIndexPath *)indexPath{
static NSString *CellIdentifier = @"Cell";

    UITableViewCell *cell =
[tableView dequeueReusableCellWithIdentifier:CellIdentifier];
if (cell == nil){
        cell = [[[UITableViewCell alloc] initWithStyle:
UITableViewCellStyleSubtitle reuseIdentifier:CellIdentifier] autorelease];
    }
    cell.selectionStyle = UITableViewCellSelectionStyleGray;
    cell.accessoryType = UITableViewCellAccessoryDisclosureIndicator;

    if (isStatToStat){
        cell.textLabel.text =
[[CDataContainer Instance].lineNameArray objectAtIndex:
    [[StatToStatLineArray objectAtIndex:indexPath.row] intValue]/2-1];
    }
    else{
         [[CDataContainer Instance] GetLineStationFromTableSequence:
            [[CDataContainer Instance].lineNameArray indexOfObject:
[[CDataContainer Instance].lineNameArray objectAtIndex:
              [[CDataContainer Instance] GetBusStationLineByIndex:
indexPath.row]-1]]];
         NSString *beginStr =
 [[CDataContainer Instance].stationNameArray objectAtIndex:

 [[CDataContainer Instance] GetBusLineSequenceByIndex:0]-1];
         NSString *endStr =
 [[CDataContainer Instance].stationNameArray objectAtIndex:

[[CDataContainer Instance] GetBusLineSequenceByIndex:
  [[CDataContainer Instance].sequenceNumArray count]-1]-1];
         NSString *detailStr = [[NSString alloc] initWithFormat:@"%@--
>%@",beginStr,endStr];
         cell.detailTextLabel.font = [UIFont systemFontOfSize:12];
         cell.detailTextLabel.text = detailStr;
         [detailStr release];
         cell.textLabel.text =
  [[CDataContainer Instance].lineNameArray objectAtIndex:

 [[CDataContainer Instance] GetBusStationLineByIndex:indexPath.row]-1];
    }
    cell.imageView.image = [UIImage imageNamed:@"bus_table_line.png"];
    return cell;
 }
#pragma mark -
```

```objc
#pragma mark Table view delegate
- (void)tableView:(UITableView *)tableView didSelectRowAtIndexPath:
(NSIndexPath *)indexPath {
// Navigation logic may go here. Create and push another view controller.
CBus_LineDetailViewController *lineDetailViewController =
[self.navigationController.viewControllers objectAtIndex:1];
    lineDetailViewController.currentLineName =
[[CDataContainer Instance].lineNameArray objectAtIndex:
 [[CDataContainer Instance] GetBusStationLineByIndex:
indexPath.row]-1];
    lineDetailViewController.currentLineIndex =
[[CDataContainer Instance].lineNameArray indexOfObject:
lineDetailViewController.currentLineName];
[self.navigationController popViewControllerAnimated:YES];
}

// Override to allow orientations other than the default portrait orientation.
 - (BOOL)shouldAutorotateToInterfaceOrientation:
(UIInterfaceOrientation)interfaceOrientation {
 // Return YES for supported orientations.
    return (interfaceOrientation == UIInterfaceOrientationPortrait);
 }

- (void)didReceiveMemoryWarning {
    // Releases the view if it doesn't have a superview.
    [super didReceiveMemoryWarning];
    
    // Release any cached data, images, etc. that aren't in use.
}
- (void)viewDidUnload {
    [super viewDidUnload];
    // Release any retained subviews of the main view.
    // e.g. self.myOutlet = nil;
}
- (void)dealloc {
    [busStationDetailView release];
    [super dealloc];
}
@end
```

21.3　站站查询

本模块的功能是提供站站查询功能，只需输入起始站和目的站的名称，就可以快速查询到符合要求的公交线路。在本节的内容中，将详细讲解站站查询模块的具体实现流程。

21.3.1 站站查询主视图

站站查询主视图 CBus_StatToStatView.xib的UI界面如图21-6所示，在上方显示搜索表单，在下方列表显示了30条线路。

图21-6　站站查询主视图

实现文件 CBus_StatToStatViewController.h的代码如下所示。

```
#import <UIKit/UIKit.h>
#define kBeginStationComponent 0
#define kEndStationComponent 1
enum EStationType{
    EBeginStationType,
    EEndStationType,
    ENoneStationType
};
@interface CBus_StatToStatViewController :
UIViewController <UITableViewDelegate,UITableViewDataSource,
                  UISearchDisplayDelegate, UISearchBarDelegate,
UIPickerViewDelegate, UIPickerViewDataSource>{
    UITableView                 *busStatToStatTableView;
    UISearchBar                 *currentSearchBar;
    UISearchBar                 *beginSearchBar;
    UISearchBar                 *endSearchBar;
    UIPickerView                *stationPickView;
    NSInteger                    currentBeginIndex;
    NSInteger                    currentEndIndex;
    NSInteger                    stationType;
    NSMutableArray              *beginFilteredListContent;
    NSMutableArray              *endFilteredListContent;
    NSString                    *ifSelectedPickerString;
```

```
        NSString                        *ifSelectedPickEndString;
        BOOL                            isSearchBegin;
        BOOL                            isSearchEndBegin;
        BOOL                            isJumpToStat;
        UIBarButtonItem                 *returnKeyBordBtn;
    }
    @property (nonatomic, retain) IBOutlet UITableView
*busStatToStatTableView;
    @property (nonatomic, retain) IBOutlet UISearchBar
*beginSearchBar;
    @property (nonatomic, retain) IBOutlet UISearchBar
*endSearchBar;
    @property (nonatomic, retain) IBOutlet UIPickerView
*stationPickView;
    @property(nonatomic, retain)
NSMutableArray *beginFilteredListContent;
    @property(nonatomic, retain)
NSMutableArray *endFilteredListContent;
    @property(nonatomic) BOOL             isJumpToStat;
    - (void)filterContentForSearchText:(NSString*)searchText;
    @end
```

文件CBus_StatToStatViewController.m是文件CBus_StatToStatViewController.h的实现，功能是显示搜索表单，并根据用户输入的起始站点和终点站信息列表显示符合搜索条件的线路。

```
    #import "CBus_StatToStatViewController.h"
    #import "CBus_LineDetailViewController.h"
    #import "CBus_StationDetailViewController.h"
    #import "CDataContainer.h"
    @implementation CBus_StatToStatViewController
    @synthesize busStatToStatTableView,beginFilteredListContent,
                    endFilteredListContent;
    @synthesize beginSearchBar, endSearchBar, stationPickView;
    @synthesize isJumpToStat;
    // 界面初始化
    - (void)viewDidLoad {
       [super viewDidLoad];

       returnKeyBordBtn = [[UIBarButtonItem alloc] initWithTitle:@"收起键盘"
style:UIBarButtonItemStylePlain


              target:self


              action:@selector(HideKeyBoard:)];

       self.navigationItem.rightBarButtonItem = nil;// 输入键盘;

       self.beginFilteredListContent = [NSMutableArray arrayWithArray:
[CDataContainer Instance].stationNameArray];
```

```objc
    self.endFilteredListContent = [NSMutableArray arrayWithArray:
[CDataContainer Instance].stationNameArray];
    
    isSearchBegin = NO;
    isSearchEndBegin = NO;
    isJumpToStat = NO;
    
    ifSelectedPickerString = [[NSString alloc] init];
    ifSelectedPickEndString = [[NSString alloc] init];
}
#pragma mark -
#pragma mark View lifecycle
//根据设置的样式显示
- (void)viewWillAppear:(BOOL)animated{
    [super viewWillAppear:animated];
    [self.busStatToStatTableView reloadData];
    
    NSUserDefaults *userDefault = [NSUserDefaults standardUserDefaults];
    NSInteger styleNum = [userDefault integerForKey:@"styleType"];
    
    switch (styleNum){
        case 0:{
            [UIApplication sharedApplication].statusBarStyle =
                                UIStatusBarStyleDefault;
            self.navigationController.navigationBar.barStyle =
                                UIBarStyleDefault;
            self.beginSearchBar.barStyle = UIBarStyleDefault;
            self.endSearchBar.barStyle = UIBarStyleDefault;
            break;
        }
        case 1:{
            [UIApplication sharedApplication].statusBarStyle =
                                UIStatusBarStyleBlackOpaque;
            self.navigationController.navigationBar.barStyle =
                                UIBarStyleBlackOpaque;
            self.beginSearchBar.barStyle = UIBarStyleBlackOpaque;
            self.endSearchBar.barStyle = UIBarStyleBlackOpaque;
            break;
        }
    }
    
    self.navigationItem.rightBarButtonItem = nil;
    
    stationType = ENoneStationType;
    
    [stationPickView reloadAllComponents];
    
    if(isJumpToStat){
        CBus_StationDetailViewController *detailViewController
 = [[CBus_StationDetailViewController alloc] initWithNibName:@"CBus_
StationDetailView" bundle:nil];
```

```objc
            detailViewController.currentStationName =
[[CDataContainer Instance].stationNameArray objectAtIndex:currentBeginIndex];
            detailViewController.currentStationIndex = currentBeginIndex+1;
            [self.navigationController pushViewController:
detailViewController animated:YES];
            [detailViewController release];
            isJumpToStat = NO;
        }
}
- (void)viewDidAppear:(BOOL)animated{
    [super viewDidAppear:animated];
}
- (void)viewWillDisappear:(BOOL)animated{
    [super viewWillDisappear:animated];
}
- (void)viewDidDisappear:(BOOL)animated{
    [super viewDidDisappear:animated];
    
    beginSearchBar.text = @"";
    endSearchBar.text = @"";
}
// 默认肖像图片
- (BOOL)shouldAutorotateToInterfaceOrientation:
(UIInterfaceOrientation)interfaceOrientation{
 // Return YES for supported orientations.
    return (interfaceOrientation == UIInterfaceOrientationPortrait);
}

-(IBAction)HideKeyBoard:(id)sender{
    NSLog(@"------HideKeyBoard------");
    self.navigationItem.rightBarButtonItem = nil;
    
    beginSearchBar.text = @"";
    endSearchBar.text = @"";
    
    stationPickView.hidden = YES;
    [currentSearchBar resignFirstResponder];
}
#pragma mark -
#pragma mark Table view data source
- (NSString *)tableView:
(UITableView *)tableView titleForHeaderInSection:(NSInteger)section{
    return @"站站查询";
}
- (CGFloat)tableView:
(UITableView *)tableView heightForHeaderInSection:(NSInteger)section{
    return 30;
}
- (NSInteger)numberOfSectionsInTableView:(UITableView *)tableView{
    return 1;
}
```

```objc
- (NSInteger)tableView:
(UITableView *)tableView numberOfRowsInSection:(NSInteger)section{
    return [[CDataContainer Instance].stationNameArray count];
}
- (UITableViewCell *)tableView:
(UITableView *)tableView cellForRowAtIndexPath:(NSIndexPath *)indexPath {
    static NSString *CellIdentifier = @"Cell";
UITableViewCell *cell = 
[tableView dequeueReusableCellWithIdentifier:CellIdentifier];
if (cell == nil) {
        cell = [[[UITableViewCell alloc] initWithStyle:
UITableViewCellStyleDefault reuseIdentifier:CellIdentifier] autorelease];
    }
    cell.accessoryType = UITableViewCellAccessoryDisclosureIndicator;
    cell.selectionStyle = UITableViewCellSelectionStyleGray;
    // Configure the cell...
    cell.textLabel.text = 
[[CDataContainer Instance].stationNameArray objectAtIndex:indexPath.row];
    cell.imageView.image = [UIImage imageNamed:@"bus_table_stat.png"];
    return cell;
}
#pragma mark -
#pragma mark Table view delegate

- (void)tableView:(UITableView *)tableView didSelectRowAtIndexPath:
(NSIndexPath *)indexPath {
    // 创造和推动另一个视图控制器

    CBus_StationDetailViewController *detailViewController = 
[[CBus_StationDetailViewController alloc] initWithNibName:@"CBus_
StationDetailView" bundle:nil];
    detailViewController.currentStationName = 
[[CDataContainer Instance].stationNameArray objectAtIndex:indexPath.row];
    detailViewController.currentStationIndex = indexPath.row+1;
    [self.navigationController pushViewController:
detailViewController animated:YES];
    [detailViewController release];
}
-(void)tableView:(UITableView *)
tableView accessoryButtonTappedForRowWithIndexPath:(NSIndexPath *)indexPath
{
}
#pragma mark -
#pragma mark Picker view data source
- (NSInteger)numberOfComponentsInPickerView:(UIPickerView *)pickerView{
    return 2;
}
- (NSInteger)pickerView:
(UIPickerView *)pickerView numberOfRowsInComponent:(NSInteger)component{
    if (component == kBeginStationComponent){
        if ([beginSearchBar.text isEqualToString:@""]){
```

```objc
            return [[CDataContainer Instance].stationNameArray count];
        }
        if (stationType == EBeginStationType){
            return[beginFilteredListContent count];
        }
        else{
            return [[CDataContainer Instance].stationNameArray count];
        }
    }
    else if(component == kEndStationComponent){
        if ([endSearchBar.text isEqualToString:@""]){
            return [[CDataContainer Instance].stationNameArray count];
        }
        if (stationType == EEndStationType){
            return[endFilteredListContent count];
        }
        else {
            return [[CDataContainer Instance].stationNameArray count];
        }
    }
    return 0;
}
- (NSString *)pickerView:(UIPickerView *)pickerView titleForRow:(NSInteger)row forComponent:(NSInteger)component{
    if (component == kBeginStationComponent){
        if ([beginSearchBar.text isEqualToString:@""]){
            return [[CDataContainer Instance].stationNameArray objectAtIndex:row];
        }
        if (stationType == EBeginStationType){
            return[beginFilteredListContent objectAtIndex:row];
        }
        else {
            return [[CDataContainer Instance].stationNameArray objectAtIndex:row];
        }
    }
    else if(component == kEndStationComponent){
        if ([endSearchBar.text isEqualToString:@""]){
            return [[CDataContainer Instance].stationNameArray objectAtIndex:row];
        }
        if (stationType == EEndStationType){
            return[endFilteredListContent objectAtIndex:row];
        }
        else {
            return [[CDataContainer Instance].stationNameArray objectAtIndex:row];
        }
    }
    
    return nil;
}
- (void)pickerView:(UIPickerView *)pickerView didSelectRow:(NSInteger)row inComponent:(NSInteger)component{
```

```objc
    if (component == kBeginStationComponent){
        currentBeginIndex = row;
        
        if ([beginSearchBar.text isEqualToString:@""]){
            isSearchBegin = NO;
            ifSelectedPickerString = 
[[CDataContainer Instance].stationNameArray objectAtIndex:row];
            beginSearchBar.text = 
[[CDataContainer Instance].stationNameArray objectAtIndex:row];
        }
        else if (stationType == EBeginStationType){
            ifSelectedPickerString = 
[beginFilteredListContent objectAtIndex:row];
            beginSearchBar.text = 
[beginFilteredListContent objectAtIndex:row];
        }
        else {
            ifSelectedPickerString = 
[[CDataContainer Instance].stationNameArray objectAtIndex:row];
            beginSearchBar.text = 
[[CDataContainer Instance].stationNameArray objectAtIndex:row];
        }
    }
    else if(component == kEndStationComponent){
        currentEndIndex = row;
        
        if ([endSearchBar.text isEqualToString:@""]){
            isSearchEndBegin = NO;
            ifSelectedPickEndString = 
[[CDataContainer Instance].stationNameArray objectAtIndex:row];
            endSearchBar.text = 
[[CDataContainer Instance].stationNameArray objectAtIndex:row];
        }
        else if (stationType == EEndStationType){
            ifSelectedPickEndString = 
[endFilteredListContent objectAtIndex:row];
            endSearchBar.text = 
[endFilteredListContent objectAtIndex:row];
        }
        else{
            ifSelectedPickEndString = 
[[CDataContainer Instance].stationNameArray objectAtIndex:row];
            endSearchBar.text = 
[[CDataContainer Instance].stationNameArray objectAtIndex:row];
        }
    }
}
```

```objc
#pragma mark -
#pragma mark SearchBarText delegate
- (void)searchBarTextDidBeginEditing:(UISearchBar *)searchBar{
    NSLog(@"------searchBarTextDidBeginEditing---");
    stationPickView.hidden = NO;
    self.navigationItem.rightBarButtonItem = returnKeyBordBtn;
    currentSearchBar = searchBar;
    
    if (currentSearchBar == beginSearchBar){
        NSLog(@"---------Type------EBeginStationType");
        stationType = EBeginStationType;
    }
    else{
        NSLog(@"---------Type------EEndStationType");
        stationType = EEndStationType;
    }
}
- (void)searchBarTextDidEndEditing:(UISearchBar *)searchBar{
    NSLog(@"------searchBarTextDidEndEditing---");
}
- (void)searchBar:(UISearchBar *)searchBar textDidChange:(NSString *)searchText{
    NSLog(@"--------SearchBar_text Changed--------");
    if(searchBar == beginSearchBar)
    {
        if ([ifSelectedPickerString isEqualToString:searchText]){
            return;
        }
        if (stationType == EBeginStationType){
            isSearchBegin = YES;
            [self filterContentForSearchText:searchText];
            [stationPickView reloadAllComponents];
        }
    }
    else if(searchBar == endSearchBar){
        if ([ifSelectedPickEndString isEqualToString:searchText]){
            return;
        }
        if (stationType == EEndStationType){
            isSearchEndBegin = YES;
            [self filterContentForSearchText:searchText];
            [stationPickView reloadAllComponents];
        }
    }
}
- (void)searchBarSearchButtonClicked:(UISearchBar *)searchBar{
    NSLog(@"------searchBarSearchButtonClicked---");
    CBus_StationDetailViewController *detailViewController = [[CBus_StationDetailViewController alloc] initWithNibName:@"CBus_StationDetailView" bundle:nil];
```

```objc
        if ((![beginSearchBar.text isEqualToString:@""])&&(![endSearchBar.text isEqualToString:@""])){
            NSLog(@"------站站查询------");
            if (isSearchBegin){
                detailViewController.beginStationName = [beginFilteredListContent objectAtIndex:currentBeginIndex];
                detailViewController.beginStationIndex = [[CDataContainer Instance].stationNameArray indexOfObject:[beginFilteredListContent objectAtIndex:currentBeginIndex]]+1;
            }
            else {
                detailViewController.beginStationName = [[CDataContainer Instance].stationNameArray objectAtIndex:currentBeginIndex];
                detailViewController.beginStationIndex = currentBeginIndex+1;
            }
            if (isSearchEndBegin){
                detailViewController.endStationName = [endFilteredListContent objectAtIndex:currentEndIndex];
                detailViewController.endStationIndex = [[CDataContainer Instance].stationNameArray indexOfObject:[endFilteredListContent objectAtIndex:currentEndIndex]]+1;
            }
            else {
                detailViewController.endStationName = [[CDataContainer Instance].stationNameArray objectAtIndex:currentEndIndex];
                detailViewController.endStationIndex = currentEndIndex+1;
            }
            detailViewController.isStatToStat = YES;
        }
        else if (stationType == EBeginStationType){
            NSLog(@"------始站查询------");
            
            if (isSearchBegin){
                detailViewController.currentStationName = [beginFilteredListContent objectAtIndex:currentBeginIndex];
                detailViewController.currentStationIndex = [[CDataContainer Instance].stationNameArray indexOfObject:[beginFilteredListContent objectAtIndex:currentBeginIndex]]+1;
            }
            else {
                detailViewController.currentStationName = [[CDataContainer Instance].stationNameArray objectAtIndex:currentBeginIndex];
                detailViewController.currentStationIndex = currentBeginIndex+1;
            }
            detailViewController.isStatToStat = NO;
        }
        else if(stationType == EEndStationType){
            NSLog(@"------尾站查询------");
            if (isSearchEndBegin){
                detailViewController.currentStationName = [endFilteredListContent objectAtIndex:currentEndIndex];
```

```objc
            detailViewController.currentStationIndex =
            [[CDataContainer Instance].stationNameArray indexOfObject:
            [endFilteredListContent objectAtIndex:currentEndIndex]]+1;
        }
        else{
            detailViewController.currentStationName = [[CDataContainer Instance].stationNameArray objectAtIndex:currentEndIndex];
            detailViewController.currentStationIndex = currentEndIndex+1;
        }
        detailViewController.isStatToStat = NO;
    }
    [currentSearchBar resignFirstResponder];
    stationPickView.hidden = YES;
    // 通过选定的对象到新视图控制器
    [self.navigationController pushViewController:detailViewController animated:YES];
    [detailViewController release];
}
#pragma mark -
#pragma mark Search Methods

- (void)filterContentForSearchText:(NSString*)searchText;{
    //更新过滤阵列基于搜索文本和范围。
    //首先清除过滤数组。
    if (stationType == EBeginStationType){
        [self.beginFilteredListContent removeAllObjects];
        
        for (int i = 0; i < [[CDataContainer Instance].stationNameArray count]; i++){
            NSString *searchNameInfo = [[CDataContainer Instance].stationNameArray objectAtIndex:i];
            NSString *searchPYInfo = [[CDataContainer Instance].stationPYArray objectAtIndex:i];
            NSComparisonResult result = [searchNameInfo compare:searchText options:(NSCaseInsensitiveSearch|NSDiacriticInsensitiveSearch) range:NSMakeRange(0, [searchText length])];
            NSComparisonResult resultPY = [searchPYInfo compare:searchText options:(NSCaseInsensitiveSearch|NSDiacriticInsensitiveSearch) range:NSMakeRange(0, [searchText length])];
            
            if (result == NSOrderedSame || resultPY == NSOrderedSame){
                [self.beginFilteredListContent addObject:searchNameInfo];
            }
        }
    }
    else if(stationType == EEndStationType){
        [self.endFilteredListContent removeAllObjects];
        
        for (int i = 0; i < [[CDataContainer Instance].stationNameArray count]; i++){
```

```
            NSString *searchNameInfo =
[[CDataContainer Instance].stationNameArray objectAtIndex:i];
            NSString *searchPYInfo =
[[CDataContainer Instance].stationPYArray objectAtIndex:i];

            NSComparisonResult result =
[searchNameInfo compare:searchText options:(NSCaseInsensitiveSearch|
NSDiacriticInsensitiveSearch) range:NSMakeRange(0, [searchText length])];
            NSComparisonResult resultPY =
[searchPYInfo compare:searchText options:(NSCaseInsensitiveSearch|
NSDiacriticInsensitiveSearch) range:NSMakeRange(0, [searchText length])];

            if (result == NSOrderedSame || resultPY == NSOrderedSame)
{
                [self.endFilteredListContent addObject:searchNameInfo];
            }
        }
    }
}
- (void)dealloc {
    [busStatToStatTableView release];
    [beginSearchBar release];
    [endSearchBar release];
    [currentSearchBar release];
    [stationPickView release];
    [beginFilteredListContent release];
    [endFilteredListContent release];
    [returnKeyBordBtn release];
    [super dealloc];
}
@end
```

执行效果如图21-7所示。

图21-7　执行效果

21.3.2 站站查询详情视图

站站查询详情视图CBus_StatDetailStatView.xib的UI界面如图21-8所示，在上方显示票价、首发站、始发站、首班车时间和末班车时间，在下方列表显示了30条线路。

图21-8 站站查询主视图

本模块初始化和上一节中的线路详情模块类似，实现文件 CBus_StatDetailStatViewController.m的主要代码如下所示。

```
#import "CBus_StatDetailStatViewController.h"
#import "CBus_StationDetailViewController.h"
#import "CBus_LineDetailLineViewController.h"
#import "CDataContainer.h"
@implementation CBus_StatDetailStatViewController
@synthesize busLineDetailTableView,currentLineName;
@synthesize currentLineIndex;
@synthesize isStatToStat;
// 视图初始化
- (void)viewDidLoad{
    [super viewDidLoad];
    self.navigationItem.rightBarButtonItem = [[UIBarButtonItem alloc]
initWithBarButtonSystemItem:UIBarButtonSystemItemAdd

    target:self
action:@selector(AddLineToFavorite)];
    [[CDataContainer Instance] GetLineStationFromTableSequence:
currentLineIndex];
}
#pragma mark -
#pragma mark View lifecycle
- (void)viewWillAppear:(BOOL)animated {
    [super viewWillAppear:animated];
```

```objc
        [self.busLineDetailTableView reloadData];
        NSLog(@"-----Nav----%@",self.navigationController.viewControllers);
        NSUserDefaults *userDefault = [NSUserDefaults standardUserDefaults];
        NSInteger styleNum = [userDefault integerForKey:@"styleType"];
        switch (styleNum) {
            case 0:{
                [UIApplication sharedApplication].statusBarStyle =
                                                UIStatusBarStyleDefault;
                self.navigationController.navigationBar.barStyle =
                                                UIBarStyleDefault;
                self.searchDisplayController.searchBar.barStyle =
                                                UIBarStyleDefault;
                break;
            }
            case 1:{
                [UIApplication sharedApplication].statusBarStyle =
                                                UIStatusBarStyleBlackOpaque;
                self.navigationController.navigationBar.barStyle =
                                                UIBarStyleBlackOpaque;
                self.searchDisplayController.searchBar.barStyle =
                                                UIBarStyleBlackOpaque;
                break;
            }
        }
}
- (void)viewDidDisappear:(BOOL)animated {
    [super viewDidDisappear:animated];
    isStatToStat = NO;
}
-(void)AddLineToFavorite{
    NSLog(@"-------addLineToFavorite---------%@---%d",currentLineName,currentLineIndex);
    
    for(NSString *lineName in [CDataContainer Instance].favoriteLineNameArray){
        if ([lineName isEqualToString:currentLineName]) {
            UIAlertView *alert = [[UIAlertView alloc] initWithTitle:@"收藏"
                message:[NSString stringWithFormat:@"%@ 已收藏",currentLineName]
                delegate:self
        cancelButtonTitle:@"确定"
        otherButtonTitles:nil];
            [alert show];
            [alert release];
            return;
        }
    }
    
    [[CDataContainer Instance] InsertFavoriteInfoToDatabase:0
```

```objc
AddName:currentLineName AddIndex:currentLineIndex AddNameEnd:nil AddIndexEnd:0];
    UIAlertView *alert = [[UIAlertView alloc] initWithTitle:@"收藏"
    message:[NSString stringWithFormat:@"收藏 %@ 成功",currentLineName]
    delegate:self
cancelButtonTitle:@"确定"
otherButtonTitles:nil];
    [alert show];
    [alert release];
}
#pragma mark -
#pragma mark Table view data source
- (NSString *)tableView:
(UITableView *)tableView titleForHeaderInSection:(NSInteger)section{
    return currentLineName;
}
- (CGFloat)tableView:
(UITableView *)tableView heightForHeaderInSection:(NSInteger)section{
    return 30;
}
- (NSInteger)numberOfSectionsInTableView:(UITableView *)tableView {
    // Return the number of sections.
    return 1;
}
- (NSInteger)tableView:(UITableView *)tableView numberOfRowsInSection:(NSInteger)section {
    // Return the number of rows in the section.
    return [[CDataContainer Instance].sequenceNumArray count];
}
// Customize the appearance of table view cells.
- (UITableViewCell *)tableView:
(UITableView *)tableView cellForRowAtIndexPath:(NSIndexPath *)indexPath {
static NSString *CellIdentifier = @"Cell";
    UITableViewCell *cell =
[tableView dequeueReusableCellWithIdentifier:CellIdentifier];
    if (cell == nil){
        cell = [[[UITableViewCell alloc] initWithStyle:
UITableViewCellStyleSubtitle reuseIdentifier:CellIdentifier] autorelease];
    }
    cell.selectionStyle = UITableViewCellSelectionStyleGray;
    cell.accessoryType = UITableViewCellAccessoryDisclosureIndicator;
// Configure the cell...
    cell.textLabel.text =
[[CDataContainer Instance].stationNameArray objectAtIndex:
[[CDataContainer Instance] GetBusLineSequenceByIndex:indexPath.row]-1];
    cell.imageView.image = [UIImage imageNamed:@"bus_table_stat.png"];

    return cell;
}
#pragma mark -
#pragma mark Table view delegate
```

```
- (void)tableView:(UITableView *)tableView didSelectRowAtIndexPath:
(NSIndexPath *)indexPath{
// Navigation logic may go here. Create and push another view controller.
    if (isStatToStat) {
        return;
    }
    CBus_StationDetailViewController *statDetailViewController =
        [self.navigationController.viewControllers objectAtIndex:1];
    statDetailViewController.currentStationName =
[[CDataContainer Instance].stationNameArray objectAtIndex:
[[CDataContainer Instance] GetBusLineSequenceByIndex:indexPath.row]-1];
    statDetailViewController.currentStationIndex =
[[CDataContainer Instance].stationNameArray indexOfObject:
statDetailViewController.currentStationName]+1;
    [self.navigationController popViewControllerAnimated:YES];
}
```

21.4 收藏历史

为了方便用户，系统特意提供了收藏历史功能，用户可以将经常用到的信息收藏起来，便于以后查询。主要包括3类收藏信息：收藏线路，收藏站点，收藏站站。

CFavoriteView.xib的UI界面如图21-9所示，在上方显示3个选项卡，在下方列表显示了具体的收藏信息。

图21-9 收藏历史主视图

文件 CFavoriteViewController.h的实现代码如下所示。

```
#import <UIKit/UIKit.h>
enum ESegCtrlIndex
{
    EFavorite_Line,
    EFavorite_Stat,
    EFavorite_StatToStat
}segCtrlIndex;
@interface CFavoriteViewController :
UIViewController <UITableViewDelegate,UITableViewDataSource>{

    UITableView                         *favoriteTableView;

    UINavigationBar                     *favNavigationBar;
    UISegmentedControl                  *favoriteSegCtrl;

    NSInteger                           ESegType;
}
@property (nonatomic, retain) IBOutlet UITableView   *favoriteTableView;
@property (nonatomic, retain) IBOutlet UISegmentedControl *favoriteSegCtrl;
@property (nonatomic, retain) IBOutlet UINavigationBar  *favNavigationBar;
-(IBAction)OnSegmentIndexChanged:(id)sender;
@end
```

文件 CFavoriteViewController.m是文件 CFavoriteViewController.h的实现，分别实现了收藏线路、收藏站点和收藏站站的功能，并且还可以删除不需要的收藏信息。具体实现代码如下所示。

```
#import "CFavoriteViewController.h"
#import "CDataContainer.h"
#import "CBus_LineDetailViewController.h"
#import "CBus_StationDetailViewController.h"
@implementation CFavoriteViewController
@synthesize favoriteTableView,favoriteSegCtrl,favNavigationBar;
// 视图初始化
- (void)viewDidLoad {
    [super viewDidLoad];
    ESegType = EFavorite_Line;
    UIBarButtonItem *editButton = [[UIBarButtonItem alloc]
                                   initWithTitle:@"Delete"
                                   style:UIBarButtonItemStyleBordered
                                   target:self
                                   action:@selector(toggleEdit:)];
self.navigationItem.rightBarButtonItem = editButton;
    [editButton release];
}
-(IBAction)toggleEdit:(id)sender{
    [self.favoriteTableView setEditing:
!self.favoriteTableView.editing animated:YES];

    if (self.favoriteTableView.editing){
        [self.navigationItem.rightBarButtonItem setTitle:@"Done"];
```

```objc
    }
    else{
        [self.navigationItem.rightBarButtonItem setTitle:@"Delete"];
    }
}
#pragma mark -
#pragma mark View lifecycle
- (void)viewWillAppear:(BOOL)animated{
 [super viewWillAppear:animated];
    [favoriteTableView reloadData];
    NSUserDefaults *userDefault = [NSUserDefaults standardUserDefaults];
    NSInteger styleNum = [userDefault integerForKey:@"styleType"];
    switch (styleNum) {
        case 0:{
            [UIApplication sharedApplication].statusBarStyle =
                                            UIStatusBarStyleDefault;
            self.navigationController.navigationBar.barStyle =
                                            UIBarStyleDefault;
            self.favoriteSegCtrl.tintColor = [UIColor colorWithRed:0.48
                                    green:0.56 blue:0.66 alpha:1.0];
            self.favNavigationBar.barStyle = UIBarStyleDefault;
            break;
        }
        case 1:{
            [UIApplication sharedApplication].statusBarStyle =
                                            UIStatusBarStyleBlackOpaque;
            self.navigationController.navigationBar.barStyle =
                                            UIBarStyleBlackOpaque;
            self.favoriteSegCtrl.tintColor = [UIColor darkGrayColor];
            self.favNavigationBar.barStyle = UIBarStyleBlackOpaque;
            break;
        }
    }
    [favoriteTableView reloadData];
}
#pragma mark -
#pragma mark Table view data source
- (NSString *)tableView:
(UITableView *)tableView titleForHeaderInSection:(NSInteger)section
{
    if (ESegType == EFavorite_Line){
        return @"收藏线路";
    }
    else if(ESegType == EFavorite_Stat){
        return @"收藏站点";
    }
    else if(ESegType == EFavorite_StatToStat){
        return @"收藏站站";
    }
    
    return nil;
```

```objectivec
    }
    - (CGFloat)tableView:
(UITableView *)tableView heightForHeaderInSection:(NSInteger)section{
        return 30;
    }
    - (NSInteger)numberOfSectionsInTableView:(UITableView *)tableView {
        // Return the number of sections.
        return 1;
    }
    - (NSInteger)tableView:(UITableView *)tableView numberOfRowsInSection:
(NSInteger)section {
        // Return the number of rows in the section.
        if (ESegType == EFavorite_Line){
        return [[CDataContainer Instance].favoriteLineNameArray count];
        }
        else if(ESegType == EFavorite_Stat){
        return [[CDataContainer Instance].favoriteStationNameArray count];
        }
        else if(ESegType == EFavorite_StatToStat){
        return [[CDataContainer Instance].favoriteStatToStatBeginNameArray count];
        }
        return 0;
    }
    // 自定义单元格的外观
    - (UITableViewCell *)tableView:
(UITableView *)tableView cellForRowAtIndexPath:(NSIndexPath *)
indexPath {
        static NSString *CellIdentifier = @"Cell";
    UITableViewCell *cell =
    [tableView dequeueReusableCellWithIdentifier:CellIdentifier];
        if (cell == nil) {
            cell = [[[UITableViewCell alloc] initWithStyle:
    UITableViewCellStyleSubtitle reuseIdentifier:CellIdentifier] autorelease];
        }
        cell.selectionStyle = UITableViewCellSelectionStyleGray;
        cell.accessoryType = UITableViewCellAccessoryDisclosureIndicator;
        // 配置单元格...
        if (ESegType == EFavorite_Line){
            [[CDataContainer Instance] GetLineStationFromTableSequence:
    [[[CDataContainer Instance].favoriteLineIndexArray objectAtIndex:
indexPath.row] intValue]];
            NSString *beginStr =
    [[CDataContainer Instance].stationNameArray objectAtIndex:
    GetBusLineSequenceByIndex:0]-1];
            NSString *endStr =
    [[CDataContainer Instance].stationNameArray objectAtIndex:
                    [[CDataContainer Instance] GetBusLineSequenceByIndex:
[[CDataContainer Instance].sequenceNumArray count]-1]-1];
            NSString *detailStr =
    [[NSString alloc] initWithFormat:@"%@->%@",beginStr,endStr];
            cell.detailTextLabel.font = [UIFont systemFontOfSize:12];
```

```objc
            cell.detailTextLabel.text = detailStr;
            [detailStr release];
            cell.imageView.image = [UIImage imageNamed:@"bus_table_line.png"];
            cell.textLabel.text = [[CDataContainer Instance].favoriteLineNameArray objectAtIndex:indexPath.row];
        }
        else if(ESegType == EFavorite_Stat){
            cell.detailTextLabel.text = @"";
            cell.imageView.image = [UIImage imageNamed:@"bus_table_stat.png"];
            cell.textLabel.text = [[CDataContainer Instance].favoriteStationNameArray objectAtIndex:indexPath.row];
        }
        else if(ESegType == EFavorite_StatToStat){
            cell.detailTextLabel.text = @"";
            cell.imageView.image = [UIImage imageNamed:@"bus_statTostat.png"];

            NSString *beginStr = [[CDataContainer Instance].favoriteStatToStatBeginNameArray objectAtIndex:indexPath.row];
            NSString *endStr   = [[CDataContainer Instance].favoriteStatToStatEndNameArray objectAtIndex:indexPath.row];
            NSString *detailStr= [[NSString alloc] initWithFormat:@"%@->%@",beginStr,endStr];
            cell.textLabel.text = detailStr;
            [detailStr release];
        }

    return cell;
}
// Override to support conditional editing of the table view.
- (BOOL)tableView:(UITableView *)tableView canEditRowAtIndexPath:(NSIndexPath *)indexPath{
    return YES;
}
// 优先支持编辑表视图
- (void)tableView:(UITableView *)tableView commitEditingStyle:(UITableViewCellEditingStyle)editingStyle forRowAtIndexPath:(NSIndexPath *)indexPath{
    if (editingStyle == UITableViewCellEditingStyleDelete)
    {
        // 从数据源中删除行。

        if (ESegType == EFavorite_Line) {
            [[CDataContainer Instance] DeleteFavoriteInfoToDatabase:0
                                DeleteName:[[CDataContainer Instance].favoriteLineNameArray objectAtIndex:indexPath.row]
                                DeteleNameEnd:nil];

    [[CDataContainer Instance].favoriteLineNameArray removeObjectAtIndex:indexPath.row];
    [[CDataContainer Instance].favoriteLineIndexArray removeObjectAtIndex:
```

```objc
                indexPath.row];
            }
            else if(ESegType == EFavorite_Stat){
                [[CDataContainer Instance] DeleteFavoriteInfoToDatabase:1
                            DeleteName:[[CDataContainer Instance].
favoriteStationNameArray objectAtIndex:indexPath.row]
                                        DeteleNameEnd:nil];
                [[CDataContainer Instance].favoriteStationNameArray
removeObjectAtIndex:indexPath.row];
                [[CDataContainer Instance].favoriteStationIndexArray
removeObjectAtIndex:indexPath.row];
            }
            else if(ESegType == EFavorite_StatToStat){
                [[CDataContainer Instance] DeleteFavoriteInfoToDatabase:2
                            DeleteName:[[CDataContainer Instance].
favoriteStatToStatBeginNameArray objectAtIndex:indexPath.row]
                                        DeteleNameEnd:[[CDataContainer Instance].
favoriteStatToStatEndNameArray objectAtIndex:indexPath.row]];
                
                [[CDataContainer Instance].
favoriteStatToStatBeginNameArray removeObjectAtIndex:indexPath.row];
                [[CDataContainer Instance].
favoriteStatToStatBeginIndexArray removeObjectAtIndex:indexPath.row];
                
                [[CDataContainer Instance].
favoriteStatToStatEndNameArray removeObjectAtIndex:indexPath.row];
                [[CDataContainer Instance].
favoriteStatToStatEndIndexArray removeObjectAtIndex:indexPath.row];
            }
            
            [tableView deleteRowsAtIndexPaths:[NSArray arrayWithObject:
indexPath] withRowAnimation:UITableViewRowAnimationFade];
        }
        else if (editingStyle == UITableViewCellEditingStyleInsert) {
            // 创建一个新实例的适当的类，它插入到数组中，并添加一个新行表观.
        }
    }
#pragma mark -
#pragma mark Table view delegate
- (void)tableView:(UITableView *)tableView didSelectRowAtIndexPath:
(NSIndexPath *)indexPath {
        // 导航逻辑创造和推动另一个视图控制器
        if (ESegType == EFavorite_Line){
            CBus_LineDetailViewController *detailViewController =
    [[CBus_LineDetailViewController alloc] initWithNibName:@"CBus_LineDetailView"
bundle:nil];
    
    detailViewController.currentLineIndex = [[[CDataContainer Instance].
favoriteLineIndexArray objectAtIndex:indexPath.row] intValue];
    detailViewController.currentLineName = [[CDataContainer Instance].
favoriteLineNameArray objectAtIndex:indexPath.row];
```

```objc
            [self.navigationController pushViewController:
    detailViewController animated:YES];
            [detailViewController release];
        }
        else if(ESegType == EFavorite_Stat){
            CBus_StationDetailViewController *detailViewController =
[[CBus_StationDetailViewController alloc] initWithNibName:@"CBus_
StationDetailView" bundle:nil];

            detailViewController.currentStationIndex =
    [[[CDataContainer Instance].favoriteStationIndexArray objectAtIndex:
    indexPath.row] intValue];
            detailViewController.currentStationName =
    [[CDataContainer Instance].favoriteStationNameArray objectAtIndex:
    indexPath.row];

            [self.navigationController pushViewController:
    detailViewController animated:YES];
            [detailViewController release];
        }
        else if(ESegType ==EFavorite_StatToStat){
            CBus_StationDetailViewController *detailViewController =
[[CBus_StationDetailViewController alloc] initWithNibName:@"CBus_
StationDetailView" bundle:nil];

    detailViewController.beginStationName = [[CDataContainer Instance].
favoriteStatToStatBeginNameArray objectAtIndex:indexPath.row];
    detailViewController.beginStationIndex = [[[CDataContainer Instance].
favoriteStatToStatBeginIndexArray objectAtIndex:indexPath.row] intValue];

            detailViewController.endStationName = [[CDataContainer Instance].
favoriteStatToStatEndNameArray objectAtIndex:indexPath.row];
    detailViewController.endStationIndex = [[[CDataContainer Instance].
favoriteStatToStatEndIndexArray objectAtIndex:indexPath.row] intValue];

            detailViewController.isStatToStat = YES;

            [self.navigationController pushViewController:
    detailViewController animated:YES];
            [detailViewController release];
        }
}
- (BOOL)shouldAutorotateToInterfaceOrientation:
(UIInterfaceOrientation)interfaceOrientation {
    // Return YES for supported orientations.
    return (interfaceOrientation == UIInterfaceOrientationPortrait);
}
-(IBAction)OnSegmentIndexChanged:(id)sender{
    if ([sender selectedSegmentIndex] == 0){
        ESegType = EFavorite_Line;
```

```
    }
    else if([sender selectedSegmentIndex] == 1){
        ESegType = EFavorite_Stat;
    }
    else if([sender selectedSegmentIndex] == 2){
        ESegType = EFavorite_StatToStat;
    }
    
    [favoriteTableView reloadData];
}

- (void)didReceiveMemoryWarning {
    [super didReceiveMemoryWarning];
}

- (void)viewDidUnload {
    [super viewDidUnload];
    // Release any retained subviews of the main view.
    // e.g. self.myOutlet = nil;
    self.favoriteTableView = nil;
}
- (void)dealloc {
    [favoriteTableView release];
    [favoriteSegCtrl release];
    [favNavigationBar release];
    [super dealloc];
}
@end
```

执行效果如图21-10所示。

图21-10　执行效果

21.5 地图信息

通过此功能,用户可以在地图中查看某条公交线路的信息,这样更具有直观性,大大地方便了用户的浏览。本系统可以用3种样式显示地图:Standard,Statellite,Hybird。

除此之外,还提供了网页地图功能。

21.5.1 地图主视图

地图主视图 CBus_MapView.xib的UI界面效果如图21-11所示。在上方显示3个选项卡,在下方显示了地图信息。

图21-11 地图主视图

实现文件 CBus_MapViewController.m的主要代码如下所示。

```
#import "CBus_MapViewController.h"
#import "CBus_WebMapViewController.h"
#import "CDataContainer.h"
@implementation CBus_MapViewController
@synthesize cityMapView,mapStyleSegCtr,mapNavigationBar;
@synthesize webMapViewController;
- (void)dealloc{
    [super dealloc];
    [cityMapView release];
    [mapStyleSegCtr release];
    [mapNavigationBar release];
    [webMapViewController release];
}
- (void)didReceiveMemoryWarning{
    // 释放视图
```

```objc
    [super didReceiveMemoryWarning];
}
#pragma mark - View lifecycle
- (void)viewDidLoad{
    [super viewDidLoad];
    UIBarButtonItem *webMapButton = [[UIBarButtonItem alloc]
                                    initWithTitle:@"WebMap"
                                    style:UIBarButtonItemStyleBordered
                                    target:self
                                    action:@selector(goToWebMap:)];
    
    self.navigationItem.rightBarButtonItem = webMapButton;
    [webMapButton release];
    CLLocationManager *locationMananger =
[[CLLocationManager alloc] init];
    locationMananger.delegate = self;
    locationMananger.desiredAccuracy = kCLLocationAccuracyBest;
    locationMananger.distanceFilter = 1000.0;
    [locationMananger startUpdatingHeading];
    MKCoordinateSpan theSpan;
    theSpan.latitudeDelta = 0.05;
    theSpan.longitudeDelta = 0.05;
    MKCoordinateRegion theRegion;
    theRegion.center = [[locationMananger location]coordinate];
    theRegion.span = theSpan;
    [cityMapView setRegion:theRegion];
    [locationMananger release];
}
- (IBAction) OnSegmentIndexChanged:(id)sender{
    if ([sender selectedSegmentIndex] == 0){
        NSLog(@"--------------OnSegmentIndexChanged1-------");
        
        cityMapView.mapType = MKMapTypeStandard;
    }
    else if([sender selectedSegmentIndex] == 1){
        NSLog(@"--------------OnSegmentIndexChanged2-------");
        cityMapView.mapType = MKMapTypeSatellite;
    }
    else if([sender selectedSegmentIndex] == 2){
        NSLog(@"--------------OnSegmentIndexChanged3-------");
        
        cityMapView.mapType = MKMapTypeHybrid;
    }
}
- (void)viewWillAppear:(BOOL)animated{
    [super viewWillAppear:animated];
    NSUserDefaults *userDefault = [NSUserDefaults standardUserDefaults];
    NSInteger styleNum = [userDefault integerForKey:@"styleType"];
```

```objc
        switch (styleNum) {
            case 0:{
                [UIApplication sharedApplication].statusBarStyle = UIStatusBarStyleDefault;
                self.navigationController.navigationBar.barStyle = UIBarStyleDefault;
                self.mapStyleSegCtr.tintColor = [UIColor colorWithRed:0.48 green:0.56 blue:0.66 alpha:1.0];
                self.mapNavigationBar.barStyle = UIBarStyleDefault;
                break;
            }
            case 1:{
                [UIApplication sharedApplication].statusBarStyle = UIStatusBarStyleBlackOpaque;
                self.navigationController.navigationBar.barStyle = UIBarStyleBlackOpaque;
                self.mapStyleSegCtr.tintColor = [UIColor darkGrayColor];
                self.mapNavigationBar.barStyle = UIBarStyleBlackOpaque;
                break;
            }
        }
}
- (IBAction)goToWebMap:(id)sender
{
    CBus_WebMapViewController *theController = [[CBus_WebMapViewController alloc] initWithNibName:@"CBus_WebMapView" bundle:nil];
    self.webMapViewController = theController;
    
    [UIView beginAnimations:@"View Flip" context:nil];
    [UIView setAnimationDuration:1.0];
    [UIView setAnimationCurve:UIViewAnimationCurveEaseInOut];
    [UIView setAnimationTransition:UIViewAnimationTransitionFlipFromRight forView:self.navigationController.view cache:NO];
    [self.navigationController pushViewController:webMapViewController animated:YES];
    [UIView commitAnimations];
    
    [theController release];
}
- (void)viewDidUnload{
    [super viewDidUnload];
}
- (BOOL)shouldAutorotateToInterfaceOrientation:(UIInterfaceOrientation)interfaceOrientation{
    // Return YES for supported orientations
    return (interfaceOrientation == UIInterfaceOrientationPortrait);
}
@end
```

执行效果如图21-12所示。

图21-12　执行效果

21.5.2　Web地图视图

为了便于用户浏览详细公交路线，本系统还提供了Web地图功能，CBus_WebMapView.xib的UI界面效果如图21-13所示。

图21-13　Web地图主视图

实现文件 CBus_WebMapViewController.m的主要代码如下所示。

```objc
#import "CBus_WebMapViewController.h"
@implementation CBus_WebMapViewController
@synthesize myWenView;
// 视图初始化
- (void)viewDidLoad {
    [super viewDidLoad];
    self.navigationItem.hidesBackButton = YES;
    UIBarButtonItem *mapButton = [[UIBarButtonItem alloc]
            initWithTitle:@"Map"
                                style:UIBarButtonItemStyleBordered
            target:self          action:@selector(goToMap:)];
    self.navigationItem.rightBarButtonItem = mapButton;
    NSMutableString *googleSearch = [NSMutableString stringWithFormat:
@"http://ditu.google.cn/maps?f=d&source=s_d&saddr='西安市火车站'&daddr='西安市钟楼'&hl=zh&t=m&dirflg=h"];
    [myWenView loadRequest:[NSURLRequest requestWithURL:
    [NSURL URLWithString:[googleSearch stringByAddingPercentEscapesUsingEncoding:
    NSUTF8StringEncoding]]]];

    [mapButton release];
}
- (IBAction) goToMap:(id)sender
{
    [UIView beginAnimations:@"View Flip" context:nil];
    [UIView setAnimationDuration:1.0];
    [UIView setAnimationCurve:UIViewAnimationCurveEaseInOut];
[UIView setAnimationTransition:UIViewAnimationTransitionFlipFromLeft forView:
self.navigationController.view cache:NO];
    [self.navigationController popViewControllerAnimated:NO];
    [UIView commitAnimations];
}
- (void)viewWillAppear:(BOOL)animated{
    [super viewWillAppear:animated];
    NSUserDefaults *userDefault = [NSUserDefaults standardUserDefaults];
    NSInteger styleNum = [userDefault integerForKey:@"styleType"];
    switch (styleNum) {
        case 0:{
            [UIApplication sharedApplication].statusBarStyle =
UIStatusBarStyleDefault;
            self.navigationController.navigationBar.barStyle =
UIBarStyleDefault;
            break;
        }
        case 1:{
            [UIApplication sharedApplication].statusBarStyle =
UIStatusBarStyleBlackOpaque;
            self.navigationController.navigationBar.barStyle =
UIBarStyleBlackOpaque;
            break;
        }
    }
```

```
}
- (void)didReceiveMemoryWarning {
    // 释放视图
    [super didReceiveMemoryWarning];
}
- (void)viewDidUnload {
    [super viewDidUnload];
    self.myWenView=nil;
}
- (void)dealloc {
    [super dealloc];
    [self.myWenView release];
}
@end
```

执行效果如图21-14所示。

图21-14　执行效果

21.6　系统设置

为了方便用户的管理，系统特意提供了本模块供用户对系统进行管理。主要包括如下所示的功能：主题设置，当前城市，数据下载，软件信息。

在本节的内容中，将详细讲解系统设置模块的实现过程。

▶ 21.6.1　主视图

系统设置主视图 CSettingView.xib的UI界面效果如图21-15所示，分别列出了主题设置、当前城市、数据下载和软件信息共4个选项。

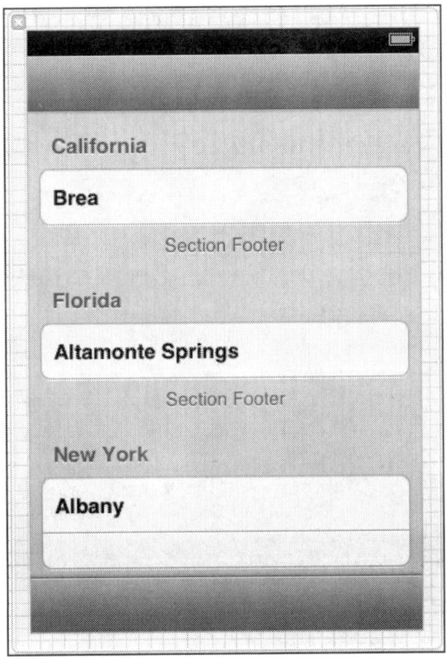

图21-15 系统设置主视图

实现文件 CSettingViewController.m 的主要代码如下所示。

```
@implementation CSettingViewController
@synthesize settingTableView;
@synthesize cityNumLab;
@synthesize currentCityLab;
- (void)viewDidLoad {
    [super viewDidLoad];

    UIBarButtonItem *returnInfoBtn = [[UIBarButtonItem alloc]
initWithTitle:@"反馈" style:UIBarButtonItemStylePlain
                        target:self action:@selector(SendEmail:)];

    self.navigationItem.rightBarButtonItem = returnInfoBtn;
// returnKeyBord;

    UILabel *label = [[UILabel alloc] initWithFrame:CGRectMake(170,
16, 100, 20)];
    label.font = [UIFont systemFontOfSize:13];
    label.textColor = [UIColor darkGrayColor];
    label.backgroundColor = [UIColor clearColor];
    label.textAlignment = UITextAlignmentRight;
    self.cityNumLab = label;
    [label release];

    label = [[UILabel alloc] initWithFrame:CGRectMake(130, 16, 140, 20)];
    label.font = [UIFont systemFontOfSize:13];
    label.textColor = [UIColor darkGrayColor];
```

```objc
        label.backgroundColor = [UIColor clearColor];
        label.textAlignment = UITextAlignmentRight;
        self.currentCityLab = label;
        [label release];
        
        NSString *path = [[NSBundle mainBundle] pathForResource:@"URLDatabase" ofType:@"plist"];
        
        if (path){
            NSDictionary *dict = [[NSDictionary alloc] initWithContentsOfFile:path];
            cityNum = [dict count];
        }
        
    }
    
    
#pragma mark -
#pragma mark View lifecycle
    
- (void)viewWillAppear:(BOOL)animated {
    [super viewWillAppear:animated];
    [self.settingTableView reloadData];
    
    NSUserDefaults *userDefault = [NSUserDefaults standardUserDefaults];
    NSInteger styleNum = [userDefault integerForKey:@"styleType"];
    
    switch (styleNum) {
        case 0:{
            [UIApplication sharedApplication].statusBarStyle = UIStatusBarStyleDefault;
            self.navigationController.navigationBar.barStyle = UIBarStyleDefault;
            self.searchDisplayController.searchBar.barStyle = UIBarStyleDefault;
            break;
        }
        case 1:{
            [UIApplication sharedApplication].statusBarStyle = UIStatusBarStyleBlackOpaque;
            self.navigationController.navigationBar.barStyle = UIBarStyleBlackOpaque;
            self.searchDisplayController.searchBar.barStyle = UIBarStyleBlackOpaque;
            break;
        }
    }
}

- (IBAction) SendEmail:(id)sender{
    NSLog(@"--------sendEmail---");
```

```objc
        MFMailComposeViewController *mailCompose =
[[MFMailComposeViewController alloc] init];
        if(mailCompose){
            [mailCompose setMailComposeDelegate:self];

            NSArray *toAddress =
[NSArray arrayWithObject:@"haichao.xx@163.com"];
            NSArray *ccAddress =
[NSArray arrayWithObject:@"125379283@qq.com"];

            [mailCompose setToRecipients:toAddress];
            [mailCompose setCcRecipients:ccAddress];

            [mailCompose setSubject:@"City_Bus"];

            [self presentModalViewController:mailCompose animated:YES];
        }

        [mailCompose release];
}


- (void)mailComposeController:(MFMailComposeViewController*)
controller didFinishWithResult:(MFMailComposeResult)result error:(NSError*)error{
    // Notifies users about errors associated with the interface
    switch (result){
        case MFMailComposeResultCancelled:{
            UIAlertView *alert =
[[UIAlertView alloc] initWithTitle: @"Send e-mail Cancel"
                                          message:@""
                                          delegate:self
                                          cancelButtonTitle:@"OK"
                                          otherButtonTitles:nil];

            [alert show];
            [alert release];
        }
            break;
        case MFMailComposeResultSaved:{
            UIAlertView *alert =
[[UIAlertView alloc] initWithTitle: @"E-mail have been saved"
                                          message:@""
                                          delegate:self
                                          cancelButtonTitle:@"OK"
                                          otherButtonTitles:nil];

            [alert show];
            [alert release];
        }
            break;
        case MFMailComposeResultSent:{
            UIAlertView *alert =
[[UIAlertView alloc] initWithTitle: @"E-mail has been sent"
```

```objc
                                    message:@""
                                    delegate:self
                                    cancelButtonTitle:@"OK"
                                    otherButtonTitles:nil];
            [alert show];
            [alert release];
        }
            break;
        case MFMailComposeResultFailed:{
            UIAlertView *alert = 
[[UIAlertView alloc] initWithTitle: @"E-mail Fail to send"
                                    message:@""
                                    delegate:self
                                    cancelButtonTitle:@"OK"
                                    otherButtonTitles:nil];
            [alert show];
            [alert release];
        }
            break;
        default:{
            UIAlertView *alert =
[[UIAlertView alloc] initWithTitle: @"E-mail Not Sent"
                                    message:@""
                                    delegate:self
                                    cancelButtonTitle:@"OK"
                                    otherButtonTitles:nil];
            [alert show];
            [alert release];
        }
            break;
    }
    
    [self dismissModalViewControllerAnimated:YES];
}

#pragma mark -
#pragma mark Table view data source

- (NSString *)tableView:
(UITableView *)tableView titleForHeaderInSection:(NSInteger)section{
    if (section == 0) {
        return @"系统设置";
    }
    else if (section == 1) {
        return @"数据设置";
    }
    else if (section == 2) {
        return @"软件信息";
    }
    
    return nil;
```

```objc
}

- (CGFloat)tableView:
(UITableView *)tableView heightForHeaderInSection:(NSInteger)section{
    return 30;
}

- (NSInteger)numberOfSectionsInTableView:(UITableView *)tableView {
    // Return the number of sections.
    return 3;
}

- (NSInteger)tableView:(UITableView *)tableView numberOfRowsInSection:
(NSInteger)section {
    // Return the number of rows in the section.
    if (section == 1){
        return 2;
    }
    
    return 1;
}

// 自定义单元格的外观
- (UITableViewCell *)tableView:
(UITableView *)tableView cellForRowAtIndexPath:(NSIndexPath *)indexPath {
    
    static NSString *CellIdentifier = @"Cell";
    
    UITableViewCell *cell =
[tableView dequeueReusableCellWithIdentifier:CellIdentifier];
    
    if (cell == nil){
        cell = [[[UITableViewCell alloc] initWithStyle:
UITableViewCellStyleSubtitle reuseIdentifier:CellIdentifier] autorelease];
    }
    
    cell.selectionStyle = UITableViewCellSelectionStyleGray;
    cell.accessoryType = UITableViewCellAccessoryDisclosureIndicator;
    
    // 配置单元格
    
    if (indexPath.section == 0){
        cell.textLabel.text = @"主题设置";
    }
    else if(indexPath.section == 1){
        if (indexPath.row == 0) {
            currentCityLab.text = [[NSString alloc] initWithFormat:@"当前城市:%@",[CDataContainer Instance].currentCityName];
            [cell.contentView addSubview:currentCityLab];
```

```objc
                    cell.textLabel.text = @"当前城市";
                }
                else if(indexPath.row == 1){
                    cityNumLab.text = [[NSString alloc] initWithFormat:@"城市数量:%d",cityNum];
                    [cell.contentView addSubview:cityNumLab];
                    cell.textLabel.text = @"数据下载";
                }
        }
        else if(indexPath.section == 2){
            cell.textLabel.text = @"软件信息";
        }

        return cell;
    }

#pragma mark -
#pragma mark Table view delegate

    - (void)tableView:(UITableView *)tableView didSelectRowAtIndexPath:(NSIndexPath *)indexPath {
        // 导航逻辑创造和推动另一个视图控制器
        if(indexPath.section == 0 && indexPath.row == 0){
            UIActionSheet           *actionSheet = [[UIActionSheet alloc]initWithTitle:@"选择主题"
                                                    delegate:self
                                                    cancelButtonTitle:@"Cancle"
                                                    destructiveButtonTitle:@"默认主题"
                                                    otherButtonTitles:@"黑色主题",nil];

            actionSheet.actionSheetStyle = self.navigationController.navigationBar.barStyle;
            [actionSheet showFromTabBar:self.tabBarController.tabBar];

            [actionSheet release];
        }
        else if (indexPath.section == 1 && indexPath.row == 0) {

            CBus_CurrentCityViewController *detailViewController = [[CBus_CurrentCityViewController alloc] initWithNibName:@"CBus_CurrentCityView" bundle:nil];
            // ...
            [self.navigationController pushViewController:detailViewController animated:YES];
            [detailViewController release];
        }
        else if (indexPath.section == 1 && indexPath.row == 1) {
            CBus_CityDataViewController *detailViewController = [[CBus_CityDataViewController alloc] initWithNibName:@"CBus_CityDataView" bundle:nil];
            // ...
```

```objc
            [self.navigationController pushViewController:
detailViewController animated:YES];
            [detailViewController release];
        }
        else if(indexPath.section == 2 && indexPath.row == 0){
            CBus_InfoViewController *detailViewController =
[[CBus_InfoViewController alloc] initWithNibName:@"CBus_InfoView" bundle:nil];
            // ...
            [self.navigationController pushViewController:
detailViewController animated:YES];
            [detailViewController release];
        }
    }

    - (void)actionSheet:(UIActionSheet *)actionSheet clickedButtonAtIndex:
(NSInteger)buttonIndex{
        NSLog(@"------%d-------",buttonIndex);

        NSUserDefaults                    *userDefault =
[NSUserDefaults standardUserDefaults];

        switch (buttonIndex) {
            case 0:{
                    [UIApplication sharedApplication].statusBarStyle =
UIStatusBarStyleDefault;
                    self.navigationController.navigationBar.barStyle =
UIBarStyleDefault;
                    [userDefault setInteger:EDefaultType forKey:
@"styleType"];
                    break;
                }
            case 1:{
                    [UIApplication sharedApplication].statusBarStyle =
UIStatusBarStyleBlackOpaque;
                    self.navigationController.navigationBar.barStyle =
UIBarStyleBlackOpaque;
                    [userDefault setInteger:EBlackType forKey:@"styleType"];
                    break;
                }
            }
        [userDefault synchronize];
    }
    - (void)dealloc {
        [settingTableView release];
        [cityNumLab release];
        [currentCityLab release];
        [super dealloc];
    }
    @end
```

执行效果如图21-16所示。

图21-16　系统设置主界面效果

21.6.2　当前城市视图

系统当前城市视图 CBus_CurrentCityView.xib的UI界面效果如图21-17所示，此界面显示了系统显示可以查看哪一座城市的公交信息。

图21-17　当前城市视图

实现文件 CBus_CurrentCityViewController.m的主要代码如下所示。

```objc
@implementation CBus_CurrentCityViewController
@synthesize lastIndexPath;
@synthesize selectCityName;
#pragma mark -
#pragma mark View lifecycle
- (void)viewDidLoad {
    [super viewDidLoad];
    self.title = [CDataContainer Instance].currentCityName;
    self.navigationItem.prompt = @"点击设置当前城市:";
}
- (void)viewWillDisappear:(BOOL)animated {
    [super viewWillDisappear:animated];
    
    NSUserDefaults   *userDefault = [NSUserDefaults standardUserDefaults];
    
    if ([self.selectCityName isEqualToString:
[CDataContainer Instance].currentCityName] || self.selectCityName == nil) {
        return;
    }
    else {
        [CDataContainer Instance].currentCityName = self.selectCityName;
        [userDefault setObject:
[CDataContainer Instance].currentCityName forKey:@"currentCityName"];
        [userDefault synchronize];
        {
            [[CDataContainer Instance] CloseDatabase];
            [[CDataContainer Instance] clearData];
            [CDataContainer releaseInstance];
            [[CDataContainer Instance] viewDidLoad];
        }
        for (UINavigationController *controller in self.tabBarController.
viewControllers) {
            [controller popToRootViewControllerAnimated:NO];
        }
    }
}
- (BOOL)shouldAutorotateToInterfaceOrientation:
(UIInterfaceOrientation)interfaceOrientation {
    // Return YES for supported orientations.
    return (interfaceOrientation == UIInterfaceOrientationPortrait);
}
#pragma mark -
#pragma mark Table view data source
- (NSInteger)numberOfSectionsInTableView:(UITableView *)tableView {
    // Return the number of sections.
    return 1;
}
- (NSInteger)tableView:(UITableView *)tableView numberOfRowsInSection:
(NSInteger)section {
    // Return the number of rows in the section.
    return [[CDataContainer Instance].downloadCitysArray count];
```

```objc
    }
    // Customize the appearance of table view cells.
    - (UITableViewCell *)tableView:
    (UITableView *)tableView cellForRowAtIndexPath:(NSIndexPath *)indexPath {
        static NSString *CellIdentifier = @"Cell";
    UITableViewCell *cell = [tableView dequeueReusableCellWithIdentifier:
    CellIdentifier];
        if (cell == nil) {
            cell = [[[UITableViewCell alloc] initWithStyle:
    UITableViewCellStyleSubtitle reuseIdentifier:CellIdentifier] autorelease];
        }
        NSUInteger row = [indexPath row];
        NSUInteger oldRow = [lastIndexPath row];
        cell.textLabel.text =
    [[CDataContainer Instance].downloadCitysArray objectAtIndex:indexPath.row];
        cell.imageView.image = [UIImage imageNamed:@"bus_city_select.png"];
        cell.accessoryType = (row == oldRow && lastIndexPath != nil) ?
        UITableViewCellAccessoryCheckmark : UITableViewCellAccessoryNone;

        // Configure the cell...
        return cell;
    }
    - (BOOL)tableView:(UITableView *)tableView canEditRowAtIndexPath:
    (NSIndexPath *)indexPath {
        // Return NO if you do not want the specified item to be editable.
        return NO;
    }
    - (void)tableView:(UITableView *)tableView commitEditingStyle:
    (UITableViewCellEditingStyle)editingStyle forRowAtIndexPath:
    (NSIndexPath *)indexPath {
        if (editingStyle == UITableViewCellEditingStyleDelete) {
            // Delete the row from the data source.
            [tableView deleteRowsAtIndexPaths:[NSArray arrayWithObject:
    indexPath] withRowAnimation:UITableViewRowAnimationFade];
        }
        else if (editingStyle == UITableViewCellEditingStyleInsert) {
    // Create a new instance of the appropriate class,
    // insert it into the array, and add a new row to the table view.
        }
    }
    #pragma mark -
    #pragma mark Table view delegate
    - (void)tableView:(UITableView *)tableView didSelectRowAtIndexPath:
    (NSIndexPath *)indexPath {
        int newRow = [indexPath row];
        int oldRow = (lastIndexPath != nil) ? [lastIndexPath row] : -1;
        if (newRow != oldRow){
    UITableViewCell *newCell = [tableView cellForRowAtIndexPath:indexPath];
            newCell.accessoryType = UITableViewCellAccessoryCheckmark;

    UITableViewCell *oldCell = [tableView cellForRowAtIndexPath:lastIndexPath];
```

```objectivec
        oldCell.accessoryType = UITableViewCellAccessoryNone;
        lastIndexPath = indexPath;
    }
    [tableView deselectRowAtIndexPath:indexPath animated:YES];
    NSString *selectName = 
[[CDataContainer Instance].downloadCitysArray objectAtIndex:indexPath.row];
    BOOL success;
    NSFileManager *fileManager = [NSFileManager defaultManager];
    NSArray *paths = 
NSSearchPathForDirectoriesInDomains(NSDocumentDirectory, NSUserDomainMask, YES);
    NSString *currentCity = 
[[NSString alloc] initWithFormat:@"%@%@",selectName,@".db"];
    NSString *writableDBPath = 
[[paths objectAtIndex:0] stringByAppendingPathComponent:currentCity];
    NSLog(@"writableDBPath-----%@",writableDBPath);
    success = [fileManager fileExistsAtPath:writableDBPath];
    if (success){
        self.selectCityName = selectName;
        NSLog(@"-----数据库存在-----");
    }
    else {
        NSLog(@"-----数据库不存在-----");
        UIAlertView *alert = [[UIAlertView alloc] initWithTitle:@"警告" 
         message:@"所选择的城市数据库不存在" 
         delegate:self cancelButtonTitle:@"确定"otherButtonTitles:nil];
        [alert show];
        [alert release];
        [[CDataContainer Instance].
downloadCitysArray removeObject:selectName];
        NSUserDefaults  *userDefault = 
[NSUserDefaults standardUserDefaults];
        [userDefault setObject:[CDataContainer Instance].
downloadCitysArray forKey:@"downloadCitys"];
        [userDefault synchronize];
        [self.tableView reloadData];
    }
    NSLog(@"currentCity-----%@-----",[CDataContainer Instance].
currentCityName);
}
#pragma mark -
#pragma mark Memory management
- (void)didReceiveMemoryWarning {
    [super didReceiveMemoryWarning];
}
- (void)viewDidUnload {
}

- (void)dealloc {
    [super dealloc];
    [lastIndexPath release];
```

```
    [selectCityName release];
}
@end
```

执行效果如图21-18所示。

图21-18 当前城市视图

21.6.3 数据下载视图

数据下载视图 CBus_CityDataView.xib的UI界面效果如图21-19所示，此界面可以选择下载一座城市的公交信息数据。

图21-19 数据下载视图

实现文件 CBus_CityDataViewController.m 的主要代码如下所示。

```objc
@implementation CBus_CityDataViewController
@synthesize cityDataTableView;
@synthesize progressView;
@synthesize urlArray;
- (void)viewDidLoad {
    [super viewDidLoad];
    self.navigationItem.prompt = @"选择城市名称进行数据下载:";
    progressView =
[[UIProgressView alloc] initWithProgressViewStyle:UIProgressViewStyleDefault];
    progressView.frame = CGRectMake(100, 20, 200, 10);
    progressView.progress = 0.0;
    NSString *path =
[[NSBundle mainBundle] pathForResource: @"URLDatabase" ofType:@"plist"];
    if (path){
        NSDictionary *dict =
[[NSDictionary alloc] initWithContentsOfFile:path];
        [CDataContainer Instance].allCityArray =
[NSMutableArray  arrayWithArray:[dict allKeys]];
        if (urlArray == nil) {
            urlArray = [[NSMutableArray alloc] init];
        }
        self.urlArray = [NSMutableArray  arrayWithArray:[dict allValues]];
        NSLog(@"urlArray-----%@",urlArray);
    }
}
#pragma mark -
#pragma mark View lifecycle
- (void)viewDidAppear:(BOOL)animated {
    [super viewDidAppear:animated];
    self.title = @"城市信息下载";
    [[HttpRequest sharedRequest] setRequestDelegate:self];
}
- (void)viewWillDisappear:(BOOL)animated
{
    [super viewWillDisappear:animated];
    [[HttpRequest sharedRequest] setRequestDelegate:nil];
}
- (BOOL)shouldAutorotateToInterfaceOrientation:
(UIInterfaceOrientation)interfaceOrientation {
    // Return YES for supported orientations.
    return (interfaceOrientation == UIInterfaceOrientationPortrait);
}
#pragma mark -
#pragma mark Table view data source
- (NSString *)tableView:
(UITableView *)tableView titleForHeaderInSection:(NSInteger)section{
    return nil;
}
- (NSInteger)numberOfSectionsInTableView:(UITableView *)tableView {
    // Return the number of sections.
```

```objc
    return 1;
}
- (NSInteger)tableView:(UITableView *)tableView numberOfRowsInSection:(NSInteger)section {
    // Return the number of rows in the section.
    return [[CDataContainer Instance].allCityArray count];
}
// Customize the appearance of table view cells.
- (UITableViewCell *)tableView:(UITableView *)tableView cellForRowAtIndexPath:(NSIndexPath *)indexPath {
    static NSString *CellIdentifier = @"Cell";
    UITableViewCell *cell = [tableView dequeueReusableCellWithIdentifier:CellIdentifier];
    if (cell == nil) {
        cell = [[[UITableViewCell alloc] initWithStyle:UITableViewCellStyleSubtitle reuseIdentifier:CellIdentifier] autorelease];
    }
    cell.selectionStyle = UITableViewCellSelectionStyleGray;
    // Configure the cell...
    
    cell.textLabel.text = [[CDataContainer Instance].allCityArray objectAtIndex:indexPath.row];
    cell.imageView.image = [UIImage imageNamed:@"bus_download.png"];
    return cell;
}
#pragma mark -
#pragma mark Table view delegate
- (void)tableView:(UITableView *)tableView didSelectRowAtIndexPath:(NSIndexPath *)indexPath {
    self.cityDataTableView.userInteractionEnabled = NO;
    downloadCityName = [NSString stringWithString:[[CDataContainer Instance].allCityArray objectAtIndex:indexPath.row]];
    NSArray *paths = NSSearchPathForDirectoriesInDomains(NSDocumentDirectory, NSUserDomainMask, YES);
    NSString *tempPath = [[paths objectAtIndex:0] stringByAppendingPathComponent:[urlArray objectAtIndex:indexPath.row]];
    progressView.hidden = NO;
    progressView.progress = 0.0;
    [[tableView cellForRowAtIndexPath:indexPath].contentView addSubview:progressView];
    [[HttpRequest sharedRequest] sendDownloadDatabaseRequest:[urlArray objectAtIndex:indexPath.row] desPath:tempPath];
}
// 开始发送请求,通知外部程序
- (void)connectionStart:(HttpRequest *)request
{
    NSLog(@"开始发送请求,通知外部程序");
}
// 连接错误,通知外部程序
- (void)connectionFailed:(HttpRequest *)request error:(NSError *)error
```

```objc
{
    NSLog(@"连接错误,通知外部程序");
    self.cityDataTableView.userInteractionEnabled = YES;
    UIAlertView *alert = [[UIAlertView alloc] initWithTitle:@"提示"
         message:@"连接错误"
        delegate:self
cancelButtonTitle:@"确定"
otherButtonTitles:nil];
    [alert show];
    [alert release];
}
// 开始下载, 通知外部程序
- (void)connectionDownloadStart:(HttpRequest *)request
{
    NSLog(@"开始下载，通知外部程序");
}
// 下载结束, 通知外部程序
- (void)connectionDownloadFinished:(HttpRequest *)request
{
    NSLog(@"下载结束，通知外部程序");
    self.progressView.hidden = YES;
    self.cityDataTableView.userInteractionEnabled = YES;
    NSUserDefaults                   *userDefault =
[NSUserDefaults standardUserDefaults];
    BOOL isNotAlready = YES;
    for(NSString *name in [CDataContainer Instance].downloadCitysArray){
        if ([name isEqualToString:downloadCityName]) {
            isNotAlready = NO;
        }
    }
    if (isNotAlready) {
        [[CDataContainer Instance].downloadCitysArray addObject:
downloadCityName];
        [userDefault setObject:[CDataContainer Instance].
downloadCitysArray forKey:@"downloadCitys"];
        [userDefault synchronize];
    }
    UIAlertView *alert = [[UIAlertView alloc] initWithTitle:@"提示"
         message:@"下载完成"
    delegate:self
  cancelButtonTitle:@"确定"

otherButtonTitles:nil];
    [alert show];
    [alert release];
}
// 更新下载进度, 通知外部程序
- (void)connectionDownloadUpdateProcess:(HttpRequest *)request
process:(CGFloat)process
{
    NSLog(@"Process = %f", process);
```

```
        progressView.progress = process;
}
- (void)didReceiveMemoryWarning {
    [super didReceiveMemoryWarning];
}
- (void)viewDidUnload {
    [super viewDidUnload];
}


- (void)dealloc {
    [super dealloc];
    [cityDataTableView release];
    [progressView release];
    [urlArray release];
}
@end
```

执行效果如图21-20所示。

图21-20　执行效果